21世纪高等学校规划教材 | 计算机科学与技术

# 数据库原理与设计
## （Oracle版）

李月军 编著

清华大学出版社
北京

## 内容简介

本教材是一部关于现代数据库系统的基本原理、技术和方法的教科书。第一篇介绍数据库基础知识；第二篇介绍数据库管理系统及其事务管理与数据库保护；第三篇描述关系数据库设计与实现；第四篇给出一个具体的数据库开发案例。

本书以数据库系统的核心——数据库管理系统——的出现背景为线索，引出数据库的相关概念及数据库的整个框架体系，理顺了数据库原理、应用与设计之间的有机联系。本书突出理论产生的背景和根源，强化理论与应用开发的结合，重视知识的实用。

本书逻辑性、系统性、实践性和实用性强，可作为计算机各专业及信息类、电子类专业等数据库相关课程教材，同时也可以供数据库应用系统开发设计人员、工程技术人员、考取数据库工程师证书人员、自学考试人员等参阅。



**图书在版编目(CIP)数据**

数据库原理与设计：Oracle版/李月军编著. --北京：清华大学出版社，2012.10(2016.9重印)
(21世纪高等学校规划教材·计算机科学与技术)
ISBN 978-7-302-29733-8

Ⅰ. ①数… Ⅱ. ①李… Ⅲ. ①关系数据库系统－数据库管理系统－高等学校－教材
Ⅳ. ①TP311.138

中国版本图书馆CIP数据核字(2012)第189298号

**责任编辑**：高买花 薛 阳
**封面设计**：傅瑞学
**责任校对**：焦丽丽
**责任印制**：李红英

**出版发行**：清华大学出版社
**网 址**：http://www.tup.com.cn，http://www.wqbook.com
**地 址**：北京清华大学学研大厦A座 **邮 编**：100084
**社 总 机**：010-62770175 **邮 购**：010-62786544
**投稿与读者服务**：010-62776969，c-service@tup.tsinghua.edu.cn
**质量反馈**：010-62772015，zhiliang@tup.tsinghua.edu.cn
**课件下载**：http://www.tup.com.cn，010-62795954
**印 装 者**：虎彩印艺股份有限公司
**经 销**：全国新华书店
**开 本**：185mm×260mm **印 张**：24.5 **字 数**：592千字
**版 次**：2012年9月第1版 **印 次**：2016年9月第3次印刷
**印 数**：3501～4300
**定 价**：39.00元

产品编号：042887-01

# 编审委员会成员

（按地区排序）

# 出版说明

随着我国改革开放的进一步深化，高等教育也得到了快速发展，各地高校紧密结合地方经济建设发展需要，科学运用市场调节机制，加大了使用信息科学等现代科学技术提升、改造传统学科专业的投入力度，通过教育改革合理调整和配置了教育资源，优化了传统学科专业，积极为地方经济建设输送人才，为我国经济社会的快速、健康和可持续发展以及高等教育自身的改革发展做出了巨大贡献。但是，高等教育质量还需要进一步提高以适应经济社会发展的需要，不少高校的专业设置和结构不尽合理，教师队伍整体素质亟待提高，人才培养模式、教学内容和方法需要进一步转变，学生的实践能力和创新精神亟待加强。

教育部一直十分重视高等教育质量工作。2007 年 1 月，教育部下发了《关于实施高等学校本科教学质量与教学改革工程的意见》，计划实施"高等学校本科教学质量与教学改革工程"（简称"质量工程"），通过专业结构调整、课程教材建设、实践教学改革、教学团队建设等多项内容，进一步深化高等学校教学改革，提高人才培养的能力和水平，更好地满足经济社会发展对高素质人才的需要。在贯彻和落实教育部"质量工程"的过程中，各地高校发挥师资力量强、办学经验丰富、教学资源充裕等优势，对其特色专业及特色课程（群）加以规划、整理和总结，更新教学内容、改革课程体系，建设了一大批内容新、体系新、方法新、手段新的特色课程。在此基础上，经教育部相关教学指导委员会专家的指导和建议，清华大学出版社在多个领域精选各高校的特色课程，分别规划出版系列教材，以配合"质量工程"的实施，满足各高校教学质量和教学改革的需要。

为了深入贯彻落实教育部《关于加强高等学校本科教学工作，提高教学质量的若干意见》精神，紧密配合教育部已经启动的"高等学校教学质量与教学改革工程精品课程建设工作"，在有关专家、教授的倡议和有关部门的大力支持下，我们组织并成立了"清华大学出版社教材编审委员会"（以下简称"编委会"），旨在配合教育部制定精品课程教材的出版规划，讨论并实施精品课程教材的编写与出版工作。"编委会"成员皆来自全国各类高等学校教学与科研第一线的骨干教师，其中许多教师为各校相关院、系主管教学的院长或系主任。

按照教育部的要求，"编委会"一致认为，精品课程的建设工作从开始就要坚持高标准、严要求，处于一个比较高的起点上。精品课程教材应该能够反映各高校教学改革与课程建设的需要，要有特色风格、有创新性（新体系、新内容、新手段、新思路，教材的内容体系有较高的科学创新、技术创新和理念创新的含量）、先进性（对原有的学科体系有实质性的改革和发展，顺应并符合 21 世纪教学发展的规律，代表并引领课程发展的趋势和方向）、示范性（教材所体现的课程体系具有较广泛的辐射性和示范性）和一定的前瞻性。教材由个人申报或各校推荐（通过所在高校的"编委会"成员推荐），经"编委会"认真评审，最后由清华大学出版社审定出版。

目前，针对计算机类和电子信息类相关专业成立了两个"编委会"，即"清华大学出版社计算机教材编审委员会"和"清华大学出版社电子信息教材编审委员会"。推出的特色精品教材包括：

(1) 21世纪高等学校规划教材·计算机应用——高等学校各类专业，特别是非计算机专业的计算机应用类教材。

(2) 21世纪高等学校规划教材·计算机科学与技术——高等学校计算机相关专业的教材。

(3) 21世纪高等学校规划教材·电子信息——高等学校电子信息相关专业的教材。

(4) 21世纪高等学校规划教材·软件工程——高等学校软件工程相关专业的教材。

(5) 21世纪高等学校规划教材·信息管理与信息系统。

(6) 21世纪高等学校规划教材·财经管理与应用。

(7) 21世纪高等学校规划教材·电子商务。

(8) 21世纪高等学校规划教材·物联网。

清华大学出版社经过三十多年的努力，在教材尤其是计算机和电子信息类专业教材出版方面树立了权威品牌，为我国的高等教育事业做出了重要贡献。清华版教材形成了技术准确、内容严谨的独特风格，这种风格将延续并反映在特色精品教材的建设中。

清华大学出版社教材编审委员会
联系人：魏江江
E-mail:weijj@tup.tsinghua.edu.cn

# 前　言

数据库课程不仅是大学计算机各专业的必修主干课程，也是其他专业如信息、电子等专业的必修课程。随着对基于计算机网络和数据库技术的信息管理系统、应用系统需求量的增加，使各类人员对数据库理论与技术的需求也在不断增加。于是，编写一本具有系统性、先进性和实用性，同时又能较好地适应不同层面需求的数据库教材无疑是必要的。

编写本书的原因：

- 大多数高校的培养方案，是先开设数据库原理，然后再开设一门具体的数据库应用语言，如 SQL Server，最后开设 Oracle。根据作者多年的教学经验，建议先开设 SQL Server，然后再开设原理。因为，原理部分的关系代数运算和关系元组演算较抽象而且不易理解，通过对 SQL Server 的学习，在理解和接收上会事半功倍。原理中的事务处理、安全性与完整性控制、故障恢复等内容，在 SQL Server 的学习中，通过实验学生已经体会到它们的作用和功能，在原理里进一步对枯燥的理论知识进行深入研究，便于学生的学习。众所周知，各 DBMS 系统采用的 SQL 国际标准是一样的，有了 SQL Server 的基础，再单独开设 Oracle 数据库课程，会有大部分内容重复，导致课堂效果不好，学生对 Oracle 的学习也不会太尽力。而 Oracle 作为现在很多软件开发公司采用的后台数据库系统，所以建议在数据库原理里讲授 Oracle 的内容，通过实验，使学生掌握 Oracle 的使用。而且对于每章内容，都通过 Oracle 进行实际操作，理论与实践相结合，打破了原理纯理论的枯燥教学，使学生不仅掌握理论知识而且能动手解决实际问题。
- 利用计算机开发的应用系统，几乎都需要数据库系统的后台支持，而且系统后期的使用、维护和管理也需要相关人员，所以，对于学生在毕业前，考取一个含金量较高的数据库方面的证书是很有必要的。全国计算机技术与软件专业技术资格(水平)考试中的数据库工程师考试，是由国家人力资源和社会保障部与工业和信息化部联合颁发的证书，可以作为单位用人和职称聘任的依据。而该证书的应用技术考试，大部分是数据库原理内容。所以本教材在教学中加入了相关考试内容，帮助学生了解该种考试的题目、题型及解题思路，争取在校考取数据库证书，为毕业就业添砖加瓦。

编写本书的指导思想是帮助学生掌握数据库系统的基本原理、技术和方法，了解现代数据库系统的特点及发展趋势，提高用所学知识解决实际问题的动手能力，培养学生研究和设计数据库系统的能力。本书具有如下特点：

- 既注重系统地介绍数据库的基本原理和方法，又补充现代数据库系统的主要技术及新知识。强调基础理论、实用技术和方法。
- 缩减传统数据库系统的部分内容，突出数据库理论与实践紧密结合的特征，结合应用实例及现代的软、硬件环境讲解，突出能力训练。

• 本书根据教学的知识点、要点及层次，结合实践的特点来组织内容。

从本书的知识结构框架来看，全书内容分四篇，共计 11 章：

第一篇——数据库基础知识，包括第 1～4 章，主要介绍关系数据库系统的基本概念、基本技术和方法。

第二篇——数据库管理与保护，包括第 5～7 章，介绍关系数据库管理系统及其事务管理，描述数据库安全和完整性控制技术，讨论故障恢复的方法及策略。

第三篇——数据库系统设计，包括第 8～10 章，主要介绍关系数据库理论与数据库设计方法。具体介绍如何通过数据库的需求分析、概念设计、逻辑设计与物理设计等若干步骤，一步一步地将企业的管理业务、数据等转变成数据库管理系统所能接受的形式，从而达到利用计算机管理信息的目的。

第四篇——数据库系统开发案例，包括第 11 章，用一个实际的应用系统开发实例，详细展示其中的精髓。通过遵从本章的设计、构建和开发步骤，完成从理论到实践的跨越。

本书每章除基本知识外，还有小结、适量的练习题等，以配合对知识点的掌握。讲授时可根据学生、专业、课时等情况对内容适当取舍，带有“**”的章节内容是取舍的首选对象。

本书由李月军编写统稿。为了便于教学，本书配有电子课件，可从出版社网站下载，也可与作者联系，作者 Email：liyuejun7777@sina.com。

本书参考了多部优秀数据库方面的教材及网络内容，从中获得了许多有益的知识，在此一并表示感谢。

鉴于作者水平有限，书中难免会存在缺点和错误，敬请读者及各位专家指教。

李月军

2012 年 4 月于长春

# 第一篇 数据库基础知识

## 第四篇 数据库系统开发案例

第一篇

# 数据库基础知识

- 第1章　数据库系统的基本原理
- 第2章　关系数据库标准语言SQL
- 第3章　数据库编程
- 第4章　关系模型基本理论

# 第1章 数据库系统的基本原理

在当今信息社会，无论是组织单位还是个人的成功都比以往任何时候更加依赖于有效地获取、管理和使用关于其业务的准确、及时与完整信息的能力。数据库系统无疑是当前提供这种能力的最先进、最有效的基本工具，它的使用日益广泛，日益深入到需要管理信息的任何领域、部门和个人。

对于一个国家来说，数据库的建设规模、数据库信息量的大小和使用频度已成为衡量这个国家信息化程度的重要标志。因此，数据库课程不仅是计算机科学与技术专业、软件工程专业、信息管理专业的重要课程，也是许多非计算机专业的选修课程。

本章介绍数据库技术的基本概念。总的要求是了解数据库管理技术的发展阶段、数据模型的概念、数据库管理系统的功能及组成、数据库系统的组成与全局结构等。

## 1.1 数据库系统概述

### 1.1.1 数据库系统的应用

信息资源是企业和公司的重要财富和资源，一个满足各企业和公司要求的行之有效的信息系统是一个企业和公司生存发展的重要前提。因此，作为信息系统核心和基础的数据库技术也得到了越来越广泛的应用，下面是一些具有代表性的应用。

① 电信业：用于存储客户的通话记录，产生每月的账单，维护预付电话卡的余额和存储通信网络的信息。

② 银行业：用于存储客户的信息、账户、贷款以及银行的交易记录。

③ 金融业：用于存储股票、债券等金融票据的持有、出售和买入的信息。也可用于存储实时的市场数据，以便客户能够进行联机交易，公司能够进行自动交易。

④ 销售业：用于存储客户、产品及购买信息。

⑤ 联机的零售商：用于存储客户、产品及购买信息，以及实时的订单跟踪，推荐品清单的生成，还有实时的产品评估。

⑥ 大学：用于存储学生的信息，课程注册、成绩的信息，教师及行政人员的相关信息。

⑦ 航空业：用于存储订票和航班的信息。航空业是最先以地理上分布的方式使用数据库的行业之一。

⑧ 人力资源：用于存储雇员、工资、所得税和津贴的信息，以及产生工资单。

⑨ 制造业：用于管理供应链，跟踪工厂中产品的生产情况、仓库和商店中产品的详细清单以及产品的订单。

正如以上所列举的，数据库已经成为当今几乎所有企业不可缺少的组成部分了。

现在，很多机构已经将数据库的访问提至 Web 界面，提供大量的在线服务和信息。比如，当你访问一家在线书店，浏览一本书时，其实你正在访问的是存储在某个数据库中的数据。当你确认了一个网上订购，你的订单也就保存在了某个数据库中。此外，关于你访问网络的数据也可能会存储在一个数据库中。

因此，尽管用户界面隐藏了访问数据库的细节，大多数人甚至没有意识到他们正在和一个数据库打交道，然而访问数据库已经成为当今几乎每个人生活中不可缺少的组成部分。

也可以从另一个角度来评判数据库系统的重要性。像 Oracle 这样的数据库系统厂商是世界上最大的软件公司之一，并且在微软和 IBM 等这些有多样化产品的公司中，数据库系统也是其产品线的一个重要组成部分。

### 1.1.2 数据库系统概念

简要的说，一个数据库系统就是一个相关的数据集和一个管理这个数据集的程序集及其他相关软件与硬件等组成的集合体。其数据集包含了特定应用环境的相关信息，称为数据库；其程序集称为数据库管理系统，它提供了一个接收、存储和处理数据库数据的环境。

数据库系统的总目标就是使用户能有效而方便地管理与使用数据库的数据。

数据、数据库、数据库管理系统和数据库系统是与数据库技术密切相关的四个基本概念。

#### 1. 数据

数据(Data)是数据库存储的基本对象。它是描述现实世界中各种具体事物或抽象概念的、可存储并具有明确意义的符号记录。

具体事物是指有形且看得见的实物，如学生、教师等；抽象概念则是指无形且看不见的虚物，如课程、合同等。

在日常生活中，人们可以直接用语言来描述事物。比如，可以这样来描述某校计算机系一位同学的基本情况：王晓海同学，男，1990 年 10 月 2 日生，2011 年入学。在计算机中常常这样来描述：

(王晓海，男，1990/10/02，计算机系，2011)

即把学生的姓名、性别、出生日期、所在系、入学时间等组织在一起，组成一个记录。这里的学生记录就是描述学生的数据。记录是数据库系统表示和存储数据的一种格式。

#### 2. 数据库

简单地说，数据库(DataBase，DB)就是相互关联的数据集合。严格地说，数据库是长期存储在计算机内、有组织的、可共享的大量数据的集合。数据库中的数据按一定的数据模型组织、描述和存储，具有较小的冗余度、较高的数据独立性和易扩展性。

比如，与学生有关的信息，包括学生的个人基本信息、选修的课程信息及相关课程的成绩信息等。学生的基本信息包括学号、姓名、性别等；课程信息包括如课号、课程名、学分、讲课教师等；学生和课程之间是通过选课信息进行关联的，选课信息包括如学号、课号、成绩等。

现在，假设要编写应用程序来访问每个学生的学号、姓名、选修课程的名称及该课程的成绩信息，则需要：

① 为了便于应用程序的使用和对这三类数据的管理，可以将这三类数据存储到一个数据库中，即体现了数据库就是数据集合的说法。

② 学生信息中包含学号，而选课信息中也包含学号，即一个人的学号在计算机中存储了至少两次，也就是所说的数据冗余，但这种冗余是不可避免的。因为，学生和选课数据之间，只能通过学生的学号才能建立起关联，这样应用程序或用户才能同时访问这两类数据，从而得到正确的结果信息。所以数据库应具有较小的冗余度，但不能杜绝数据冗余。

③ 大部分情况下，软件开发中的前台应用程序开发和后台数据库开发是同时进行的，数据独立性保证了开发人员编写的应用程序不会因为数据库的改变而修改，数据库也不会因为应用程序的改变而修改，加快了软件开发的进度。

④ 数据库应用系统在开发和使用过程中，会有新的业务逻辑加入，新增数据不会使数据库结构变动太大，这就要求数据库具有易扩展性。

### 3. 数据库管理系统

数据库管理系统（DataBase Management System，DBMS）是数据库系统的核心部分，是位于用户与操作系统（Operation System，OS）之间的一层数据库管理软件，它为用户或应用程序提供访问数据库的方法，包括数据库的定义、建立、查询、更新及各种数据控制等。

它的主要功能包括以下几个方面：

1）数据定义功能

DBMS 提供数据定义语言（Data Definition Language，DDL），用户通过它可以方便地在数据库中定义数据对象（包括表、视图、索引、存储过程等）和数据的完整性约束等。

比如，下面的 DDL 语句执行的结果就是创建了一个数据对象 student 表。

```
Create Table student
(stu_id Char(5),
 name Varchar2(10),
 sex Char(2),
 dept Varchar2(10));
```

存储在数据库中的数据值必须满足某些一致性约束条件，例如，只允许学生的 sex 值取男或女，除了这两个值以外不能再接受其他数据值。DDL 语言提供了指定这种约束的工具，每当数据库被更新时，数据库系统都会检查这些约束，实现对数据的完整性约束。数据的完整性约束主要有实体完整性、参照完整性和用户定义的完整性。

2）数据操纵功能

DBMS 提供数据操纵语言（Data Manipulation Language，DML），用户可以通过它对数据库的数据进行增加、删除、修改和查询操作，简称为“增、删、改、查询”，对应于 SQL 语言的 4 个命令，即 INSERT、DELETE、UPDATE 和 SELECT。实际应用中 SELECT 语句的使用频率最高。

比如,下面是一个 SQL 查询的例子,通过它找出所有计算机系学生的名字:

```
Select name
From student
Where dept = 'computer'
```

执行本查询的结果显示的是一个表,表中只包含一列(name 列)和若干行,每一行都是 dept 值为 computer 的一个学生的名字。

3) 数据控制功能

DBMS 提供了数据控制语言(Data Control Language,DCL),用户可以通过它完成对用户访问数据权限的授予和撤销,即安全性控制;解决多用户对数据库的并发使用所产生的事务处理问题,即并发控制;数据库的转储、恢复功能;数据库的性能监视、分析等功能。

比如,下面是用 SQL 语言实现的为用户 xs001 授予查询 student 表的权限语句。

```
Grant Select On student To xs001
```

4) 数据组织、存储和管理

DBMS 要分类组织、存储和管理各种数据,如用户数据、数据的存取路径等。确定以何种存取方式存储数据,以何种存取方法来提高存取效率。在数据库设计时,这些都由具体的 DBMS 自动实现,使用者一般不用进行设置。

### 4. 数据库系统

数据库系统(DataBase System,DBS)是指在计算机系统中引入数据库后的系统,一般由数据库(DB)、数据库管理系统(DBMS)、应用系统和数据库管理员(DataBase Adminstrator,DBA)构成。

在一般不引起混淆的情况下常常把数据库系统简称为数据库。

数据库系统结构如图 1-1 所示。数据库系统在整个计算机系统中的地位如图 1-2 所示。

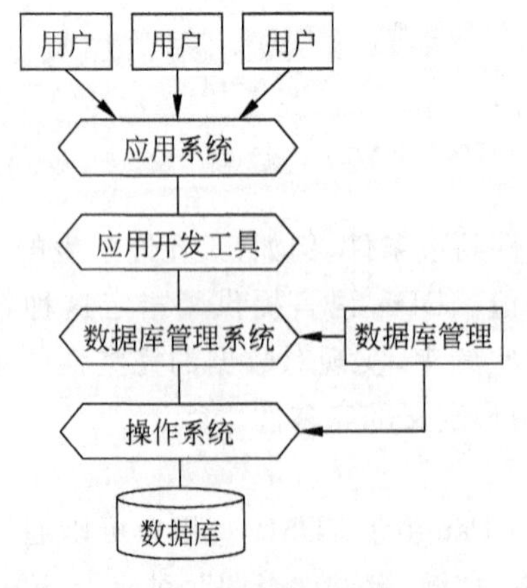


图 1-1 数据库系统结构

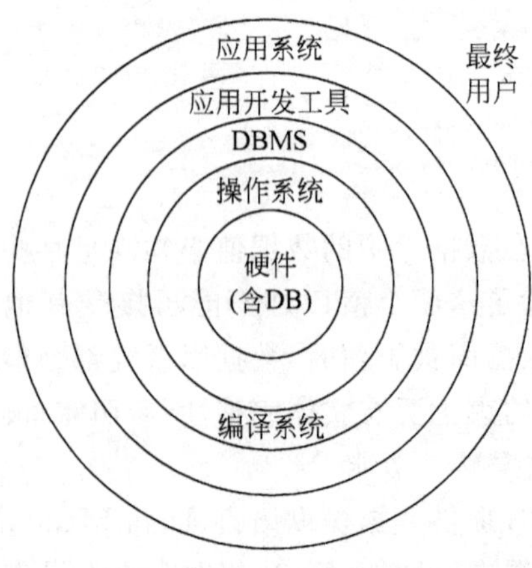


图 1-2 数据库系统在计算机系统中的地位

#### 5. 数据库应用系统

数据库应用系统(DataBase Application System,DBAS)主要是指实现业务逻辑的应用程序。该系统必须为用户提供一个友好的、人性化的操作数据的图形用户界面(Graphical User Interface,GUI),通过数据库语言或相应的数据访问接口,存取数据库中的数据。如图书管理应用系统、铁路订票应用系统、证券交易应用系统等。

### 1.1.3 数据管理技术的发展阶段

数据库管理技术的发展,与计算机的外存储器、系统软件及计算机的应用范围有着密切的联系。数据管理技术的发展经历了人工管理、文件管理系统、数据库系统和高级数据库系统四个阶段。其中,高级数据库系统阶段将在1.5小节介绍。

#### 1. 人工管理阶段

在这一阶段,计算机主要用于科学计算。当时的外存储器只有磁带、卡片和纸带等,没有磁盘等直接存储设备。软件只有汇编语言,没有操作系统和数据管理方面的软件。数据处理的方式基本上是批处理。人工管理数据具有以下的特点:

1) 数据不保存

由于当时计算机主要应用于科学计算,一般不需要将数据进行长期保存,只是在计算某一问题时才将数据输入,用完后立即撤走。

2) 数据不具有独立性

数据需要由应用程序自己设计、定义和管理,应用程序中要规定数据的逻辑结构和设计物理结构(包括存储结构、存取方法、I/O方式等)。数据的逻辑结构或物理结构一旦发生变化,则必须对应用程序做相应的修改,程序员的负担很重。

3) 数据不共享

数据是面向程序的,即一组数据只对应于一个程序。当多个程序访问某些相同的数据时,必须各自在自身程序中分别定义这些数据,所以程序与程序间存在大量的冗余数据。

4) 只有程序的概念,没有文件的概念

#### 2. 文件管理系统阶段

在这一阶段,计算机不仅用于科学计算,还用于信息管理。外存储器已有磁盘、磁鼓等直接存取的存储设备,所以数据可以长期保存。软件方面有了操作系统(OS),而操作系统中的文件系统是专门对外存数据进行管理的软件。数据处理的方式不仅有批处理,而且能够联机实时处理。

这个阶段,数据记录被存储在多个不同的文件中,程序开发人员需要编写不同的应用程序将记录从不同的文件中提取出来进行访问,或者将记录加入到相应的文件中。

比如,一个银行的某个部门要保存所有客户及储蓄账户的信息,首先,要将这些信息保存在操作系统的文件中。其次为了能让用户对信息进行操作,系统程序员需要根据银行的需求编写应用程序,如:创建新账户的程序;查询账户余额的程序;处理账户存、取款的程序。

随着业务的增长,新的应用程序和数据文件被加入到系统中。例如,一个储蓄银行决定开设信用卡业务,那么银行就要建立新的文件来永久保存该银行所有信用卡账户的信息(而有些信用卡用户也是原有的储蓄用户,导致该用户的基础信息被重复存储),进而就有可能需要编写新的应用程序来处理在储蓄账户中不曾遇到的问题,如透支。因此,随着时间的推移,越来越多的文件和应用程序就会加入到系统中。

文件管理系统阶段存储组织信息的主要弊端如下:

1) 数据的冗余和不一致

即相同的信息可能在多个文件中重复存储。例如,某个客户的地址和电话号码可能既在储蓄账户文件中存储,又可能在信用卡账户文件中存储。这种冗余不仅导致存储开销增大,还可能导致数据的不一致性,即同一数据的不同副本值不相同。例如,某个客户的地址更改,可能在储蓄账户文件中已经完成,但在系统其他有该数据的文件中没有完成。

2) 数据独立性差

文件系统中的文件是为某一特定应用服务的,文件的逻辑结构对该应用程序来说是优化的,因此要想对现有的数据再增加一些新的应用会很困难,系统不易扩充。

例如假设银行经理要求数据处理部门将居住在某个特定邮编地区的客户姓名列表给他,而系统中只有一个产生所有客户列表的应用程序,这时数据处理部门可以有两种方法:一是取得所有客户的列表并手工提取所要信息,二是让系统程序员编写相应的应用程序。这两种方法都不太令人满意。假设过几天,经理又要求给出该列表中账户余额多于100万的那些客户名单,那么数据处理部门仍然面临着前面那两种选择。

如果数据的逻辑结构改变了,则必须修改应用程序中文件结构的定义。如果应用程序改变了(如采用了其他高级语言编写),则也会引起文件数据结构的改变。因此数据与程序之间仍缺乏独立性。

3) 数据孤立

由于数据分散在不同文件中,这些文件又可能具有不同的格式,编写新应用程序检索多个文件中的数据是很困难的。

### 3. 数据库系统阶段

由于计算机管理对象的规模越来越大,应用范围越来越广泛,数据量急剧增长,对数据共享的要求也越来越强烈,而文件管理系统已经不能满足应用的需求,于是,为了解决多用户、多应用共享数据的需求,使数据为尽可能多的应用服务,数据库技术便应运而生,出现了统一管理数据的专门软件系统——数据库管理系统(DBMS)。

用数据库系统来管理数据比文件系统具有明显的优点,下面给出数据库系统的特点。

1) 数据结构化

数据库系统中实现了整体数据的结构化,即不仅要考虑某个应用的数据结构,还要考虑整个组织的数据结构,而且数据之间是具有联系的。

例如,一个学校的信息系统中不仅要考虑教务处的学生学籍管理、选课管理,还要考虑学生处的学生人事管理、后勤处的学生宿舍管理,同时还要考虑人事处的教员人事管理、招生办的招生就业管理等。所以,学生数据的组织不仅仅只面对如教务处的一个学生选课的应用,而是应该面向各个与学生有关的部门的应用。

2）数据的共享性高，冗余度低，易扩充

数据库系统是从整体角度来看待和描述数据的，数据可以被多个用户、多个应用共享使用。数据共享可以大大减少数据冗余，节约存储空间，数据共享还能够避免数据间的不一致性问题。

由于数据面向整个系统，是有结构的数据，不仅可以被多个应用共享使用，而且容易增加新的应用，从而使得数据库系统弹性大，容易扩充，适应各种用户的要求。

3）数据独立性高

数据独立性是数据库领域中一个常用术语和重要概念。数据独立性是指应用程序与数据库的数据结构之间相互独立，包括物理独立性和逻辑独立性。

物理独立性是指当数据的物理结构改变时，尽量不影响整体逻辑结构及应用程序，这样就认为数据库达到了物理数据独立性。

逻辑独立性是指当整体数据逻辑结构改变时，尽量不影响应用程序，这样就认为数据库达到了逻辑独立性。

数据与程序的独立，把数据的定义从程序中分离出来，加上存取数据的方法又由 DBMS 负责提供，从而简化了应用程序的编制，大大减少了应用程序的维护和修改。

4）数据由 DBMS 统一管理和控制

数据库中数据的共享，使得 DBMS 必须提供以下的数据控制功能：

（1）数据的完整性检查

数据的完整性指数据的正确性、有效性和相容性。完整性检查将数据控制在有效的范围内，或保证数据之间满足一定的关系。

例如，学生各科成绩的值要求只能取大于等于 0 和小于等于 100 的值；再如某个同学退学后，应将其记录从学生信息表中删除，但还应保证在其他存有该学生相关信息的表中也完成删除操作，比如删除选课信息表中该同学所有选课的信息记录。

（2）并发控制

当多个用户同时更新数据时，可能会发生相互干扰而得到错误的结果或使得数据库的完整性遭到破坏，因此必须对多用户的并发操作加以控制和协调。

例如，假设银行某账户中有 1000 元，两个客户甲和乙几乎同时从该账户中取款，分别取走 100 元和 200 元，这样的并发执行就可能使账户处于一种错误的或者说不一致的状态。并发执行过程如表 1-1 所示。

**表 1-1　并发控制实例**

| 执行时间 | 甲客户 | 账户余额 | 乙客户 |
|---|---|---|---|
| $t_0$ 时刻 | | 1000 元 | |
| $t_1$ 时刻 | 读取账户余额 1000 元 | | |
| $t_2$ 时刻 | | | 读取账户余额 1000 元 |
| $t_3$ 时刻 | 取走 100 元 | | |
| $t_4$ 时刻 | | | 取走 200 元 |
| $t_5$ 时刻 | 更改账户余额 | 900 元 | |
| $t_6$ 时刻 | | 800 元 | 更改账户余额 |

最终账户余额是 800 元，这个结果是错误的，正确的值是 700 元。为了消除这种情况发生的可能性，在多个不同的应用程序访问同一数据时，必须对这些程序事先进行协调和控制，即并发控制。

(3) 数据的安全性保护

数据库的安全性是指保护数据，以防止不合法的使用造成数据的泄露和破坏。使每个用户只能按规定，对某些数据以某些方式进行使用和处理。

例如，学生在查看成绩时，只能在系统中查看到自己的成绩，并不能查看其他同学的成绩；再如学生只能查看成绩，而教师能在系统中录入和修改学生的成绩。

(4) 数据库的恢复

计算机系统的硬件故障、软件故障、操作员的失误以及故意的破坏也会影响数据库中数据的正确性，甚至造成数据库部分或全部数据的丢失。DBMS 提供了数据的备份和恢复功能，可将数据库从错误状态恢复到某一已知的正确状态。

下面通过表 1-2 给出三个阶段的特点及其比较的总结。

**表 1-2 数据管理技术三个阶段的特点及其比较**

<table>
<tr><th colspan="2">比较项目</th><th>人工管理阶段</th><th>文件管理阶段</th><th>数据库系统阶段</th></tr>
<tr><td rowspan="4">背景</td><td>应用背景</td><td>科学计算</td><td>科学计算、管理</td><td>大规模管理</td></tr>
<tr><td>硬件背景</td><td>无直接存取存储设备</td><td>磁盘、磁鼓</td><td>大容量磁盘</td></tr>
<tr><td>软件背景</td><td>没有操作系统</td><td>有文件系统</td><td>有数据库管理系统</td></tr>
<tr><td>处理方式</td><td>批处理</td><td>联机实时处理、批处理</td><td>联机实时处理、分布处理、批处理</td></tr>
<tr><td rowspan="6">特点</td><td>数据的管理者</td><td>用户(程序员)</td><td>文件系统</td><td>数据库管理系统</td></tr>
<tr><td>数据面向的对象</td><td>某一应用程序</td><td>某一应用</td><td>现实世界</td></tr>
<tr><td>数据的共享程度</td><td>无共享，冗余度极大</td><td>共享性差，冗余度大</td><td>共享性高，冗余度小</td></tr>
<tr><td>数据的独立性</td><td>不独立，完全依赖于程序</td><td>独立性差</td><td>具有高度的物理独立性和逻辑独立性</td></tr>
<tr><td>数据的结构化</td><td>无结构</td><td>记录内有结构、整体无结构</td><td>整体结构化，用数据模型描述</td></tr>
<tr><td>数据控制能力</td><td>应用程序自己控制</td><td>应用程序自己控制</td><td>由数据库管理系统提供数据安全性、完整性、并发控制和恢复能力</td></tr>
</table>

### 1.1.4 数据库系统的用户

一个企业或公司的数据库系统建设，涉及到许多人员，可以将这些人员分为两类，即数据库用户和数据库管理员。

#### 1. 数据库管理员

数据库管理员(Database Administrator，DBA)是支持数据库系统的专业技术人员，实现对系统进行集中控制。DBA 的具体职责包括：

1）参与数据库的设计

DBA 必须参加数据库设计的全过程，与用户、应用程序员、系统分析员密切合作，完成数据库设计。DBA 需要参与数据库中存储哪些信息、采用哪种存储结构和存取策略的决定。

2）定义数据的安全性要求和完整性约束条件

DBA 的重要职责是保证数据库的安全性和完整性。DBA 可以通过为不同用户授予不同的存取权限，限制他们对数据库的访问。对数据添加一些约束条件，保证数据的完整性。

3）日常维护

① 定期备份数据库，在磁带上或者在远程服务器上，防止像洪水之类的自然灾难发生时导致的数据丢失。

② 监视数据库的运行，并确保数据库的性能不因一些用户提交了花费时间较多的任务而导致的性能下降。

③ 确保正常运转时所需的空余磁盘空间，并且在需要时升级磁盘空间。

4）数据库的改进和重组、重构

DBA 还负责在系统运行期间监视系统的空间利用率、处理效率等性能指标，对运行情况进行记录、统计分析，依靠工作实践并根据实际应用环境，不断改进数据库设计。

在数据库运行过程中，大量数据不断插入、删除、修改，时间一长，会影响系统性能。因此，DBA 要定期对数据库进行重组，以提高系统的性能。

当用户的需求增加和改变时，DBA 还要对数据库进行较大的改造，包括修改部分设计，即数据库的重构造。

### 2. 数据库用户

根据工作性质及人员的技能，可将数据库用户分为四类，分别是最终用户、专业用户、系统分析员和数据库设计人员、应用程序员。

1）最终用户

最终用户是现实系统中的业务人员，是数据库系统的主要用户。他们通过激活事先已经开发好的应用程序与系统进行交互。

例如，一个用户想通过网上银行查出他账户上的余额。这个用户会访问一个用来输入他的账号和密码的界面。位于 Web 服务器上的一个应用程序就根据账号取出账户的余额，并将这个信息反馈给用户。

2）专业用户

专业用户包括工程师、科学家、经济学家等具有较高科学技术背景的人员。这类用户一般都比较熟悉数据库管理系统的各种功能，能够直接使用数据库语言访问数据库，甚至能够基于数据库管理系统的 API（Application Programming Interface，应用程序编程接口）编写自己的应用程序。

3）系统分析员和数据库设计人员

系统分析员负责应用系统的需求分析和规范说明，要和用户及数据库管理员相结合，确定系统的硬件软件配置，并参与数据库系统的概要设计。

数据库设计人员负责调研现行系统，与业务人员交流，分析用户的数据需求与功能需求，为每个用户建立一个适于业务需要的外部视图，然后合并所有的外部视图，形成一个完整的、全局性的数据模式，并利用数据库语言将其定义到DBMS中，建立起数据库。在很多情况下，数据库设计人员就由数据库管理员担任。

4）应用程序员

应用程序员是编写应用程序的计算机专业人员，编写并调试支持所有用户业务的应用程序代码，加载数据库中的数据，运行应用程序。

## 1.2 数据模型

模型是对现实世界的抽象。在数据库技术中，我们用数据模型的概念来描述数据库的结构和语义，对现实世界的数据进行抽象。从现实世界的信息到数据库存储的数据以及用户使用的数据是一个逐步抽象的过程。

### 1.2.1 数据抽象的过程

美国国家标准化协会ANSI根据数据抽象的级别定义了四种模型，即概念模型、逻辑模型、外部模型、内部模型。概念模型是表达用户需求观点的数据库全局逻辑结构的模型；逻辑模型是表达计算机实现观点的数据库全局逻辑结构的模型；外部模型是表达用户使用观点的数据库局部逻辑结构的模型；内部模型是表达数据库物理结构的模型。这四种模型之间的相互关系如图1-3所示。

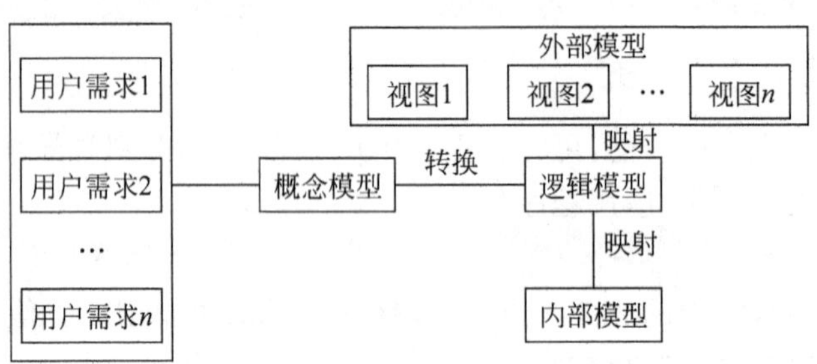


图1-3　四种模型之间的关系

数据抽象的过程即是数据库设计的过程，具体的步骤如下。

第1步：根据用户需求，设计数据库的概念模型，这是一个“综合”的过程。

第2步：根据转换规则，把概念模型转换成数据库的逻辑模型，这是一个“转换”的过程。

第3步：根据用户的业务特点，设计不同的外部模型，给应用程序使用。也就是说，应用程序使用的是数据库外部模型中的各个视图。

第4步：数据库实现时，要根据逻辑模型设计其内部模型。

下面对这四种模型分别进行简要的解释。

#### 1. 概念模型

概念模型在这四种模型中抽象级别最高。其特点如下：

① 概念模型表达了数据库的整体逻辑结构，它是企业管理人员对整个企业组织的全面概述。

② 概念模型是从用户需求的观点出发，对数据建模。

③ 概念模型独立于硬件和软件。硬件独立意味着概念模型不依赖于硬件设备，软件独立意味着该模型不依赖于实现时的 DBMS 软件。因此硬件或软件的变化都不会影响数据库的概念模型设计。

④ 概念模型是数据库设计人员与用户之间进行交流的工具。

现在采用的概念模型主要是实体-联系模型，即 E-R 模型。E-R 模型主要用 E-R 图来表示。

实体是现实世界或客观世界中可以相互区别的对象，这种对象可以是具体的，也可以是抽象的。例如，具体的实体，如某某学生（“张三”、“李四”）、某某老师（“刘老师”、“李老师”）、某所高校（“清华大学”、“吉林大学”）等；而抽象的实体，如某门课程（“数据库”、“计算机网络”）、某个合同等。

联系是两个或多个实体间的关联。两个实体之间的联系可以分为三种：

1）一对一联系（1∶1）

例如，学校里面，一个班级只有一个班长，而一个班长只在一个班级中任职，则班级和班长之间具有一对一联系。

2）一对多联系（1∶$n$）

例如，一个班级中有若干名学生，而每个学生只属于一个班级，则班级和学生之间具有一对多联系。

3）多对多联系（$m$∶$n$）

例如，一门课程同时有若干名学生选修，而一个学生可以同时选修多门课程，则课程和学生之间具有多对多联系。

### 2. 逻辑模型

在选定 DBMS 软件后，就要将概念模型按照选定的 DBMS 的特点转换成逻辑模型。

逻辑模型具有下列特点。

① 逻辑模型表达了数据库的整体逻辑结构，但它是设计人员对整个企业组织数据库的全面概述。

② 逻辑模型是从数据库实现的观点出发，对数据建模。

③ 逻辑模型硬件独立，但依赖软件。

④ 逻辑模型是数据库设计人员与应用程序员之间进行交流的工具。

逻辑模型有层次模型、网状模型和关系模型三种。层次模型的数据结构是树状结构，网状模型的数据结构是有向图，关系模型采用二维表格存储数据。现在使用的关系型数据库管理系统（RDBMS）均采用关系数据模型。

### 3. 外部模型

在应用系统中，常常根据业务的特点划分成若干个业务单位，在实际使用时，可以为不同的业务单位设计不同的外部模型。

外部模型具有如下特点。

① 外部模型是逻辑模型的一个逻辑子集。

② 硬件独立,软件依赖。

③ 外部模型反映了用户使用数据库的观点。

从整个系统考察,外部模型具有下列特点。

① 简化了用户的观点。外部模型是针对应用需要的数据而设计的,无关的数据则不必放入,这样用户就能比较简便地使用数据库。

② 有助于数据库的安全性保护。用户不能看的数据,不放入外部模型,这样就提高了系统的安全性。

③ 外部模型是对概念模型的支持。如果用户使用外部模型得心应手,那么说明当初根据用户需求综合成的概念模型是正确的、完善的。

#### 4. 内部模型

内部模型又称为物理模型,是数据库最底层的抽象,它描述数据在磁盘上存储方式、存取设备和存取方法。内部模型是与硬件和软件紧密相连的。但随着计算机软、硬件性能的大幅度提高,并且目前占有绝对优势的关系模型以逻辑级为目标,因而可以不必考虑内部级的设计细节,由系统自动实现。

### 1.2.2 关系模型

1970 年美国 IBM 公司 San Jose 研究室的研究员 E. F. Codd 首次提出了数据库系统的关系模型,Codd 给出了逻辑数据库结构的标准,且在关系数学定义的基础之上,提出了一种数据库操作语言,这种语言能够非过程化的、强有力而简单地表示数据操作。

#### 1. 数据模型的三要素

数据模型是数据库系统的核心和基础,它是严格定义的一组概念的集合。这些概念精确地描述了系统的静态特性、动态特性和完整性约束条件。因此数据模型通常由数据结构、数据操作和完整性三部分组成。

1) 数据结构

数据结构描述数据库的组成对象以及对象之间的联系。在数据库系统中,常见的数据模型有层次模型、网状模型和关系模型,关系模型是当前占统治地位的数据模型。

数据结构是所描述的对象类型的集合,是对系统静态特性的描述。

2) 数据操作

数据操作是指对数据库表中记录的值允许执行的操作集合,包括操作及有关的操作规则。

数据库对数据的操作主要有增、删、改、查询四种操作。数据模型必须定义这些操作的确切含义、操作符号、操作规则以及实现操作的语言。

数据操作是对系统动态特性的描述。

3) 数据的完整性约束条件

数据的完整性约束条件是一组完整性规则。完整性规则是给定的数据模型中数据及其联系所具有的制约和依存规则，用以限定符合数据模型的数据库状态以及状态的变化，以保证数据的正确、有效、相容。

在关系模型中，任何关系都必须满足实体完整性和参照完整性。

例如，储蓄银行中，任何两个账户不能有相同的账号，即实体完整性约束条件。再如，账户关系中各账号对应的分行名称必须在分行关系中存在，即参照完整性约束条件。

此外，数据模型还应该提供数据语义约束的条件，即用户定义的完整性约束条件。比如，每个账户的余额值必须大于等于0元。

### 2. 关系数据模型的数据结构

关系模型是建立在严格的数据概念基础之上的，这里我们只简单地进行介绍，会在后续章节中详细讲述。下面我们以表1-3的学生基本信息表为例，介绍关系模型中的一些术语。

表1-3 学生基本信息表

| 学号 | 姓名 | 性别 | 出生日期 | 专　业 |
|---|---|---|---|---|
| 1040101 | 孙海涛 | 男 | 20-2月-90 | 计算机科学与技术 |
| 1040102 | 王丽影 | 女 | 10-9月-89 | 计算机科学与技术 |
| 1050101 | 李晨 | 男 | 21-5月-91 | 信息管理 |
| 1050102 | 赵玉刚 | 男 | 04-11月-90 | 信息管理 |
| … | … | … | … | … |

1）关系

一个关系（Relation）就是一张规范的二维表，如表1-3的学生基本信息表就是一个关系。一个规范化的关系必须满足的最基本的一条就是，关系的每一列不可再分，即不允许表中还有表。如表1-4所示就不是一个关系。

表1-4 非规范化关系示例

| 学号 | 姓名 | 性别 | 出生日期 | 成　绩 | | |
|---|---|---|---|---|---|---|
| | | | | 英语 | 数学 | 语文 |
| 1040101 | 孙海涛 | 男 | 20-2月-90 | 90 | 80 | 85 |
| 1040102 | 王丽影 | 女 | 10-9月-89 | 79 | 91 | 82 |
| 1050101 | 李晨 | 男 | 21-5月-91 | 73 | 95 | 65 |
| 1050102 | 赵玉刚 | 男 | 04-11月-90 | 86 | 85 | 76 |
| … | … | … | … | … | … | … |

2）元组

表中的一行即为一个元组（Tuple）。注意表中第1行不是一个元组。

3）属性

表中的一列即为一个属性（Attribute），每个属性都有一个属性名。如表1-3共有5个属性，即学号、姓名、性别、出生日期和专业。

4）码

码也称为关键码(Key)或关键字。表中的某个属性或者属性的组合,能唯一地确定一个元组,那么这个属性或者属性的组合就称为码,一个关系中可以有多个码。如表 1-3 中的学号,可以唯一地确定一个学生,它就成为该关系的一个码。再如,假设学生中有重名的同学,但重名的同学性别都不同,则姓名和性别一起也可以唯一地确定一个元组,那么姓名和性别一起就可以作为该关系的一个码。

5）关系模式

对关系的描述,一般表示为:

关系名(属性 1,属性 2,属性 3,…,属性 n)

例如表 1-3 的关系可描述为:

学生基本信息表(学号,姓名,性别,出生日期,专业)

### 3. 关系数据模型的操作与完整性约束

关系数据模型的操作主要包括查询、插入、删除和更新数据。这些操作必须满足关系的完整性约束条件。关系的完整性约束条件包括三大类:实体完整性、参照完整性和用户定义的完整性。这三类完整性将在后续章节进行介绍。

# 1.3 数据库体系结构

数据库系统的设计目标是允许用户逻辑地处理数据,而不涉及数据在计算机内部的存储,在数据组织和用户应用之间提供某种程度的独立性。

## 1.3.1 数据库系统三级结构

数据库技术中采用分级的方法,将数据库的结构划分成多个层次。1975 年美国 ANSI/SPARC报告提出了三级划分法,如图 1-4 所示。图 1-5 给出三级结构的一个实例。

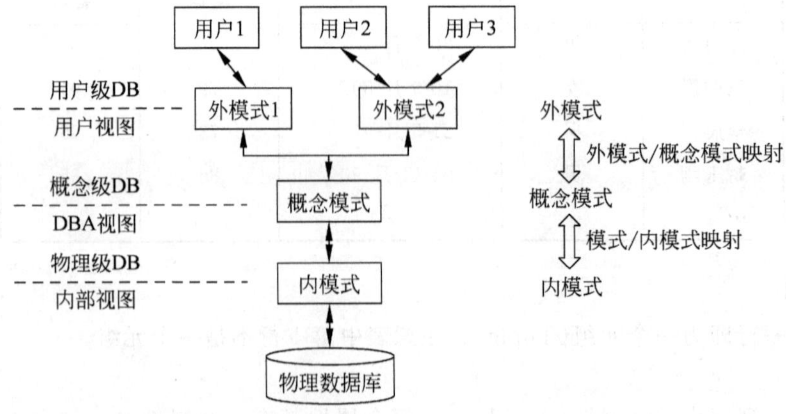


图 1-4 数据库系统结构的三级结构

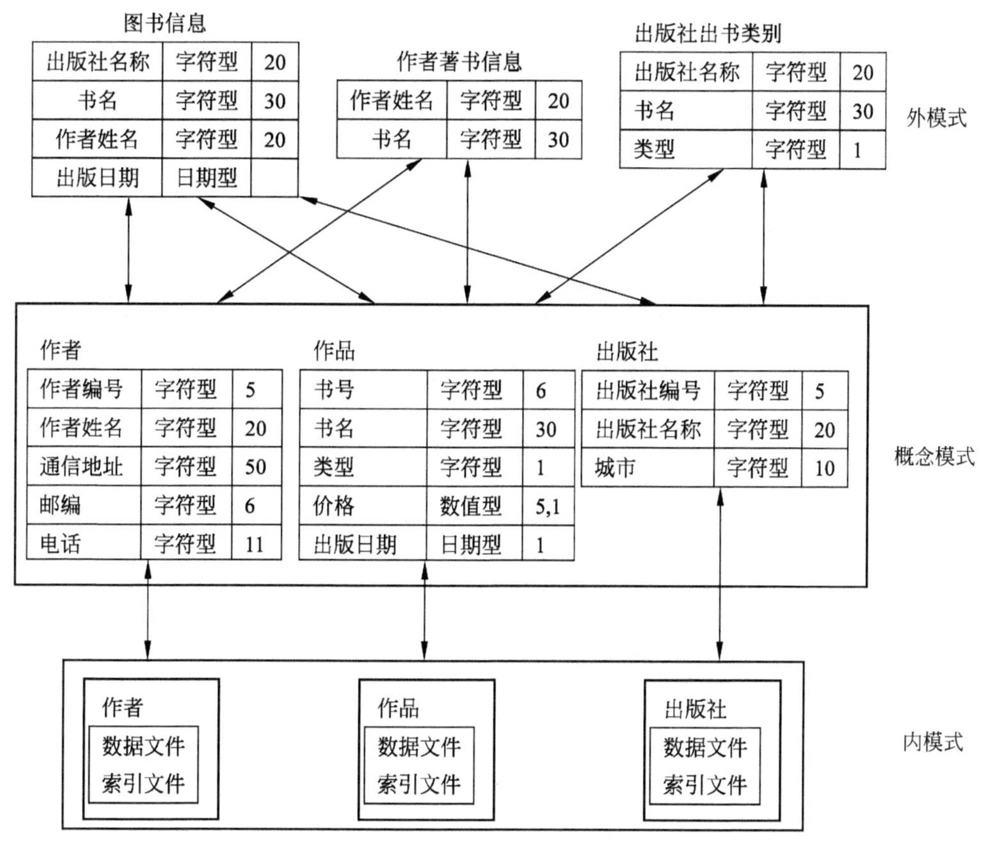


图 1-5 三级结构模式实例

数据库系统划分为三个抽象级：用户级、概念级、物理级。

### 1. 用户级数据库

用户级对应于外模式，是最接近用户的一级，是用户看到和使用的数据库，又称为用户视图。用户级数据库主要由外部记录组成，不同用户视图可以互相重叠，用户的所有操作都是针对用户视图进行的。

### 2. 概念级数据库

概念级数据库对应于概念模式，介于用户级和物理级之间，是数据库管理员看到和使用的数据库，又称 DBA 视图。概念级模式把用户视图有机地结合成一个整体，综合平衡考虑所有用户要求，实现数据的一致性，最大限度降低数据冗余，准确地反映数据间的联系。

### 3. 物理级数据库

物理级数据库对应于内模式，是数据库的底层表示，它描述数据的实际存储组织，是最接近于物理存储的级，又称内部视图。物理级数据库由内部记录组成，物理级数据库并不是真正的物理存储，而是最接近于物理存储的级。

## 1.3.2 数据库系统三级模式

数据库系统包括三级模式，即概念模式、外模式和内模式。

### 1. 概念模式

概念模式又称为模式或逻辑模式，是数据库中全体数据的逻辑结构和特征的描述，是所有用户的公共数据视图。一个数据库只能有一个概念模式。

定义概念模式时不仅要定义数据的逻辑结构(如数据记录由哪些数据项构成，数据项的名字、类型、取值范围等)，而且还要定义数据之间的联系，定义与数据有关的安全性、完整性要求。

### 2. 外模式

外模式又称为子模式或用户模式，是数据库用户(包括程序员和最终用户)能够看到和使用的局部数据的逻辑结构和特征的描述，是数据库用户的数据视图，是与某一应用有关的数据的逻辑表示。一个数据库可以有多个外模式。

外模式主要描述组成用户视图的各个记录的组成、相互关系、数据项的特征、数据的安全性和完整性约束条件。

### 3. 内模式

内模式又称为存储模式或物理模式，是数据物理结构和存储方式的描述，是数据在数据库内部的表示方式。一个数据库只能有一个内模式。

内模式定义的是存储记录的类型、存储域的表示、存储记录的物理顺序、索引和存储路径等数据的存储组织。

## 1.3.3 数据库系统的二级映射与数据独立性

数据库系统的数据独立性高，主要是由于数据库系统三级模式间的二级映射来实现的。

### 1. 数据库系统的二级映射

数据库系统的二级映射是：外模式/模式映射和模式/内模式映射。

数据库系统三个抽象级间通过两级映射进行相互转换，使得数据库抽象的三级模式形成一个统一的整体。

### 2. 数据独立性

数据独立性是指应用程序与数据间的独立性，主要包括物理独立性和逻辑独立性两种。

1) 物理独立性

物理独立性是指用户的应用程序与存储在磁盘上的数据库中的数据是独立的。物理独立性是通过模式/内模式映射来实现的。

当数据库的存储结构发生改变，由 DBA 对模式/内模式映像作相应的改变，可以使模式保持不变，从而应用程序也不必改变，保证了数据与程序的物理独立性。

2）逻辑独立性

逻辑独立性是指用户的应用程序与逻辑结构是相互独立的。逻辑独立性是通过外模式/模式映射来实现的。

当模式改变时（例如增加了新的关系、新的属性、改变属性的数据类型等），由DBA对各个外模式/模式映射作相应改变，可以使外模式保持不变。应用程序是依据数据的外模式编写的，从而应用程序也不必修改，保证了数据与程序的逻辑独立性。

## 1.3.4 数据库应用系统的开发架构**

目前数据库应用系统开发中常用的架构模式有两种，即客户/服务器（Client/Server，C/S）架构模式和浏览器/服务器（Browse/Server，B/S）架构模式，本部分将对C/S和B/S架构作一个简单的介绍。

### 1. C/S 模式

C/S模式是一种流行的解决分布式问题的架构模式。C/S模式通过网络环境，将应用划分为前台和后台两个部分。前台由客户机担任，负责与客户接口相关的任务，如GUI、表格处理、报表生成以及向服务器发送用户请求和接收服务器回送的处理结果；后台为服务器，主要承担数据库的管理，如事务管理、并发控制、恢复管理、查询处理与优化等，按用户请求进行数据处理并回送结果等工作。

1）两层C/S模式

最初，C/S模式划分为客户端和服务器两层，如图1-6所示。

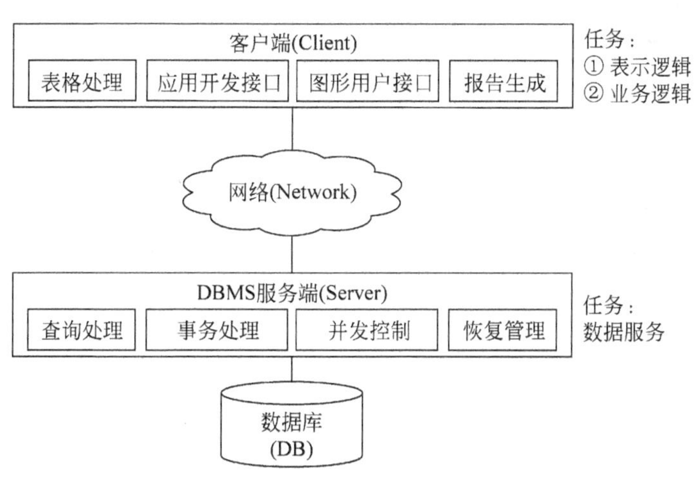


图1-6 两层C/S模式

由于客户端既要表示逻辑，又要完成应用的业务逻辑，似乎比服务器端完成的任务还要多些，显得较“胖”，因此也将这两层的C/S结构称为胖客户机瘦服务器的C/S模式。

2）三层C/S模式

在两层C/S模式中，由于最终客户需求的千变万化，可能导致客户端负担较重，而客户端程序的过于庞大显然不符合分布式计算的思想。于是，出现了三层的 C/S 模式。该模式由客户端、应用服务器端和 DBMS 服务器端三层构成，如图 1-7 所示。

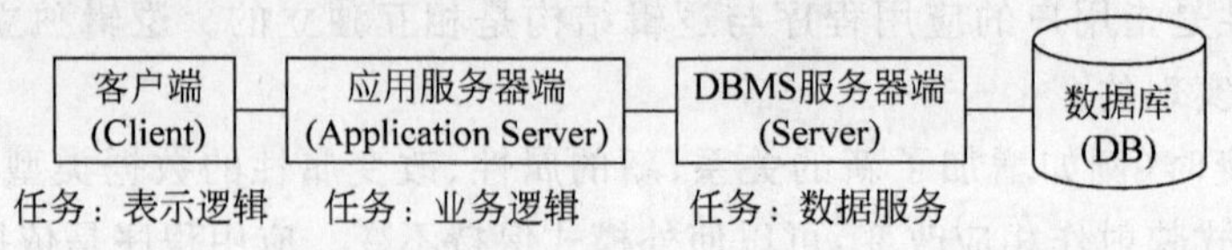


图 1-7　三层 C/S 模式

在实际实现时，应用服务器和 DBMS 服务器可用一台计算机来担任，这样的 C/S 模式则称为瘦客户机胖服务器的 C/S 模式。

### 2. B/S 模式

随着应用系统规模的扩大，C/S 模式的某些缺陷表现非常突出。比如，客户端软件的安装、维护、升级和发布，以及用户的培训等，均随着客户端规模的扩大而变得相当艰难。Internet 的迅速普及，为这一问题的解决找到了有效的途径，这就是 B/S 模式。多层 B/S 模式结构如图 1-8 所示。

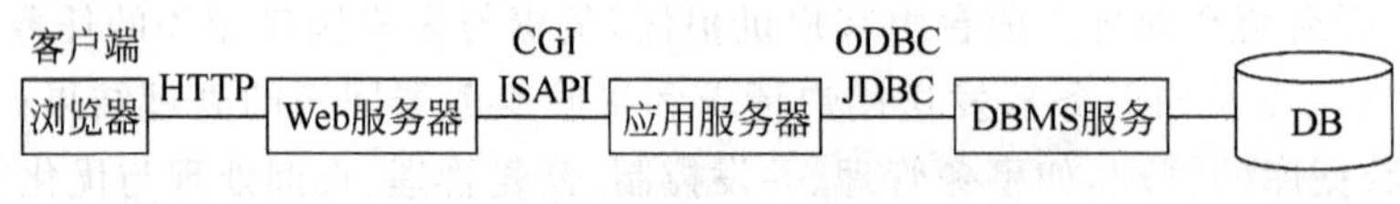


图 1-8　多层 B/S 模式

该结构中，浏览器(如 Internet Explorer)与 Web 服务器(WWW 服务器)之间通过 HTTP(HyperText Transfer Protocol，超文本传输协议)通信；Web 服务器与应用服务器间的通信，则通过 CGI(Common Gateway Interface，公共网关接口)或 ISAPI(Internet Server Application Programming Interface，Internet 服务器应用程序接口)等接口；应用服务器与 DBMS 服务器间，可利用 ODBC(Open Database Connectivity，开放数据库互连)或 JDBC(Java Data Base Connectivity，Java 数据库连接)等接口，完成数据库操作。

由于客户端使用浏览器，通过 Web 服务器下载应用服务器上的应用，从而解决了客户端软件安装、维护、升级和发布等方面的难题。应用服务器提供了所有业务逻辑的处理能力。通过只修改应用服务器上的程序，即可完成应用的升级。

## 1.4　高级数据库系统**

常用的高级数据库系统主要有分布式数据库系统、面向对象数据库系统、并行数据库系统和多媒体数据库系统。

### 1.4.1　分布式数据库系统

#### 1. 分布式数据库系统的概念

分布式数据库是由一组数据组成，这组数据分布在计算机网络的不同计算机上，网络中的每个节点具有独立处理的能力(称为场地自治),可以执行局部应用。同时,每个节点也能通过网络通信子系统执行全局应用(指涉及两个或两个以上场地中数据库的应用)。区分一个系统是分散式还是分布式就是判断系统是否支持全局应用。

分布式数据库系统包括两个重要的组成部分：分布式数据库和分布式数据库管理系统。

分布式数据库是计算机网络互不干涉各场地上数据库的逻辑集合,逻辑上属于同一系统,而物理上分布在计算机网络的各个不同的场地上。需要强调的是数据的分布性和逻辑的整体性。

分布式数据库管理系统是分布式数据库系统中的一组软件,它负责管理分布环境下逻辑集成数据的存取、一致性、有效性和完备性。同时,由于数据的分布性,在管理机制上还必须具有计算机网络通信协议上的分布管理特性。

分布式数据库系统的目标主要包括技术和组织两方面的目标,具体如下：

① 适应部门分布的组织结构,降低费用。

② 提高系统的可靠性和可用性。

③ 充分利用数据库资源,提高现有集中式数据库的利用率。

④ 逐步扩展处理能力和系统规模。

### 2. 分布式数据库系统的特点

分布式数据库系统具有以下特点。

1) 数据独立性

在分布式数据库系统中,数据独立性这一特性更加重要,并具有更多的内容。除了数据的逻辑独立性与物理独立性,还有数据分布独立性(分布透明性)。分布透明性是指用户不必关心数据的逻辑分片,不必关心数据物理位置分布的细节,也不必关心重复副本一致性问题,同时也不必关心局部场地上数据库支持哪种数据模型。因此,分布透明性应包括三个层次：分片透明性、位置透明性和局部数据模型透明性。

2) 集中与自治相结合的控制结构

各局部的 DBMS 可以独立地管理局部数据库,具有自治的功能；同时,系统又设有集中控制机制,协调各局部 DBMS 的工作,执行全局应用。

3) 适当增加数据冗余度

在不同的场地存储同一数据的多个副本,这样可以提高系统的可靠性、可用性,同时也能提高系统性能。

4) 全局的一致性、可串行性和可恢复性

分布式数据库系统中各局部数据库应满足集中式数据库的一致性、并发事务的可串行性和可恢复性,还应保证数据库的全局一致性、全局并发事务的可串行性和系统的全局可恢复性。

### 3. 分布式数据库系统的体系结构

典型的分布式数据库系统的体系结构如图 1-9 所示。

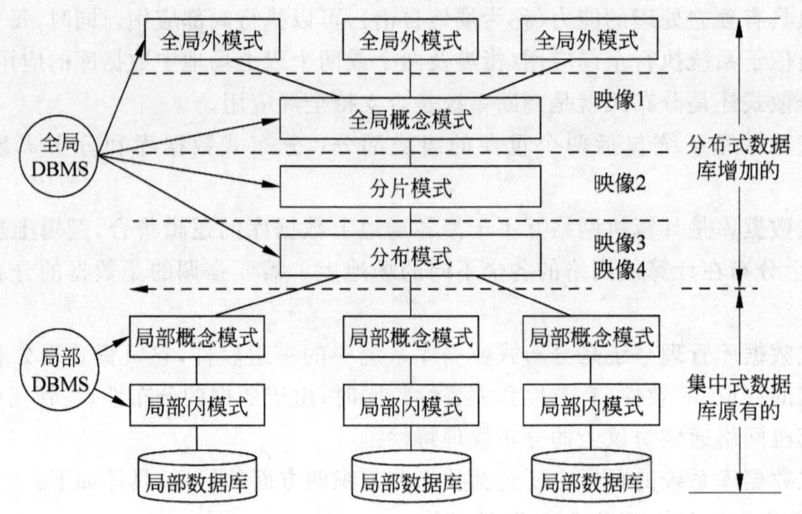


图 1-9 分布式数据库系统的体系结构

1) 分片模式

在图 1-9 中,分片模式是指每一个全局关系可以分为若干个不相交的部分,每一部分称为一个片段。分片模式定义片段及全局关系到片段的映像,一个全局关系可以对应多个片段,而一个片段只来自一个全局关系。

分片的方式有很多种,但常用的是水平分片、垂直分片、导出分片和混合分片。

水平分片是指按一定的条件将关系按行分为若干个互不相交的子集。

垂直分片是指将关系按列分为若干个子集,垂直分片的各片段必须包含关系的码。

导出分片是指导出水平分片,即水平分片的条件不是本身属性的条件而是其他关系的属性的条件。例如,对学生选课关系(学号,课号,成绩),按照学生年龄大于 20 岁和小于等于 20 岁来分片,则为导出分片。

混合分片是指按照上述三种分片方式得到的片段继续按另一种方式分片。

2) 分布模式

分布模式可以定义片段的存放节点。分布模式的映像确定了分布式数据库是冗余的还是非冗余的。若映像是一对多的,即一个片段可分配到多个节点上存放,则是冗余的分布式数据库,若映像是一对一的,则是非冗余的分布式数据库。

由于分布模式到各局部数据库的映像(映像 4),把存储在局部场地的全局关系或全局关系的片段映像成为各局部概念模式。局部概念模式采用局部场地 DBMS 所支持的数据模型。

分片模式和分布模式都是全局的。分布式数据库系统中增加的这些模式和相应的映像,使分布式数据库系统具有分布透明性。

## 1.4.2 面向对象数据库系统

面向对象数据库系统(Object Oriented DataBase System,ODDBS)是数据库技术与面向对象程序设计方法相结合的产物。

对于OO(Object Oriented,面向对象)数据模型和面向对象数据库系统的研究主要体现在：研究以关系数据库和SQL为基础的扩展关系模型；以面向对象的程序设计语言为基础,研究持久的程序设计语言,支持OO模型；建立新的面向对象数据库系统,支持OO数据模型。

面向对象程序设计方法是一种支持模块化和软件重用的实际可行的编程方法。它把程序设计的主要活动集中在建立对象和对象之间的联系(或通信)上,从而完成所需要的计算。一个面向对象的程序就是相互联系(或通信)的对象集合。面向对象程序设计的基本思想是封装和可扩展性。

面向对象数据库系统支持面向对象数据模型(OOD模型)。即面向对象数据库系统是一个持久的、可共享的对象库的存储和管理者；而一个对象库是由一个OOD模型所定义的对象的集合体。

一个OOD模型是用面向对象观点来描述现实世界实体(对象)的逻辑组织、对象间限制、联系等的模型。一系列面向对象核心概念构成了OOD模型的基础。

OODB语言用于描述面向对象的数据库模式,说明并操纵类定义与对象实例。OODB语言主要包括对象定义语言(ODL)和对象操纵语言(OML),对象操纵语言中一个重要子集是对象查询语言(OQL)。OODB语言一般应具备下述功能。

1) 类的定义与操纵

面向对象数据库语言可以操纵类,包括定义、生成、存取、修改与撤销类。其中类的定义包括定义类的属性、操作、继承性与约束等。

2) 操作/方法的定义

面向对象数据库语言可用于对象操作/方法的定义与实现。在操作实现中,语言的命令可用于操作对象的局部数据结构。对象模型中的封装性允许操作/方法由不同程序设计语言来实现,并且隐藏不同程序设计语言实现的事实。

3) 对象的操纵

面向对象数据库语言可以用于操纵(即生成、存取、修改与删除)实例对象。

对象-关系数据库系统,将关系数据库系统与面向对象数据库系统两方面的特征相结合。对象-关系数据库系统除了具有原有关系数据库的各种特点外,还应该提供以下特点：

① 扩充数据类型,例如可以定义数组、向量、矩阵、集合等数据类型,以及在这些数据类型上的操作。

② 支持复杂对象,即由多种基本数据类型或用户定义的数据类型构成的对象。

③ 支持继承的概念。

④ 提供通用的规则系统,大大增强对象-关系数据库的功能,使之具有主动数据库和知识库的特性。

## 1.4.3 并行数据库系统

### 1. 并行数据库的概念

并行数据库系统是在并行机上运行的具有并行处理能力的数据库系统。并行数据库系统是数据库技术与并行计算技术相结合的产物。

并行计算机技术利用多处理机并行处理产生的规模效益来提高系统的整体性能，为数据库系统提供了一个良好的硬件平台。研究和开发适应于并行计算机系统的并行数据库系统成为数据库学术界和工业界的研究热点，形成了并行处理技术与数据库技术相结合的并行数据库新技术。

并行处理技术与数据库技术的结合，具有潜在的可行性。因为关系数据库模型本身就有极大的并行可行性。在关系数据模型中，数据库是元组的集合，数据库操作实际是集合操作，许多情况下可分解为一系列对子集的操作，许多子操作不具有数据相关性，因而具有潜在的并行性。

一个并行数据库系统应该实现如下目标。

① 高性能：并行数据库系统通过将数据库管理技术与并行处理技术有机结合，发挥多处理机结构的优势，从而提供比相应的大型机系统要高得多的性能价格比和可用性。

② 高可用性：并行数据库系统可通过数据复制来增强数据库的可用性。

③ 可扩充性：数据库系统的可扩充性指系统通过增加处理和存储能力而平滑地扩展性能的能力。

### 2. 并行数据库的结构

从硬件结构来看，根据处理机与磁盘及内存的相互关系可以将并行计算机分为三种基本的体系结构。并行数据库系统研究一直以三种并行计算结构为基础：共享内存结构(SM结构)、共享磁盘结构(SD结构)和无共享资源结构(SN结构)。

1) SM结构

SM结构由多个处理机、一个共享内存和多个磁盘存储器构成。多处理机和共享内存由高速通信网络连接，每个处理机可直接存取一个或多个磁盘，即所有内存与磁盘为所有处理机共享。SM结构如图1-10所示。

SM结构的优势在于实现简单和负载均衡，但是这种结构的系统由于硬件成员之间的互连很复杂，故成本较高。由于访问共享内存和磁盘会成为瓶颈，为了避免访问冲突增多而导致系统性能下降，节点数目必须限制在100个以下，因此可扩充性比较差。另外，内存的任何错误都将影响到多个处理机，系统的可用性不是很好。

2) SD结构

SD结构由多个具有独立内存的处理机和多个磁盘构成。每个处理机都可以读写任何磁盘。多个处理机和磁盘存储器由高速通信网络连接。SD结构如图1-11所示。

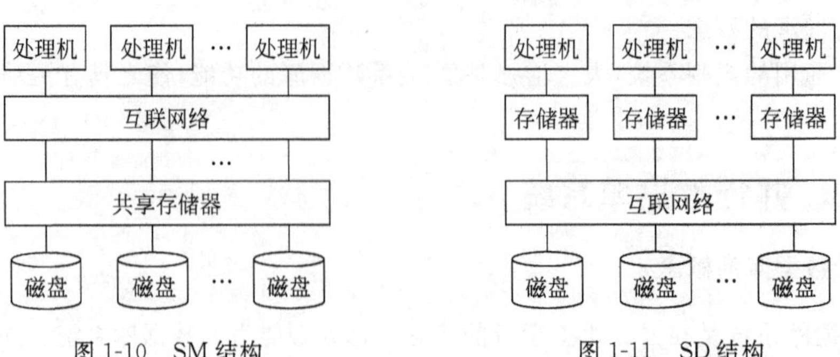


图1-10 SM结构

图1-11 SD结构

SD结构具有成本低、可扩充性好、可用性强,容易从单处理机系统迁移,以及负载均衡等优点。该结构的不足在于实现起来复杂,以及存在潜在的性能问题。

3）SN 结构

SN 结构由多个处理节点构成。每个处理节点具有自己独立的处理机、内存和磁盘存储器。多个处理节点由高速通信网络连接。SN 结构如图 1-12 所示。

在 SN 结构中,由于每个节点可视为分布式数据库系统中的局部场地(拥有自己的数据库软件),因此分布式数据库设计中的多数设计思想,如数据分片、分布事务管理和分布查询处理等,都可以借鉴。SN 结构成本较低,它最大限度地减少了共享资源,具有极佳的可伸缩性,节点数目可达数千个,并可获得接近线性的伸缩比。而通过在多个节点上复制数据又可实现高可用性。SN 结构的不足之处在于实现复杂,以及节点负荷难以均衡。往往只是根据数据的物理位置而不是系统的实际负载来分配任务。并且,系统中新节点的加入将导致重新组织数据库以均衡负载。

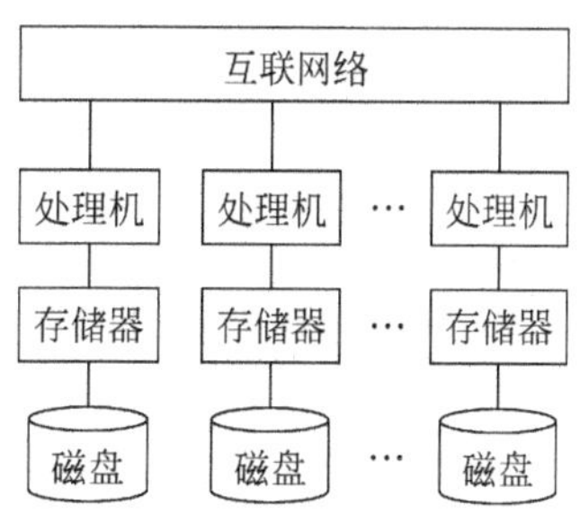


图 1-12 SN 结构

### 1.4.4 多媒体数据库系统

多媒体数据库是指多媒体技术与数据库技术相结合产生的一种新型的数据库。

所谓多媒体数据库是指数据库中的信息不仅涉及各种数字、字符等格式化的表达形式,而且还包括多媒体非格式化的表达形式。数据管理要涉及各种复杂对象的处理。

在建立多媒体应用环境时必须考虑以下几个关键问题:确定存储介质、确定数据传输方式、确定数据管理方式和数据资源的管理。

多媒体数据库与传统的数据库有较大的差别,主要表现如下。

① 处理的数据对象、数据类型、数据结构、数据模型和应用对象都不同,处理的方式也不同。

② 多媒体数据库存储和处理复杂对象,其存储技术需要增加新的处理功能,如数据压缩和解压。

③ 多媒体数据库面向应用,没有单一的数据模型适应所有情况,随应用领域和对象而建立相应的数据模型。

④ 多媒体数据库强调媒体独立性,用户应最大限度地忽略各媒体间的差别而实现对多种媒体数据的管理和操作。

⑤ 多媒体数据库具有更强的对象访问手段,比如特征访问、浏览访问、近似性查询等。

一般数据库描绘现实世界是分两个阶段来完成的:首先是将现实环境中的概念模型化,建立概念模型,再在概念模型的基础上将其转化成计算机支持的逻辑表示模型和物理表示模型。在实际应用中,多媒体的建模方法有多种,常见的有以下几种方法。

① 扩充关系模型:一种最简单的方法是在传统的关系模型基础上引入新的多媒体数据类型,以及相应的存取和操作功能。

② 语义模型:语义数据模型的目标是提供更自然地处理现实世界的数据及其联系,它在实体的表示、相互间联系、抽象等机制上进行语义描述。

③ 对象模型：面向对象的方法最适合于描述复杂对象，引入了封装、继承、对象、类等概念，可以有效地描述各种对象及其内部结构和联系。

多媒体数据库管理系统能实现多媒体数据库的建立、操作、控制、管理和维护，能将声音、图像、文本等各种复杂对象结合在一起，并提供各种方式检索、观察和组合多媒体数据，实现多媒体数据共享。多媒体数据库管理系统的基本功能应包括如下几点。

① 能表示和处理复杂的多媒体数据，并能较准确地反映和管理各种媒体数据的特性和各种媒体数据之间的空间或时间的关联，能为用户提供定义新的数据类型和相应操作的能力。

② 能保证多媒体数据库的物理数据独立性、逻辑数据独立性和多媒体数据独立性。

③ 提供功能更强大的数据操纵，比如非格式化数据的查询、浏览功能，对非格式化数据的一些新操作，图像的覆盖、嵌入、裁剪，声音的合成、调试等。

④ 提供网络上分布数据功能，对分布于网络不同节点的多媒体数据的一致性、安全性、并发性进行管理。

⑤ 提供系统开放功能，提供多媒体数据库的应用程序接口。

⑥ 提供事务和版本的管理功能。

多媒体数据库涉及的主要技术如下。

① 多媒体数据模型。

② 多媒体数据的索引、检索、存取和组织技术。

③ 多媒体查询语言。

④ 多媒体数据的聚簇、存储、表示合成和传输支持技术。

⑤ 多媒体数据库系统的标准化工作。

## 1.5 数据仓库技术与数据挖掘技术**

计算机系统中存在着两类不同的数据处理工作：操作型处理和分析型处理，也称做OLTP(Online Translation Processing，联机事务处理)和OLAP(Online Analytical Processing，联机分析处理)。

操作型处理也叫事务处理，是指对数据库联机的日常操作，通常是对一个或一组记录查询和修改，例如火车售票系统、银行通存通兑系统、电信的计费系统等。这些系统要求快速响应用户请求，对数据库的安全性、完整性以及事务吞吐量要求很高。

分析型处理，是指对数据的查询和分析操作，通常是对海量的历史数据查询和分析。例如，一家连锁店发现突然盛行购买某个品牌服装的某几种颜色的T恤，意识到这种购买趋势后，它才开始大量购进这种品牌的这几种颜色的T恤。再例如，一家汽车公司在查询数据库的时候发现，它的汽车大部分是私人家庭购买供家庭使用，那么公司可以调整其销售策略，从而吸引更多的家庭购买该公司的汽车。这些决策需要对大量的业务数据包括历史业务数据进行分析才能得到。

传统的联机事务处理强调的是更新数据库——向数据库中添加信息，而联机分析处理则是要从数据库中获取信息、利用信息。决策支持系统涵盖了OLAP、数据仓库和数据挖掘三个领域。

## 1.5.1　数据仓库

数据仓库(Data Warehouse,DW)并不是一个新的平台,它仍然建立在数据库管理系统基础之上,只是一个新的概念。数据仓库概念的创始人 W. H. Inmon 对数据仓库的定义为:数据仓库是一个面向主题的、集成的、稳定的、随时间不断变化的数据集合,它用于支持经营管理中的决策制定过程。

### 1. 数据仓库的基本特征

数据仓库系统的主要特征有四个:面向主题、集成、稳定且不可更新及随时间变化。

1)面向主题

主题是一个抽象的概念,是在较高层次上对企业信息系统中的数据综合、归类并进行分析利用的抽象。在逻辑意义上,主题是某一宏观分析领域中所涉及的分析对象。例如,对一个商场,主要分析各类商品的销售情况,确定营销的策略。这里商品就是一个主题。为了便于决策分析,数据仓库是围绕着这个主题(例如商品、供应商、地区和客户等)而组织的。为了将面向主题和面向应用的数据分开,下面以一家商场的销售做示例。

按业务的处理要求,这家商场建立起销售、采购、库存管理和人事管理系统,各子系统具体数据如表 1-5 所示。

表 1-5　商场管理系统

| 子系统 | 包含数据 |
|---|---|
| 采购子系统 | 订单(订单号,供应商号,总金额,日期)<br>订单细节(订单号,商品号,类别,单价,数量)<br>供应商(供应商号,供应商名,地址,电话) |
| 销售子系统 | 顾客(顾客号,姓名,性别,年龄,地址,电话)<br>销售(员工号,顾客号,商品号,数量,单价,日期) |
| 库存管理子系统 | 库存(商品号,库房号,库存量,日期)<br>库房(库房号,仓库管理员,地点,库存商品描述)<br>进货单(进货单号,订单号,进货人,收货人,日期)<br>出货单(出货单号,出货人,商品号,数量,日期) |
| 人事管理子系统 | 员工(员工号,姓名,性别,年龄,文化程度,联系方式,部门号)<br>部门(部门号,部门名称,部门主管,电话) |

应用系统中的这些数据抽象程度不高,只适合于日常的事务处理,不能用于分析处理。所以在数据仓库中,需要将这些数据模式改为面向主题的数据模式。例如商品的数据模式:

商品固有信息:商品号,商品名,类别,颜色等;

商品采购信息:商品号,供应商名,供应价,供应日期,供应量等;

商品销售信息:商品号,顾客号,售价,销售日期,销售量等;

商品库存信息:商品号,库房号,日期等。

通过这种改变,去掉了以前系统中的不必要的、不适于分析的信息,只提取那些对主题有用的信息,以形成某个主题的完整且一致的数据集合。

2）集成

数据仓库的数据来自于不同的数据源，要按照统一的结构、一致的格式、度量及语义，将各种数据源的数据合并到数据仓库中，目的就是为了给用户提供一个统一的数据视图。

当数据进入数据仓库时，要采用某种方法来消除应用数据的不一致。这种对数据的一致性预处理称为数据清理。

例如，对“性别”的编码，有的系统用“F/M”来表示男女性别，而有的系统直接用“男/女”表示男女性别。不管怎样，在数据仓库中，只允许存在一种编码。

3）稳定且不可更新

数据仓库的数据主要供决策分析之用，所涉及的数据操作主要是数据查询。这些数据反映的是一段时间内历史数据的内容，是不同时间点的数据快照的统计、综合等导出数据。它们是稳定的，不能被用户随意更改。这点与联机应用系统有很大的区别。在联机应用系统中，数据可以随时地被用户更新。

4）随时间不断变化

对用户来说，虽然不能更改数据仓库中的数据，但随着时间变化，系统会进行定期的刷新，把新的数据添加到数据仓库，以随时导出新综合数据和统计数据。在这个刷新过程中，与新数据相关的旧数据不会被改变，新数据与旧数据会被集成在一起。同时，系统会删除一些过期数据。在操作环境中，数据一般保存60～90天，而在数据仓库中，数据保存的时间会长很多(如5～10年)，以适应DSS(Decision Support System，决策支持系统)进行趋势分析的要求。

数据仓库有很多定义，但是总的来说，数据仓库的最终目的是将不同企业之间相同的数据集成到一个单独的知识库中，然后用户能够在这个知识库上进行查询，生成报表和进行分析。因而，数据仓库是一种数据管理和数据分析的技术。

### 2. 联机事务处理系统与数据仓库之间的比较

我们知道，为联机数据事务处理(OLTP)而设计的数据库管理系统不能用来管理数据仓库，因为两种系统是按照不同的需求来设计的。如OLTP系统要求能够及时地处理大量的事务，而数据仓库要求支持启发性的查询处理。表1-6是OLTP与数据仓库之间的比较。

**表1-6 OLTP与数据仓库之间的比较**

| 联机事务处理(OLTP)系统 | 数据仓库 |
| --- | --- |
| 存储的是具有实时性的数据，可以随时更新 | 存储的是历史数据，不可更新，但是周期性地刷新 |
| 细节性数据 | 综合性和提炼性数据 |
| 重复性的、可预测的处理 | 非结构型的、启发式的处理 |
| 事务处理占主导地位，对事务的吞吐率要求高 | 分析处理占主导地位，对事务的吞吐量要求不高 |
| 面向应用，事务驱动 | 面向主题，主题驱动 |
| 一次处理的数据量小 | 一次处理的数据量大 |
| 面向操作人员，支持日常操作 | 面向决策人员，支持管理需要 |

一个组织可能有多个不同的联机事务处理系统，如存货管理、顾客订单和销售管理。这些系统生成的数据很具体，易于更新，且反映的是当前最新的数据。系统优化的目的是更快地处理一些重复的、可预测的事务。数据的组织严格满足商业应用上的事务要求。相反，一

个组织一般只有一个数据仓库，系统中的数据可以具体，也可以抽象到一定的程度，不能更新，且反映的是过去的数据，与现在的数据可能有出入。系统优化的目的是为了处理一些启发性的、不可预测的事务。

### 3. 数据仓库的结构

数据源中的数据就是实时应用系统中的数据。数据加载器将数据源的数据抽取出来，然后装载进数据仓库中。数据仓库的DBMS负责存储和管理数据，查询处理器负责处理来自查询和分析工具的查询请求。数据仓库的结构如图1-13所示。

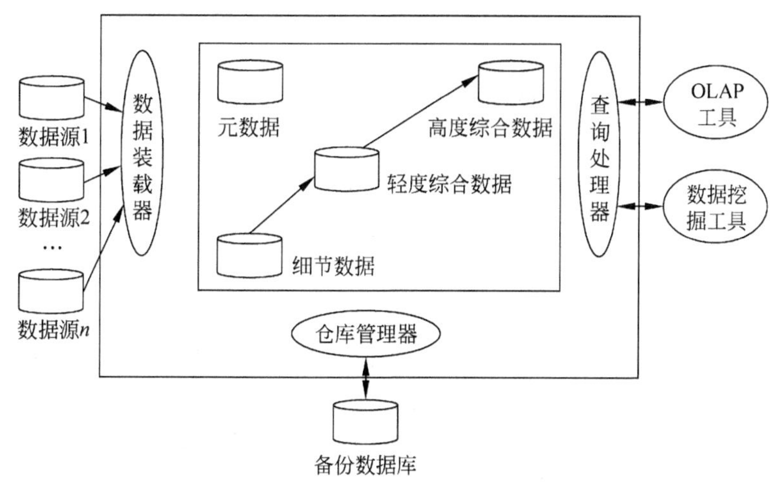


图1-13 数据仓库的结构

1）数据装载器

数据装载器执行的操作是将数据源中的数据抽取并装载到数据仓库中，可以是只将数据做简单的转换就装载进仓库。它主要是由数据转载工具和一些专门的程序组成。

2）仓库管理器

仓库管理器的全部工作就是管理仓库中的数据，它是由数据管理工具和专门程序组成的。它的操作有：数据一致性分析，将数据从易失性的介质转移到数据仓库中时的转换和综合，基本表上索引的建立和备份数据。

3）查询管理器

查询管理器负责管理所有的用户查询。它由用户终端工具、数据仓库监管工具、数据库工具和专门工具组成。它的操作有：为查询选定合适的表，调度查询的执行。

4）数据仓库的数据库管理系统

数据仓库中的数据分为三个级别：细节数据，轻度综合数据和高度综合数据。数据源中的数据进入数据仓库时首先是细节级，然后根据具体需求进行进一步的综合，从而进入轻度综合级及至高度综合级。数据仓库中这种不同的综合程度称为“粒度”。粒度越大，表示细节程度越低，综合程度越高；反之粒度越小，表示细节程度越高，综合度越低。

例如，回答“张三在某时某地是否给李四打过电话”这个细节问题时，可以通过查询细节数据来得到答案。但是当回答“张三一个月给李四打几次电话”这样的综合性问题时，要从大量的细节数据中综合并计算答案，效率会很低。而如果将细节数据综合一下，使它记录的是每个客户每个月打的电话信息，那么，这种综合数据将使查询的效率提高很多。不过，粒度越大，细节程度越低，那么它能回答的查询的问题相应就越少。

当一个企业的数据仓库中拥有大量的数据时，在数据仓库的细节部分就要考虑多重粒度级。数据仓库中的大部分查询都是基于一定程度的综合数据的，只有很少的查询涉及细节数据。所以将高粒度数据存储在高速设备如磁盘上，以提高查询速度；而将低粒度数据存储在低速设备如磁带上，可以满足少数的查询要求。

5）元数据

所谓元数据就是关于数据的数据，它描述了数据的结构、内容、码、索引等内容。数据仓库中的元数据内容除了与数据库的数据字典中的内容相似外，还应包括数据仓库的关于数据的特有信息。

例如，在数据转换和装载时，可以用元数据来描述源数据以及对源数据进行的一些变换。对每个数据项可以在元数据记录：ID、源数据项名、源数据类型、源数据的地点、综合数据类型、综合数据表名。当一个数据转换时(如一个简单的数据项被改成一个复杂的数据集)，都需要做记录。

## 1.5.2 联机分析处理

数据仓库存储大量的数据是为了支持大量的简单或者复杂的分析性查询，但是回答特殊的查询依赖于终端用户使用的工具。一般的工具如报表和查询工具可以很容易地查询出“谁”和“什么”等问题，但是对数据仓库中的典型查询如：“什么时间最容易销售衬衫：在季度初期、中期或末期?”却无能为力。下面介绍一个支持复杂查询的工具——联机分析处理(OLAP)。

OLAP 可以对大量的多维数据进行动态合并和分析，是决策支持领域的一部分。传统的查询和报表工具是告诉你数据库中都有什么，OLAP 则更进一步告诉你下一步会怎么样，以及如果我采取这样的措施又会怎么样。用户首先建立一个假设，然后用 OLAP 检索数据库来验证这个假设是否正确。例如，一个分析师想找到什么原因导致了贷款拖欠，他可能先做一个初始的假定，认为低收入的人信用度也低，然后用 OLAP 来验证这个假设。如果这个假设没有被证实，他可能去查看那些高负债的账户，如果还不行，他也许要把收入和负债一起考虑，一直进行下去，直至找到他想要的结果。

### 1. 概念

OLAP 委员会对 OLAP 的定义为：使用户能够从多种角度对从原始数据中转化出来的、能够真正为用户所理解的、并真实反映企业特性的信息进行快速、一致、交互的存取，从而获得对数据的更深入了解的一类软件技术。

OLAP 的特点是：对共享的多维信息的快速分析。这也是设计人员或管理人员用来判断一个 OLAP 设计是否成功的标准。

快速：系统响应用户的时间要相当快捷。这是所有 OLAP 应用的基本要求。

分析：系统应能处理与应用有关的任何逻辑分析和统计分析，用户无需编程就可以定义新的专门计算，将其作为分析的一部分，并以用户理想的方式给出报告。

共享：这意味着系统要能够符合数据保密的安全要求，即使多个用户同时使用，也能够根据用户所属的安全级别，让他们只能看到他们应该看到的信息。

多维：OLAP 的显著特征就是它能提供数据的多维视图。系统必须提供对数据分析的多维视图和分析，包括对层次维和多重层次维的完全支持。

信息：不论数据量有多大，也不管数据存储在何处，OLAP 系统应能及时获得信息，并且管理大容量信息。

### 2. 多维数据的表示和操作

1）多维数据的表示

维是人们观察数据的特定角度，是考虑问题时的一类属性，属性集合构成一个维。对一个要分析的关系，要把它的某些属性看做是度量属性，因为这些属性测量了某个值，而且可以对它们进行聚集操作。而其他属性中的某些（或所有）属性可以看成是维属性。因为它定义了观察度量属性的角度。如表 1-7 是在上海和北京都有分店的两个连锁店的销售表，"商品名称、季节和城市"都是维属性，而"销售量"是度量属性。

**表 1-7　销售表**

| 商品名称 | 季节 | 销售量 | 城市 |
|---|---|---|---|
| 衬衫 | 第一季 | 100 | 上海 |
| 衬衫 | 第二季 | 150 | 上海 |
| 衬衫 | 第一季 | 120 | 北京 |
| 衬衫 | 第二季 | 110 | 北京 |
| 休闲裤 | 第一季 | 100 | 上海 |
| 休闲裤 | 第二季 | 134 | 上海 |
| 休闲裤 | 第一季 | 160 | 北京 |
| 休闲裤 | 第二季 | 150 | 北京 |
| 帽子 | 第一季 | 20 | 上海 |
| 帽子 | 第二季 | 30 | 上海 |
| 帽子 | 第一季 | 50 | 北京 |
| 帽子 | 第二季 | 60 | 北京 |

为了分析多维数据，分析人员可能需要查看表 1-8 中的数据。

**表 1-8　关于商品和城市的销售表的交叉表**

**季节：第一季和第二季**

| | 上海 | 北京 | 总量 |
|---|---|---|---|
| 衬衫 | 250 | 230 | 480 |
| 休闲裤 | 234 | 310 | 544 |
| 帽子 | 50 | 110 | 160 |
| 总量 | 534 | 650 | 1184 |

表 1-8 是一个交叉表的例子，该表显示了不同的商品和地点之间的销售额及总量。一般来说，交叉表是一个有特点的表，一个属性（A）构成其行标题，另一个属性（B）构成其列标题。每个单元的值记为（$a_i$，$b_i$），其中 $a_i$ 表示属性 A 的一个值，$b_i$ 表示属性 B 的一个值。每

个单元的值按如下方式得到：

① 对任何$(a_i,b_i)$,如果只存在一个元组与之相对应,那么该单元的值由那个元组推出。

② 对任何$(a_i,b_i)$,如果存在多个元组与之相对应,那么该单元的值必须由那些元组上的聚集推出。

通常,交叉表与存储在数据库中的关系表是不同的,这是因为交叉表中的列的数目依赖于关系表中的实际数据。当关系表中的数据变化时,可以增加新的列,这是数据存储所不愿看到的。尽管存在一些不稳定性,但是交叉表显示出了汇总数据的一种视图,这是很有用的。

将二维的交叉表推广到 $n$ 维,就形成了一个 $n$ 维立方体,称为数据立方体。

图 1-14 中的立方体中有三个维：商品名称、城市、季节,并且其度量属性是销售量。与交叉表一样,数据立方体中的每个单元都有一个值,这个值由三个维对应的元组确定。

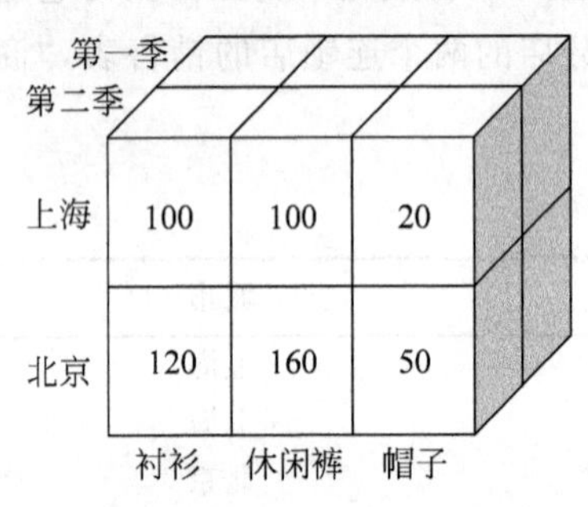


图 1-14　三维数据立方体

一个维属性不同级别上的细节信息可以组成一个层次结构。如时间维可分为年、季节、月、小时、分钟、秒这几种不同细节的层次。这是为了满足不同分析人员希望从不同级别细节上观察一个维的需要。如有的分析人员要分析一年内每个月的销售情况,而有的分析人员可能要分析一个月每天的销售情况。

2) 对多维数据的分析操作

OLAP 的基本多维分析操作有钻取、切片和切块、旋转等。

(1) 钻取

这是改变维的层次,变换分析的粒度。它分为上卷和下钻。上卷是在某一维上将低层次的细节数据概括到高层次的汇总数据,即减少维数；而下钻则相反,它从汇总数据深入到细节数据进行观察,即增加维数。当然,在实际中,细节数据不可能由汇总数据生成,它们必须由原始数据或由粒度更细的汇总数据生成。

(2) 切片和切块

这是在一部分维上选定值后,关心度量数据在剩余维上的分布。如果剩余的维只有两个,则是切片；如果有三个或三个以上,则是切块。

(3) 旋转

这是改变维的操作,即选择交叉表的维属性从而能够在相同的查看不同内容的二叉表。例如,数据分析人员可以选择一个在“商品名称”和“季节”上的二叉表,也可以选择一个在“商品名称”和“城市”上的二叉表。

## 1.5.3 数据挖掘

除了 OLAP,另一种从数据中得到知识的方式是使用数据挖掘,这种方式的目的在于从大量数据中发现不同种类的模式。它将人工智能中的知识发现技术和统计分析结合起来,同时有效地把它们运用在超大型数据库中。

### 1. 数据挖掘的概念

数据挖掘(Date Mining,DM)是从大量数据中提取隐含在其中的、人们事先不知道的但又可能有用的信息和知识的过程。

正如定义所说,数据挖掘所关心的是对数据的分析以及从大量数据中找到隐含的、不可预知的信息的软件技术。它的关键在于发现数据之间存在的某些人们未知的模式或关系。它类似于人工智能中的知识发现或统计分析,但是与后面两类不同的是,数据挖掘处理的是大量存储在磁盘上的数据。

数据挖掘的数据有多种来源,包括数据仓库、数据库或其他数据源。在经过数据挖掘技术处理后,挖掘出来的数据需要进行评价才能最终成为有用的信息。按照评价结果的不同,数据可能需要反馈到不同的阶段,重新进行分析计算。数据挖掘和 OLAP 都是一种分析数据的工具,它们之间有什么区别呢?

OLAP 是先建立一系列的假设,然后通过分析来证实或推翻这些假设来最终得到自己的结论。OLAP 的分析过程在本质上是一种演绎推理的过程。

数据挖掘与 OLAP 不同,数据挖掘不是用于验证某个假定的模式的正确性,而是在数据库中自己寻找模型。它在本质上是一个归纳的过程。例如,一个用数据挖掘工具的分析员想找到引起贷款拖欠的风险因素。数据挖掘工具可能帮他找到高负债和低收入是引起这个问题的因素,甚至还可能发现一些分析员从来没有想过或试过的其他因素,如年龄。

### 2. 数据挖掘应用

数据挖掘技术从一开始就是面向应用的。目前在很多领域,数据挖掘都是一个很时尚的词,尤其是在银行、电信、保险、交通、零售等领域。数据挖掘所能解决的典型商业问题包括:数据库营销、客户群体划分、背景分析、交叉销售、客户流失性分析、客户信用记分、欺诈发现等市场分析行为,以及与时间序列分析有关的应用。

数据挖掘在商业上有大量的应用,比较广泛的应用有两类:对某种情况的预测和寻找事务之间的联系。

例如当银行通过对业务数据进行挖掘后,发现一个银行账户持有者突然要求申请双人联合账户,并且确认该消费者是第一次申请联合账户,银行会推断该用户可能要结婚了,它就会向该用户定向推销用于购买房屋、支付子女学费等长期投资业务,银行甚至可能将该信息卖给专营婚庆商品和服务的公司。

又如当某位顾客购买了一本图书时,网上商店可以建议购买其他的相关图书。在商业应用中最典型的例子就是一家连锁店通过数据挖掘发现小孩尿布和啤酒之间有着惊人的联系。好的销售人员知道这样的模式并发掘它们以做出额外的销售。

### 3. 数据挖掘技术

数据挖掘的常用方法包括预测、关联分析、聚类、偏差检测等。

(1) 预测

预测分为分类和值预测两种。预测类似于人类学习的过程——仔细观察某种现象后得出对该现象特征的描述或模型。预测可以对数据库中的数据进行分析,然后获得关于数据集的一些关键性的特征。

(2) 关联分析

数据关联是数据库中存在的一类重要的可被发现的知识。若两个或多个变量的取值之间存在某种规律性,就称为关联。我们需要找到这种关联,然后做出决策。

(3) 聚类

数据库中的记录可被划分为一系列有意义的子集,即聚类。聚类增强了人们对客观现实的认识,是偏差分析的先决条件。

(4) 偏差检测

数据库中的数据常有一些异常记录,从数据库中检测这些偏差很有意义。偏差包括很多潜在的知识,如分类中的反常实例、不满足规则的特例、观测结果与模型预测值的偏差、量值随时间的变化等。

## 1.6 小结

本章概述了数据库的应用领域,相关的基本概念,介绍了数据管理技术发展的三个阶段,并详细阐述了每个阶段的优缺点,从而也说明了数据库系统的优点。同时也介绍了数据库系统的组成,使读者了解数据库系统不仅是一个计算机系统,而且也是一个人机系统,人的作用特别是 DBA 的作用尤为重要。

数据模型是数据库系统的核心和基础。本章介绍了数据的抽象过程,将数据抽象为概念模型、逻辑模型、外部模型和内部模型四种,概念模型也称为信息模型,用于信息世界的建模,E-R 模型是这类模型的典型代表,E-R 方法简单、清晰,应用十分广泛。同时介绍了组成数据模型的三个要素:数据结构、数据操作、数据完整性约束。

数据模型的发展经历了层次模型、网状模型和关系模型等阶段,由于层次数据库和网状数据库已逐步被关系数据库取代,因此层次模型和网状模型在本书中不予讲解,初步介绍了关系模型的相关概念,后面对关系模型会进一步详细讲解。

数据库系统的三级模式和二级映射的体系结构,保证了数据库系统能够具有较高的逻辑独立性和物理独立性。

因为本章出现了一些新的术语,所以在学习本章时应把注意力放在掌握基本概念和基础知识方面,为进一步学习下面的章节打好基础。

## 习题一

**一、选择题**

(1) 在 DBS 中,DBMS 和 OS 之间关系是________。

A. 并发运行　　B. 相互调用

C. OS 调用 DBMS　　D. DBMS 调用 OS

(2) 在数据库方式下,信息处理中占据中心位置的是________。

A. 磁盘　　B. 程序　　C. 数据　　D. 内存

(3) 在 DBS 中，逻辑数据与物理数据之间可以差别很大，实现两者之间转换工作的是________。

A. 应用程序　　B. 操作系统　　C. DBMS　　D. I/O 设备

(4) DB 的三级模式结构是对________抽象的三个级别。

A. 存储器　　B. 数据　　C. 程序　　D. 外存

(5) DB 的三级模式结构中最接近外部存储器的是________。

A. 子模式　　B. 外模式　　C. 概念模式　　D. 内模式

(6) DBS 具有“数据独立性”特点的原因是因为在 DBS 中________。

A. 采用磁盘作为外存　　B. 采用三级模式结构

C. 使用 OS 来访问数据　　D. 用宿主语言编写应用程序

(7) 在 DBS 中，“数据独立性”和“数据联系”这两个概念之间的联系是________。

A. 没有必然的联系　　B. 同时成立或不成立

C. 前者蕴涵后者　　D. 后者蕴涵前者

(8) 数据独立性是指________。

A. 数据之间相互独立

B. 应用程序与 DB 的结构之间相互独立

C. 数据的逻辑结构与物理结构相互独立

D. 数据与磁盘之间相互独立

(9) 用户使用 DML 语句对数据进行操作，实际上操作的是________。

A. 数据库的记录　　B. 内模式的内部记录

C. 外模式的外部记录　　D. 数据库的内部记录值

(10) 对 DB 中数据的操作分成两大类：________。

A. 查询和更新　　B. 检索和修改　　C. 查询和修改　　D. 插入和修改

(11) 数据库是存储在一起的相关数据的集合，能为各种用户共享，且________。

A. 消除了数据冗余　　B. 降低了数据的冗余度

C. 具有不相容性　　D. 由用户进行数据导航

(12) 数据库管理系统是________。

A. 采用了数据库技术的计算机系统

B. 包括数据库、硬件、软件和 DBA 的系统

C. 位于用户与操作系统之间的一层数据管理软件

D. 包含操作系统在内的数据管理软件系统

(13) DBS 体系结构，按照 ANSI/SPARC 报告分为__①__；在 DBS 中，DBMS 的首要目标是提高__②__；对于 DBS，负责定义 DB 结构以及安全授权等工作的是__③__。

① A. 外模式、概念模式和内模式　　B. DB、DBMS 和 DBS

C. 模型、模式和视图　　D. 层次模型、网状模型和关系模型

② A. 数据存取的可靠性　　B. 应用程序员的软件生产效率

C. 数据存取的时间效率　　D. 数据存取的空间效率

③ A. 应用程序员　　B. 终端用户

C. 数据库管理员　　D. 系统设计员

(14) DBS由DB、__①__和硬件等组成,DBS是在__②__的基础上发展起来的。

①② A. 操作系统 B. 文件系统
C. 编译系统 D. 应用程序系统
E. 数据库管理系统

(15) DBS的数据独立性是指__①__;DBMS的功能之一是__②__;DBA的职责之一是__③__。

① A. 不会因为数据的数值变化而影响应用程序
B. 不会因为系统数据存储结构与数据逻辑结构的变化而影响应用程序
C. 不因为存取策略的变化而影响存储结构
D. 不因为某些存储结构的变化而影响其他的存储结构

②③ A. 编制与数据库有关的应用程序 B. 规定存取权
C. 查询优化 D. 设计实现数据库语言
E. 确定数据库的数据模型

**二、填空题**

1. 数据库技术是在________的基础上发展起来的,而且DBMS本身要在________的支持下才能工作。

2. 在DBS中,逻辑数据与物理数据之间可以差别很大。数据管理软件的功能之一就是要在这两者之间进行________。

3. 对现实世界进行第一层抽象的模型,称为________模型;对现实世界进行第二层抽象的模型,称为________模型。

4. 数据库的三级模式结构是对________的三个抽象级别。

5. 在DB的三级模式结构中,数据按________的描述给用户,按________的描述存储在磁盘中,而________提供了连接这两级的相对稳定的中间观点,并使得两级中的任何一级的改变都不受另一级的牵制。

**三、简答题**

1. 概念模型、逻辑模型、外部模型和内部模型各具有哪些特点?
2. 试叙述DB的三级模式结构中每一概念的要点,并指出其联系。
3. 在用户访问数据库数据的过程中,DBMS起着什么作用?
4. 试述概念模式在数据库结构中的重要地位。
5. 试述什么是数据的逻辑独立性和物理独立性。

# 第2章 关系数据库标准语言SQL

SQL(Structured Query Language,结构化查询语言)语言是一种在关系数据库中定义和操纵数据的标准语言,是用户与数据库之间进行交流的接口。SQL语言已经被大多数关系数据库管理系统采用。

## 2.1 SQL语言介绍

SQL语言对关系模型数据库理论的发展和商用RDBMS(Relational DataBase Management System,关系数据库管理系统)的研制、使用和推广等,都起着极其重要的作用。

1986年美国国家标准化组织ANSI和国际标准化组织ISO发布了SQL标准:SQL86。1989年,ANSI发布了一个增强完整性特征的SQL89标准。随后,ISO对标准进行了大量的修改和扩充,在1992年发布了SQL2标准,实现了对远程数据库访问的支持。1999年,ISO发布了SQL3标准,包括对象数据库、开放数据库互联等内容。接下来是SQL 2003标准,SQL Server 2005和Oracle 10g都支持此标准。而最近期的版本是SQL 2006,SQL 2006主要讲述了SQL与XML间如何进行交互。

SQL成为国际标准后,各种类型的计算机和数据库系统都采用SQL作为其存取语言和标准接口,从而使数据库世界有可能连接为一个统一的整体。这个前景具有十分重大的意义。

### 2.1.1 SQL数据库的体系结构

SQL语言支持关系数据库的三级模式、二级映射的结构,如图2-1所示。二级映射保证了数据库的数据独立性。

使用SQL的关系数据库具有如下特点:

(1) SQL用户可以是应用程序,也可以是终端用户。SQL语言可以被嵌入在宿主语言的程序(如PB、VC、Java等)中使用,也可以作为独立的用户接口在DBMS环境下被用户直接使用。

(2) SQL用户可以用SQL语言对基本表和视图进行查询。

(3) 一个视图是从若干基本表或其他视图上导出的表。数据库中只存放该视图的定义,而不存放该视图所对应的数据,这些数据仍然存放在导出该视图的基本表中。因此,可以说视图是一个虚表。

(4) 一个或一些基本表对应于一个数据文件。一个基本表也可以存放在若干数据文件中。一个数据文件对应于存储设备上的一个存储文件。

(5) 一个基本表可以带若干索引。索引也存放在数据文件中。

(6) 一个表空间可以由若干个数据文件组成。

(7) 一个数据库可以由多个存储文件组成。

在Oracle数据库中,模式对应于整个数据库中的表、索引等,外模式对应于某个用户的表、视图等,它们都被称为"方案对象"。内模式对应于存储结构,如逻辑存储结构(表空间、区、段、块等)、物理存储结构(数据文件、重做日志文件、配置文件等)。在定义模式的时候往往可以指定它的内模式,如将表创建在哪个表空间、存储管理的参数是什么等。三级模式的设计是数据库设计的重要任务。

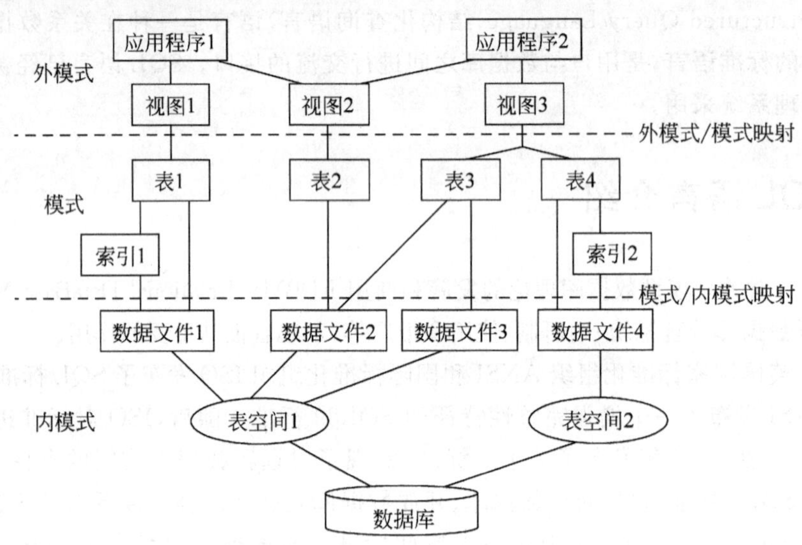


图 2-1 SQL 数据库的体系结构

## 2.1.2 SQL 的特点

SQL 语言是一个综合的、通用的、功能极强的,同时又简洁易学的语言。SQL 语言集数据定义、数据查询、数据操纵和数据控制于一体,主要特点如下:

(1) 综合统一

SQL 语言风格统一,可以独立完成数据库生命周期中的全部活动,包括创建数据库、定义关系模式、录入数据、删除数据、更新数据、数据库重构、数据库安全控制等一系列操作的要求。这就为数据库应用系统的开发提供了良好的环境。

(2) 高度非过程化

用 SQL 语言进行数据操作,用户只需提出"做什么",而不需要指明"怎么做"。因此用户无须了解和解释存取路径等过程化的内容。存取路径和 SQL 语言的操作等过程化的内容由系统自动完成。这不但大大减轻了用户在程序实现上的负担,而且有利于提高数据的独立性。

(3) 面向集合的操作方式

SQL 语言采用集合的操作方式,不仅一次查找的结果可以是若干记录的集合,而且一次插入、删除、更新等操作的对象也可以是若干记录的集合。

(4) 同一种语法结构提供两种使用方式

SQL 语言既是独立式语言，又是嵌入式语言。作为独立式语言，用户可以在终端键盘上直接输入 SQL 命令，对数据库进行操作；作为嵌入式语言，SQL 语言可以被嵌入到宿主语言(如 VB、PB、Java、VC)程序中，供编程使用。在这两种不同的使用方式下，SQL 语言的语法结构基本上是一致的。

这种以统一的语法结构，提供两种不同的使用方式的方法，为用户提供了极大的灵活性和方便性。

(5) 语言简洁、易学易用

SQL 是一种结构化的查询语言，它的结构、语法、词汇等本质上都是精确的、典型的英语的结构、语法和词汇，这样就使得用户不需要任何编程经验就可以读懂它、使用它，容易学习，容易使用。其核心功能只使用了几个动词，如表 2-1 所示。

**表 2-1 SQL 语言的主要动词**

| SQL 功能 | 动 词 |
|---|---|
| 数据定义 | CREATE、DROP、ALTER |
| 数据操纵 | SELECT、UPDATE、INSERT、DELETE |
| 数据控制 | COMMIT、ROLLBACK、GRANT、REVOKE |

### 2.1.3 SQL 语言的组成

SQL 语言由以下三部分组成。

#### 1. 数据定义语言

DDL 用来定义、修改、删除数据库中的各种对象。包括创建、修改、删除或者重命名模式对象(CREATE、ALTER、DROP、RENAME)的语句，以及删除表中所有行但不删除表(TRUNCATE)的语句等。

#### 2. 数据操纵语言

DML 的命令用来查询、插入、修改、删除数据库中数据。包含用于查询数据(SELECT)、添加新行数据(INSERT)、修改现有行数据(UPDATE)、删除现有行数据(DELETE)的语句等。

#### 3. 数据控制语言

DCL 用于事务控制、并发控制、完整性和安全性控制等。事务控制用于把一组 DML 语句组合起来形成一个事务并进行事务控制。通过事务语句可以把对数据所做的修改保存起来(COMMIT)或者回滚这些修改(ROLLBACK)。在事务中设置一个保存点(SAVEPOINT)，以便用于可能出现的回溯操作；通过管理权限(GRANT、REVOKE)等语句完成安全性控制以及通过锁定一个数据库表(LOCKTABLE)限制用户对数据访问等操作实现并发控制。

## 2.2 Oracle 提供的示例数据库

Oracle 安装完后，就会在数据库中创建一个 SCOTT 用户(用户密码为 tiger)及其所属的四个表：dept、emp、bonus、salgrade。

### 2.2.1 SCOTT 示例方案各表介绍

#### 1. dept 表

dept 表的结构：

```
SQL> desc dept;
 名称                              是否为空?          类型
 --------------------- ------------- --------------
 DEPTNO                            NOT NULL           NUMBER(2)
 DNAME                                                VARCHAR2(14)
 LOC                                                  VARCHAR2(13)
```

dept 表的内容：

```
SQL> select * from dept;

   DEPTNO  DNAME         LOC
--------  --------   --------
      10   ACCOUNTING   NEW YORK
      20   RESEARCH     DALLAS
      30   SALES        CHICAGO
      40   OPERATIONS   BOSTON
```

#### 2. emp 表

emp 表的结构：

```
SQL> desc emp;
 名称                              是否为空?          类型
 --------------------- ------------- --------------
 EMPNO                             NOT NULL           NUMBER(4)
 ENAME                                                VARCHAR2(10)
 JOB                                                  VARCHAR2(9)
 MGR                                                  NUMBER(4)
 HIREDATE                                             DATE
 SAL                                                  NUMBER(7,2)
 COMM                                                 NUMBER(7,2)
 DEPTNO                                               NUMBER(2)
```

emp 表的内容：

```
SQL> select * from emp;

EMPNO      ENAME          JOB         MGR      HIREDATE          SAL     COMM       DEPTNO
-------    ---------    --------    -------    -------         ------   -----     --------
7369       SMITH          CLERK       7902     17-12月-80        800                      20
7499       ALLEN          SALESMAN    7698     20-2月 -81        1600     300             30
7521       WARD           SALESMAN    7698     22-2月 -81        1250     500             30
7566       JONES          MANAGER     7839     02-4月 -81        2975                     20
7654       MARTIN         SALESMAN    7698     28-9月 -81        1250     1400            30
7698       BLAKE          MANAGER     7839     01-5月 -81        2850                     30
7782       CLARK          MANAGER     7839     09-6月 -81        2450                     10
7788       SCOTT          ANALYST     7566     19-4月 -87        3000                     20
7839       KING           PRESIDENT            17-11月-81        5000                     10
7844       TURNER         SALESMAN    7698     08-9月 -81        1500     0               30
7876       ADAMS          CLERK       7788     23-5月 -87        1100                     20
7900       JAMES          CLERK       7698     03-12月-81        950                      30
7902       FORD           ANALYST     7566     03-12月-81        3000                     20
7934       MILLER         CLERK       7782     23-1月 -82        1300                     10
```

### 3. bonus 表

bonus 表结构：

```
SQL> desc bonus;
 名称                                是否为空?     类型
 ----------------                 ------------  -----------
 ENAME                                           VARCHAR2(10)
 JOB                                             VARCHAR2(9)
 SAL                                             NUMBER
 COMM                                            NUMBER
```

bonus 表的内容：

```
SQL> select * from bonus;

未选定行
```

### 4. salgrade 表

salgrade 表结构：

```
SQL> desc salgrade;
 名称                                是否为空?     类型
 ----------------                 ------------  ----------
 GRADE                                           NUMBER
 LOSAL                                           NUMBER
 HISAL                                           NUMBER
```

salgrade 表的内容：

```
SQL > select * from salgrade;

     GRADE      LOSAL       HISAL
 --------   -------   --------
         1        700        1200
         2       1201        1400
         3       1401        2000
         4       2001        3000
         5       3001        9999
```

### 2.2.2 Oracle 数据类型

Oracle 的数据类型主要有字符类型、数值类型、日期类型、LOB 类型等，这里我们主要介绍常用的几种类型。

#### 1. 字符类型

常用的字符类型是 CHAR、VARCHAR2 类型。

CHAR，描述定长的字符串，如果实际值不够定义的长度，系统将以空格填充。它的说明格式为：CHAR(L)，L 为字符串长度，L 的缺省值为 1，最大为 2KB。

VARCHAR2，描述变长的字符串，它的说明格式为：VARCHAR2(L)，L 为字符串长度，没有缺省值，最大为 4KB。

字符串值必须用单引号括起来。如' abc'、' 女'。

#### 2. 数值类型

NUMBER，可以用来表示所有的数值数据。它的说明格式为：NUMBER(p,s)，p 表示数值数据的最大长度，s 表示数值数据中小数点后的数字位数，p、s 在定义时可以省略，如 NUMBER(5)、NUMBER 等。

#### 3. 日期类型

DATE，用来保存固定长度的日期数据。它的说明格式为：DATE。

日期值必须使用单引号括起来，格式为' DD-MM 月-YY'。

#### 4. LOB 类型

BLOB，保存二进制大对象，通常用来保存图像和文档等二进制数据。

CLOB，保存字符型大对象，VARCHAR2 数据类型最多只能保存 4KB 个字符，如果要保存的字符串数据超过此范围，应使用 CLOB 数据类型。

## 2.3 数据查询

查询数据是数据库的核心操作，是使用频率最高的操作。SQL 提供了 SELECT 语句进行数据库的查询，该语句具有灵活的使用方式和丰富的功能。

SELECT 语句基本的语法如下：

```
SELECT * | <列名 | 列表达式>[,<列名 | 列表达式>]…
FROM <表名或视图名>[,<表名或视图名>]…
[ WHERE <行条件表达式> ]
[ GROUP BY [ <分组列名 1> ][,<分组列名 2>]… [ HAVING <组条件表达式> ] ]
[ ORDER BY <排序列名 1 [ ASC| DESC ]> [,<排序列名 2 [ ASC| DESC ]>]… ]
```

语法中[]表示该部分是可选的，<>表示该部分是必有的，注意在写具体命令时，[]和<>不能写。

整个语句的执行过程是：

(1) 读取 FROM 子句中的表、视图的数据，如果是多个表或视图，执行笛卡儿积操作。

(2) 选择满足 WHERE 子句中给出的行条件表达式的记录。

(3) 按 GROUP BY 子句中指定列的值对记录进行分组，同时提取满足 HAVING 子句中组条件表达式的那些组。

(4) 按 SELECT 子句中给出的列名或列表达式求值输出。

(5) ORDER BY 子句对输出的记录进行排序，按 ASC 升序排列或 DESC 降序排序。

SELECT 语句既可以完成简单的单表查询，也可以完成复杂的连接查询和嵌套查询。下面以 SCOTT 示例方案数据库说明 SELECT 语句的各种用法。

## 2.3.1 基本查询

### 1. SELECT 子句的规定

SELECT 子句用于描述输出值的列名或表达式，其形式如下：

```
SELECT [ ALL | DISTINCT] * | <列名或列名表达式序列>
```

其中：DISTINCT 选项表示输出无重复结果的记录；ALL 选项是默认的，表示输出所有记录，包括重复记录。* 表示选取表中所有的字段。

1) 查询所有列

**【例 2-1】** 查询 dept 表的全部数据。

```
SQL> SELECT * FROM dept;

    DEPTNO     DNAME           LOC
--------   ---------   --------
        10     ACCOUNTING      NEW YORK
        20     RESEARCH        DALLAS
        30     SALES           CHICAGO
        40     OPERATIONS      BOSTON
```

2) 查询指定的列

**【例 2-2】** 查询 dept 表的部门编号 deptno 和部门名称 dname 信息。

```
SQL> SELECT deptno,dname FROM dept;
    DEPTNO   DNAME
--------   ---------
      10    ACCOUNTING
      20    RESEARCH
      30    SALES
      40    OPERATIONS
```

3) 去掉重复行

**【例 2-3】** 查询雇员表 emp 中各部门的职务信息。

```
SQL> SELECT deptno, job FROM emp;

    DEPTNO      JOB
---------   --------
        10      CLERK
        10      MANAGER
        10      PRESIDENT
        20      ANALYST
        20      ANALYST
        20      CLERK
        20      CLERK
        20      MANAGER
        30      CLERK
        30      MANAGER
        30      SALESMAN
        30      SALESMAN
        30      SALESMAN
        30      SALESMAN
```

上面的查询结果中有重复的值出现,这是我们所不希望的,所以可以改为:

```
SQL> SELECT DISTINCT deptno, job FROM emp;

    DEPTNO      JOB
---------   --------
        10      CLERK
        10      MANAGER
        10      PRESIDENT
        20      ANALYST
        20      CLERK
        20      MANAGER
        30      CLERK
        30      MANAGER
        30      SALESMAN
```

### 2. 列起别名的操作

显示选择查询的结果时,第一行(即表头)中显示的是各个输出字段的名称。为了便于阅读，也可指定更容易理解的列名来取代原来的字段名。设置别名的格式：

```
原字段名 [AS] 列别名
```

**【例 2-4】** 在 emp 查询每个员工的 empno、ename、hiredate，输出的列名为雇员编号、雇员姓名、雇佣日期。

```
SQL> SELECT empno AS 雇员编号,ename 雇员姓名,hiredate 雇佣日期
 2 FROM emp;

 雇员编号  雇员姓名    雇佣日期
 -------  ---------  ---------
    7369  SMITH      17-12月-80
    7499  ALLEN      20-2月 -81
    7521  WARD       22-2月 -81
    7566  JONES      02-4月 -81
    7654  MARTIN     28-9月 -81
    7698  BLAKE      01-5月 -81
    7782  CLARK      09-6月 -81
    7788  SCOTT      19-4月 -87
    7839  KING       17-11月-81
    7844  TURNER     08-9月 -81
    7876  ADAMS      23-5月 -87
    7900  JAMES      03-12月-81
    7902  FORD       03-12月-81
    7934  MILLER     23-1月 -82
```

### 3. 使用 WHERE 子句指定查询条件

WHERE 子句后的行条件表达式可以由各种运算符组合而成，常用的比较运算符如表 2-2 所示。

**表 2-2 常用的比较运算符**

| 运算符名称 | 符号及格式 | 说 明 |
|---|---|---|
| 算术比较判断 | <表达式 1> θ <表达式 2><br>θ代表的符号有：<、<=、>、>=、<>或!=、= | 比较两个表达式的值 |
| 逻辑比较判断 | <比较表达式 1> θ <比较表达式 2><br>θ代表的符号按其优先级由高到低的顺序为：NOT、AND、OR | 两个比较表达式进行非、与、或的运算 |
| 之间判断 | <表达式> [NOT] BETWEEN <值 1> AND <值 2> | 搜索(不)在给定范围内的数据 |
| 字符串模糊判断 | <字符串> [NOT] LIKE <匹配模式> | 查找(不)包含给定模式的值 |
| 空值判断 | <表达式> IS [NOT] NULL | 判断某值是否为空值 |
| 之内判断 | <表达式> IN (<集合>) | 判断表达式的值是否在集合内 |

1) 比较判断

**【例 2-5】** 查询 SMITH 的雇佣日期。

```
SQL> SELECT ename, hiredate FROM emp
 2 WHERE ename = 'SMITH';

ENAME      HIREDATE
-------    ---------
SMITH     17-12月-80
```

**【例 2-6】** 查询 emp 表中在部门 10 工作的、工资高于 1000 或岗位是 CLERK 的所有雇员的姓名、工资、岗位的信息。

```
SQL> SELECT ename, job, sal FROM emp
2 WHERE deptno = '10' AND (sal > 1000 OR job = 'CLERK');

ENAME        JOB           SAL
--------  ---------    -----------
CLARK        MANAGER        2450
KING         PRESIDENT      5000
MILLER       CLERK          1300
```

2) 之间判断

用 BETWEEN … AND 来确定一个连续的范围，要求 BETWEEN 后面指定小值，AND 后面指定大值。

例如，sal BETWEEN 1000 and 2000，它相当于 sal>=1000 AND sal<=2000 的运算。

**【例 2-7】** 查询 emp 表工资在 2500～3000 之间，1981 年聘用的所有雇员的姓名、工资、聘用日期信息。

```
SQL> SELECT ename, sal, hiredate FROM emp
 2 WHERE sal BETWEEN 2500 AND 3000
 3 AND hiredate BETWEEN '01-1月-81' AND '31-12月-81';

ENAME         SAL     HIREDATE
---------  -------  ------------
JONES         2975     02-4月 -81
BLAKE         2850     01-5月 -81
FORD          3000     03-12月-81
```

3) 字符串的模糊查询

使用 LIKE 运算符进行字符串模糊匹配查询，格式是：

```
[ NOT ] LIKE '匹配字符串'
```

匹配字符串中使用通配符“%”和“_”，“%”用于表示 0 个或任意多个字符；“_”表示任意 1 个字符。

**【例 2-8】** 查询 emp 表中所以姓名以 K 开头或姓名第 2 个字母为 C 的员工的姓名、部门号及工资的信息。

```
SQL> SELECT ename,deptno,sal FROM emp
  2 WHERE ename LIKE 'K%' OR ename LIKE '_C%';

ENAME              DEPTNO          SAL
--------          --------     ---------
SCOTT                 20          3000
KING                  10          5000
```

4）空值判断

【例 2-9】 查询 emp 表中 1981 年聘用没有补助的员工的姓名和职位信息。

```
SQL> SELECT ename,job FROM emp
  2 WHERE hiredate>='01-1月-81' AND hiredate<='31-12月-81'
  3 AND comm IS NULL;

ENAME      JOB
-----    ------
JONES      MANAGER
BLAKE      MANAGER
CLARK      MANAGER
KING       PRESIDENT
JAMES      CLERK
FORD       ANALYST
```

5）之内判断

可以使用 IN 实现数值之内的判断，例如，sal IN (2000,3000)，它相当于 sal=2000 OR sal=3000 的表达式。

【例 2-10】 查询 emp 表中部门 20 和 30 中，岗位是 CLERK 的所有雇员的部门号、姓名、工资的信息。

```
SQL> SELECT deptno,ename,sal FROM emp
  2 WHERE deptno IN (20,30) AND job='CLERK';

   DEPTNO      ENAME        SAL
------     --------    ------
      20       SMITH        800
      20       ADAMS        1100
      30       JAMES        950
```

### 4. 使用 ORDER BY 子句对查询结果排序

在使用 ORDER BY 子句对查询结果进行排序时，注意以下两点。

一是当 SELECT 语句中同时包含多个子句，如 WHERE、GROUP BY、HAVING、ORDER BY，ORDER BY 子句必须是最后一个子句。

二是可以使用列的别名、列的位置进行排序。

【例 2-11】 以部门号的降序、姓名升序，查询 emp 表中工资在 2000～3000 员工的部门号、姓名、工资、补助信息。

```
SQL> SELECT deptno,ename,sal,comm FROM emp
 2 WHERE sal BETWEEN 2000 AND 3000
 3 ORDER BY deptno DESC,ename;

    DEPTNO    ENAME       SAL         COMM
-------- --------- ------- -------
        30     BLAKE      2850
        20     FORD       3000
        20     JONES      2975
        20     SCOTT      3000
        10     CLARK      2450
```

【例 2-12】 使用列的别名、列的位置进行排序,改写例 2-11 的例子。

```
SQL> SELECT deptno AS 部门编号,ename,sal,comm FROM emp
 2 WHERE sal BETWEEN 2000 AND 3000
 3 ORDER BY 部门编号 DESC,2;
```

## 2.3.2 分组查询

数据分组是通过 SELECT 语句中加入 GROUP BY 子句完成的。用聚合函数来对每个组中的数据进行汇总、统计。用 HAVING 子句来限定查询结果集中只显示分组后的、其聚合函数的值满足指定条件的那些组。

### 1. 聚合函数

聚合函数也称为分组函数,作用于查询出的数据组,并返回一个汇总、统计结果。常用的聚合函数如表 2-3 所示。

**表 2-3 常用的聚合函数**

| 函 数 | 说 明 |
|---|---|
| COUNT(*) | 计算记录的个数 |
| COUNT(<列名>) | 对一列中的值计算个数 |
| SUM(<列名>) | 求某一列值的总和 |
| AVG(<列名>) | 求某一列值的平均值 |
| MAX(<列名>) | 求一列值的最大值 |
| MIN(<列名>) | 求一列值的最小值 |

使用聚合函数时,需要注意以下两点:

一是聚合函数只能出现在所查询的列、ORDER BY 子句、HAVING 子句中,而不能出现在 WHERE 子句、GROUP BY 子句中;

二是除了 COUNT(*)之外,其他聚合函数(包括 COUNT(<列名>))都忽略对列值为 NULL 值的统计。

**【例 2-13】** 示例。

```
SQL> SELECT empno,sal,comm FROM emp WHERE deptno = 30;

     EMPNO        SAL     COMM
---------- ----- ------
      7499       1600       300
      7521       1250       500
      7654       1250      1400
      7698       2850
      7844       1500         0
      7900        950
```

下面是这些数据聚合函数的处理结果。

```
SQL> SELECT AVG(sal) AS 平均工资,SUM(comm) 总补助款,
  2         COUNT( * ) AS 总人数,COUNT(comm) 补助人数,
  3         MAX(sal) AS 最高工资,MIN(sal) 最低工资
  4 FROM emp WHERE deptno = 30;

  平均工资      总补助款       总人数      补助人数      最高工资      最低工资
-------- --------- ------- ---------- --------- --------
1566.66667       2200           6            4          2850          950
```

## 2. 使用 GROUP BY 子句

1）按单列分组

**【例 2-14】** 查询 emp 表中每个部门的平均工资和最高工资，并按部门编号升序排序。

```
SQL> SELECT deptno,AVG(sal) 平均工资,MAX(sal) 最高工资 FROM emp
  2 GROUP BY deptno
  3 ORDER BY deptno;

    DEPTNO      平均工资       最高工资
-------- --------- --------
        10    2916.66667        5000
        20          2175        3000
        30    1566.66667        2850
```

2）按多列分组

**【例 2-15】** 查询 emp 表中每个部门、每种岗位的平均工资和最高工资。

```
SQL> SELECT deptno,job,AVG(sal) 平均工资,MAX(sal) 最高工资 FROM emp
  2 GROUP BY deptno,job
  3 ORDER BY deptno;

    DEPTNO     JOB           平均工资        最高工资
-------- -------- --------- ---------
        10   CLERK             1300          1300
        10   MANAGER           2450          2450
```

```
        10  PRESIDENT        5000        5000
        20  ANALYST          3000        3000
        20  CLERK            950         1100
        20  MANAGER          2975        2975
        30  CLERK            950         950
        30  MANAGER          2850        2850
        30  SALESMAN         1400        1600
```

**【注意】** 使用 GROUP BY 子句分组时，SELECT 子句中查询列表中出现的列应包含在聚合函数中或者包含在 GROUP BY 子句中，否则出错。

**【例 2-16】** 示例。

```
SQL> SELECT job,hiredate,MIN(sal) 最低工资 FROM emp
 2 GROUP BY job;
SELECT job,hiredate,MIN(sal) 最低工资 FROM emp
           *
第 1 行出现错误:
ORA-00979: 不是 GROUP BY 表达式
```

正确的命令是：

```
SQL> SELECT job,hiredate,MIN(sal) 最低工资 FROM emp
 2 GROUP BY job,hiredate;
```

### 3. 使用 HAVING 子句

**【例 2-17】** 查询部门编号在 30 以下的各个部门的部门编号、平均工资，要求只显示平均工资大于等于 2000 的信息。

```
SQL> SELECT deptno,AVG(sal) 平均工资 FROM emp
  2   WHERE deptno<30
  3   GROUP BY deptno
  4    HAVING AVG(sal)>=2000

    DEPTNO     平均工资
 -------- ----------
        20       2175
        10 2916.66667
```

**【注意】** HAVING 后的 AVG(sal)不能用查询列表中的别名平均工资来代替，别名只能在 ORDER BY 子句中使用。

```
SQL> SELECT deptno,AVG(sal) 平均工资 FROM emp
  2   WHERE deptno<30
  3   GROUP BY deptno
  4    HAVING 平均工资>=2000
HAVING 平均工资>=2000
```

```
        *
第 4 行出现错误:
ORA - 00904: "平均工资": 标识符无效
```

## 2.3.3 连接查询

连接查询是指对两个或两个以上的表或视图的查询。连接查询是关系数据库中最主要、最有实际意义的查询,是关系数据库的一项核心功能。Oracle 提供了四种类型的连接:相等连接、自身连接、不等连接和外连接。给出进行连接查询时的一些注意事项如下:

(1) 要连接的表都要放在 FROM 子句中,表名之间用逗号分开,比如 FROM detp,emp;

(2) 为了书写方便,可以为表起别名,表的别名在 FROM 子句中定义,别名放在表名之后,它们之间用空格隔开。注意,别名一经定义,在整个查询语句中就只能使用表的别名而不能再使用表名;

(3) 连接的条件放在 WHERE 子句中,比如 WHERE emp. deptno=dept. deptno;

(4) 如果多个表中有相同列名的列时,在使用这些列时,必须在这些列的前面冠以表名来区别,表名和列名之间用句号隔开。比如 SELECT emp. detpno。

### 1. 相等连接

相等连接也称为简单连接或内连接,它是把两个表中,指定列的值相等的行连接起来。

**【例 2-18】** 查询工资大于等于 3000 的员工的员工编号、姓名、工资、所在部门编号及部门所在地址,结果按部门编号进行排序。

```
SQL> SELECT empno, ename, sal, e.deptno, loc
  FROM emp e, dept d
  WHERE e.deptno = d.deptno
   AND sal >= 3000
  ORDER BY e.deptno;

    EMPNO    ENAME       SAL     DEPTNO       LOC
-------- -------- ------ -------- --------
     7839    KING        5000          10     NEW YORK
     7902    FORD        3000          20     DALLAS
     7788    SCOTT       3000          20     DALLAS
```

也可使用 SQL99 标准中的 ON 子句实现内连接。格式为:

```
FROM 表名 1 INNER JOIN 表名 2 ON 表名 1.列 = 表名 2.列
```

如例 2-18 用 ON 子句写法如下:

```
SQL> SELECT empno, ename, sal, e.deptno, loc
  FROM emp e INNER JOIN dept d
   ON e.deptno = d.deptno
  WHERE sal >= 3000
  ORDER BY e.deptno;
```

### 2. 自身连接

自身连接是通过把一个表定义了两个不同别名的方法(即把一个表映射成两个表)来完成自连接的。

**【例 2-19】** 示例。

emp 表中包含的 empno(雇员编号)、mgr(管理员编号)两列之间有参照关系,因为管理员也是雇员。

```
SQL> SELECT empno,ename,mgr FROM emp
 2 WHERE deptno = 20;

   EMPNO       ENAME       MGR
------- ------- -------
    7369       SMITH       7902
    7566       JONES       7839
    7788       SCOTT       7566
    7876       ADAMS       7788
    7902       FORD        7566
```

查询 emp 表中在部门 20 工作的雇员的姓名及其管理员的姓名。

```
SQL> SELECT e.ename 雇员,m.ename 管理员
 2   FROM emp e,emp m
 3   WHERE m.empno = e.mgr
 4    AND e.deptno = 20

雇员          管理员
--------   ---------
SMITH       FORD
JONES       KING
SCOTT       JONES
ADAMS       SCOTT
FORD        JONES
```

### 3. 不等连接

上面介绍的连接中其连接运算符都为等号,也可以使用其他的运算符,其他的运算符所产生的连接叫不等连接。

**【例 2-20】** salgrade 表中存放着工资等级的信息,查询在部门编号为 20 工作的雇员的工资及工资等级的信息。

```
SQL> SELECT e.ename,e.sal,s.grade
 2   FROM emp e,salgrade s
 3   WHERE e.sal BETWEEN s.losal AND s.hisal
 4    AND e.deptno = 20;
```

```
ENAME      SAL       GRADE
------- ------ --------
SCOTT      3000          4
FORD       3000          4
JONES      2975          4
ADAMS      1100          1
SMITH      800           1
```

### 4. 左外连接

左外连接的格式是：

```
FROM 表 1 LEFT OUTER JOIN 表 2 ON 表 1.列 = 表 2.列
```

左外连接的结果是：显示表 1 中所有记录和表 2 中与表 1.列相同的记录。

**【例 2-21】** 示例。

```
SQL> SELECT loc,dept.deptno,emp.deptno,ename,empno
  2  FROM dept LEFT OUTER JOIN emp
  3   ON dept.deptno = emp.deptno
  4  WHERE dept.deptno = 10 OR dept.deptno = 40;

LOC            DEPTNO        DEPTNO       ENAME     EMPNO
---------  --------  ---------  -------  --------
NEW YORK       10            10           CLARK      7782
NEW YORK       10            10           KING       7839
NEW YORK       10            10           MILLER     7934
BOSTON         40
```

### 5. 右外连接

右外连接的格式是：

```
FROM 表 1 RIGHT OUTER JOIN 表 2 ON 表 1.列 = 表 2.列
```

右外连接的结果是：显示表 2 中所有记录和表 1 中与表 2.列相同的记录。

**【例 2-22】** 示例。

```
SQL> SELECT empno,ename,emp.deptno,dept.deptno,loc
  2  FROM emp RIGHT OUTER JOIN dept
  3   ON emp.deptno = dept.deptno
  4  WHERE dept.deptno = 10 OR dept.deptno = 40;

EMPNO        ENAME      DEPTNO      DEPTNO       LOC
------- -------- -------- --------- ---------
7782         CLARK      10              10       NEW YORK
7839         KING       10              10       NEW YORK
7934         MILLER     10              10       NEW YORK
                                        40       BOSTON
```

### 6. 全外连接

全外连接的格式是：

```
FROM 表 1 FULL OUTER JOIN 表 2 ON 表 1.列 = 表 2.列
```

全右外连接的结果是：显示两表中所有的记录。

【例 2-23】 示例。

```
SQL> INSERT INTO emp(empno,ename,deptno) VALUES(8000,'ROSE',50);

已创建 1 行。

SQL> SELECT empno,ename,emp.deptno,dept.deptno,loc
  2  FROM emp FULL OUTER JOIN dept
  3  ON emp.deptno = dept.deptno;

   EMPNO      ENAME     DEPTNO     DEPTNO     LOC
-------- -------- -------- -------- --------
    7934      MILLER      10          10     NEW YORK
    7839      KING        10          10     NEW YORK
    7782      CLARK       10          10     NEW YORK
    7902      FORD        20          20     DALLAS
    7876      ADAMS       20          20     DALLAS
    7788      SCOTT       20          20     DALLAS
    7566      JONES       20          20     DALLAS
    7369      SMITH       20          20     DALLAS
    7900      JAMES       30          30     CHICAGO
    7844      TURNER      30          30     CHICAGO
    7698      BLAKE       30          30     CHICAGO
    7654      MARTIN      30          30     CHICAGO
    7521      WARD        30          30     CHICAGO
    7499      ALLEN       30          30     CHICAGO
    8000      ROSE        50
                                      40     BOSTON
```

结果的最后两行体现了两个表的全连接。

## 2.3.4 子查询

子查询是指嵌入在其他 SQL 语句中的一个查询。子查询中还可以继续嵌套子查询，最多可以嵌套 255 层。使用子查询，可以用一系列简单的查询构成复杂的查询，从而增强 SQL 语句的功能。

子查询的执行步骤如下：

(1) 首先取外层查询中表的第一个记录，根据它与内层查询相关的列值进行内层查询的处理(如 WHERE 子句的处理)，若处理结果为真，则取此记录放入结果集。

(2) 然后再取外层表的下一个记录进行内层查询的处理。

(3) 重复这一过程，直至外层查询中表的全部记录处理完为止。

### 1. 返回单值的子查询

单值子查询向外层查询只返回一个值。

**【例 2-24】** 查询与 SCOTT 工作岗位相同的员工的员工编号、姓名、工资、岗位信息。

```
SQL> SELECT empno, ename, sal, job FROM emp
  2  WHERE job = (SELECT job FROM emp WHERE ename = 'SCOTT');

     EMPNO      ENAME      SAL        JOB
-------- -------- -------- -----------
      7788       SCOTT      3000       ANALYST
      7902       FORD       3000       ANALYST
```

**【例 2-25】** 查询工资大于平均工资而且与 SCOTT 工作岗位相同员工的信息。

```
SQL> SELECT empno, ename, sal, job FROM emp
  2  WHERE job = (SELECT job FROM emp WHERE ename = 'SCOTT')
  3   AND sal >(SELECT AVG(sal) FROM emp);

     EMPNO      ENAME      SAL        JOB
-------- -------- -------- -----------
      7788       SCOTT      3000       ANALYST
      7902       FORD       3000       ANALYST
```

### 2. 返回多值的子查询

多值子查询可以向外层查询返回多个值。在 WHERE 子句中使用多值子查询时,必须使用多值比较运算符:[NOT] IN、[NOT] EXISTS、ANY、ALL,其中 ALL、ANY 必须与比较运算符结合使用。

1) 使用 IN 操作符的多值子查询

比较运算符 IN 的含义为子查询返回列表中的任何一个。IN 操作符比较子查询返回列表中的每一个值,并且显示任何相等的数据行。

**【例 2-26】** 查询工资为所任岗位最高的员工的职工编号、姓名、岗位和工资的信息,不包含岗位为 CLERK 和 PRESIDENT 的员工。

```
SQL> SELECT empno, ename, job, sal FROM emp
  2  WHERE sal IN (SELECT MAX(sal) FROM emp
  3                  GROUP BY job)
  4   AND job <>'CLERK' AND job <>'PRESIDENT';

   EMPNO  ENAME      JOB            SAL
------ ------   --------  ------ ---
    7499  ALLEN      SALESMAN       1600
    7566  JONES      MANAGER        2975
    7788  SCOTT      ANALYST        3000
    7902  FORD       ANALYST        3000
```

2）使用 ALL 操作符的多值子查询

ALL 操作符比较子查询返回列表中的每一个值。<ALL：为小于最小的；>ALL：为大于最大的。

**【例 2-27】** 查询高于部门 20 的所有雇员工资的雇员信息。

```
SQL> SELECT ename,sal,job FROM emp
  2  WHERE sal>ALL(SELECT sal FROM emp WHERE deptno=20);

ENAME       SAL         JOB
-------  --------  ------------
KING        5000        PRESIDENT
```

这个命令相当于下面的命令：

```
SQL> SELECT ename,sal,job FROM emp
  2  WHERE sal>(SELECT MAX(sal) FROM emp WHERE deptno=20);
```

3）使用 ANY 操作符的多值子查询

ANY 操作符比较子查询返回列表中每一个值。<ANY：为小于最大的；>ANY：为大于最小的。

**【例 2-28】** 查询高于部门 10 的任意雇员工资的雇员信息。

```
SQL> SELECT ename,sal,job FROM emp
  2  WHERE sal>ANY(SELECT sal FROM emp WHERE deptno=10)

ENAME       SAL       JOB
-------  --------  ------------
KING        5000      PRESIDENT
FORD        3000      ANALYST
SCOTT       3000      ANALYST
JONES       2975      MANAGER
BLAKE       2850      MANAGER
CLARK       2450      MANAGER
ALLEN       1600      SALESMAN
TURNER      1500      SALESMAN
```

这个命令相当于下面的命令：

```
SQL> SELECT ename,sal,job FROM emp
  2  WHERE sal>(SELECT MIN(sal) FROM emp WHERE deptno=10);
```

4）使用 EXISTS 操作符的多行查询

EXISTS 操作符比较子查询返回列表的每一行。使用 EXISTS 时应注意：外层查询的 WHERE 子句格式为：WHERE EXISTS；在内层子查询中必须有 WHERE 子句，给出外层查询和内层子查询所使用表的连接条件。

【例 2-29】 查询工作在 NEW YORK 的雇员姓名、部门编号、工资、岗位的信息。

```
SQL> SELECT ename,deptno,sal,job FROM emp
  2  WHERE EXISTS
  3  (SELECT * FROM dept
  4  WHERE dept.deptno = emp.deptno AND loc = 'NEW YORK')

ENAME       DEPTNO        SAL       JOB
------ -------- -------- ---------
CLARK       10            2450      MANAGER
KING        10            5000      PRESIDENT
MILLER      10            1300      CLERK
```

EXISTS 操作符实现的操作也可以用 IN 操作符来实现，上例如下：

```
SQL> SELECT ename,deptno,sal,job FROM emp
  2  WHERE deptno IN
  3   (SELECT deptno FROM dept
  4    WHERE loc = 'NEW YORK');
```

## 2.3.5 集合查询

当两个 SELECT 查询结果的结构完全一致时，可以对这两个查询执行并、交、差的运算，运算符为 UNION、INTERSECT 和 MINUS。

集合运算的格式为：

```
SELECT 语句 1
  UNION|INTERSECT|MINUS
SELECT 语句 2
```

### 1. INTERSECT

INTERSECT 是交运算，结果只包括查询的共同行。

【例 2-30】 示例。

```
SQL> SELECT empno,ename,deptno,job FROM emp WHERE job = 'MANAGER'
  2  INTERSECT
  3  SELECT empno,ename,deptno,job FROM emp WHERE deptno = 10

   EMPNO   ENAME      DEPTNO      JOB
------ -------- -------- ------
    7782  CLARK        10         MANAGER
```

### 2. UNION

UNION 是并运算，结果不包括重复行。

【例 2-31】 示例。

```
SQL> SELECT empno,ename,deptno,job FROM emp WHERE job='MANAGER'
  2  UNION
  3  SELECT empno,ename,deptno,job FROM emp WHERE deptno=10;

   EMPNO      ENAME    DEPTNO       JOB
------ ------- ------- ---------
    7566      JONES      20        MANAGER
    7698      BLAKE      30        MANAGER
    7782      CLARK      10        MANAGER
    7839      KING       10        PRESIDENT
    7934      MILLER     10        CLERK
```

### 3. MINUS

MINUS 是差运算,结果只包括在第一个结果集但不在第二个结果集中的行。

【例 2-32】 示例。

```
SQL> SELECT empno,ename,deptno,job FROM emp WHERE job='MANAGER'
  2  MINUS
  3  SELECT empno,ename,deptno,job FROM emp WHERE deptno=10

   EMPNO      ENAME      DEPTNO       JOB
------- ------- -------- ---------
   7566       JONES      20           MANAGER
   7698       BLAKE      30           MANAGER
```

## 2.4 数据的维护

数据维护是指用 INSERT、DELETE、UPDATE 语句来插入、删除、更新数据库表中记录行的数据,由数据操作语言 DML 实现,它们是数据库的主要功能之一。

### 2.4.1 插入数据

对于数据库而言,当创建表之后,应该首先插入数据,然后才能查询数据、更新、删除数据。这样才能保证数据的实时性和准确性。

#### 1. INSERT 语句

当往一个表中添加一行新的数据时,需要使用 DML 语言中的 INSERT 语句。该语句的基本语法格式如下:

```
INSERT INTO 表名 [ (列名 1[,列名 2… ]) ]
    VALUES (值 1[,值 2… ])
```

**【说明】**

(1) 插入数据时,列的个数、数据类型、顺序必须要和提供的数据的个数、数据类型、顺序保持一致或匹配；

(2) 如果省略了表名后列的列名表，即表示要为所有列插入数据，则必须根据表结构定义中的顺序为所有的列提供数据，否则会出错；

(3) 使用以上的 INSERT 语句格式一次只能向表中插入一行数据。

为了便于应用，我们先创建一个新表 dept_c，是 dept 表的一个副本。创建方法如下：

```
SQL> CREATE TABLE dept_c
  2  AS
  3  SELECT * FROM dept;

表已创建。
```

【例 2-33】 示例。

```
SQL> INSERT INTO dept_c(deptno,dname,loc)
  2  VALUES(50,'PERSONNEL','HONGKONG');

已创建 1 行。

SQL> SELECT * FROM dept_c;

  DEPTNO      DNAME            LOC
--------- --------- ----------
10     ACCOUNTING          NEW YORK
20     RESEARCH            DALLAS
30     SALES               CHICAGO
40     OPERATIONS          BOSTON
50     PERSONNEL           HONGKONG
```

上例因为所有列都给了值，所以，命令还可用如下的方式完成：

```
SQL> INSERT INTO dept_c
  2  VALUES(50,'PERSONNEL','HONGKONG');
```

【例 2-34】 拟新建一个部门，编号为 80，地址在上海，但并没有确定该部门的名字，完成此条记录的插入。

```
SQL> INSERT INTO dept_c(deptno,loc)
  2  VALUES(80,'上海');
```

或

```
SQL> INSERT INTO dept_c
  2  VALUES(80,NULL,'上海');
```

### 2. 利用子查询向表中插入数据

语法格式如下：

```
INSERT INTO 表名 [ (列名1[,列名2…]) ]
 SELECT 语句
```

**【例 2-35】** 先将 dept_c 表中的记录全部删除,再使用 INSERT 命令将 dept 表中的记录插入到 dept_c 表中。

```
SQL> TRUNCATE TABLE dept_c;

表被截断。

SQL> INSERT INTO dept_c
  2  SELECT * FROM dept
  3  WHERE deptno = 10 OR deptno = 20 OR deptno = 40;

已创建 2 行。

SQL> SELECT * FROM dept_c;

    DEPTNO      DNAME            LOC
-------  ----------  ---------
       10  ACCOUNTING          NEW YORK
       20  RESEARCH            DALLAS
       40                      BOSTON
```

## 2.4.2 更新数据

当表中的数据出现了错误或已经过时了,则需要更新数据。使用 DML 语言中的 UPDATE 语句更新表中已经存在的数据。

### 1. UPDATE 语句

UPDATE 语句的基本语法格式如下:

```
UPDATE 表名
 SET 列名 = 值[,列名 = 值,…]
 [WHERE  <条件>]
```

**【说明】** 如果不用 WHERE 子句限定要更新的数据行,则会更新整个表的数据行。

**【例 2-36】** 更新 dept_c 表中部门 10 的地址为 CHINA。

```
SQL> UPDATE dept_c
  2  SET loc = 'CHINA'
  3  WHERE deptno = 10;

已更新 1 行。
```

**【例 2-37】** 将 dept_c 表中所有部门的地址改为 CHICAGO。

```
SQL> UPDATE dept_c
  2  SET loc = 'CHICAGO';
```

```
已更新 3 行。

SQL> SELECT * FROM dept_c;

    DEPTNO       DNAME            LOC
----------  ---------  ------------
    10     ACCOUNTING          CHICAGO
    20     RESEARCH            CHICAGO
    40                         CHICAGO
```

### 2. 利用子查询修改记录

**【例 2-38】** 根据 dept 表更新 dept_c 表中部门 40 的部门名称。

```
SQL> UPDATE dept_c
  2  SET dname = (SELECT dname FROM dept WHERE deptno = 40)
  3  WHERE deptno = 40;

已更新 1 行。

SQL> SELECT * FROM dept_c;

    DEPTNO       DNAME          LOC
--------  ----------  ----------
    10     ACCOUNTING       CHICAGO
    20     RESEARCH         CHICAGO
    40     OPERATIONS       CHICAGO
```

## 2.4.3 删除数据

不正确的、过时了的数据应该删除。使用 DML 中的 DELETE 语句删除表中已经存在的数据。

### 1. DELETE 语句

DELETE 语句的基本语法格式如下：

```
DELETE [ FROM ] 表名
 [WHERE  <条件>]
```

**【说明】**

① DELETE 是按行删除数据，不是删除行中某些列的数据。

② 如果不用 WHERE 子句限定要删除的数据行，则会删除整个表的数据行。删除表中所有数据行，也可用截断表的语句实现，其格式为：

```
TRUNCATE TABLE 表名
```

**【例 2-39】** 删除 dept_c 表中部门 10 的记录。

```
SQL> DELETE dept_c
  2  WHERE deptno = 10;
```

```
已删除 1 行。

SQL> SELECT * FROM dept_c;

    DEPTNO       DNAME          LOC
---------- ---------- ----------
        20   RESEARCH          CHICAGO
        40   OPERATIONS        CHICAGO
```

【例 2-40】 删除 dept_c 表中所有记录。

```
SQL> DELETE dept_c;

已删除 2 行。
```

或

```
SQL> TRUNCATE TABLE dept_c;

表被截断。
```

#### 2. 利用子查询删除行

【例 2-41】 根据 emp 表创建其副本 emp_c,删除 emp_c 表中工作在 RESEARCH 部门的员工的数据行。

```
SQL> CREATE TABLE emp_c
  2  AS
  3  SELECT * FROM emp;

表已创建。

SQL> DELETE emp_c
     2 WHERE deptno = (SELECT deptno
     3 FROM dept WHERE dname = 'RESEARCH');

已删除 5 行。
```

## 2.5 数据的定义

SQL 的数据定义功能包括表的定义、视图和索引的定义。本节介绍如何定义基本表、视图和索引对象。

### 2.5.1 基本表的定义、删除和修改

表是数据库存储数据的基本单元。从用户角度来看,表中存储数据的逻辑结构是一张

二维表,即表由行、列两部分组成。通常称表中的一行为一条记录,称表中的一列为一个属性。

### 1. 创建表

创建表,实际上就是在数据库中定义表的结构。表的结构主要包括:表与列的名称,列的数据类型,以及建立在表或列上的约束,约束将在后面有关的章节中详细介绍。

创建表的语句是 CREATE TABLE,其格式如下:

```
CREATE TABLE 表名
 (<列名> <数据类型> [DEFAULT <默认值>] [, … ] )
```

**【说明】** DEFAULT 选项是给指定列设置默认值。即用户如果不给该列输入值时,系统会自动给该列的值所设置的默认值。

**【例 2-42】** 示例。

```
SQL> CREATE TABLE product
  2  (p_code NUMBER(6),
  3   p_name VARCHAR2(30),
  4   p_price NUMBER(5,2));

表已创建。
```

可以使用 DESC[RIBE]命令显示表的结构。

```
SQL> DESC product;
 名称                是否为空?       类型
 ----------        ----------      -----------
 P_CODE                             NUMBER(6)
 P_NAME                             VARCHAR2(30)
 P_PRICE                            NUMBER(5,2)
```

**【例 2-43】** 示例。

```
SQL> CREATE TABLE ord
  2  (ordno NUMBER(8),
  3   p_code NUMBER(6),
  4   s_code NUMBER(6),
  5   ordate DATE DEFAULT SYSDATE,
  6   price NUMBER(8,2));

表已创建。
```

为 ordate 列设置默认值为当前系统日期。

### 2. 利用子查询来创建表

从已建立的表中提取部分记录组成新表,可利用子查询来创建新表。利用子查询创建表的语句格式为:

```
CREATE TABLE <表名> [(<列名>,<列名>…)]
 AS SELECT 语句
```

【例 2-44】 根据 emp 表,生成部门 20 的职工工资情况的新表 GZ_20,包括的列有姓名,工作,工资。

```
SQL> CREATE TABLE GZ_20
  2  AS
  3  SELECT ename, job, sal FROM emp WHERE deptno = 20;

表已创建。

SQL> SELECT * FROM GZ_20;

ENAME      JOB          SAL
------ ---------- -------
SMITH      CLERK        800
JONES      MANAGER      2975
SCOTT      ANALYST      3000
ADAMS      CLERK        1100
FORD       ANALYST      3000
```

### 3. 修改表的结构

在基本表建立并使用一段时间后,可以根据实际需要对基本表的结构进行修改,即增加新的列、删除原有的列或修改列的数据类型、宽度等。

1) 在一个表中增加一个新列

在一表中增加一个新列的语句格式为:

```
ALTER TABLE <表名>
 ADD <列名> <数据类型> [DEFAULT <默认值>]
```

**【注意】** 一个 ALTER TABLE…ADD 语句只能为表增加一个新列,如果要增加多个新列,则需使用多个 ALTER TABLE…ADD 语句。

【例 2-45】 为 dept_c 表增加一个新列 telephone。

```
SQL> ALTER TABLE dept_c
  2  ADD telephon VARCHAR2(11);

表已更改。

SQL> DESC dept_c;
 名称                是否为空?      类型
 ----------  ----------   -------------
 DEPTNO                            NUMBER(2)
 DNAME                             VARCHAR2(14)
 LOC                               VARCHAR2(13)
 TELEPHON                          VARCHAR2(11)
```

2）修改一个表中已有的列

修改一个表中已有的列的语句格式为：

```
ALTER TABLE  <表名>
 MODIFY  <列名>  <数据类型> [DEFAULT  <默认值>]
```

**【注意】** 一个 ALTER TABLE…MODIFY 语句只能为表修改一列，如果要修改多列，则需使用多个 ALTER TABLE…MODIFY 语句。

**【例 2-46】** 对 dept_c 表中的 telephon 列进行修改，数据类型不变，长度改为 13，默认值为 0431-86571302。

```
SQL> ALTER TABLE dept_c
  2  MODIFY telephon VARCHAR2(13) DEFAULT '0431-86571302';

表已更改。
```

3）从一个表中删除一列

从一个表中删除列的语句格式为：

```
ALTER TABLE  <表名>
 DROP COLUMN  <列名>
```

**【注意】** 使用以上的 ALTER TABLE 语句，一次只能删除一列，而且被删除的列无法恢复。

**【例 2-47】** 删除 dept_c 表中的 telephon 列。

```
SQL> ALTER TABLE dept_c
  2  DROP COLUMN telephon;

表已更改。
```

#### 4. 截断表和删除表

1）截断表

当一个表中的数据不再需要时，可以使用 TRUNCATE TABLE 语句将它们全部删除掉，即截断。该语句的格式为：

```
TRUNCATE TABLE  <表名>
```

**【注意】** 使用上面的语句只删除了表中的所有数据行，但表的结构仍然保留。

2）删除表

当不仅要删除表中的数据而且还要删除表的结构，可以使用 DROP TABLE 语句。该语句的格式为：

```
DROP TABLE  <表名>
```

**【例 2-48】** 示例。

```
SQL> CREATE TABLE dept_bk
  2  AS SELECT * FROM dept;
```

```
表已创建。

SQL> TRUNCATE TABLE dept_bk;

表被截断。

SQL> DROP TABLE dept_bk;

表已删除。
```

## 2.5.2 索引的创建与删除

引入索引的目的是为了加快查询的速度。假设有一个包含数百万条记录的表,要在其中挑选出符合条件的一条记录,如果这个表上没有索引,DBMS 就要顺序地逐条读取记录并进行条件比较。这需要大量的磁盘 I/O,因此会大大降低系统的效率。

简单地说,如果将表看做一本书,索引的作用则类似于书中的目录。如果要在书中查找“指定的内容”,在没有目录的情况下,就必须查阅全书。而在有了目录之后,通常就是先通过目录快速地找到包含所需内容的“页码”,然后根据这个页码去查找“指定的内容”。类似地,如果要在表中查询“指定的记录”,在没有索引的情况下,就必须遍历整个表中的记录。而有了索引之后,只需先在索引中找到符合查询条件的索引列值,就可以通过保存在索引中的指向表中真正数据的指针快速找到表中对应的记录。因此,为表建立索引,既能减少查询操作的时间开销,又能减少 I/O 操作的开销。

### 1. 创建索引

创建索引的方法有以下两种:

一是系统自动建立。当用户在一个表上建立主键(PRIMARY KEY)或唯一(UNIQUE)约束时,系统会自动创建唯一索引(UNIQUE INDEX)。

二是手工建立。用户在一个表中的一列或多列上用 CREATE INDEX 语句来创建非唯一索引(NONUNIQUE INDEX)。

这里主要介绍手工建立索引,自动创建索引将在后面有关约束的章节中详细介绍。

创建索引的语句格式如下:

```
CREATE INDEX <索引名> ON <表名>(<列名>[,<列名>]…)
```

**【例 2-49】** 为 emp_c 表按员工的名字(ename)建立索引,索引名为 emp_ename_idx。

```
SQL> CREATE INDEX emp_ename_idx
  2 ON emp_c(ename);

索引已创建。
```

**【例 2-50】** 为 emp_c 表按工作和工资建立索引,索引名为 emp_job_sal_idx。

```
SQL> CREATE INDEX emp_job_sal_idx
  2 ON emp_c(job,sal);
```

```
索引已创建。
```

索引名的命名一般采用表名_列名_idx 方式，以这种方式命名的索引将来维护起来很方便。

## 2. 查看索引

可以使用 Oracle 的数据字典 user_indexes 来查看当前用户下所有表的索引信息。

**【例 2-51】** 查看当前用户下(SCOTT)所有的索引信息。

```
SQL> SELECT index_name,index_type,table_name,uniqueness
  2  FROM user_indexes;

    INDEX_NAME          INDEX_TYPE     TABLE_NAME         UNIQUENES
-----------   ----------   ----------   ------------
    PK_DEPT                   NORMAL         DEPT               UNIQUE
    EMP_ENAME_IDX             NORMAL         EMP_C              NONUNIQUE
    EMP_JOB_SAL_IDX           NORMAL         EMP_C              NONUNIQUE
    PK_EMP                    NORMAL         EMP                UNIQUE
```

## 3. 删除索引

当一个索引不再需要时，应该删除它来释放这个索引所占有的磁盘空间。

删除索引的语句格式发下：

```
DROP INDEX <索引名>
```

**【例 2-52】** 删除 emp_c 表中已建立的索引 emp_job_sal_idx。

```
SQL> DROP INDEX emp_job_sal_idx;

索引已删除。
```

## 4. 使用索引时注意的问题

建立索引的目的是为了加快查询的速度，但这可能会降低 DML 操作的速度。因为每一条 DML 语句只要涉及到索引关键字，DBMS 就得调整索引。另外索引作为一个独立的对象需要消耗磁盘空间。如果表很大的话，其索引消耗磁盘空间量也会很大。

下面给出为表建立索引的各种情况：

① 表上的 INSERT、DELETE、UPDATE 操作较少。

② 一列或多列经常出现在 WHERE 子句或连接条件中。

③ 表很大但大多数查询返回的数据量很少(Oracle 推荐为小于总行数的 2%～4%)。因为如果返回数据量很大的话就不如顺序地扫描这个表了。

④ 此列的取值范围很广，一般为随机分布。如员工表的年龄列一般为随机分布，即从 18～60 岁之中所有年龄的员工都有。

⑤ 此列中包含了大量的 NULL 值。

如果在表上进行操作的列满足上面的条件之一，就可以为该列建立索引。

## 2.5.3 视图

视图(View)是由 SELECT 子查询语句定义的一个逻辑表，只有定义而无数据，是一个“虚表”。

视图的使用和管理有许多方面与表相似，如都可以被创建、更改和删除，都可以通过它们操作数据库的数据。

视图是查看和操作表中数据的一种方法。除了 SELECT 之外，视图在 INSERT、UPDATE 和 DELETE 方面受到某些限制。

### 1. 建立视图的原因

使用视图有许多优点，如提供各种数据表现形式、提供某些数据的安全性、隐藏数据的复杂性、简化查询语句、执行特殊查询、保存复杂查询等。

1）提供各种数据表现形式，隐藏数据的逻辑复杂性并简化查询语句

可以使用各种不同的方式将基础表的数据展现在用户面前，以便符合用户的使用习惯。

在数据库中，各个表之间往往是相互关联的。要查询某些相关信息时，需要将这些表连接在一起进行查询。这需要用户十分了解这些表之间的关系，才能正确写出查询语句，同时这些查询语句一般是比较复杂的，容易写错。如果基于这样的查询创建成一个视图，用户就可以直接对这个视图进行简单查询就可以获得结果了。这样就隐藏了数据的复杂性并简化了查询语句。

例如，公司经常要定期查看每个部门的部门名称、平均工资、最高工资、最低工资和员工人数，我们就可以将这个复杂查询建成一个视图，再通过查询该视图完成定期的查询操作。

```
SQL> CREATE VIEW ave_sal
  2  AS
  3  SELECT dname 部门名称,AVG(sal) 平均工资,
  4  MAX(sal) 最高工资,MIN(sal) 最低工资,COUNT(*) 员工人数
  5  FROM emp e,dept d
  6  WHERE e.deptno = d.deptno
  7  GROUP BY dname;

视图已创建。

SQL> SELECT * FROM ave_sal;

部门名称        平均工资      最高工资     最低工资     员工人数
-------------- ------------ ----------- ---------- ----------
ACCOUNTING      2916.66667     5000         1300          3
RESEARCH              2175     3000          800          5
SALES           1566.66667     2850          950          6
```

2）提供某些安全性保证，简化用户权限的管理

视图可以实现让不同的用户看见不同的列，从而保证某些敏感的数据不被某些用户看见。可以将针对视图的对象权限授予用户，这样就简化了用户的权限定义。

视图的授权将在后面有关数据安全性的章节中详细介绍。

3）对重构数据库提供了一定的逻辑独立性

在关系数据库中，数据库的重构是不可避免的。视图是数据库三级模式中外模式在具体 DBMS 中的体现。当重构数据库时，即概念模式发生改变，通过模式/外模式映射，外模式即视图不用改变，则与视图有关的应用程序也不用改变，保证了数据的逻辑独立性。

### 2. 创建视图

可以用 CREATE VIEW 语句创建视图。创建视图的语句格式如下：

```
CREATE [OR REPLACE] VIEW  <视图名> [(<别名>[,<别名>]…)]
 AS
 <子查询语句>
 [WITH CHECK OPTION [CONSTRAINT <约束名>]]
 [WITH READ ONLY]
```

**【说明】**

① OR REPLACE。如果所创建的视图已存在，Oracle 系统会重建这个视图；

② 别名。为视图所产生的列定义的列名；

③ WITH CHECK OPTION。所插入或修改的数据行必须满足视图所定义的约束条件；

④ CONSTRAINT 约束名。当使用 WITH CHECK OPTION 选项时，用于指定视图约束的约束名。如果没有提供一个约束名字，Oracle 会生成一个以 SYS_C 开头的约束名字；

⑤ WITH READ ONLY。创建的视图只能用于查询数据，而不能用于更改数据；

⑥ 注意在子查询语句中不能包含 ORDER BY 子句。

**【例 2-53】** 创建带有 WITH CHECK OPTION 选项的视图。

```
SQL> CREATE VIEW v_dept_chk
  2  AS
  3  SELECT empno,ename,job,deptno
  4  FROM emp
  5  WHERE deptno = 10
  6  WITH CHECK OPTION CONSTRAINT v_dept_chk;

视图已创建。

SQL> INSERT INTO v_dept_chk(empno,ename,deptno)
  2  VALUES(1000,'Mary',20);
INSERT INTO v_dept_chk(empno,ename,deptno)
 *
第 1 行出现错误:
```

```
ORA - 01402: 视图 WITH CHECK OPTIDN where 子句违规

SQL> INSERT INTO v_dept_chk(empno,ename,deptno)
  2  VALUES(1000,'Rose',10);

已创建 1 行。
```

【例 2-54】 创建带有 WITH READ ONLY 选项的视图。

```
SQL> CREATE VIEW v_dept_readonly
  2  AS
  3  SELECT empno,ename,job,deptno
  4  FROM emp
  5  WITH READ ONLY;

视图已创建。

SQL> DELETE FROM v_dept_readonly
  2  WHERE empno = 1000;
DELETE FROM v_dept_readonly
*
第 1 行出现错误:
ORA-01752: 不能从没有一个键值保存表的视图中删除
```

### 3. 修改视图

Oracle 并没有直接修改视图的方法。要修改一个已经存在的视图,需用创建视图的语句将原来的视图覆盖掉。

【例 2-55】 修改例 2-54 建立的视图 v_dept_readonly,取消只读选项。

```
SQL> CREATE OR REPLACE VIEW v_dept_readonly
  2  ("职工号","姓名","职位","部门号")
  3  AS
  4  SELECT empno,ename,job,deptno
  5  FROM emp;

视图已创建。
```

### 4. 删除视图

使用 DROP VIEW 语句删除视图。删除视图对创建该视图的基础表或视图没有任何影响。

【例 2-56】 删除已创建的视图 v_dept_chk。

```
SQL> DROP VIEW v_dept_chk;

视图已删除。
```

### 5. 使用视图进行 DML 操作

可以通过视图，对基础表中的数据进行 DML 的 UPDATE、INSERT、DELETE 操作。下面先介绍视图的分类，再介绍使用视图进行 DML 操作的规则。

视图可以分为简单视图和复杂视图。它们的区别如下。

简单视图：

(1) 数据是仅从一个表中提取的。

(2) 不包含函数和分组数据。

(3) 可以通过该视图进行 DML 操作。

复杂视图：

(1) 数据是从多个表中提取的。

(2) 包含函数和分组数据。

(3) 不一定能够通过该视图进行 DML 操作。

下面给出通过视图进行 DML 操作的规则：

(1) 可以在简单视图上执行 DML 操作。

(2) 如果在一个视图中包含了分组函数，或 GROUP BY 子句，或 DISTINCT 关键字，则不能通过该视图进行 DELETE、UPDATE、INSERT 操作。

(3) 如果在一个视图中包含了由表达式组成的列，则不能通过该视图进行 UPDATE、INSERT 操作。

(4) 如果在一个视图中没有包含引用表中那些不能为空的列，则不能通过该视图进行 INSERT 操作。

## 2.6 小结

本章介绍了关系数据库标准查询语言 SQL 的一些主要特征。它主要包括数据定义、数据操纵和数据控制几个部分。一个使用 SQL 语言的数据库是表、视图等的汇集，它由一个或多个 SQL 模式来定义。

SQL 的数据定义语言用来建立具有一定模式的关系集。它支持较多的数据类型。数据定义语言通过 CREATE、DROP 等语句可以定义和删除所需的模式、关系表、视图和索引。数据操纵语言通过 SELECT、INSERT、UPDATE、DELETE 等语句对数据库中数据进行查询和更新操作。其中，SELECT 操作是最常用、最基本的操作。SQL 包括各种用于查询数据库的语言结构，不仅能进行单表查询，还能进行多表的连接、嵌套和集合查询，并能对查询结果进行统计、计算、聚集和排序等。外连接是条件连接的一种变体。这些新特性，极大地丰富和增强了 SQL 语言的功能。

SQL 提供了索引功能，通过建立索引可以提高对数据的查询速度，但也要注意，索引有时也会降低数据更新的速度。

SQL 提供了视图功能，视图是由若干个基本表或其他视图导出的表。通过视图得到一个结果集来满足来自不同用户的特殊需求。简化了数据查询，保持了数据独立性，隐藏了数据的安全性。当然通过视图对数据库中数据进行更新操作时必须遵守相应的约束。

# 习题二

一、选择题

(1) 下列关于 ALTER TABLE 语句叙述错误的是________。

A. ALTER TABLE 语句可以添加字段

B. ALTER TABLE 语句可以删除字段

C. ALTER TABLE 语句可以修改字段名称

D. ALTER TABLE 语句可以修改字段数据类型

(2) 若要删除数据库中已经存在的表 S,可用________。

A. DELETE TABLE S　　B. DELETE S

C. DROP TABLE S　　D. DROP S

(3) 若要在基本表 S 中增加一列 CN(课程名),可用________。

A. ADD TABLE S (CN VARCHAR2(8))

B. ADD TABLE S MODIFY (CN VARCHAR2(8))

C. ALTER TABLE S ADD (CN VARCHAR2(8))

D. ALTER TABLE S (ADD CN VARCHAR2(8))

(4) 学生表 S(S＃,Sname,Sex,Age),S 的属性分别表示学生的学号、姓名、性别、年龄。要在表 S 中删除属性"年龄",可选用的 SQL 语句是________。

A. DELETE Age FROM S

B. ALTER TABLE S DROP COLUMN Age

C. UPDATE S Age

D. ALTER TABLE S MODIFY Age

(5) SQL 中,与 NOT IN 等价的操作符是________。

A. ＝ANY　　B. <>ANY　　C. ＝ALL　　D. <>ALL

(6) SQL 中,下列操作不正确的是________。

A. AGE IS NOT NULL　　B. NOT (AGE IS NULL)

C. SNAME＝'王五'　　D. SNAME＝'王％'

(7) SQL 中,SALARY IN (1000,2000)的语义是________。

A. SALARY≤2000 AND SALARY≥1000

B. SALARY<2000 AND SALARY>1000

C. SALARY＝2000 AND SALARY＝1000

D. SALARY＝2000 OR SALARY＝1000

(8) 对于基本表 EMP(ENO,ENAME,SALARY,DNO),其属性表示职工的工号、姓名、工资和所在部门的编号。基本表 DEPT(DNO,DNAME)其属性表示部门的编号和部门名。有一 SQL 语句:

```
SELECT COUNT(DISTINCT DNO) FROM EMP;
```

其等价的查询语句是________。

A. 统计职工的总人数　　B. 统计每一部门的职工人数
C. 统计职工服务的部门数目　　D. 统计每一职工服务的部门数目

(9) 对第(8)题的两个基本表,有一个 SQL 语句:

```
UPDATE EMP SET SALARY = SALARY * 1.05
WHERE DNO = 'D6'
 AND SALARY <(SELECT AVG(SALARY) FROM EMP);
```

其等价的修改语句为________。

A. 为工资低于 D6 部门平均工资的所有职工加薪 5%
B. 为工资低于整个企业平均工资的职工加薪 5%
C. 为在 D6 部门工作、工资低于整个企业平均工资的职工加薪 5%
D. 为在 D6 部门工作、工资低于本部门平均工资的职工加薪 5%

(10) 设表 S 的结构为 S(SN,CN,grade),其属性表示姓名,课程名和成绩,其中姓名和课程名都为字符型,成绩为数值型。若要把"张三的数学成绩 90 分"插入 S 中,则可用的 SQL 语句是________。

A. ADD INTO S VALUES('张三','数学','90')
B. INSERT INTO S VALUES('张三','数学','90')
C. ADD INTO S VALUES('张三','数学',90)
D. INSERT INTO S VALUES('张三','数学',90)

(11) 使用 SQL 语句进行分组检索时,为了去掉不满足条件的分组,应当________。

A. 使用 WHERE 子句
B. 在 GROUP BY 后面使用 HAVING 子句
C. 先使用 WHERE 子句,再使用 HAVING 子句
D. 先使用 HAVING 子句,再使用 WHERE 子句

(12) 在视图上不能完成的操作是________。

A. 更新视图　　B. 查询视图
C. 在视图上定义新的表　　D. 在视图上定义新的视图

(13) 在数据库体系结构中,视图属于________。

A. 外模式　　B. 模式　　C. 内模式　　D. 存储模式

(14) 建立索引的作用之一是________。

A. 节省存储空间　　B. 便于管理
C. 提高查询速度　　D. 提高查询和更新的速度

(15) 删除已建立的视图 v_cavg 的正确命令是________。

A. DROP v_cavg VIEW　　B. DROP VIEW v_cavg
C. DELETE v_cavg VIEW　　D. DELETE VIEW v_cavg

**二、设计题**

1. 设某商业集团中有若干公司,其人事数据库中有 3 个基本表:

职工关系　EMP(E#,ENAME,AGE,SEX,ECITY)

其属性分别表示职工工号、姓名、年龄、性别和居住城市。

工作关系　WORKS(E#,C#,SALARY)

其属性分别表示职工工号、工作的公司编号和工资。

公司关系 COMP(C＃,CANME,CITY,MGR_E＃)

其属性分别表示公司编号、公司名称、公司所在城市和公司经理的工号。

在3个基本表中,字段AGE和SALARY为数值型,其他字段均为字符型。

(1) 检索超过50岁的男职工的工号和姓名。

(2) 假设每个职工可在多个公司工作,检索每个职工的兼职公司数目和工资总数。显示(E＃,NUM,SUM_SALARY),分别表示工号、公司数目和工资总数。

(3) 检索联华公司中低于本公司职工平均工资的所有职工的工号和姓名。

(4) 检索职工人数最多的公司的编号和名称。

(5) 检索平均工资高于联华公司平均工资的公司编号和名称。

(6) 为联华公司的职工加薪5％。

(7) 在WORK表中删除年龄大于60岁的职工记录。

(8) 建立一个有关女职工的视图emp_woman,属性包括(E＃,ENAME,C＃,CANME,SALARY)。然后对视图emp_woman进行操作,检索每一位女职工的工资总数(假设每个职工可在多个公司兼职)。

2. 某工厂的信息管理数据库中有两个关系模式:

职工(职工号,姓名,年龄,月工资,部门号,电话,办公室)

部门(部门号,部门名,负责人代码,任职时间)

(1) 查询每个部门中月工资最高的"职工号"的SQL查询语句如下:

```
SELECT 职工号 FROM 职工 E
WHERE 月工资 = (SELECT MAX(月工资)
            FROM 职工 M
            WHERE M.部门号 = E.部门号);
```

① 请用30字以内的文字简要说明该查询语句对查询效率的影响。

② 对该查询语句进行修改,使它既可以完成相同功能,又可以提高查询效率。

(2) 假定分别在"职工"关系中的"年龄"和"月工资"字段上创建了索引,如下的SELECT查询语句可能不会促使查询优化器使用索引,从而降低了查询效率,请写出既可以完成相同功能又可以提高查询效率的SQL语句。

```
SELECT 姓名,年龄,月工资 FROM 职工
WHERE 年龄> 45 OR 月工资< 1000;
```

# 第3章 数据库编程

标准 SQL 是非过程化的查询语言，具有操作统一、面向集合、功能丰富、使用简单等多项优点。但和程序设计语言相比，高度非过程化的优点同时也造成了它的一个弱点：缺少流程控制能力，难以实现应用业务中的逻辑控制，SQL 编程技术可以有效克服 SQL 语言实现复杂应用方面的不足，提高应用系统和 RDBMS 间的互操作性。

这里主要介绍 Oracle 10g 中与数据库编程相关的内容。

## 3.1 PL/SQL 编程基础

PL/SQL 是 Oracle 的专用语言，它是对标准 SQL 的扩展。SQL 语句可以嵌套在 PL/SQL代码中，将 SQL 的数据处理能力和 PL/SQL 的过程处理能力结合在一起。在 Oracle 数据库以及开发工具中都内置了 PL/SQL 处理引擎。PL/SQL 被集成在 Oracle 数据库服务器产品中，因此，其代码可以得到非常高效的处理。

### 3.1.1 PL/SQL 程序结构

PL/SQL 程序的基本结构是块。所有的 PL/SQL 程序都是由块组成的。这些块之间可以互相嵌套，每个块完成一个逻辑操作。

PL/SQL 程序通常包括三部分：

① DECLARE 部分。DECLARE 部分包含定义变量、常量和游标等类型的代码。

② BEGIN 和 END 部分。BEGIN…END 部分是程序的主体，其中还可以再嵌套 BEGIN…END 部分，其中包含了该程序块的所有处理操作。

③ EXCEPTION 部分。EXCEPTION 部分是异常处理部分，允许在执行 BEGIN 部分发生异常时控制程序的执行。

一个程序块总是以 END 语句结束，其中 BEGIN 和 END 部分是 PL/SQL 必需的部分，但一般的程序块都包括这三部分，其基本结构如图 3-1 所示。

```
定义部分{ DECLARE
          创建变量、常量、游标、异常等
        { BEGIN
            SQL 语句、PL/SQL 的流程控制语句
执行部分{ EXCEPTION
            异常处理代码
          END;
```

图 3-1 PL/SQL 块的基本结构

【例 3-1】 PL/SQL 程序块示例。

```
SQL> SET SERVEROUTPUT ON
SQL> DECLARE
      sum_num number(2);
    BEGIN
      SELECT COUNT( * )
      INTO sum_num
      FROM dept;
      dbms_output.put_line('记录个数: '||sum_num);
    END;
    /
记录个数: 4

PL/SQL 过程已成功完成。
```

【注意】 SET SERVEROUTPUT ON 为打开服务器的输出显示，即打开 Oracle 自带的输出方法 dbms_output。

【例 3-2】 PL/SQL 程序块的嵌套使用。

```
SQL> SET SERVEROUTPUT ON
SQL> DECLARE                                    -- 外层程序块头
      out_text1 varchar2(20) := '外层程序块';
    BEGIN
      DECLARE                                   -- 内层程序块头
       out_text2 varchar2(20);
      BEGIN
       out_text2 := '内层程序块';
       dbms_output.put_line(out_text2);
      END;                                      -- 内层程序块尾
      dbms_output.put_line(out_text1);
    END;                                        -- 外层程序块尾
    /
内层程序块
外层程序块

PL/SQL 过程已成功完成。
```

【注意】 变量可以在程序块的 DECLARE 部分和 BEGIN…END 部分为其赋值，赋值时，常用的方法是使用 PL/SQL 赋值操作符“:=”。

### 3.1.2 使用%TYPE 和%ROWTYPE 类型的变量

在定义变量时，除了可以使用 Oracle 规定的数据类型外，还可以使用%TYPE 和%ROWTYPE来定义变量。

#### 1. %TYPE 变量

在例 3-1 中，为了存储从数据库中检索到的数据，首先根据检索的数据列的数据类型定义变量，然后使用 SELECT 语句中的 INTO 子句将检索到的数据保存到变量中。这里有一个前提条件，用户必须事先知道检索的数据类型。如果用户事先并不知道检索的数据列的数据类型，这时可以考虑使用%TYPE 定义变量。

**【例 3-3】** 使用%TYPE 变量类型。

```
SQL> SET SERVEROUTPUT ON
SQL> DECLARE
     no dept.deptno%type;
     name dept.dname%type;
     place dept.loc%type;
    BEGIN
     SELECT deptno,dname,loc
     INTO no,name,place
     FROM dept
     WHERE deptno=10;
     dbms_output.put_line(no||' '||name||' '||place);
    END;
    /
10 ACCOUNTING NEW YORK

PL/SQL 过程已成功完成。
```

使用%TYPE 定义变量的好处：

① 用户不必查看数据类型就可以确保定义的变量能够存储检索的数据；

② 使用%TYPE 类型的变量后，如果用户随后修改数据库结构（如改变某列的数据类型），则用户不必考虑对所定义的变量进行更改。

### 2. %ROWTYPE 变量

%ROWTYPE 类型的变量，一次可以存储从数据库检索的一行数据。该变量的结构与检索表的结构完全相同。

**【例 3-4】** 使用%ROWTYPE 变量类型。

```
SQL> SET SERVEROUTPUT ON
SQL> DECLARE
     row_dept dept%ROWTYPE;
    BEGIN
     SELECT *
     INTO row_dept
     FROM dept
     WHERE deptno=10;
     dbms_output.put_line(row_dept.deptno);
     dbms_output.put_line(row_dept.dname||' '||row_dept.loc);
    END;
    /
10
ACCOUNTING NEW YORK
```

```
PL/SQL 过程已成功完成。
```

### 3.1.3 条件判断语句

PL/SQL 与其他的编程语言一样,也都具有条件判断语句。条件判断语句主要的作用是根据条件的变化选择执行不同的代码。在 PL/SQL 中常用的条件判断语句有 IF 语句和 CASE 语句。

#### 1. IF 语句

在 PL/SQL 中为了控制程序的执行方向,引进了 IF 语句。IF 语句主要有如下两种形式。

1) 形式一

```
IF  <条件> THEN
  PL/SQL 语句 1 或 SQL 语句 1;
[ ELSE
  PL/SQL 语句 2 或 SQL 语句 2;
]
END IF;
```

ELSE 短语用方括号括起来,同其他语言一样,表示它为可选项。

**【例 3-5】** IF 语句示例 1。判断变量 $a$ 和 $b$ 的大小。

```
SQL> SET SERVEROUTPUT ON
SQL> DECLARE
      a number;
      b number;
     BEGIN
      a : = 1;
      b : = 2;
      IF a > b THEN
       dbms_output.put_line(a||'>'||b);
      ELSE
       dbms_output.put_line(a||'<'||b);
      END IF;
     END;
     /
1<2

PL/SQL 过程已成功完成。
```

2) 形式二

IF…END IF 语句一次只能判断一个条件,而语句 IF…ELSIF…END IF 则可以判定两个以上的判断条件。该语句的语法形式如下。

```
IF  <条件 1> THEN
```

```
  PL/SQL 语句 1 或 SQL 语句 1;
ELSIF  <条件 2> THEN
  PL/SQL 语句 2 或 SQL 语句 2;
…
ELSE
  PL/SQL 语句 n 或 SQL 语句 n;
END IF;
```

**【例 3-6】** IF 语句示例 2。判断某一年是否为闰年。

闰年的判断条件为：年号能被 4 整除但不能被 100 整除，或者能被 400 整除。

```
SQL> SET SERVEROUTPUT ON
SQL> DECLARE
  year_data number;
  leap       Boolean;
 BEGIN
  year_data := 2012;
  IF mod(year_data,4)<> 0 THEN
    leap := false;
  ELSIF mod(year_data,100)<> 0 THEN
    leap := true;
  ELSIF mod(year_data,400)<> 0 THEN
    leap := false;
  ELSE
    leap := true;
  END IF;
  IF leap THEN
   DBMS_OUTPUT.PUT_LINE(year_data|| '是闰年');
  ELSE
   DBMS_OUTPUT.PUT_LINE(year_data||'是平年');
  END IF;
 END;
 /
2012 是闰年

PL/SQL 过程已成功完成。
```

## 2. CASE 语句

CASE 语句的作用与 IF…ELSIF…END IF 语句相同，都可以实现多项选择。但 CASE 语句是一种更简洁的表示法，并且相对于 IF 结构表示法而言消除了一些重复。CASE 语句共有两种形式。

1) 形式一

第一种形式是获取一个选择器的值，系统根据其值，查找与此相匹配的 WHEN 常量，当找到一个匹配时，就执行与该 WHEN 常量相关的 THEN 子句。如果没有与选择器相匹配的 WHEN 常量，那么就执行 ELSE 子句。该语句的语法形式如下。

```
CASE  <条件>
  WHEN  <表达式 1> THEN PL/SQL 语句 1;
```

```
  WHEN  <表达式 2> THEN PL/SQL 语句 2;
  …
  WHEN  <表达式 n> THEN PL/SQL 语句 n;
 [ ELSE PL/SQL 语句 n+1; ]
END CASE;
```

**【例 3-7】** CASE 语句示例 1。判断 EMP 表中"SMITH"员工的职务。

```
SQL> SET SERVEROUTPUT ON
SQL> DECLARE
     job_var emp.job%type;
    BEGIN
     SELECT job
     INTO job_var
     FROM emp
     WHERE ename = 'SMITH';
     CASE job_var
      WHEN 'SALESMAN' THEN dbms_output.put_line('SMITH'||'是销售员');
      WHEN 'CLERK' THEN dbms_output.put_line('SMITH'||'是管理员');
      ELSE dbms_output.put_line('SMITH'||'是经理');
     END CASE;
    END;
    /
SMITH 是管理员

PL/SQL 过程已成功完成。
```

2) 形式二

第二种形式是不使用选择器，而是判断每个 WHEN 子句中的条件。该语句的语法形式如下。

```
CASE
  WHEN  <条件 1> THEN PL/SQL 语句 1;
  WHEN  <条件 2> THEN PL/SQL 语句 2;
  …
  WHEN  <条件 n> THEN PL/SQL 语句 n;
  ELSE PL/SQL 语句 n+1;
END CASE;
```

**【例 3-8】** CASE 语句示例 2。假设所给的数值是一个分数，判断该分数的等级。等级判断如下：

```
分数<60          为"差"
60<=分数<80      为"中"
80<=分数<90      为"良"
90<=分数<=100    为"优"
```

```
SQL> SET SERVEROUTPUT ON
SQL> DECLARE
     score_var number;
```

```
BEGIN
 score_var := 85;
 CASE
  WHEN score_var < 60 THEN dbms_output.put_line('差');
  WHEN score_var >= 60 and score_var < 80 THEN dbms_output.put_line('中');
  WHEN score_var >= 80 and score_var < 90 THEN dbms_output.put_line('良');
  ELSE dbms_output.put_line('优');
 END CASE;
END;
/
良

PL/SQL 过程已成功完成。
```

## 3.1.4 循环语句

循环语句与条件语句一样都能控制程序的执行流程，它允许重复执行一条语句或一组语句。PL/SQL 支持三种类型的循环：无条件循环、WHILE 循环和 FOR 循环。

### 1. 无条件循环

最基本的循环称为无条件循环，这种类型的循环如果没有指定 EXIT 语句，循环将一直运行，成为死循环。所以，无条件循环中必须指定 EXIT 语句停止执行循环。该语句的语法形式如下。

```
LOOP
  PL/SQL 语句;
  EXIT WHEN  <条件>;
END LOOP;
```

为了能让循环正常运行，必须为 EXIT WHEN 子句提供一个在某时刻可以判断为 TRUE 的条件。当判断条件为 TRUE 时就停止循环的执行。

**【例 3-9】** LOOP 循环语句示例。依次输出 1～5 的平方数。

```
SQL> SET SERVEROUTPUT ON
SQL> DECLARE
  i number := 1;
BEGIN
 LOOP
  dbms_output.put_line(i||'的平方数为:'||i * i);
  i := i + 1;
  EXIT WHEN i > 5;
 END LOOP;
END;
/
1 的平方数为:1
2 的平方数为:4
3 的平方数为:9
```

```
4 的平方数为:16
5 的平方数为:25

PL/SQL 过程已成功完成。
```

### 2. WHILE 循环

WHILE 循环在每次执行循环时,都将判断循环条件,如果它为 TRUE,那么循环将继续执行。如果条件为 FALSE,则循环将会停止执行。该语句的语法形式如下。

```
WHILE  <条件>  LOOP
    PL/SQL 语句;
END LOOP;
```

**【例 3-10】** WHILE 循环语句示例。计算 100 以内能被 3 整除的整数之和。

```
SQL> SET SERVEROUTPUT ON
SQL> DECLARE
  i number := 1;
  sum_num number := 0;
 BEGIN
  WHILE i < 100 LOOP
   IF mod(i,3) = 0 THEN
     sum_num := sum_num + i;
   END IF
   i := i + 1;
  END LOOP;
  dbms_output.put_line(sum_num);
 END;
 /
1683

PL/SQL 过程已成功完成。
```

### 3. FOR 循环

在 WHILE 循环中,为了防止出现死循环,需要在循环内不断修改判断条件。而 FOR 循环则通过指定一个数字范围,以确切地指出循环应执行多少次。该语句的语法形式如下。

```
FOR 循环控制变量 IN [REVERSE] 下限值..上限值 LOOP
  PL/SQL 语句;
END LOOP;
```

(1) FOR 循环中的下限值和上限值决定了循环的运行次数。默认情况下,循环控制变量从下限值开始,每运行一次,循环计数器的值就会自动加 1,当循环控制变量达到上限值时,FOR 循环结束。

(2) 使用关键字 REVERSE 时,循环控制变量将自动减 1,并强制循环控制变量的值从上限值到下限值。

【例 3-11】 FOR 循环语句示例。输出 20～1 内能被 3 整除的数据。

```
SQL> SET SERVEROUTPUT ON
SQL> BEGIN
  FOR i IN REVERSE 1..20 LOOP
   IF mod(i,3) = 0 THEN
    dbms_output.put_line(i);
   END IF;
  END LOOP;
 END;
 /
18
15
12
9
6
3

PL/SQL 过程已成功完成。
```

## 3.2 游标

通过 SELECT 语句查询时，返回的结果是一个由多行记录组成的集合。而程序设计语言并不能处理以集合形式返回的数据，为此，SQL 提供了游标机制。游标充当指针的作用，使应用程序设计语言一次只能处理查询结果中的一行。

在 Oracle 中，有显式和隐式两种游标。对于在 PL/SQL 程序中所有发出的 DML(数据操纵语言)和 SELECT 语句，Oracle 都会自动声明“隐式游标”。为了处理由 SELECT 语句返回的一组记录，需要在 PL/SQL 程序中声明和处理“显式游标”。这里主要介绍显式游标的应用。

### 3.2.1 显式游标定义和使用

显式游标是在 PL/SQL 程序中使用包含 SELECT 语句来声明的游标。如果需要处理从数据库中检索的一组记录，则可以使用显式游标。使用显式游标处理数据需要四个 PL/SQL步骤：声明游标、打开游标、提取数据和关闭游标。

#### 1. 声明游标

在 DECLARE 部分按以下格式声明游标：

```
CURSOR  游标名
 IS SELECT 语句;
```

(1) 声明游标的作用是得到一个 SELECT 查询结果集，该结果集中包含了应用程序中要处理的数据，从而为用户提供逐行处理的途径。

(2) SELECT 语句是对表或视图的查询语句。可以带 WHERE 条件、ORDER BY 或 GROUP BY 等子句,但不能使用 INTO 子句。

### 2. 打开游标

在 BEGIN…END 部分,按以下格式打开游标:

```
OPEN  游标名;
```

游标必须先声明后打开。打开游标时,SELECT 语句的查询结果就被传送到了游标工作区,以便供用户读取。

### 3. 提取数据

在 BEGIN…END 部分,按以下格式将游标工作区中的数据读取到变量中。提取游标必须在打开游标之后进行。

```
FETCH  游标名  INTO   变量名 1[,变量名 2…];
```

成功打开游标后,游标指针指向结果集的第一行之前,而 FETCH 语句将使游标指针指向下一行。因此,第一次执行 FETCH 语句时,将检索第一行中的数据保存到变量中。在随后每执行一个 FETCH 语句,该指针将移动到结果集的下一行。可以在循环中使用 FETCH 语句,这样每一次循环都会从表中读取一行数据,然后进行相同的逻辑处理。

### 4. 关闭游标

显式游标打开后,必须显式地关闭。按以下格式关闭游标:

```
CLOSE  游标名;
```

游标一旦关闭,游标占用的资源就被释放,用户不能再从结果集中检索数据,如果想重新检索,必须重新打开游标才能使用。

**【例 3-12】** 用游标提取 EMP 表中 7788 雇员的姓名和职务。

```
SQL> SET SERVEROUTPUT ON
SQL> DECLARE
   v_ename emp.ename%type;
   v_job emp.job%type;
   CURSOR emp_cursor
     IS SELECT ename,job FROM emp WHERE empno = 7788;
  BEGIN
   OPEN emp_cursor;
   FETCH emp_cursor INTO v_ename,v_job;
   dbms_output.put_line(v_ename||' '||v_job);
   CLOSE emp_cursor;
  END;
  /
SCOTT ANALYST

PL/SQL 过程已成功完成。
```

【例 3-13】 用游标显示工资最高的前 3 名雇员的姓名和工资。

```
SQL > SET SERVEROUTPUT ON
SQL > DECLARE
  v_ename emp.ename % type;
  v_sal emp.sal % type;
  CURSOR emp_cursor
  IS SELECT ename,sal FROM emp ORDER BY sal DESC;
 BEGIN
  OPEN emp_cursor;
  FOR i IN 1..3 LOOP
   FETCH emp_cursor INTO v_ename,v_sal;
   dbms_output.put_line(v_ename||' '||v_sal);
  END LOOP;
  CLOSE emp_cursor;
 END;
 /
KING 5000
FORD 3000
SCOTT 3000

PL/SQL 过程已成功完成。
```

## 3.2.2 显式游标属性

虽然可以使用前面的形式获得游标数据,但是在游标定义以后使用它的一些属性来进行结构控制是一种更为灵活的方法。显式游标的属性如表 3-1 所示。

表 3-1 游标的属性

| 属 性 | 返回值类型 | 功 能 |
|---|---|---|
| %ROWCOUNT | 整型 | 获得 FETCH 语句返回的数据行数 |
| %FOUND | 布尔型 | FETCH 语句是否提取一行数据,提取成功则为 TRUE,否则为 FALSE |
| %NOTFOUND | 布尔型 | 与%FOUND 属性返回值相反 |
| %ISOPEN | 布尔型 | 游标是否已经打开,打开为 TRUE,否则为 FALSE |

如果要取得游标属性,在属性前加游标名即可。

【例 3-14】 使用游标显示 DEPT 表中每行记录。

```
SQL > SET SERVEROUTPUT ON
SQL > DECLARE
  row_dept dept % rowtype;
  CURSOR dept_cursor
   IS SELECT * FROM dept;
 BEGIN
  OPEN dept_cursor;
  IF dept_cursor % ISOPEN THEN
   LOOP
    FETCH dept_cursor INTO row_dept;
```

```
    EXIT WHEN dept_cursor%NOTFOUND;
    dbms_output.put_line(row_dept.deptno||' '||row_dept.dname||' '||row_dept.loc);
   END LOOP;
  ELSE
   dbms_output.put_line('用户信息：游标没有打开?');
  END IF;
  CLOSE dept_cursor;
 END;
 /
10 ACCOUNTING NEW YORK
20 RESEARCH DALLAS
30 SALES CHICAGO
40 OPERATIONS BOSTON

PL/SQL 过程已成功完成。
```

### 3.2.3 游标 FOR 循环

在 PL/SQL 中还有一种更加方便的使用显式游标的方法，那就是游标 FOR 循环。游标 FOR 循环是显式游标的一种快捷使用方式，它使用 FOR 循环依次读取结果集中的行数据。当 FOR 循环开始时，游标将自动打开(不需要使用 OPEN 方法)，每循环一次，系统将自动读取游标当前行的数据(不需要使用 FETCH)。当退出 FOR 循环时，游标被自动关闭(不需要使用 CLOSE)。语句定义格式如下。

```
FOR 记录变量名 IN 游标名 LOOP
  PL/SQL 语句;
END LOOP;
```

**【例 3-15】** 使用 FOR 循环形式显示全部雇员的编号和姓名。

```
SQL> SET SERVEROUTPUT ON
SQL> DECLARE
   CURSOR emp_cursor
   IS SELECT empno,ename FROM emp;
  BEGIN
   FOR emp_r IN emp_cursor LOOP
    dbms_output.put_line(emp_r.empno||' '||emp_r.ename);
   END LOOP;
  END;
  /
7369 SMITH
7499 ALLEN
7521 WARD
7566 JONES
7654 MARTIN
7698 BLAKE
7782 CLARK
```

```
7788 SCOTT
7839 KING
7844 TURNER
7876 ADAMS
7900 JAMES
7902 FORD
7934 MILLER

PL/SQL 过程已成功完成。
```

## 3.2.4　带参数的游标

在声明游标时，可以将参数传递给游标并在查询中使用。带参数的游标声明语句格式如下。

```
CURSOR 游标名 (参数[,参数…])
 IS SELECT 语句;
```

其中，参数的定义格式为：

```
参数名 [IN] 数据类型[ := 值 或 DEFAULT 值]
```

(1) 参数只定义数据类型，没有大小。

(2) DEFAULT 是给参数设定一个默认值，当没有参数值给游标时，就使用默认值。

打开游标时，可以指定传递的参数值。带参数的游标打开语句格式如下。

```
OPEN 游标名(值[,值…])
```

**【例 3-16】** 根据所给的参数值，显示员工编号和姓名。

```
SQL> SET SERVEROUTPUT ON
SQL> DECLARE
      v_empno emp.empno%type;
      v_ename emp.ename%type;
      CURSOR emp_cursor(p_deptno number,p_job varchar2)
       IS SELECT empno,ename FROM emp WHERE deptno = p_deptno and job = p_job;
     BEGIN
      OPEN emp_cursor(10, 'CLERK');
      LOOP
       FETCH emp_cursor INTO v_empno,v_ename;
       EXIT WHEN emp_cursor%NOTFOUND;
       dbms_output.put_line(v_empno||' '||v_ename);
      END LOOP;
     END;
     /
7934 MILLER

PL/SQL 过程已成功完成。
```

### 3.2.5 使用游标更新和删除数据

通过游标可以实现查询数据表中的数据,那么如何使用游标修改或删除数据表中的记录呢?使用游标修改和删除表中记录的操作是指在游标定位后,修改或删除表中指定的数据行。

为了实现使用游标更新和删除数据,需要在声明游标时使用 FOR UPDATE 选项,以便在打开游标时锁定游标结果集与表中对应数据行的所有列和部分列。使用 FOR UPDATE 选项后声明游标的语法格式如下。

```
CURSOR 游标名
 IS SELECT 语句 FOR UPDATE [OF 列 1[,列 2…]]
```

其中,OF 选项只在要进行数据更新(UPDATE)时使用。OF 后面指定要更新的具体数据列,如果不指定 OF 选项,则可更新游标当前行中所有数据。

当使用了 FOR UPDATE 声明游标后,可在 DELETE 和 UPDATE 语句中使用 WHERE CURRENT OF 子句,修改或删除游标结果集中当前行对应的表中的数据行,格式如下。

```
WHERE CURRENT OF 游标名
```

**【例 3-17】** 使用游标更新 EMP 表中的 COMM 值。

```
SQL> SET SERVEROUTPUT ON
SQL> DECLARE
  CURSOR c1
   IS SELECT empno, sal FROM emp
 WHERE comm IS NULL FOR UPDATE OF comm;
  v_comm emp.sal %TYPE;
 BEGIN
  FOR r IN c1 LOOP
   IF r.sal < 500 THEN
     v_comm := r.sal * 0.25;
   ELSIF r.sal < 1000 THEN
     v_comm := r.sal * 0.2;
   ELSIF r.sal < 3000 THEN
     v_comm := r.sal * 0.15;
   ELSE
     v_comm := r.sal * 0.12;
   END IF;
   UPDATE emp SET comm = v_comm WHERE CURRENT OF c1;
  END LOOP;
 END;
 /

PL/SQL 过程已成功完成。
```

## 3.3 异常处理

异常是 Oracle 数据库中的 PL/SQL 代码执行期间出现的错误。发生异常后，语句将停止执行，跳转到 PL/SQL 块的异常处理部分。SQL * Plus 处理异常的方法就是在屏幕上显示异常信息。

Oracle 常用的有两种类型的异常：

(1) 预定义异常。Oracle 为用户提供了大量的在 PL/SQL 中使用的预定义异常，以检查用户代码失败的一般原因。

(2) 自定义异常。如果程序设计人员认为某种情况违反了业务逻辑，则设计人员可明确定义并触发异常。

异常处理部分一般放在 PL/SQL 程序的后半部分，其结构如下：

```
EXCEPTION
  WHEN 异常情况 1 THEN 处理异常代码 1;
  WHEN 异常情况 2 THEN 处理异常代码 2;
  …
  WHEN OTHERS THEN 处理异常代码;
END;
```

### 3.3.1 预定义的 Oracle 异常

Oracle 提供的预定义异常，用户可以在自己的 PL/SQL 异常处理部分使用名称对其进行标识。常用的预定义异常及其对应的 Oracle 错误信息如表 3-2 所示。

**表 3-2　Oracle 预定义异常**

| 错误信息 | 异常名称 | 说明 |
|---|---|---|
| ORA-0001 | DUP_VAL_ON_INDEX | 试图破坏一个唯一性限制 |
| ORA-0051 | TIMEOUT_ON_RESOURCE | 在等待资源时发生超时 |
| ORA-0061 | TRANSACTION_BACKED_OUT | 由于发生死锁，事务被撤销 |
| ORA-1001 | INVALID_CURSOR | 试图使用一个无效的游标 |
| ORA-1012 | NOT_LOGGED_ON | 没有连接到 Oracle |
| ORA-1017 | LOGIN_DENIED | 无效的用户名/口令 |
| ORA-1403 | NO_DATA_FOUND | SELECT INTO 没有找到数据 |
| ORA-1422 | TOO_MANY_ROWS | SELECT INTO 返回多行 |
| ORA-1476 | ZERO_DIVIDE | 试图被零除 |
| ORA-1722 | INVALID_NUMBER | 转换一个数字失败 |
| ORA-6500 | STORAGE_ERROR | 内存不够引发的内部错误 |
| ORA-6501 | PROGRAM_ERROR | 内部错误 |
| ORA-6502 | VALUE_ERROR | 转换或截断错误 |
| ORA-6504 | ROWTYPE_MISMATCH | 主变量和游标的类型不兼容 |
| ORA-6511 | CURSOR_ALREADY_OPEN | 试图打开一个已经打开的游标时，将产生这种异常 |
| ORA-6530 | ACCESS_INTO_NULL | 试图为 null 对象的属性赋值 |

【例 3-18】 向 DEPT 表中插入与主键值相同的记录。

情况一：不用预定义异常解决

```
SQL> BEGIN
  INSERT INTO dept(deptno,dname)
  VALUES(10,'HR');
END;
/
BEGIN
*
第 1 行出现错误:
ORA-00001: 违反唯一约束条件 (SCOTT.PK_DEPT)
ORA-06512: 在 line 2
```

情况二：使用预定义异常解决

```
SQL> SET SERVEROUTPUT ON
SQL> BEGIN
  INSERT INTO dept(deptno,dname)
  VALUES(10,'HR');
 EXCEPTION
  WHEN DUP_VAL_ON_INDEX THEN
   dbms_output.put_line('捕获到了 DUP_VAL_ON_INDEX 异常');
   dbms_output.put_line('该主键值已经存在');
 END;
 /
捕获到了 DUP_VAL_ON_INDEX 异常
该主键值已经存在

PL/SQL 过程已成功完成。
```

## 3.3.2 用户自定义的异常处理

在实际的程序开发中，为了实施具体的业务逻辑规则，程序开发人员往往会根据这些逻辑规则自定义一些异常。当用户进行操作违反了这些规则，就会引发一个自定义异常，从而中断程序的正常执行，并转到自定义异常处理部分。

用户自定义的异常是通过显式使用 RAISE 语句来触发的。当引发一个异常时，控制就转向 EXCEPTION 异常处理部分，执行异常处理语句。处理自定义异常的步骤如下。

(1) 在 PL/SQL 块的定义部分定义异常情况

```
<异常情况> EXCEPTION;
```

(2) 使用 RAISE 引出自定义异常

```
RAISE <异常情况>;
```

(3) 在 PL/SQL 程序块的异常处理部分对异常情况做出相应的处理。

【例 3-19】 确定至少更新了 DEPT 表中的一条记录。

```
SQL> SET SERVEROUTPUT ON
SQL> DECLARE
   ex_update EXCEPTION;
  BEGIN
   UPDATE dept SET dname = 'HR' WHERE deptno = 50;
   IF sql % notfound THEN
    RAISE ex_update;
   END IF;
  EXCEPTION
   WHEN ex_update THEN
    dbms_output.put_line('捕获到自定义异常 ex_update');
    dbms_output.put_line('未更新任意行');
  END;
  /
捕获到自定义异常 ex_update
未更新任意行

PL/SQL 过程已成功完成。
```

## 3.4 存储过程

前面所创建的 PL/SQL 程序块都是匿名的。这些匿名的程序块没有被存储，在每次执行后，都不可以被重新使用。因此，每次运行匿名程序块时，都需要先编译然后再执行。很多时候，都需要保存 PL/SQL 程序块，便于以后可以重新使用。

存储过程是一种命名的 PL/SQL 程序块，它可以被赋予参数，存储在数据库中，可以被用户调用。由于存储过程是已经编译好的代码，所以在调用的时候不必再次进行编译，从而提高了程序的运行效率。

### 3.4.1 创建存储过程

创建存储过程的语法结构如下。

```
CREATE [OR REPLACE] PROCEDURE 过程名
AS
  声明部分;
BEGIN
  功能语句;
EXCEPTION
  异常处理;
END;
```

选择 OR REPLACE 选项，如果创建的存储过程已经存在，将替换重新建立原来的同名存储过程。

【例 3-20】 存储过程示例。

```
SQL > CREATE OR REPLACE PROCEDURE emp_P AS
     emp_row emp % ROWTYPE;
    BEGIN
     SELECT * INTO emp_row FROM emp WHERE job = 'CLERK';
     dbms_output.put_line(emp_row.empno||' '||emp_row.ename);
    EXCEPTION
     WHEN TOO_MANY_ROWS THEN
      dbms_output.put_line('捕获到了 TOO_MANY_ROWS 异常');
      dbms_output.put_line('SELECT 语句检索到了多行数据');
    END;
    /

过程已创建。
```

## 3.4.2 调用存储过程

一旦创建存储过程后,就可以任意调用该存储过程。

可以使用 EXECUTE 语句直接调用存储过程。EXECUTE 语句的语法形式如下。

```
EXEC[UTE] 过程名;
```

【例 3-21】 调用执行例 3-20 所创建的存储过程。

```
SQL > SET SERVEROUTPUT ON
SQL > EXEC emp_P;
捕获到了 TOO_MANY_ROWS 异常
SELECT 语句检索到了多行数据

PL/SQL 过程已成功完成。
```

为了执行存储过程,用户也可以在 PL/SQL 匿名块中调用存储过程。下面的代码将在一个匿名块中调用存储过程 emp_P。

```
SQL > SET SERVEROUTPUT ON
SQL > BEGIN
     emp_P;
    END;
    /
捕获到了 TOO_MANY_ROWS 异常
SELECT 语句检索到了多行数据

PL/SQL 过程已成功完成。
```

## 3.4.3 存储过程的参数

在创建存储过程时,需要考虑存储过程的灵活应用,以便重新使用它们。通过使用“参数”可以使程序单元变得灵活。参数是一种向程序单元输入、输出数据的机制。存储过程可以接收和返回 0 到多个参数。Oracle 有三种参数模式：IN、OUT 和 IN OUT。

带参数的存储过程创建语法格式如下。

```
CREATE [OR REPLACE] PROCEDURE 过程名(
  参数 1 [ IN | OUT | IN OUT] 数据类型,
  参数 2 [ IN | OUT | IN OUT] 数据类型,…
)AS
  声明部分;
BEGIN
  功能语句;
EXCEPTION
  异常处理;
END;
```

### 1. IN 参数

IN 参数为输入参数，该参数值由调用者传入，并且只能够被存储过程读取。

**【例 3-22】** 创建一个向 DEPT 表中插入新记录的存储过程 dept_p。

```
SQL> CREATE OR REPLACE PROCEDURE dept_p(
  p_deptno   IN  number,
  p_dname    IN  varchar2,
  p_loc      IN  varchar2
  ) AS
  BEGIN
   INSERT INTO dept
   VALUES(p_deptno,p_dname,p_loc);
  EXCEPTION
   WHEN DUP_VAL_ON_INDEX THEN
    dbms_output.put_line('重复的部门编号');
  END;
  /

过程已创建。

SQL> SET SERVEROUTPUT ON
SQL> EXEC dept_p(50,'HR','CHINA');

PL/SQL 过程已成功完成。

SQL> SELECT * FROM dept WHERE deptno = 50;

    DEPTNO  DNAME           LOC
  -------  -----------   -------
       50  HR              CHINA
```

### 2. OUT 参数

OUT 参数为输出参数，该类型的参数值由存储过程写入。OUT 类型的参数适用于存储过程向调用者返回多条信息的情况。

**【例 3-23】** 创建存储过程 dept_p,该过程根据提供的部门编号,返回部门的名称和地址。

```
SQL> CREATE OR REPLACE PROCEDURE dept_p(
i_no IN dept.deptno%TYPE,
o_name OUT dept.dname%TYPE,
o_loc OUT dept.loc%TYPE
) AS
BEGIN
 SELECT dname,loc INTO o_name,o_loc FROM dept WHERE deptno = i_no;
EXCEPTION
 WHEN NO_DATA_FOUND THEN
  o_name := 'NULL';
  o_loc := 'NULL';
END;
/

过程已创建。
```

因为这个过程要通过 OUT 参数返回值,这意味着在调用它时必须提供能够接收返回值的变量。因此,在编写 PL/SQL 匿名程序块时,需要定义变量接收返回值;而在使用 SQL*Plus 调用过程时,需要使用 VARIABLE 命令绑定参数值。当使用绑定变量时,在调用存储过程时,需要在绑定变量前添加冒号。

**【例 3-24】** 调用例 3-23 创建的存储过程,输出指定部门编号的部门名称和地址。

```
SQL> VARIABLE v_dname varchar2(20);
SQL> VARIABLE v_loc varchar2(10);
SQL> EXEC dept_p(10,:v_dname,:v_loc);

PL/SQL 过程已成功完成.

SQL> PRINT v_dname

V_DNAME
--------------------
ACCOUNTING

SQL> PRINT v_loc

V_LOC
--------------------
NEW YORK
```

### 3. IN OUT 参数

IN 参数可以接收一个值,但是不能在过程中修改这个值,而对于 OUT 参数而言,它在调用过程时为空,在过程的执行中将为这个参数指定一个值,并在执行结束后返回。而 IN OUT 类型的参数同时具有 IN 参数和 OUT 参数的特性,在过程中可以读取和写入该类型参数。

【例 3-25】 使用 IN OUT 参数的实现两个数的交换。

```
SQL> CREATE OR REPLACE PROCEDURE swap(
p_num1 IN OUT number,
p_num2 IN OUT number
) AS
var_temp number;
BEGIN
 var_temp := p_num1;
 p_num1 := p_num2;
 p_num2 := var_temp;
END;
/

过程已创建。

SQL> SET SERVEROUTPUT ON
SQL> DECLARE
 var_max number := 10;
 var_min number := 18;
BEGIN
 IF var_max < var_min THEN
   swap(var_max, var_min);
 END IF;
 dbms_output.put_line('var_max = '||var_max);
 dbms_output.put_line('var_min = '||var_min);
END;
/
var_max = 18
var_min = 10

PL/SQL 过程已成功完成。
```

## 3.5 嵌入式 SQL

SQL 是一种双重式语言，它既是一种用于查询和更新的交互式数据库语言，又是一种应用程序进行数据库访问时所采取的编程式数据库语言。SQL 语言在这两种方式中的大部分语法是相同的。在编写访问数据库的程序时，必须从普通的编程语言开始（如 C 语言），再把 SQL 加入到程序中。所以，嵌入式 SQL（EmbeddedSQL，ESQL）就是将 SQL 语句嵌入到程序设计语言中，被嵌入的程序设计语言，如 C、C++、Java，称为宿主语言，简称主语言，本节以 C 语言作为主语言。

### 3.5.1 嵌入式 SQL 语句的组成

对于嵌入式 SQL 语句，一般采用预编译方法处理，即由 RDBMS 的预处理程序对源程序进行扫描,识别出ESQL语句,把它们转换成主语言调用语句,以使主语言编译程序能识别它们,最后由主语言的编译程序将整个源程序编译成目标码。

下面,以Oracle嵌入SQL为例,来看看嵌入SQL语句的组成元素。

**【例3-26】** 编写C语言程序,连接到Oracle当前数据库下的SCOTT模式,查询EMP表中雇员编号(empno)为7499员工的姓名(ename)。

```
#include <stdio.h>
#include <string.h>
#include <sqlca.h>
EXEC SQL INCLUDE SQLCA;                          (1)
main()
{
   EXEC SQL BEGIN DECLARE SECTION;               (2)
     char name[13];
     char userid[12] = "SCOTT/TIGER";
   EXEC SQL END DECLARE SECTION;
   EXEC SQL CONNECT :userid;                     (3)
   EXEC SQL SELECT ename INTO :name              (4)
           FROM emp
           WHERE empno = 7499;
   printf( "Name =  %s\n", name );
   EXEC SQL COMMIT WORK RELEASE;                 (5)
   return 0;
}
```

上面是一个简单的静态嵌入SQL语句的应用程序。它包括了嵌入SQL的主要元素,上面程序中的(1)~(5)的作用分别如下:

(1) 中的INCLUDE SQLCA语句定义并描述了SQLCA的结构。SQLCA用于应用程序和数据库之间的通信,其中的SQLCODE返回SQL语句执行后的结果状态。

(2) 在BEGIN DECLARE SECTION和END DECLARE SECTION之间定义了宿主变量。宿主变量可被SQL语句引用,也可以被C语言语句引用。它用于将程序中的数据通过SQL语句传给数据库管理器,或从数据库管理器接收查询的结果。在SQL语句中,主变量前均有":"标志以示区别。

(3) 在每次访问数据库之前必须做CONNECT操作,以连接到某一个数据库上。这时,应该保证数据库实例已经启动。

(4) 是一条查询语句。它将表employee中的empno为7499的行数据的ename查出,并将它放在name变量中。该语句返回一个结果。可以通过游标返回多个结果。当然,也可以包含UPDATE、INSERT和DELETE语句。

(5) 最后断开数据库的连接。

从上例可以看出,每条嵌入式SQL语句都用EXEC SQL开始,表明它是一条SQL语句。这也是告诉预编译器在EXEC SQL和";"之间是嵌入SQL语句。

### 3.5.2 嵌入式SQL语句与主语言的通信

在主语言中嵌入SQL语句进行混合编程,其主要目的是为了发挥SQL语言和主语言各自优势。SQL 语句是面向集合的描述性、非过程化语言，负责与数据库的数据交换；主语言是过程化的、与运行环境有关的语言，主要负责用户界面及控制程序流程，而程序流程与程序语句所处的变量环境有关。程序执行过程中，主语言需要和 SQL 语句进行信息交换，其间的通信过程如下。

(1) SQL 语句将执行状态信息传递给主语言。主语言得到该状态信息后，可根据此状态信息来控制程序流程，以控制后面的 SQL 语句或主语言语句的执行。向主语言传递 SQL 执行状态信息，主要用 SQL 通信区(SQL Communication Area，SQLCA)实现。

(2) 主语言需要提供一些变量参数给 SQL 语句。该方法是在主语言中定义主变量(Host Variable)，在 SQL 语句中使用主变量，将参数值传递给 SQL 语句。

(3) 将 SQL 语句查询数据库的结果返回给主语言作进一步处理。如果 SQL 语句向主语言返回的是一条数据库记录，可使用主变量；若返回值为多条记录的集合，则使用游标。

### 3.5.3 SQL 通信区

SQL 语句执行后，系统要反馈给应用程序若干信息，主要包括描述系统当前工作状态和运行环境的各种参数，这些信息将送到 SQL 通信区(SQLCA)中。主语言的应用程序从 SQLCA 中取出这些状态信息，据此决定后面语句的执行。

SQLCA 是一个数据结构，在程序的主语言中用 EXEC SQL INCLUDE SQLCA 加以定义。SQLCA 中有一个系统变量 SQLCODE，用来存放每次执行 SQL 语句后返回的代码。

应用程序每执行一条 SQL 语句之后均测试一下 SQLCODE 的值，以了解该 SQL 语句执行情况并做相应处理。如果 SQLCODE 等于预定义的常量 SUCCESS，则表示 SQL 语句成功，否则在 SQLCODE 存放错误代码。程序员可以根据错误代码查找问题。

因此，系统变量 SQLCODE 用于向主语言提供 SQL 语句执行的状态。例如，在执行更新语句 UPDATE 后，SQLCA 用如下状态之一返回其执行结果。

(1) 执行成功(SQLCA＝SUCCESS)，并又更新行数。

(2) 违反完整性约束，更新操作被拒绝执行。

(3) 没有满足更新条件的行，一行也没有更新。

(4) 由于其他原因，执行出错。

在 Oracle 中，系统变量 SQLCODE 的取值，有：

SQLCODE＝0。该 SQL 语句被正确执行，没有发生错误和例外。

SQLCODE ＞0。Oracle 执行该 SQL 语句，但遇到一个例外。当 Oracle 未找到满足 WHERE 子句检索条件的行时，或者 SELECT 或 FETCH 未有行返回时，就出现例外。

SQLCODE ＜0。表示由于数据库、系统、网络或应用程序的错误，Oracle 未执行该 SQL 语句，当出现这类错误时，当前事务一般应回滚。

Oracle 中的 SQLCODE 是特别用在 OTHERS 处理器中，用来返回 Oracle 的错误代码。OTHERS 处理器是异常处理块中最后的处理器，因为它是用来捕获除了别的异常处理器以外的所有 Oracle 异常，所以在程序的最外层使用一个 OTHERS 处理器的话，将可以确保所有的错误都会被检测到。

## 3.5.4 主变量的定义与使用

嵌入式 SQL 语句中可以使用主语言的程序变量来输入或输出数据。SQL 语句中使用的主语言程序变量简称为主变量。主变量根据其作用不同,分为输入主变量和输出主变量。

在 SELECT INTO 和 FETCH 语句之后的主变量称做"输出主变量",这是因为从数据库传递列数据到应用程序。除了 SELECT INTO 和 FETCH 语句外的其他 SQL 语句中的主变量,称为"输入主变量"。这是因为从应用程序向数据库输入值,如:INSERT、UPDATE 等语句。

### 1. 主变量的定义

使用主变量之前,必须在 SQL 语句 BEGIN DECLARE SECTION 与 END DECLARE SECTION 之间进行声明。声明之后,主变量可以在 SQL 语句中任何一个能够使用表达式的地方出现,为了与数据库对象名(表名、视图名、列名等)区别,应在 SQL 语句中的主变量名前加冒号。

在使用主变量时,应注意以下几个内容。

(1) 主变量使用前,必须在嵌入 SQL 语句的说明部分明确定义;

(2) 主变量定义时,所用的数据类型应为主语言提供的数据类型,而不是 SQL 的数据类型。同时也要注意主变量的大小写;

(3) 在 SQL 语句中使用主变量时,必须在主变量前加一个冒号,在不含 SQL 语句的主语言语句中,则不需要在主变量前加冒号;

(4) 主变量不能是 SQL 命令的关键字,如 SELECT 等;

(5) 在一条 SQL 语句中,主变量只能使用一次。

**【例 3-27】** 主变量定义示例。

```
int emp_number;
char temp[20];
VARCHAR emp_name[20];
printf("Employee number? ");
gets(temp);
emp_number = atoi(temp);
printf("Employee name? ");
gets(emp_name.arr);
emp_name.len = strlen(emp_name.arr);
EXEC SQL INSERT INTO emp (empno, ename)
   VALUES (:emp_number, :emp_name);
```

在上面这个例子中,其中的 emp_number 和 emp_name 就是主变量。值得注意的是,Oracle 同其他数据库(如 SQL Server、DB2 等)的区别是,定义主变量可以不需要 BEGIN DECLARE SECTION 和 END DECLARE SECTION。

### 2. 在 SELECT 语句中使用主变量

在嵌入式 SQL 中,如果查询结果为单记录,则 SELECT 语句需要用 INTO 子句指定查询结果的存放地点——主变量。

**【例 3-28】** 在 SELECT 查询中使用主变量示例。本例是根据雇员编号查询该员工的姓名、工作和薪水加 2000 后的工资。

```
EXEC SQL SELECT ename, job, sal + 2000
    INTO :emp_name, :job_title, :salary
    FROM emp
    WHERE empno = :empno;
```

在嵌入 SQL 语句中，也可以使用子查询。如：

```
EXEC SQL INSERT INTO emp (empno, ename, sal, deptno)
    SELECT empno, ename, sal, deptno FROM emp
    WHERE job = :job_title;
```

### 3. 在 UPDATE 语句中使用主变量

在 UPDATE 语句中，SET 子句和 WHERE 子句中均可以使用主变量。

**【例 3-29】** 在 UPDATE 中使用主变量示例。本例是更新指定员工的薪水和奖金。

```
EXEC SQL UPDATE emp
     SET sal = :salary, comm = :commission
     WHERE empno = :emp_number;
```

### 4. 在 DELETE 语句中使用主变量

在 DELETE 语句的 WHERE 子句中，可以使用主变量指定删除条件。

**【例 3-30】** 在 DELETE 中使用主变量示例。本例是删除 EMP 表中指定部门员工信息。

```
EXEC SQL DELETE FROM emp
     WHERE deptno = :dept_number;
```

## 3.5.5 嵌入式 SQL 中的游标定义与使用

用嵌入式 SQL 语句查询数据分成两类情况。一类是单行结果，一类是多行结果。对于单行结果，可以使用 SELECT INTO 语句；对于多行结果，则必须使用游标来完成。游标是一个与 SELECT 语句相关联的符号名，它使用户可逐行访问由 Oracle 返回的结果集。

游标的使用，与前面介绍相同，仍包括声明游标、打开游标、读取游标和关闭游标这四步。

### 1. 声明游标

在嵌入式 SQL 语句中，DECLARE 语句定义游标的一般形式如下：

```
EXEC SQL DECLARE 游标名 CURSOR
  FOR SELECT 语句;
```

其中,SELECT 语句可以是简单查询,也可以是复杂的连接查询和嵌套查询。例如:

```
EXEC SQL DECLARE emp_cursor CURSOR FOR
  SELECT ename FROM emp WHERE deptno = :dept_number;
```

### 2. 打开游标

在嵌入式 SQL 中,也是用 OPEN 语句打开游标。OPEN 语句的一般形式如下:

```
EXEC SQL OPEN 游标名;
```

例如: EXEC SQL OPEN emp_cursor;

### 3. 提取游标中的记录

提取游标,是指从缓冲区中将当前记录取出来,送到主变量供主语言进一步处理,同时移动游标指针。

在嵌入式 SQL 语句中,FETCH 语句的一般形式如下:

```
EXEC SQL FETCH 游标名 INTO 主变量[,主变量,…];
```

其中,主变量必须与游标中 SELECT 语句的列表达式一一对应。FETCH 语句通常用在一个循环结构中,通过循环执行 FETCH 语句逐条取出结果集中的行进行处理。

例如: EXEC SQL FETCH emp_cursor INTO :emp_name;

### 4. 关闭游标

在游标使用结束后,应关闭游标,以释放游标占用的缓冲区及其他资源。用 CLOSE 语句关闭游标,CLOSE 语句的一般形式如下:

```
EXEC SQL CLOSE 游标名;
```

游标被关闭后,就不再与原来查询所返回的结果相联系。而被关闭的游标可以再次被打开,以返回新的查询结果。

例如: EXEC SQL CLOSE emp_cursor;

### 5. 使用游标修改数据

在嵌入式 SQL 中,在 UPDATE 语句中可以使用 CURRENT OF 子句来完成修改数据。例如,以下是使用游标修改数据的一个完整例子:

```
   …
/* 定义游标 */
    EXEC SQL DECLARE emp_cursor CURSOR FOR
         SELECT ename, job
         FROM emp
         WHERE empno = :emp_number
         FOR UPDATE OF job;
 /* 打开游标 */
   EXEC SQL OPEN emp_cursor;
```

```
/* 没有记录被读取到则终止运行 */
  EXEC SQL WHENEVER NOT FOUND DO break;
/* 循环取值 */
 for (;;)
 {
     EXEC SQL FETCH emp_cursor INTO :emp_name, :job_title;
/* 更新当前游标所在的行的数据 */
     EXEC SQL UPDATE emp
          SET job = :new_job_title
          WHERE CURRENT OF emp_cursor;
 }
 …
/* 关闭游标 */
   EXEC SQL CLOSE emp_cursor;
   EXEC SQL COMMIT WORK RELEASE;
   …
```

### 6. 程序实例

为了能够更好地理解有关概念，下面给出一个简单的ESQL编程实例。

**【例 3-31】** 本例的作用是获得部门编号，通过游标来显示这个部门中的所有雇员信息。

```
#include <stdio.h>
/* 声明宿主变量 */
char userid[12] = "SCOTT/TIGER";
char emp_name[10];
int emp_number;
int dept_number;
char temp[32];
void sql_error();
/* 包含 SQLCA */
#include <sqlca.h>
main()
{  emp_number = 7499;
/* 处理错误 */
    EXEC SQL WHENEVER SQLERROR do sql_error("Oracle error");
/* 连接到 Oracle 数据库 */
    EXEC SQL CONNECT :userid;
    printf("Connected.\n");
 /* 声明游标 */
    EXEC SQL DECLARE emp_cursor CURSOR FOR
        SELECT ename FROM emp WHERE deptno = :dept_number;
    printf("Department number? ");
    gets(temp);
    dept_number = atoi(temp);
 /* 打开游标 */
    EXEC SQL OPEN emp_cursor;
    printf("Employee Name\n");
```

```
    printf("-------\n");
/* 循环处理每一行数据,如果无数据,则退出 */
    EXEC SQL WHENEVER NOT FOUND DO break;
    while (1)
    {
        EXEC SQL FETCH emp_cursor INTO :emp_name;
        printf(" %s\n", emp_name);
    }
    EXEC SQL CLOSE emp_cursor;
    EXEC SQL COMMIT WORK RELEASE;
    exit(0);
}
/错误处理程序 */
void sql_error(msg)
char *msg;
{
    char buf[500];
    int buflen, msglen;
    EXEC SQL WHENEVER SQLERROR CONTINUE;
    EXEC SQL ROLLBACK WORK RELEASE;
    buflen = sizeof (buf);
    sqlglm(buf, &buflen, &msglen);
    printf(" %s\n", msg);
    printf(" %*.s\n", msglen, buf);
    exit(1);
}
```

## 3.5.6 动态 SQL 语句

前面提到的嵌入式 SQL 语句都必须在源程序中完全确定,然后再由预处理程序预处理和主语言编译程序编译。在实际应用中,源程序往往还不能包括用户的所有操作。用户对数据库的操作有时在系统运行时才能提出来,这时要用到嵌入式 SQL 的动态技术才能实现。

动态 SQL 技术主要有以下两个 SQL 语句。

(1) 动态 SQL 预备语句

```
EXEC SQL PREPARE 动态 SQL 语句名 FROM 共享变量或字符串;
```

这里共享变量或字符串的值应是一个完整的 SQL 语句。这个语句可以在程序运行时由用户输入才组合起来。此时,这个语句并不执行。

(2) 动态 SQL 执行语句

```
EXEC SQL EXECUTE 动态 SQL 语句名;
```

动态 SQL 语句使用时,还可以有以下两点改进。

① 当预备语句中组合而成的 SQL 语句只需执行一次时,那么预备语句和执行语句可合并成一个语句:

```
EXEC SQL EXECUTE IMMEIATE 共享变量或字符串;
```

② 当预备语句中组合而成的SQL语句的条件值尚缺时，可以在执行语句中用USING短语补上：

```
EXEC SQL EXECUTE 动态 SQL 语句名 USING 共享变量;
```

**【例3-32】** 下面两个C语言的程序段说明了动态SQL语句的使用技术。

```
① EXEC SQL BEGIN DECLARE SECTION;
  char * query;
EXEC SQL END DECLARE SECTION;
scanf("%s",query);                     /* 从键盘输入一个 SQL 语句 */
EXEC SQL PREPARE que FROM :query;
EXEC SQL EXECUTE que;
```

这个程序段表示从键盘输入一个SQL语句到字符数组中；字符指针query指向字符串的第1个字符。

如果执行语句只做一次，那么程序段最后两个语句可合并成一个语句：

```
EXEC SQL EXECUTE IMMEDIATE :query;
② char * query = "UPDATE emp
         SET sal = sal + 500
           WHERE ename = ?";
EXEC SQL PREPARE dynprog FROM :query;
char name[15] = "SMITH";
EXEC SQL EXECUTE dynprog USING :name;
```

这里第一个char语句表示用户组合成一个SQL语句，但有一个值(雇员姓名)还不能确定，因此用"?"表示。第二个语句是动态SQL预备语句。第三个语句(char语句)表示取雇员姓名值。第四个语句是动态SQL执行语句，"?"值到共享变量name中取。

## 3.6 小结

本章介绍了PL/SQL块定义部分、执行部分和异常处理部分的作用，以及编写方法。注意，当编写PL/SQL块时，执行部分是必需的，而定义部分和异常处理部分是可选的。

PL/SQL块中的IF语句可执行简单条件判断、二重分支判断和多重分支判断。当使用IF语句时，注意END IF是两个词，而ELSIF是一个词。CASE语句执行多重分支判断。WHILE语句和FOR语句执行循环控制操作的方法。

在使用SELECT语句查询数据库时，查询返回的数据存放在结果集中。用户在得到结果集后，需要逐行逐列地获取其中存储的数据，从而在应用程序中使用这些值，游标机制可完成此类的操作。如果使用游标更新或删除数据，则需在定义游标时必须指定FOR UPDATE子句，当更新或删除游标行时必须带有WHERE CURRENT OF子句。

当PL/SQL运行错误时，可以使用预定义的异常和用户自定义异常的方法来处理发生的错误。

存储过程是指用于执行特定操作的 PL/SQL 块,在需要时可以直接调用,提高代码的重用性和共享性。

SQL 的用户可以是终端用户,也可以是应用程序。嵌入式 SQL 是将 SQL 作为一种数据子语言嵌入到高级语言,利用高级语言和其他专门软件来弥补 SQL 语句实现复杂应用方面的不足。动态 SQL 允许在执行一个应用程序中,根据不同的情况动态地定义和执行某些 SQL 语句。动态 SQL 可实现应用中的灵活性。SQL 已经成为数据库的主流语言,其意义也远远超过数据库范围。

## 习题三

### 一、选择题

(1) 下列哪个语句允许检查 UPDATE 语句所影响的行数? ________。

A. SQL%FOUND　　B. SQL%ROWCOUNT

C. SQL%COUNT　　D. SQL%NOTFOUND

(2) 在定义游标时使用的 FOR UPDATE 子句的作用是________。

A. 执行游标　　B. 执行 SQL 语句的 UPDATE 语句

C. 对要更新表的列进行加锁　　D. 都不对

(3) 对于游标 FOR 循环,以下哪一种说法是不正确的? ________。

A. 循环隐含使用 FETCH 获取数据

B. 循环隐含使用 OPEN 打开记录集

C. 终止循环操作也就关闭了游标

D. 游标 FOR 循环不需要定义游标

(4) 下列哪个关键字用来在 IF 语句中检查多个条件? ________。

A. ELSE IF　　B. ELSEIF　　C. ELSIF　　D. ELSIFS

(5) 如何终止 LOOP 循环,而不会出现死循环? ________。

A. 在 LOOP 语句中的条件为 FALSE 时停止

B. 这种循环限定的循环次数,它会自动终止循环

C. EXIT WHEN 语句中的条件为 TRUE

D. EXIT WHEN 语句中的条件为 FALSE

(6) 如果 PL/SQL 程序块的可执行部分引发了一个错误,则程序的执行顺序将发生什么变化? ________。

A. 程序将转到 EXCEPTION 部分运行　　B. 程序将中止运行

C. 程序仍然正常运行　　D. 以上都不对

(7) 有关嵌入式 SQL 的叙述,不正确的是________。

A. 主语言是指 C 一类高级程序设计语言

B. 主语言是指 SQL 语言

C. 在程序中要区分 SQL 语句和主语言语句

D. SQL 有交互式和嵌入式两种使用方式

(8) 嵌入式 SQL 实现时,采用预处理方式是________。

A. 把 SQL 语句和主语言语句区分开来

B. 为 SQL 语句加前缀标识和结束标志

C. 识别出 SQL 语句,并处理成函数调用形式

D. 把 SQL 语句编译成二进制码

(9) 允许在嵌入的 SQL 语句中引用主语言的程序变量,在引用时________。

A. 直接引用　　B. 这些变量前必须加符号“*”

C. 这些变量前必须加符号“:”　　D. 这些变量前必须加符号“&”

(10) 如果嵌入的 SELECT 语句的查询结果肯定是单元组,那么嵌入时________。

A. 肯定不涉及游标机制　　B. 必须使用游标机制

C. 是否使用游标,由应用程序员决定　　D. 是否使用游标,与 DBMS 有关

**二、填空题**

1. PL/SQL 程序块主要包含三个主要部分:声明部分、可执行部分和________部分。

2. 使用显式游标主要有四个步骤:声明游标、________、检索数据、________。

3. 在 PL/SQL 中,如果 SELECT 语句没有返回列,则会引发 Oracle 错误,并引发________异常。

4. 查看下面的程序块,其中变量 var_b 的结果为________。

```
DECLARE
  var_a number := 1200;
  var_b number;
 BEGIN
  IF var_a > 500 THEN
    var_b := 5;
  ELSIF var_a > 1000 THEN
    var_b := 10;
  ELSE
    var_b := 8;
  END IF;
END;
```

5. SQL 语句嵌入在 C 语言程序中时,必须加上前缀标识________和结束标志________。

# 第4章 关系模型基本理论

关系模型是 1970 年由 E. F. Codd 提出的，是目前最流行的 RDBMS 的基础。关系模型有着坚实、严格的理论基础。本章将对关系模式的理论基础之一关系代数和关系运算，结合 SQL 语言进行全面描述。

## 4.1 关系模型基本概念

第 1 章初步介绍了关系模型的一些基本术语，如：关系、元组、属性、码和关系模式。本节将介绍关系的其他术语及关系的特性。

### 4.1.1 基本术语

(1) 关系：是用于描述数据的一张二维表，组成表的行称为元组，组成表的列称为属性。如学生信息表的关系模式为：学生信息表(学号，姓名，性别，出生日期)，则它包括四个属性。

(2) 域(Domain)：指列(或属性)的取值范围。例如，“学生信息表”中的性别列，该列的域为(男，女，NULL)。

(3) 候选键(Candidate Key，CK)：也称为候选码。能唯一的标识关系中每一个元组的最小属性集。一个关系可能有多个候选键。例如，“学生信息表”，如果在没有重名的前提下，则候选键有两个，分别是学号和姓名；如果有重名但重名学生性别不同，则候选键也有两个，分别是学号和姓名＋性别。

请读者考虑：在没有重名的情况下，姓名＋性别可不可以作为“学生信息表”的候选键？

(4) 主键(Primary Key，PK)：也称为主码。一个唯一识别关系中元组的最小属性集合。可以从关系的候选键中，指定其中一个作为关系的主键。一个关系最多只能指定一个主键。要求作为主键的列不允许取 NULL 值。例如，“学生信息表”中指定学号作为该关系的主键。

(5) 主属性：候选键中所有的属性均称为主属性。例如，“学生信息表”在有重名同学的情况下，主属性为学号、姓名、性别。

(6) 非主属性：不包含在任何候选键中的属性称为非主属性。例如，“学生信息表”在有重名同学的情况下，非主属性只有出生日期。

(7) 全码：关系中所有属性的组合是该关系的一个候选码，则该候选码称为全码。

(8) 外键(Foreign Key,FK)：关系 R 中的某个属性 K 是另一个关系 S 中的主键，则称该属性 K 是关系 R 的外键。通过外键可以建立两表间的联系。

例如，图 4-1 的主键、外键示意图中，若指定"班号"为"班级表"中的主键，而它又出现在"学生表"中，则称其为"班级表"的外键。

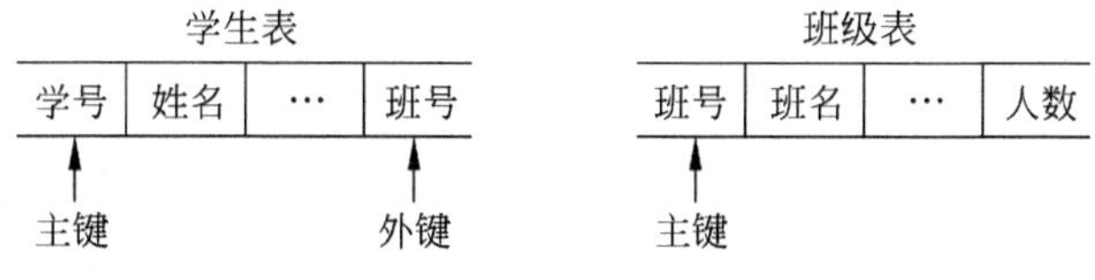


图 4-1　主键、外键示意图

### 4.1.2　关系的特征

首先，表是一个关系，表的行存储关于实体的数据，表的列存储关于这些实体的特征。而且，在关系中，一列的所有取值都具有相同的数据类型，每一列的名字是唯一的，同一关系中，没有两列具有相同的名字。在关系模型中，基本关系应具有以下性质。

(1) 列是同质的，即每一列中的分量是同一类型的数据，来自同一个域。

例如，表 4-1 的 Employee 表，表中的 SEX 列，每个分量的取值类型都是字符型，域值为 F 或 M。

(2) 不同的列可出自同一个域，称其中的每一列为一个属性，不同的属性要给予不同的属性名。

例如，表 4-1 中的 EMPNO 和 MGR 列，这两列分别代表员工编号和该员工的经理编号，它们出自同一个域，但两列的名称不同。

(3) 各列的顺序在理论上是无序的，即列的次序可以任意互换，但使用时按习惯考虑列的顺序。

(4) 任意两个元组的候选码不能相同。

例如，表 4-1 的键为 EMPNO，第 1 个元组的码值是 7499，第 2 个元组的码值是 7521，各元组的码值一定不能相同。

(5) 行的顺序无所谓，即行的次序可以任意交换。

(6) 分量必须取原子值，即每一个分量都必须是不可分的数据项。

例如表 4-1 中，假设编号为 7499 的员工的经理有二人，对应的 MGR 值分别是 7698 和 7566，如果将该表改为表 4-2 的形式，则表 4-2 就不是一个关系。

**表 4-1　Employee(雇员)表**

| EMPNO | ENAME | SEX | JOB | MGR | HIREDATE |
|---|---|---|---|---|---|
| 7499 | ALLEN | F | SALESMAN | 7698 | 20-2 月-81 |
| 7521 | WARD | M | SALESMAN | 7698 | 22-2 月-81 |
| 7566 | JONES | M | MANAGER | 7839 | 02-4 月-81 |
| 7654 | MARTIN | M | SALESMAN | 7698 | 28-9 月-81 |

表 4-2 修改后的 Employee(雇员)表

| EMPNO | ENAME | SEX | JOB | MGR | HIREDATE |
|---|---|---|---|---|---|
| 7499 | ALLEN | F | SALESMAN | 7698<br>7566 | 20-2 月-81 |
| 7521 | WARD | M | SALESMAN | 7698 | 22-2 月 -81 |
| 7566 | JONES | M | MANAGER | 7839 | 02-4 月-81 |
| 7654 | MARTIN | M | SALESMAN | 7698 | 28-9 月-81 |

关系模型要求关系必须是规范化的,即要求关系必须满足一定的规范条件。这些规范条件中最基本的一条就是,关系的每一个分量必须是一个不可分的数据项。

## 4.2 数据库完整性

数据库的完整性是指数据的正确性和相容性。利用完整性约束,DBMS 可帮助用户阻止非法数据的输入。

例如,学生的学号必须是唯一的;本科学生年龄的取值为 14~50 的整数;学生所选的课程必须是学校开设的课程,学生所在的院系必须是学校已经成立的院系等。

为了维护数据库的完整性,DBMS 必须能够:

(1) 提供定义完整性约束条件的机制

完整性约束条件也称为完整性规则,是数据库中的数据必须满足的语义约束条件。关系模式中有三类完整性约束:实体完整性、参照完整性和用户定义的完整性,其中实体完整性和参照完整性是关系模型必须满足的完整性约束条件,被称做是关系的两个不变性。这些完整性一般由 SQL 的 DDL 语句实现。

(2) 提供完整性检查的方法

DBMS 中检查数据是否满足完整性约束条件的机制称为完整性检查。一般在 INSERT、UPDATE、DELETE 语句执行后开始检查,也可以在事务提交时检查。检查这些操作执行后数据库中的数据是否违背了完整性约束条件。

(3) 违约处理

DBMS 若发现用户的操作违背了完整性约束条件,就采取一定的动作,如拒绝(NO ACTION)执行该操作,或级连(CASCADE)执行其他操作,进行违约处理以保证数据的完整性。

### 4.2.1 三类完整性规则

为了维护数据库中数据与现实的一致性,关系数据库的数据与更新操作必须遵循下列三类完整性规则。

#### 1. 实体完整性规则

实体完整性给出了主键的取值的最低约束条件。

在关系数据库中,一个关系通常是对现实世界的某一实体的描述。例如,学生关系对应于学生的集合，而现实世界中的每个学生都是可以区分的，即每个学生都具有某种唯一的标识。相应地，关系中的主键是唯一标识一个元组的，即是用于标识该元组所描述的那个实体的。如果一个元组的主键为空，或部分为空，那么该元组就不能用于标识一个实体，该元组就没有存在的意义了，这在数据库中是不允许的。

**规则 4.1**　主键的各个属性都不能为空值。

所谓空值，就是用于表示"不知道"、"没意义"、"空白"的值，通常用 NULL 表示。如某个商品的价格还"不知道"，则其价格可以用 NULL 表示，或让其为一个空白。再如，学生选课关系，选课(学号，课号，成绩)中的(学号，课号)是主键，所以"学号"和"课号"这两个属性每个都不能为空值。

### 2. 参照完整性

参照完整性给出了在关系之间建立正确的联系的约束条件。

现实世界中的各个实体之间往往存在着某种联系，这种联系在关系模型中也是用关系来描述的。有的联系是从相互有联系的关系中单独分离出一个新的关系，而有的联系则是仍然隐含在相互有联系的关系中。总之，这样就自然地在关系和关系之间存在着相互参照。参照完整性主要就是对这种参照关系是否正确进行约束。先来看两个例子(主键用下划线标识)。

例：存在如下两个关系

学生(<u>学号</u>，姓名，性别，出生日期，专业号)

专业(<u>专业号</u>，专业名称)

在这两个关系之间，存在着相互对照：学生关系中参照了专业关系中的主键"专业号"。显然，如果学生关系中的"专业号"为空值，则表示该学生还没有所学的专业；如果有值的话，就必须是确实存在的专业号，即专业关系中已经存在的专业号。

不仅在两个或两个以上的关系之间可以存在参照关系，在同一关系中的属性之间也可能存在参照关系。

例：存在如下关系

学生(<u>学号</u>，姓名，性别，出生日期，班长学号)

其中，"班长学号"属性表示该学生所在班级的班长的学号。它参照了学生关系中的"学号"属性。显然，如果"班长学号"为空值，则表示该学生关系中还没有选出班长；如果有值的话，就必须是确定存在的学号，即学生关系中已经存在的学号。

**定义 4.1**　设 F 是关系 R 的一个或一组属性(但 F 不是 R 的主键)，K 是关系 S 的主键。如果 F 与 K 相对应，则称 F 是关系 R 的外键，并称关系 R 为参照关系，关系 S 为被参照关系。而关系 R 和关系 S 可以是同一个关系。

**规则 4.2**　外键或者取空值(要求外键的每个属性均为空值)，或者等于被参照关系中的主键的某个值。

参照完整性规则就是定义外键与主键之间的引用规则。

### 3. 用户定义的完整性

根据应用环境的特殊要求，关系数据库应用系统中的关系往往还应该满足一些特殊的约束条件。

用户定义的完整性就是用于反映某一个具体关系数据库应用系统中,所涉及的数据必须要满足的语义要求,即给出某些属性的取值范围等约束条件。例如,将学生的年龄定义为Number(2)的两位整数的数据类型之后,还可以定义一个约束条件,把年龄假定在15～30岁之间。

**规则 4.3** 属性的取值应当满足用户定义的约束条件。

DBMS应该提供定义和检验这类完整性的机制(如约束Check、触发器Trigger等),以便用统一的方法来处理它们,而不应该由应用程序来承担这个功能。

**【例 4-1】** 参照完整性规则使用时有哪些变通?试举例说明。

**【解答】**

参照完整性规则在具体使用时,有三点变通。

(1) 外键和相应的主键可以不同名,只要定义在相同值域上即可。

例如在关系数据库中有下列两个关系模式:

S(SNO,SNAME,AGE,SEX)

SC(S#,C#,GRADE)

学号在S中命名为SNO,作为主键;但在SC中命名为S#,作为外键。

(2) 依赖关系和参照关系也可以是同一个关系,此时表示同一个关系中不同元组之间的联系。

设课程之间有先修、后继联系。模式如下:

R(C#,CNAME,PC#)

其属性表示课号、课名、先修课的课号。如果规定,每门课程的直接先修课只有一门,那么模式R的主键是C#,外键是PC#。这里参照完整性在一个模式中实现,即每门课程的直接先修课必须在关系中出现。

(3) 外键值是否允许为空,应视具体问题而定。

在(1)的关系SC中S#不仅是外键,也是主键的一部分,因此这里S#值不允许为空。

在(2)的关系R中外键PC#不是主键的一部分,因此这里PC#值允许为空。

### 4.2.2 Oracle提供的约束

关系模型中可被指定的完整性约束,包括主键约束、唯一约束、检查约束、外键约束等。下面分别介绍这几种完整性约束。

#### 1. 主键约束

主键(PRIMARY KEY)约束主要是针对主键,以保证主键值的完整性。主键约束要求主键值必须满足两个条件:

① 值唯一;

② 不能为空值。

当指定了表中的主键约束,也就指定了该表的主键。一张表只能指定一个主键约束,因为一张表只允许有一个主键。

主键约束分列级和表级两种定义方式。列级针对表中一列,而表级则针对同一表中一列或多列。

【例 4-2】 建立主键约束示例。

(1) 列级主键约束

```
SQL> CREATE  TABLE  employee
  2  (emp_id  NUMBER(2)  PRIMARY  KEY,
  3  name      VARCHAR2(8),
  4  age       NUMBER(3),
  5   dept_id NUMBER(2)
  6  );
```

此种方式建立主键约束,系统会自动为该主键约束生成一个随机的名称。如果要为主键约束指定名称,则必须有 CONSTRAINT 关键字。如下面的语句将定义的主键约束命名为 PK_ID。

```
SQL> CREATE  TABLE employee
  2  (emp_id  NUMBER(2)  CONSTRAINT  pk_id  PRIMARY  KEY,
  3   name     VARCHAR2(8),
  4   age      NUMBER(3),
  5   dept_id NUMBER(2)
  6  );
```

(2) 表级 PRIMARY KEY 约束

```
SQL> CREATE  TABLE  employee
  2  (emp_id NUMBER(2),
  3   name     VARCHAR2(8),
  4   age      NUMBER(3),
  5   dept_id NUMBER(2),
  6   CONSTRAINT  pk_id  PRIMARY  KEY(emp_id,dept_id)
  7  );
```

上面的语句将 employee 表的 emp_id 字段和 dept_id 字段一起定义为主键约束,并将约束命名为 pk_id。因为主键是由多个字段组成,所以必须使用表级约束定义。

【例 4-3】 修改主键约束示例。

(1) 删除主键约束

```
SQL> ALTER  TABLE  employee
  2  DROP  CONSTRAINT  pk_id;
```

(2) 创建表后添加主键约束

```
SQL> ALTER  TABLE  employee
  2  ADD  CONSTRAINT  pk_id  PRIMARY KEY(emp_id);
```

### 2. 唯一约束

唯一约束主要是针对候选键,以保证候选键值的完整性。唯一约束要求候选键满足两个条件：

① 值唯一；

② 可有一个且仅有一个空值。

对于候选键，由于它也是一种键，也能唯一地识别关系中每一个元组，但其中只能有一个作为主键，该主键可用主键约束来保证其值的完整，其他的候选键也应有相应的约束来保证其值的唯一，这就是唯一约束。因此，表中的候选键可设定为唯一约束，反过来说，设定为唯一约束的属性或属性组就是该表的候选键。一张表可以指定多个唯一约定，因为一张表允许有多个候选键。

唯一约束既可以在列级定义，也可以在表级定义。

**【例 4-4】** 示例。

(1) 建立 employee 表，在 employee 表中定义一个 phone 字段，并为 phone 字段定义指定名称的唯一约束。

```
SQL> CREATE  TABLE  employee
  (emp_id NUMBER(2)  PRIMARY  KEY,
   name    VARCHAR2(8),
   age     NUMBER(3),
   phone   VARCHAR2(12)  CONSTRAINT  emp_phone  UNIQUE,
   dept_id NUMBER(2)
  );
```

(2) 删除唯一约束 emp_phone。

```
SQL> ALTER  TABLE  employee
  DROP  CONSTRAINT  emp_phone;
```

(3) 为已有表 employee 根据 phone 字段创建唯一约束，约束名为 emp_phone。

```
SQL> ALTER  TABLE  employee
  ADD  CONSTRAINT  emp_phone  UNIQUE(phone);
```

### 3. 检查约束

检查约束是通过检查输入到表中的数据来维护用户定义的完整性的，即检查输入的每一个数据，只有符合条件的数据才允许输入到表中。

在检查约束的表达式中，必须引用表中一个或多个字段。检查约束也分为列级和表级两种定义方式。

**【例 4-5】** 示例。

(1) 建立 employee 表，限制 age 字段的值必须大于 20 且小于 60。

```
SQL> CREATE TABLE  employee
  (emp_id NUMBER(2) PRIMARY KEY,
   name    VARCHAR2(8),
   age     NUMBER(3) CONSTRAINT  age_CK CHECK (age>20 AND age<60),
   phone   VARCHAR2(12) CONSTRAINT emp_phone UNIQUE,
```

```
dept_id NUMBER(2)
)
```

（2）删除 age 字段的检查约束 age_CK。

```
SQL> ALTER TABLE employee
DROP  CONSTRAINT  age_CK;
```

（3）为已有表 employee 增加一个新字段 address。然后再为 employee 表创建 CHECK 约束，限制每条记录 age 字段的值必须大于 20 小于 60，而且 address 字段值以"北京市"开头。

```
SQL> ALTER TABLE employee
ADD  address VARCHAR2(30);

SQL> ALTER  TABLE  employee
ADD  CONSTRAINT  age_add_CK
CHECK  (age>20 AND age<60 AND address LIKE '北京市%');
```

#### 4. 外键约束

外键约束涉及两个表，即主表和从表，从表是指外键所在的表，主表是指外键在另一张表中作为主键的表。

外键约束要求：被定义为外键的字段，其取值只能为主表中引用字段的值或 NULL 值。

对主表主键进行 INSERT、DELETE、UPDATE 操作，会对从表有什么影响呢？

下面以学生表和选课表为例，其关系模式为：

学生表(学号，姓名，性别，出生日期)

选课表(学号，课号，成绩)

学生表为主表，其主键为学号；选课表为从表，外键为学号。

（1）插入

主表中主键值的插入(INSERT)，不会影响从表中的外键值。

例如，在学生表(主表)中插入一个新同学记录，对选课表(从表)中的记录不产生任何影响。

（2）修改

如果从表中的外键值与主表中的主键值一样的话，主表中主键值的修改(UPDATE)要影响从表中的外键值。

例如，将学生表(主表)中某个学生的学号值由"1001"改为"1010"，则选课表(从表)中所有学号值为"1001"的值均改为"1010"。

注意，Oracle 下不支持级联更新，即 ON  UPDATE  CASCADE 关键字。

（3）删除

主表中主键值的删除(DELETE)，可能会对从表中的外键值产生影响，除非主表中的主键值没有在从表中的外键值中出现。

例如，假如要删除学生表中学号"1010"学生的信息，由于该学生在选课表中已选修多门课程,因此,为保证表间数据一致性,需要删除选课表中所有外键值为"1010"对应的元组。

对从表外键的操作对完整性有什么影响呢?

(1) 插入

插入从表的外键值时,要求插入的外键值应"参照"(REFERENCE)主表中的主键值。

例如,在选课表中插入一个学生,但其学号值没有在学生表学号值范围之内,因此,要插入的学生的学号是非法数据,应拒绝此类插入。但如果在选课表中插入的学号值是在学生表学号值范围之内,则应接受此类插入。

(2) 修改

修改从表的外键值时,要求修改的外键值需"参照"主表中的主键值。

例如,要修改选课表中某个学生的学号,但修改的学号值不在学生表学号值范围之内,因此,要修改的学号值是非法数据,应拒绝此类修改。但如果在选课表中修改的学号值在学生表学号值范围之内,则应接受此类修改。

(3) 删除

从表中元组的删除不需要参照主表中的主键值。

例如,要删除选课表中某条学生记录,不需要参照主表中的主键值,可以直接删除。

实现表间数据完整性的维护,可有以下两种方式。

① 利用外键约束定义,即在表上定义外键约束,来完成主表和从表间两个方向的数据完整性。

② 利用触发器完成两表间数据完整性的维护,即主表的触发器维护主表到从表方向的数据完整性,而从表的触发器维护从表到主表方向的参照完整性。触发器的内容将在后面章节中介绍。

### 5. 外键约束的设定

定义外键约束的列,必须是另一个表中的主键或候选键。外键约束分为列级和表级两种。列级是针对表中一列,表级则针对同一表中一列或多列。

**【例 4-6】** 示例。

(1) 建立 employee 和 department 表,实现两表间的外键约束。

```
SQL> CREATE  TABLE  department
  2  (dept_id number(5)  PRIMARY  KEY,
  3   dept_name  varchar2(16)
  4  );
SQL> CREATE  TABLE  employee
  2  (emp_id  NUMBER(5) CONSTRAINT PK_ID PRIMARY KEY,
  3   name     VARCHAR2(10) NOT NULL,
  4   age      NUMBER(3),
  5   dept_id NUMBER(5) CONSTRAINT FK_ID  REFERENCES  department
  6  );
```

(2) 删除 employee 表上的 FK_ID 约束。

```
SQL> ALTER  TABLE  employee
  2  DROP  CONSTRAINT  FK_ID;
```

（3）为 employee 表和 department 表设置外键约束，并指定为级联删除。

```
SQL> ALTER TABLE employee
  2  ADD CONSTRAINT FK_ID FOREIGN KEY(dept_id)
  3  REFERENCES department(dept_id)
  4  ON DELETE CASCADE;
```

**【说明】**

① 如果在定义外键约束时使用了 CASCADE 关键字，那么当主表中被引用列的数据被删除时，子表中相应引用列的数据将被删除。

② 如果在定义外键约束时使用了 SET NULL 关键字，那么当主表中被引用列的数据被删除时，子表中相应引用列的值将被置为空值。

③ 如果在定义外键约束时使用了 NO ACTION 关键字，那么当删除主表中被引用列的数据将违反外键约束，该操作会被禁止执行。在 Oracle 中默认为 NO ACTION 状态。

### 4.2.3 触发器

常用的和传统的触发器是定义在一个表上或一个简单视图（针对于一个表的视图）上的触发器，称为 DML 触发器，这种触发器只能由用户对数据库中表的操作（即 INSERT、UPDATE 和 DELETE 三种操作）触发。由于触发器是由操作触发的过程，所以可以利用触发器来维护表间的数据一致性。本部分重点介绍如何定义触发器来维护表间数据一致性。

触发器分 AFTER 触发器和 INSTEAD OF 触发器两种。

AFTER 触发器是在触发它的操作（INSERT、UPDATE 和 DELETE）之后触发当前所创建的触发器，如果触发的操作失败，则此触发器不会执行。

INSTEAD OF 触发器主要用来替换触发的操作（如 INSERT、UPDATE 或 DELETE），即不执行触发操作的语句，而是执行此触发器。

可利用 AFTER 触发器维护表间的数据一致性。具体做法是：主表和从表应分别建立各自的触发器，主表的触发器维护主表到从表方向的数据完整性，而从表的触发器维护从表到主表方向的参照完整性。但这里的主表和从表不需要定义外键，只需要有共同的列即可。这里我们主要介绍 AFTER 触发器。

例如，在例 4-6 中创建的 employee 表中的 dept_id，也出现在创建的 department 表中。借助外键约束中的说法，employee 为主表，而 department 为从表。要维护两表间的完整性，有两种方法可供选用，一种方法是利用外键约束，此方法需要首先定义 employee 表中的 dept_id 为主键，使 dept_id 成为 department 表的外键，然后在 department 表中定义外键约束；另一种方法，就是分别建立 employee 和 department 表的触发器，来维护它们间的完整性。

触发器创建的语法如下：

```
CREATE [ OR REPLACE ] TRIGGER 触发器名
 BEFORE | AFTER
 { INSERT | DELETE | UPDATE [OF 列 1[,列 2 …] ]}
 [ OR { INSERT | DELETE | UPDATE [OF 列 1[,列 2 …] ]} … ]
 ON 表名
```

```
[ FOR  EACH  ROW ]
  < 触发体 >
```

其中：

- OR REPLACE 是可选的。如果省略，在触发对象上若有同名的触发器，则会出现出错信息。如果使用，则会先删除同名的触发器，然后创建新的触发器。
- BEFORE 是在执行 DML 操作之前触发；AFTER 是在执行 DML 操作之后触发。
- 触发事件(INSERT、UPDAT、DELETE)可以是单个触发事件，也可以是多个触发事件的组合(只能使用 OR 逻辑组合，不能使用 AND 逻辑组合)。
- 可选项 FOR EACH ROW 子句规定了触发器是语句级触发器，还是行级触发器。

### 1. 语句级触发器

如果在创建触发器时未使用 FOR EACH ROW 子句，则创建的触发器为语句级触发器。语句级触发器在每个数据修改语句执行后只调用一次，而不管这一操作将影响到多少行。

**【例 4-7】** 创建触发器 delete_trigger，触发器，触发器将记录哪些用户删除了 department 表中的数据，以及删除的时间。

首先创建 merch_log 的日志信息表，用于存储用户对表的操作。

```
SQL> CREATE  TABLE  merch_log
  (who   varchar2(30),
   oper_date  date
  );
```

在 department 表上创建触发器，它会在用户对 department 表使用 DELETE 操作时触发，并向 merch_log 表添加操作的用户名和日期。

```
SQL> CREATE  OR  REPLACE  TRIGGER  delete_trigger
  AFTER  DELETE
  ON  department
  BEGIN
    INSERT  INTO  merch_log(who,oper_date)
    VALUES(user,sysdate);
  END;
```

为了测试该触发器是否正常运行，在 department 表中删除 1 号部门的记录；并查询日志信息表 merch_log。

```
SQL> DELETE  FROM  department
  WHERE  deptno = 1;

SQL> SELECT *   FROM  merch_log;

 WHO                  OPER_DATE
 ---------------  ---------------
 SCOTT               29 - 9 月  - 11
```

### 2. 行级触发器

行级触发器是指当执行 DML 操作时，以数据行为单位执行的触发器，即每一行都执行一次触发器。

在行触发器的触发体中，SQL 语句可以访问受触发语句影响的每行的列值。即在列名前加上“OLD.”限定词就表示变化前的值，在列名前加上“NEW.”限定词就表示变化后的值。在 SQL 语句中引用时，前面还要加“：”。

**【例 4-8】** 本例实现级联更新。在修改 department 表中的 dept_id 之后(AFTER)级联地、自动地修改 employee 表中原来在该部门的雇员的 dept_id。

```
SQL> CREATE  OR  REPLACE  TRIGGER  tr_dept_emp
AFTER  UPDATE  OF  dept_id
ON  department
FOR  EACH  ROW
BEGIN
 UPDATE  employee  SET  dept_id = :NEW.dept_id
 WHERE  dept_id = :OLD.dept_id;
END;
```

当创建了该触发器之后，如果修改 department 表中的部门号 dept_id，就会级联修改 employee 表的相应雇员的部门号 dept_id。

## 4.3 关系代数

关系代数与数值代数十分相似，只是研究对象有所不同。数值代数研究数值，而关系代数研究的是表。在数值代数中，各个操作符将一个或多个数值转换成另一个数值。同样，关系代数的各个操作符将一个或两个表转换成新表。

由于关系定义为属性个数相同的元组的集合，因此集合代数的操作就可以引入到关系代数中。关系代数中的操作可以分为以下两类。

① 传统的集合运算，包括并、交、差。

② 专门的关系运算，包括对关系进行垂直分割(投影)、水平分割(选择)、关系的结合(连接、自然连接)等。

其中传统的集合运算将关系看成元组的集合，其运算是从关系的“水平”方向即行的角度进行。而专门的关系运算不仅涉及行而且涉及列。

### 4.3.1 关系代数的基本操作

关系代数的基本操作有五个，分别是并、差、笛卡儿积、投影和选择。它们组成了关系代数完备的操作集。

#### 1. 并

设关系 R 和 S 具有相同的关系模式，R 和 S 的并(Union)是由属于 R 或属于 S 的所有

元组构成的集合,记为R∪S。形式定义如下:

$$R \cup S = \{t \mid t \in R \lor t \in S\}$$

关系的并操作对应于关系的插入记录的操作,俗称为"+"操作。

**【例 4-9】** 设有关系R和S如下,计算R∪S。

**R**

| A | B | C |
|---|---|---|
| 2 | 4 | 6 |
| 3 | 5 | 7 |
| 4 | 6 | 8 |

**S**

| A | B | C |
|---|---|---|
| 2 | 5 | 7 |
| 4 | 6 | 8 |
| 3 | 5 | 9 |

**【解答】**

**R∪S**

| A | B | C |
|---|---|---|
| 2 | 4 | 6 |
| 3 | 5 | 7 |
| 4 | 6 | 8 |
| 2 | 5 | 7 |
| 3 | 5 | 9 |

### 2. 差

设关系R和S具有相同的关系模式,R和S的差(Difference)是由属于R但不属于S的元组构成的集合,记为R−S。形式定义如下:

$$R - S = \{t \mid t \in R \land t \notin S\}$$

关系的差操作对应于关系的删除记录的操作,俗称为"−"操作。

对例4-9的R和S关系,计算R−S。

**R−S**

| A | B | C |
|---|---|---|
| 2 | 4 | 6 |
| 3 | 5 | 7 |

### 3. 笛卡儿积

设关系R和S的属性个数(即列数)分别为$r$和$s$,R和S的笛卡儿积(Cartesian Product)是一个$(r+s)$列的元组集合,每个元组的前$r$个列来自R的一个元组,后$s$个列来自S的一个元组,记为R×S。形式定义如下:

$$R \times S = \{t_r t_s \mid t_r \in R \land t_s \in S\}$$

关系的笛卡儿积操作对应于两个关系记录横向合并的操作,俗称"×"操作。

对例4-9的R和S关系,计算R×S。

R×S

| R. A | R. B | R. C | S. A | S. B | S. C |
|---|---|---|---|---|---|
| 2 | 4 | 6 | 2 | 5 | 7 |
| 2 | 4 | 6 | 4 | 6 | 8 |
| 2 | 4 | 6 | 3 | 5 | 9 |
| 3 | 5 | 7 | 2 | 5 | 7 |
| 3 | 5 | 7 | 4 | 6 | 8 |
| 3 | 5 | 7 | 3 | 5 | 9 |
| 4 | 6 | 8 | 2 | 5 | 7 |
| 4 | 6 | 8 | 4 | 6 | 8 |
| 4 | 6 | 8 | 3 | 5 | 9 |

### 4. 投影

关系 R 上的投影(Projection)是从 R 中选择出若干属性列组成新的关系。形式定义如下：

$$\prod_{A}(R) = \{ t[A] \mid t \in R\}$$

其中，A 为 R 中的属性列。

例如，$\prod_{3,1}(R)$ 表示其结果关系中第 1 列是关系 $R$ 的第 3 列，第 2 列是 $R$ 的第 1 列。操作符“$\prod$”的下标处也可以用属性名表示。例如，关系 $R(A,B,C)$，那么 $\prod_{3,1}(R)$ 和 $\prod_{C,A}(R)$ 是等价的。

投影操作是对一个关系进行垂直分割，消去某些列，并重新安排列的顺序。

对例 4-9 的 S 关系，计算 $\prod_{3,1}(S)$。

$\prod_{3,1}(S)$

| C | A |
|---|---|
| 7 | 2 |
| 8 | 4 |
| 9 | 3 |

### 5. 选择

关系 R 上的选择(Selection)操作是从 R 中选择符合条件的元组。形式定义如下：

$$\sigma_F(R) = \{t \mid t \in R \wedge F(t) = \text{true}\}$$

F 表示选择条件，它是一个逻辑表达式，取逻辑值 true 或 false。F 中有以下两种成分。

① 运算对象。可以是常数，属性名或列的序号。

② 运算符。算术比较运算符($<$，$\leqslant$，$>$，$\geqslant$，$=$，$\neq$，也称为 $\theta$ 符)、逻辑运算符(逻辑与 $\wedge$，逻辑或 $\vee$，逻辑非 $\neg$)。

例如，ð$_{2>'3'}$(R)表示从关系 R 中挑选出第 2 列值大于 3 的元组所构成的关系。

对例 4-9 的 R 关系,计算 $ð_{C>'6'}(R)$。

$ð_{C>'6'}(R)$

| A | B | C |
|---|---|---|
| 3 | 5 | 7 |
| 4 | 6 | 8 |

## 4.3.2 关系代数的四个组合操作

在关系代数中还可以引进其他许多操作,但这些操作不增加语言的表达能力,可从前面五个基本操作中推出,但在实际使用中却极为有用。这里介绍交、连接、自然连接和除这四个操作。

### 1. 交

设关系 R 和 S 具有相同的关系模式,R 和 S 的交(Intersection)是由属于 R 又属于 S 的元组构成的集合,记为 R∩S。形式定义如下:

$$R \cap S = \{t \mid t \in R \wedge t \in S\}$$

关系的交可以用差来表示,即 R∩S=R-{R-S}。

关系的交操作对应于寻找两关系共有记录的操作,是一种关系查询操作。

对例 4-9 的 R 和 S 关系,计算 R∩S。

R∩S

| A | B | C |
|---|---|---|
| 4 | 6 | 8 |

### 2. 连接

连接(Join)也称为 θ 连接。它是从两个关系的笛卡儿积中选取属性值满足某一 θ 操作的元组。形式定义如下:

$$R \underset{A\theta B}{\infty} S = \{\widehat{t_r t_s} \mid t_r \in R \wedge t_s \in S \wedge t_r[A]\theta t_s[B]\}$$

也可写成:

$$R \underset{A\theta B}{\infty} S = ð_{A\theta B}(R \times S)$$

其中,A 和 B 分别为 R 和 S 上的属性。连接运算从 R 和 S 的笛卡儿积 R×S 中选取在 A 属性上的值与 B 属性上的值满足比较关系 θ 的元组。

对例 4-9 的 R 和 S 关系,计算 $R \underset{R.B<S.B}{\infty} S$。

$R \underset{R.B<S.B}{\infty} S$

| R.A | R.B | R.C | S.A | S.B | S.C |
|---|---|---|---|---|---|
| 2 | 4 | 6 | 2 | 5 | 7 |
| 2 | 4 | 6 | 4 | 6 | 8 |
| 2 | 4 | 6 | 3 | 5 | 9 |
| 3 | 5 | 7 | 4 | 6 | 8 |

连接运算中有两种最为重要也最为常用的连接，一种是等值连接，另一种是自然连接。如果 θ 是等号“＝”，该连接操作称为“等值连接”。等值连接可以表示为：

$$R \underset{A=B}{\infty} S = \sigma_{A=B}(R \times S)$$

对例 4-9 的 R 和 S 关系，计算 $R \underset{2=2}{\infty} S$。

**$R \underset{2=2}{\infty} S$**

| R.A | R.B | R.C | S.A | S.B | S.C |
|---|---|---|---|---|---|
| 3 | 5 | 7 | 2 | 5 | 7 |
| 3 | 5 | 7 | 3 | 5 | 9 |
| 4 | 6 | 8 | 4 | 6 | 8 |

自然连接是一种特殊的等值连接。它要求两个关系中必须取相同属性(组)的值进行比较，并且在结果中把重复的属性(组)列去掉。即若 R 和 S 具有相同的属性组 B，则自然连接可以表示为：

$$R \infty S = \prod_{\bar{B}}(\sigma_{R.B=S.B}(R \times S))$$

其中 $\bar{B}$ 表示去掉重复出现的一个 B 属性(组)列后剩余的属性组。

对例 4-9 的 R 和 S 关系，计算 $R \infty S$。

**R∞S**

| A | B | C |
|---|---|---|
| 4 | 6 | 8 |

### 3. 除

在讲除(Division)运算之前，先介绍两个概念，分量和象集。

1) 分量

设关系模式为 $R(A_1, A_2, \cdots, A_n)$。它的一个关系设为 R。$t \in R$ 表示 $t$ 是 R 的一个元组。$t[A_i]$则表示元组 $t$ 中对应于属性 $A_i$ 的一个分量。

例如，例 4-9R 关系第 1 个元组 A 列的分量是 2；第 2 个元组 A 列的分量是 3。

2) 象集

给定一个关系 R(X,Z)，X 和 Z 为属性组。可以定义，当 $t[X]=x$ 时，$x$ 在 R 中的象集为 $Z_x=\{t[Z] \mid t \in R, t[X]=x\}$，它表示 R 中属性组 X 上值为 $x$ 的诸元组在 Z 上分量的集合。

例如，给出如下 Students 关系中 Sno(X)的 201001($x$)在 Cno(Z)上的象集。

Students

| Sno | Cno |
|---|---|
| 201001 | C1 |
| 201001 | C2 |
| 201001 | C3 |
| 201002 | C1 |
| 201002 | C2 |

Sno 为 201001 在 Cno 上的象集＝>

| Cno |
|---|
| C1 |
| C2 |
| C3 |

3）除

给定关系 R(X,Y)和 S(Y,Z)，其中 X、Y、Z 为属性组。R 中的 Y 与 S 中的 Y 可以有不同的属性名，但必须出自相同的域集。

R 与 S 的除运算得到一个新的关系 P(X)，P 是 R 中满足下列条件的元组在 X 属性列上的投影：元组在 X 上分量值 $x$ 的象集 $Y_x$ 包含 S 在 Y 上投影的集合。形式定义如下：

$$R \div S = \{t_r[X] \mid t_r \in R \land \prod_Y(S) \subseteq Y_x\}$$

若中 $Y_x$ 为 $x$ 在 R 中的象集，$x=t_r[X]$。

关系的除操作能用其他基本操作表示，即

$$R \div S = \prod_X(R) - \prod_X(\prod_X(R) \times \prod_Y(S) - R)$$

除操作适合于包含“对于所有的或全部的”语句的查询操作。

**【例 4-10】** 设关系 R、S 分别如下，求 R÷S 的结果。

**R**

| A | B | C |
|---|---|---|
| $a_1$ | $b_1$ | $c_2$ |
| $a_2$ | $b_3$ | $c_7$ |
| $a_3$ | $b_4$ | $c_6$ |
| $a_1$ | $b_2$ | $c_3$ |
| $a_4$ | $b_6$ | $c_6$ |
| $a_2$ | $b_2$ | $c_3$ |
| $a_1$ | $b_2$ | $c_1$ |

**S**

| B | C | D |
|---|---|---|
| $b_1$ | $c_2$ | $d_1$ |
| $b_2$ | $c_1$ | $d_1$ |
| $b_2$ | $c_3$ | $d_2$ |

**【解答】**

关系 R 和 S 共有的属性组是(B,C)。在关系 R 中，A 可以取四个值$\{a_1,a_2,a_3,a_4\}$。其中：

$a_1$ 在(B,C)列上的象集为$\{(b_1,c_2),(b_2,c_3),(b_2,c_1)\}$

$a_2$ 在(B,C)列上的象集为$\{(b_3,c_7),(b_2,c_3)\}$

$a_3$ 在(B,C)列上的象集为$\{(b_4,c_6)\}$

$a_4$ 在(B,C)列上的象集为$\{(b_6,c_6)\}$

显然只有 $a_1$ 的在(B,C)列上的象集包含了 S 在(B,C)属性组上的投影，所以

**R÷S**

| A |
|---|
| $a_1$ |

**【例 4-11】** 下表是关系做除法的例子。关系 R 是学生选修课程的情况，关系 COURSE1、COURSE2、COURSE3 分别表示课程情况，请给出 R÷COURSE1、R÷COURSE2、R÷COURSE3 的操作结果。

**R**

| S# | SNAME | C# | CNAME |
|---|---|---|---|
| S1 | MARY | C1 | DB |
| S1 | MARY | C2 | OS |
| S1 | MARY | C3 | DB |
| S1 | MARY | C4 | MIS |
| S2 | JACK | C1 | DB |
| S2 | JACK | C2 | OS |
| S3 | SMITH | C2 | OS |
| S4 | JONE | C2 | OS |
| S4 | JONE | C4 | MIS |

**COURSE1**

| C# | CNAME |
|---|---|
| C2 | OS |

**COURSE2**

| C# | CNAME |
|---|---|
| C2 | OS |
| C4 | MIS |

**COURSE3**

| C# | CNAME |
|---|---|
| C1 | DB |
| C2 | OS |
| C4 | MIS |

**【解答】**

**R÷COURSE1**

| S# | SNAME |
|---|---|
| S1 | MARY |
| S2 | JACK |
| S3 | SMITH |
| S4 | JONE |

**R÷COURSE2**

| S# | SNAME |
|---|---|
| S1 | MARY |
| S4 | JONE |

**R÷COURSE3**

| S# | SNAME |
|---|---|
| S1 | MARY |

这三个结果分别表示至少选修了 COURSE1、COURSE2、COURSE3 表中所列出课程的学生名单。

### 4.3.3 关系代数操作实例

在关系代数操作中，把由五个基本操作经过有限次复合的式子称为关系代数表达式。这种表达式的运算结果仍是一个关系。可以用关系代数表达式表示各种数据查询的操作。

**【例 4-12】** 有如下 4 个关系：

教师关系 T(T#,TNAME,TITLE)

课程关系 C(C#,CNAME,T#)

学生关系 S(S#,SNAME,AGE,SEX)

选课关系 SC(S#,C#,SCORE)

用关系代数表达式实现下列每个查询语句及对应的 SQL 查询语句。

① 检索学习课程号为 C2 课程的学生学号与成绩。

$$\prod_{S\#,SCORE}(\eth_{C\#='C2'}(SC))$$

对应的 SQL 查询语句为：

```
SELECT  s#,score  FROM  SC
```

```
WHERE  c# = 'C2';
```

② 检索学习课程号为C2课程的学生学号与姓名。

$$\prod_{S\#,SNAME}(\eth_{C\#='C2'}(S \infty SC))$$

对应的SQL查询语句为：

```
SELECT  s#,sname   FROM   S,SC
 WHERE   s.s# = sc.s#   AND  c# = 'C2';
```

③ 检索至少选修刘老师所授课程中一门课程的学生的学号与姓名。

$$\prod_{S\#,SNAME}(\eth_{TNAME='刘'}(S \infty SC \infty C \infty T))$$

对应的SQL查询语句为：

```
SELECT  s#,sname  FROM  S,SC,C,T
 WHERE   s.s# = sc.s#   AND  sc.c# = c.c#   AND   c.t# = t.t#    AND  tname = '刘';
```

④ 检索选修课程号为C2或C4的学生学号。

$$\prod_{S\#}(\eth_{C\#='C2' \vee C\#='C4'}(SC));$$

对应的SQL查询语句为：

```
SELECT  s#   FROM   sc
 WHERE  c# = 'C2'  OR   c# = 'C4';
```

⑤ 检索至少选修课程号为C2和C4的学生学号。

$$\prod_{1}(\eth_{1=4 \wedge 2='C2' \wedge 5='C4'}(SC \times SC))$$

这里(SC×SC)表示关系SC自身相乘的笛卡儿积操作。

对应的SQL查询语句为：

```
SELECT  s1.s#   FROM  SC  S1,SC  S2
 WHERE     s1.s# = s2.s#   AND  s1.c# = '2'  AND  s2.c# = '4';
```

⑥ 检索不学C2课的学生姓名与年龄。

$$\prod_{SNAME,AGE}(S) - \prod_{SNAME,AGE}(\eth_{C\#='C2'}(S \infty SC))$$

这里要用到集合差操作。先求出全体学生的姓名和年龄，再求出学了C2课的学生的姓名和年龄，最后执行两个集合的差操作。

对应的SQL查询语句为：

```
SELECT   sname,age  FROM  S
 WHERE   s#   NOT   IN
  (SELECT    s#   FROM   SC   WHERE   c# = 'C2');
```

⑦ 检索学习全部课程的学生姓名。

编写这个查询语句的关系代数表达式过程如下。

学生选课情况可用操作 $\prod_{S\#,C\#}(SC)$ 表示；

全部课程可用操作 $\prod_{C\#}(C)$ 表示；

学了全部课程的学生学号可用除法表示，操作结果是学号 S＃集：

$$\prod_{S\#,C\#}(SC) \div \prod_{C\#}(C)$$

从 S＃求学生姓名 SNAME，可以用自然连接和投影操作组合而成：

$$\prod_{SNAME}(S \infty (\prod_{S\#,C\#}(SC) \div \prod_{C\#}(C)))$$

对应的 SQL 查询语句为：

```
SELECT   sname  FROM  S
 WHERE NOT  EXISTS
 (SELECT  c#  FROM  C
  WHERE  NOT  EXISTS
   (SELECT  c#  FROM SC  WHERE  s.s# = sc.s#  AND sc.c# = c.c#));
```

可以理解为查询这样的学生姓名，没有一门课程是他不选的。或者用如下不太常规的解答方法。

```
SELECT  sname  FROM  S
 WHERE  s#  IN
 (SELECT s#  FROM  SC
  GROUP  BY  s#
   HAVING  COUNT( * ) = (SELECT COUNT( * )  FROM  C));
```

⑧ 检索所学课程包含学生 S3 所学课程的学生学号。

学生选课情况可用操作 $\prod_{S\#,C\#}(SC)$ 表示；

学生 S3 所学课程可用操作 $\prod_{C\#}(ð_{S\#='S3'}(SC))$表示；

所学课程包含学生 S3 所学课程的学生学号，可以用除法操作求得：

$$\prod_{S\#,C\#}(SC) \div \prod_{C\#}(ð_{S\#='S3'}(SC))$$

对应的 SQL 查询语句为：

```
SELECT  DISTINCT s#
 FROM  sc X
 WHERE s#< >'S3' AND NOT EXISTS
( SELECT  *
  FROM SC Y
  WHERE Y.s# = 'S3'
AND NOT EXISTS
( SELECT *
  FROM SC Z
  WHERE Z.s# = X.s# AND Z.c# = Y.c#));
```

**【总结】**

① 在用关系代数完成查询操作时，首先要确定查询需要的关系，将它们执行笛卡儿积或自然连接操作得到一张大的表格，然后对大表格执行选择和投影操作。但是当查询涉及否定含义或全部值时，就需要用到差操作或除法操作。

② 关系代数的操作表达式是不唯一的。

③ 在关系代数表达式中，最花费时间和空间的运算是笛卡儿积和连接操作，为此，引出

三条启发式优化规则,用于对表达式进行转换,以减少中间关系的大小。

① 尽可能早地执行选择操作;

② 尽可能早地执行投影操作;

③ 避免直接做笛卡儿积,把笛卡儿积操作之前和之后的一连串选择和投影合并起来一起做。

通常选择操作优先于投影操作比较好,因为选择操作可能会大大减少元组,并且选择操作可以利用索引存取元组。

## 4.4 关系运算

把数理逻辑的谓词演算引入到关系运算中,就可得到以关系演算为基础的运算。关系演算又可分为元组关系演算和域关系演算,前者以元组为变量,后者以属性(域)为变量,分别简称为元组演算和域演算。

### 4.4.1 元组关系运算

在元组关系演算系统中,元组关系演算表达式简称为元组表达式,其一般形式为:

$$\{t \mid \mathrm{P}(t)\}$$

其中 $t$ 是元组变量;P 是公式,在数理逻辑中也称为谓词,也是计算机语言中的条件表达式。$\{t|\mathrm{P}(t)\}$表示满足公式 P 的所有元组 $t$ 的集合。

元组关系演算表达式由原子公式和运算符组成。

#### 1. 原子公式三种形式

① $\mathrm{R}(t)$

其中 R 是关系名,$t$ 是元组变量。

$\mathrm{R}(t)$表示 $t$ 是 $R$ 中的一个元组。所以,关系 R 可表示为:$\{t|R(t)\}$。

② $t[i]\theta\ \mathrm{s}[j]$

其中 $t$ 和 s 是元组变量,$\theta$ 是算术比较运算符,$t[i]$和 $\mathrm{s}[j]$分别是 $t$ 的第 $i$ 个分量和 s 的第 $j$ 个分量。

$t[i]\theta\mathrm{s}[j]$表示元组 $t$ 的第 $i$ 个分量与元组 s 的第 $j$ 个分量之间满足条件 $\theta$。

③ $t[i]\theta\mathrm{c}$ 或 $\mathrm{c}\theta t[i]$

这里 c 是常量。$t[i]\theta\mathrm{c}$ 表示元组 $t$ 的第 $i$ 个分量与常量 c 满足条件 $\theta$。

例如,$t[1]<s[2]$是第②种形式,表示元组 $t$ 的第 1 个分量值必须小于 $s$ 的第 2 个分量值。再如,$t[3]=2$ 是第③种形式,表示元组 $t$ 的第 3 个分量值为 2。

#### 2. 公式的递归定义

在定义关系演算操作时,要用到“自由元组变量”和“约束元组变量”概念。在一个公式中,如果元组变量未用存在量词“∃”或全称量词“∀”符号定义,那么称为自由元组变量,否则称为约束元组变量。

公式可以递归定义如下：

① 每个原子公式是公式。其中的元组变量是自由元组变量。

② 如果 $P_1$ 和 $P_2$ 是公式，那么下面 3 个也为公式。

- $\neg P_1$，如果 $P_1$ 为真，则 $\neg P_1$ 为假。
- $P_1 \vee P_2$，如果 $P_1$ 和 $P_2$ 中有一个为真或者同时为真，则 $P_1 \vee P_2$ 为真，仅当 $P_1$ 和 $P_2$ 同时为假时，$P_1 \vee P_2$ 为假。
- $P_1 \wedge P_2$，如果 $P_1$ 和 $P_2$ 同时为真，则 $P_1 \wedge P_2$ 才为真，否则为假。

③ 如果 P 是公式，那么 $(\exists t)(P)$ 和 $(\forall t)(P)$ 也是公式。其中 $t$ 是公式 P 中的自由元组变量，在 $(\exists t)(P)$ 和 $(\forall t)(P)$ 中称为约束元组变量。

$(\exists t)(P)$ 表示存在一个元组 $t$ 使得公式 P 为真；$(\forall t)(P)$ 表示对于所有元组 $t$ 都使得公式 P 为真。

④ 公式中各种运算符的优先级从高到低依次为：$\theta$、$\exists$ 和 $\forall$、$\neg$、$\wedge$ 和 $\vee$。在公式外还可以加括号，以改变上述优先顺序。

⑤ 公式只能由上述四种形式构成，除此之外构成的都不是公式。

**【例 4-13】** 设有关系 R 和 S，写出下列元组演算表达式表示的关系。

**R**

| A | B | C |
|---|---|---|
| 1 | 2 | 3 |
| 4 | 5 | 6 |
| 7 | 8 | 9 |

**S**

| A | B | C |
|---|---|---|
| 1 | 2 | 3 |
| 3 | 4 | 6 |
| 5 | 6 | 9 |

(1) $R1=\{t \mid S(t) \wedge t[1]>2\}$

(2) $R2=\{t \mid R(t) \wedge \neg S(t)\}$

(3) $R3=\{t \mid (\exists u)(S(t) \wedge R(u) \wedge t[3]<u[2])\}$

(4) $R4=\{t \mid (\forall u)(R(t) \wedge S(u) \wedge t[3]>u[1])\}$

(5) $R5=\{t \mid (\exists u)(\exists v)(R(u) \wedge S(v) \wedge u[1]>v[2] \wedge t[1]=u[2] \wedge t[2]=v[3] \wedge t[3]=u[1])\}$

**【解答】**

**R1**

| A | B | C |
|---|---|---|
| 3 | 4 | 6 |
| 5 | 6 | 9 |

**R2**

| A | B | C |
|---|---|---|
| 4 | 5 | 6 |
| 7 | 8 | 9 |

**R3**

| A | B | C |
|---|---|---|
| 1 | 2 | 3 |
| 3 | 4 | 6 |

**R4**

| A | B | C |
|---|---|---|
| 4 | 5 | 6 |
| 7 | 8 | 9 |

**R5**

| R.B | S.C | R.A |
|---|---|---|
| 5 | 3 | 4 |
| 8 | 3 | 7 |
| 8 | 6 | 7 |
| 8 | 9 | 7 |

### 3. 关系代数中五种基本运算用元组关系演算表达式的表达

可以把关系代数表达式等价地转换到元组表达式。由于所有的关系代数表达式都能用五个基本操作组合而成,因此只要把五个基本操作用元组演算表达就行。

设关系 R 和 S 都是具有三个属性列的关系,下面用元组关系演算表达式来表示关系 R 和 S 的五种基本操作:

① 并

$$R \cup S = \{t \mid R(t) \vee S(t)\}$$

② 交

$$R \cap S = \{t \mid R(t) \wedge S(t)\}$$

③ 投影

$$\prod_{i1,i2,\cdots,ik}(R) = \{t \mid (\exists u)(R(u) \wedge t[1] = u[i_1] \wedge t[2] = u[i_2] \wedge \cdots \wedge t[k] = u[i_k])\}$$

例如,投影操作是 $\prod_{2,3}(R)$,那么元组表达式可写成:

$$\{t \mid (\exists u)(R(u) \wedge t[1] = u[2] \wedge t[2] = u[3])\}。$$

④ 笛卡儿积

$$R \times S = \{t \mid (\exists u)(\exists v)(R(u) \wedge S(v) \wedge t[1] = u[1] \wedge t[2] = u[2] \wedge t[3] = u[3] \wedge t[4] = v[1] \wedge t[5] = v[2] \wedge t[6] = v[3])\}$$

⑤ 选择

$$\sigma_F(R) = \{t \mid R(t) \wedge F'\}$$

$F'$是 F 的等价表示形式。

例如,$\sigma_{2='d'}(R)$可写成$\{t \mid R(t) \wedge t[2] = 'd'\}$。

因为差运算也常用,所以下面给出差运算的元组关系演算表达式。

⑥ 差

$$R - S = \{t \mid R(t) \wedge \neg S(t)\}$$

**【例 4-14】** 设关系 R 和 S 都是具有两个属性列的关系,把关系代数表达式 $\prod_{1,4}(\sigma_{2=3}(R \times S))$ 转换成元组表达式。

**【解答】**

转换的过程需从里向外进行。

(1) $R \times S = \{t \mid (\exists u)(\exists v)(R(u) \wedge S(v) \wedge t[1] = u[1] \wedge t[2] = u[2] \wedge t[3] = v[1] \wedge t[4] = v[2])\}$

(2) $\sigma_{2=3}(R \times S)$,只要在上述公式后面加上"$\wedge t[2] = t[3]$",即

$$\{t \mid (\exists u)(\exists v)(R(u) \wedge S(v) \wedge t[1] = u[1] \wedge t[2] = u[2] \wedge t[3] = v[1] \wedge t[4] = v[2] \wedge t[2] = t[3])\}$$

(3) 对于 $\prod_{1,4}(\sigma_{2=3}(R \times S))$,可得到下面的元组表达式:

$$\{w \mid (\exists t)(\exists u)(\exists v)(R(u) \wedge S(v) \wedge t[1] = u[1] \wedge t[2] = u[2] \wedge t[3] = v[1] \wedge t[4] = v[2] \wedge t[2] = t[3] \wedge w[1] = t[1] \wedge w[2] = t[4])\}$$

(4) 再对上式化简,去掉元组变量 $t$,可得下式:

$\{w \mid (\exists u)(\exists v)(R(u) \wedge S(v) \wedge u[2]=v[1] \wedge w[1]=u[1] \wedge w[2]=v[2])\}$

**【例 4-15】** 有如下四个关系:

教师关系 T(T#,TNAME,TITLE)

课程关系 C(C#,CNAME,T#)

学生关系 S(S#,SNAME,AGE,SEX)

选课关系 SC(S#,C#,SCORE)

用元组关系演算表达式实现下列每个查询语句。

(1) 检索学习课程号为 C2 课程的学生学号与成绩。

$$\{t \mid (\exists u)(SC(u) \wedge u[2]='C2' \wedge t[1]=u[1] \wedge t[2]=u[3])\}$$

(2) 检索学习课程号为 C2 课程的学生学号与姓名。

$$\{t \mid (\exists u)(\exists v)(S(u) \wedge SC(v) \wedge v[2]='C2' \wedge u[1]=v[1] \wedge t[1]=u[1] \wedge t[2]=u[2])\}$$

(3) 检索至少选修刘老师所授课程中一门课程的学生的学号与姓名。

$$\{t \mid (\exists u)(\exists v)(\exists w)(\exists x)(S(u) \wedge SC(v) \wedge C(w) \wedge T(x) \wedge u[1]=v[1] \wedge v[2]=w[1] \wedge w[3]=x[1] \wedge x[2]='刘' \wedge t[1]=u[1] \wedge t[2]=u[2])\}$$

(4) 检索选修课程号为 C2 或 C4 的学生学号。

$$\{t \mid (\exists u)(SC(u) \wedge (u[2]='C2' \vee u[2]='C4') \wedge t[1]=u[1])\}$$

(5) 检索至少选修课程号为 C2 和 C4 的学生学号。

$$\{t \mid (\exists u)(\exists v)(SC(u) \wedge SC(v) \wedge u[2]='C2' \wedge v[2]='C4' \wedge u[1]=v[1] \wedge t[1]=u[1])\}$$

(6) 检索学习全部课程的学生姓名。

$$\{t \mid (\exists u)(\forall v)(\exists w)(S(u) \wedge C(v) \wedge SC(w) \wedge u[1]=w[1] \wedge v[1]=w[2] \wedge t[1]=u[2])\}$$

## 4.4.2 域关系运算**

关系演算的另一种形式称为域关系演算。域关系演算类似于元组关系演算,不同之处是用域变量代替元组变量的每一个分量,域变量的变化范围是某个值域而不是一个关系。

域演算表达式的一般形式为:

$$\{t_1,t_2,\cdots,t_n\} \mid P(t_1,t_2,\cdots,t_n)$$

其中 $t_1,t_2,\cdots,t_n$ 代表域变量,$P(t_1,t_2,\cdots,t_n)$ 是关于域变量 $t_1,t_2,\cdots,t_n$ 的公式。$\{t_1,t_2,\cdots,t_n\} \mid P(t_1,t_2,\cdots,t_n)$ 表示所有使谓词 P 为真的形如 $t_1,t_2,\cdots,t_n$ 的元组集合。

与元组关系演算一样,域关系演算的原子公式有如下三种。

① $R(x_1,x_2,\cdots,x_n)$

其中 R 是 $n$ 个属性上的关系,而 $x_1,x_2,\cdots,x_n$ 是域变量或域常量。

$R(x_1,x_2,\cdots,x_n)$ 表示 R 含有由分量 $x_1,x_2,\cdots,x_n$ 组成的元组。

② $x_i\theta c$ 或 $c\theta x_i$

其中,$x_i$ 为域变量,c 是 $x_i$ 作为域变量的那个属性域中的常量,$\theta$ 是比较运算符($<$,$\leqslant$,$=$,$\neq$,$>$,$\geqslant$)。

$x_i\theta c$ 或 $c\theta x_i$ 表示 $x_i$ 与 c 间存在 $\theta$ 关系。

③ $x_i\theta y_i$

其中 $x_i$,$y_i$ 为域变量,$\theta$ 含义同上。

$x_i\theta y_i$ 表示 $x_i$ 与 $y_i$ 间存在 $\theta$ 关系。

域关系演算公式与元组演算的完全类似,不同的是域关系演算中运算变量为域,元组关系演算中的运算变量为元组。所以,域关系演算公式的定义及真假值取值规则也类似于元组关系演算:

① 任一原子公式是一公式。

② 若 $P_1$ 和 $P_2$ 是公式,则 $\neg P_1$、$P_1 \wedge P_2$、$P_1 \vee P_2$ 也是公式。

③ 若 $P(x)$是关于域变量 $x$ 的公式,则 $\exists x(P(x))$和 $\forall x(P(x))$也是公式。

④ 若 P 是公式,则(P)也是公式。

⑤ 域关系演算公式中各运算符的运算优先级与元组关系演算的规定完全一样。

**【例 4-16】** 设有关系 R 和 S,写出下列域表达式的值。

**R**

| *x* | *y* | *z* |
|---|---|---|
| 1 | 2 | 3 |
| 4 | 5 | 6 |
| 7 | 8 | 9 |

**S**

| *x* | *y* | *z* |
|---|---|---|
| 1 | 2 | 3 |
| 3 | 4 | 6 |
| 5 | 6 | 9 |

(1) $R1=\{x,y,z \mid R(xyz) \wedge x<5 \wedge y>3\}$

(2) $R2=\{x,y,z \mid R(xyz) \vee (S(xyz) \wedge y=4)\}$

**【解答】**

**R1**

| *x* | *y* | *z* |
|---|---|---|
| 4 | 5 | 6 |

**R2**

| *x* | *y* | *z* |
|---|---|---|
| 1 | 2 | 3 |
| 4 | 5 | 6 |
| 7 | 8 | 9 |
| 3 | 4 | 6 |

**【例 4-17】** 有关系 students(s#,sname,sex,age,dept,addr),写出下列域关系演算表达式。

(1) 查询计算机系(CS)的全体学生。

{s#,sname,sex,age,dept,addr | Students(s#,sname,sex,age,dept,addr) ∧ dept = 'CS'}

(2) 查询所有不到 18 岁的女生。

{s#,sname,sex,age,dept,addr | Students(s#,sname,sex,age,dept,addr) ∧ sex = '女' ∧ age<18}

(3) 查询名字叫“张珊”或“张三”的学生的学号和所在系。

{s#,dept | ∃s#,sname,sex,age,dept,addr(Students(s#,sname,sex,age,dept,addr) ∧ sname = '张珊' ∨ sname = '张三')}

## 4.5 小结

数据库的完整性指的是数据库中数据的正确性、有效性和相容性,防止错误信息进入数据库。关系数据库的完整性通过 DBMS 的完整性子系统来保障。

在完整性约束中,主码必须满足实体完整性,即主码不能为空,外码必须满足参照完整性,也即必须有与之匹配的相应关系的候选码。

数据库触发器是一类靠事件驱动的特殊过程。触发器一旦由某用户定义,任何用户对触发器规定的数据进行更新操作,均自动激活相应的触发器采取应对措施。可用触发器完成很多数据库完整性保护的功能,其中触发事件即是完整性约束条件,而完整性约束检查即是触发条件的检查过程,最后处理过程的调用即是完整性检查的处理。

关系数据模型中数据操作包含两种方式:关系代数和关系演算。

五种基本的关系代数运算是并、差、笛卡儿积、投影和选择。四种组合关系运算是关系的交、除、连接和自然连接。通过这些关系代数运算可方便地实现关系数据库的查询和更新操作。

将数理逻辑中的谓词演算推广到关系运算中,就得到了关系演算。关系演算可分为元组关系演算和域关系演算两种。元组关系演算以元组为变量,用元组演算公式描述关系;域关系演算则以域为变量,用域演算公式描述关系。关系代数与关系演算的表达能力是等价的。关系数据库语言都属于非过程性语言,以关系代数为基础的数据库语言非过程性较弱,以关系演算为基础的数据库语言非过程性较强。

## 习题四

### 一、选择题

(1) 设关系 R 和 S 的属性个数分别为 $r$ 和 $s$,则(R×S)操作结果的属性个数为________。

A. $r+s$　　B. $r-s$　　C. $r\times s$　　D. $\max(r,s)$

(2) 有关系 R(A,B,C),其主键为 A;关系 S(D,A),其主键为 D,外键为 A,S 参照 R 的属性 A。关系 R 和 S 的元组如下,指出关系 S 中违反关系完整性的元组是________。

R:

| A | B | C |
|---|---|---|
| 1 | 2 | 3 |
| 2 | 1 | 3 |

S:

| D | A |
|---|---|
| 1 | 2 |
| 2 | NULL |
| 3 | 3 |
| 4 | 1 |

A. (1,2)　　B. (2,NULL)　　C. (3,3)　　D. (4,1)

(3) 关系运算中花费时间可能最长的运算是________。

A. 投影　　B. 选择　　C. 笛卡儿积　　D. 并

(4) 设关系 R 和 S 的属性个数分别为 2 和 3,那么$R \underset{1<2}{\infty} S$等价于________。

A. $\sigma_{1<2}(R\times S)$　　B. $\sigma_{1<4}(R\times S)$　　C. $\sigma_{1<2}(R \infty S)$　　D. $\sigma_{1<4}(R \infty S)$

(5) 设关系 R 和 S 都是二元关系,那么与元组表达式

$\{t \mid (\exists u)(\exists v)(R(u) \wedge S(v) \wedge u[1]=v[1] \wedge t[1]=v[1] \wedge t[2]=v[2])\}$

等价的关系代数表达式是________。

A. $\prod_{3,4}(R \infty S)$　　B. $\prod_{2,3}(R \underset{1=3}{\infty} S)$

C. $\prod_{3,4}(R \underset{1=1}{\infty} S)$　　D. $\prod_{3,4}(\sigma_{1=1}(R \infty S))$

(6) 设有关系 R(A,B,C)和 S(B,C,D),那么与 $R \infty S$ 等价的关系代数表达式是________。

A. $\sigma_{3=5}(R \underset{2=1}{\infty} S)$　　B. $\prod_{1,2,3,6}(\sigma_{3=5}(R \underset{2=1}{\infty} S))$

C. $\sigma_{3=5 \wedge 2=4}(R\times S)$　　D. $\prod_{1,2,3,6}(\sigma_{3=2 \wedge 2=1}(R \times S))$

(7) 在关系代数表达式的查询优化中,不正确的叙述是________。

A. 尽可能早地执行连接

B. 尽可能早地执行选择

C. 尽可能早地执行投影

D. 把笛卡儿积和随后的选择合并成连接运算

(8) 常用的关系运算是关系代数和__①__。在关系代数中,对一个关系作投影操作后,新关系的元组个数__②__原来关系的元组个数。

① A. 集合代数　　B. 逻辑演算　　C. 关系演算　　D. 集合演算

② A. 小于　　B. 小于或等于　　C. 等于　　D. 大于

(9) 在关系模型的完整性约束中,实体完整性规则是指关系中__①__,而参照完整性规则要求__②__。

① A. 属性值不允许重复　　B. 属性值不允许为空

C. 主键值不允许为空　　D. 外键值不允许为空

② A. 不允许引用不存在的元组　　B. 允许引用不存在的元组

C. 不允许引用不存在的属性　　D. 允许引用不存在的属性

(10) 以下关于外键和相应的主键之间的关系,不正确的是________。

A. 外键一定要与主键同名

B. 外键不一定要与主键同名

C. 主键值不允许是空值,但外键值可以是空值

D. 外键所在的关系与主键所在的关系可以是同一个关系

(11) 假设学生关系是 S(s#,sname,sex,age),课程关系是 C(c#,cname,teacher),学生选课关系是 SC(s#,c#,grade)。那么,要查找选修"DB"课程的"女"学生姓名,将涉及到关系________。

A. S　　B. SC 和 C　　C. S 和 SC　　D. S、SC 和 C

(12) 下列式子中,不正确的是________。

A. $R-S=R-(R\cap S)$　　B. $R=(R-S)\cup(R\cap S)$

C. $R \cap S = S - (S - R)$　　　　D. $R \cap S = S - (R - S)$

(13) 关系代数表达式 $R \times S \div T - U$ 的运算结果是________。

R:

| A | B |
|---|---|
| 1 | a |
| 2 | b |
| 3 | a |
| 3 | b |
| 4 | a |

S:

| C |
|---|
| x |
| y |

T:

| A |
|---|
| 1 |
| 3 |

U:

| B | C |
|---|---|
| a | x |
| c | z |

可选择的答案:

A.

| B | C |
|---|---|
| a | y |

B.

| B | C |
|---|---|
| b | x |

C.

| B | C |
|---|---|
| a | x |
| b | x |
| b | y |

D.

| B | C |
|---|---|
| a | x |
| c | z |

(14) 某数据库中有供应商关系 S 和零件关系 P,其中,供应商关系模式 S(sno,sname,szip,city)中的属性分别表示:供应商代码、供应商名、邮编、供应商所在城市;零件关系 P(pno,pname,color,weight,city)中的属性分别表示:零件号、零件名、颜色、重量、产地。要求一个供应商可以供应多种零件,而一种零件可由多个供应商供应。请将下面的 SQL 语句空缺部分补充完整。

```
CREATE  TABLE  SP ( Sno  CHAR(5),
                    Pno  CHAR(6),
                    Status  CHAR(8),
                    Qty     NUMERIC(9),
                    ___①___(Sno,Pno),
                    ___②___Sno),
                    ___③___Pno));
```

查询供应了“红”色零件的供应商代码、零件号和数量(Qty)的元组演算表达式为:

$\{t \mid (\exists u)(\exists v)(\exists w)(\underline{\quad ④ \quad} \land u[1]=v[1] \land v[2]=w[1] \land w[3]='红' \land \underline{\quad ⑤ \quad})\}$

① A. FOREIGN　KEY

B. PRIMARY　KEY

C. FOREIGN　KEY (Sno)　REFERENCES　S

D. FOREIGN　KEY (Pno)　REFERENCES　P

② A. FOREIGN　KEY

B. PRIMARY　KEY

C. FOREIGN　KEY (Sno)　REFERENCES　S

D. FOREIGN　KEY (Pno)　REFERENCES　P

③ A. FOREIGN　KEY

B. PRIMARY　KEY

C. FOREIGN　KEY (Sno)　REFERENCES　S

D. FOREIGN KEY (Pno) REFERENCES P

④ A. $s(u) \wedge sp(v) \wedge p(w)$　　B. $sp(u) \wedge s(v) \wedge p(w)$

C. $p(u) \wedge sp(v) \wedge s(w)$　　D. $s(u) \wedge p(v) \wedge sp(w)$

⑤ A. $t[1]=u[1] \wedge t[2]=w[2] \wedge t[3]=v[4]$

B. $t[1]=v[1] \wedge t[2]=u[2] \wedge t[3]=u[4]$

C. $t[1]=w[1] \wedge t[2]=u[2] \wedge t[3]=v[4]$

D. $t[1]=u[1] \wedge t[2]=v[2] \wedge t[3]=v[4]$

(15) 设有如下关系

R:

| A | B | C | D |
|---|---|---|---|
| 2 | 1 | a | c |
| 2 | 2 | a | d |
| 3 | 2 | b | d |
| 3 | 2 | b | c |
| 2 | 1 | b | d |

S:

| C | D | E |
|---|---|---|
| a | c | 5 |
| a | c | 2 |
| b | d | 6 |

与元组演算表达式$\{t \mid (\exists u)(\exists v)(R(u) \wedge S(v) \wedge u[3]=v[1] \wedge u[4]=v[2] \wedge u[1]>v[3] \wedge t[1]=u[2])\}$等价的关系代数表达式是__①__,关系代数表达式 R÷S 的运算结果是__②__。

① A. $\prod_{A,B}(\eth_{A>E}(R\infty S))$　　B. $\prod_{B}(\eth_{A>E}(R\times S))$

C. $\prod_{B}(\eth_{A>E}(R\infty S))$　　D. $\prod_{B}(\eth_{R.C=S.C \wedge A>E}(R\times S))$

② A.

| A | B |
|---|---|
| 2 | 1 |
| 3 | 2 |

B.

| A | B |
|---|---|
| 2 | 1 |

C.

| C | D |
|---|---|
| a | c |
| b | d |

D.

| A | B | E |
|---|---|---|
| 2 | 1 | 5 |
| 1 | 1 | 2 |

(16) 不能激活触发器执行的操作是________。

A. DELETE　　B. UPDATE　　C. INSERT　　D. SELECT

(17) 允许取空值但不允许出现重复值的约束是________。

A. NULL　　B. UNIQUE

C. PRIMARY KEY　　D. FOREIGN KEY

## 二、填空题

1. 关系代数中专门的关系运算包括:选择、投影和连接,主要实现________类操作。
2. 关系数据库中,关系称为________,元组称为________,属性称为________。
3. 关系中不允许有重复元组的原因是________。
4. 实体完整性规则是对________的约束,参照完整性规则是对________的约束。
5. 关系代数的五个基本操作是________。

## 三、操作题

1. 设教学数据库有四个关系:

教师关系　T(T#, TNAME, TITLE)

课程关系　C(C#, CNAME,T#)

学生关系 S(S#，SNAME,AGE,SEX)

选课关系 SC(S#，C#，SCORE)

试用关系代数表达式表示各个查询语句。

(1) 检索年龄小于 17 岁的女学生的学号和姓名。

(2) 检索男学生所学课程的课程号和课程名。

(3) 检索男学生所学课程的任课老师的职工号和姓名。

(4) 检索至少选修了两门课程的学生学号。

(5) 检索至少有学号为 S2 和 S4 学生选修的课程的课程号。

(6) 检索 WANG 同学不学的课程的课程号。

(7) 检索全部学生都选修的课程的课程号与课程名。

(8) 检索选修课程包含包含 LIU 老师所授全部课程的学生学号。

2. 有关系 S(s#，sname，age，sex)

SC(s#，c#，grade)

C(c#，cname,teacher)

用元组演算表达式表示下列查询操作。

(1) 检索选修课程号为 k5 的学生学号和成绩。

(2) 检索选修课程号为 k8 的学生学号和姓名。

(3) 检索选修课程名为“C 语言”的学生学号和姓名。

(4) 检索选修课程号为 k1 或 k5 的学生学号。

(5) 检索选修全部课程的学生姓名。

**四、设计题**

阅读下列说明,回答问题一至问题二。

**【说明】** 某工厂的信息管理数据库的部分关系模式如下所示：

职工(职工号,姓名,年龄,月工资,部门号,电话,办公室)

部门(部门号,部门名,负责人代码,任职时间)

关系模式的主要属性、含义及约束如表 4-3 所示,“职工”和“部门”的关系示例分别如表 4-4 和表 4-5 所示。

**表 4-3 关系模式的主要属性、含义及约束**

| 属性 | 含义和约束条件 |
|---|---|
| 职工号 | 唯一标记每个职工的编号,每个职工属于并且仅属于一个部门 |
| 部门号 | 唯一标记每个部门的编号,每个部门有一个负责人,且他也是一个职工 |
| 月工资 | 500 元≤月工资≤5000 元 |

**表 4-4 “职工”关系**

| 职工号 | 姓名 | 年龄 | 月工资 | 部门号 | 电话 | 办公室 |
|---|---|---|---|---|---|---|
| 1001 | 郑俊华 | 26 | 1000 | 1 | 8001234 | 主楼 201 |
| 1002 | 王平 | 27 | 1100 | 1 | 8001234 | 主楼 201 |
| 1003 | 王晓华 | 38 | 1300 | 2 | 8001235 | 1 号楼 302 |
| 5001 | 赵欣 | 25 | 0 | NULL | | |

表 4-5 "部门"关系

| 部门号 | 部门名 | 负责人代码 | 任职时间 |
| --- | --- | --- | --- |
| 1 | 人事处 | 1002 | 2004-8-3 |
| 2 | 机关 | 2001 | 2003-8-3 |
| 3 | 销售科 | | |
| 4 | 生产科 | 4002 | 2003-6-1 |

**【问题 1】**

根据上述说明，由 SQL 定义的"职工"和"部门"的关系模式，以及统计各部门的人数 C、工资总数 Totals、平均工资 Averager 的 D_S 视图如下所示，请在空缺处填写正确的内容。

```
CREATE  TABLE  部门(部门号   CHAR(1)________,
                  部门名     CHAR(16),
                  负责人代码  CHAR(4),
                  任职时间    DATE,
                  ____________________(职工号));

CREATE  TABLE  职工(职工号  CHAR(4),
                  姓名     CHAR(8),
                  年龄     NUMERIC(3),
                  月工资   NUMERIC(4),
                  部门号   CHAR(1),
                  电话     CHAR(8),
                  办公室   CHAR(8),
                  __________________________(职工号),
                  __________________________(部门号),
                  CHECK (_________________________));

CREATE  VIEW  D_S(D,C,Totals,Averages)
 AS
  (SELECT  部门号,__________________________
    FROM   职工
   __________________________________);
```

**【问题 2】**

在问题一定义的视图 D_S 上，下面哪个查询或更新是允许执行的，为什么？

```
(1) UPDATE  D_S  SET  D=3  WHERE  D=4;
(2) DELETE  FROM  D_S  WHERE  C>6;
(3) SELECT  D,AverageS  FROM  D_S
      WHERE  C>(SELECT  C  FROM  D_S  WHERE  D='1');
(4) SELECT  D,C  FROM  D_S  WHERE  Totals>10000;
(5) SELECT  *  FROM  D_S;
```

# 数据库管理与保护

# 第5章 数据库的安全性

数据或信息是现代信息社会的五大“经济要素”（人、财、物、信息、技术）之一，是与财物同等重要（有时甚至更重要）的资产。企业数据库中的数据对于企业是至关重要的，尤其是一些敏感性的数据，必须加以保护，以防止故意的破坏或改变、未授权的存取和非故意的损害。其中，非故意的损害属于数据完整性和一致性保护问题，而故意的破坏或改变、未授权的存取则属于数据库安全保护问题，本章将予以专门讨论。

## 5.1 数据库安全性概述

数据库的安全性（Security）是指保护数据库，防止不合法的使用，以免数据的泄露、更改或破坏。

数据库的“安全性”和“完整性”这两个概念听起来有些相似，有时容易混淆，但两者是完全不同的。

- 安全性。保护数据以防止非法用户故意造成的破坏，确保合法用户做其想做的事情。
- 完整性。保护数据以防止合法用户无意中造成的破坏，确保用户所做的事情是正确的。

两者的不同关键在于“合法”与“非法”、“故意”与“无意”。

为了保护数据库，防止故意的破坏，可以在从低到高的五个级别上设置各种安全措施。

① 物理控制。计算机系统的机房和设备应加以保护，通过像加锁或专门监护以防止系统场地被非法进入，进行物理破坏。

② 法律保护。通过立法、规章制度防止授权用户以非法的形式将其访问数据库的权限转授给非法者。

③ 操作系统（OS）支持。无论数据库系统多么安全，操作系统的安全弱点均可能成为入侵数据库的手段，应防止未经授权的用户从OS处着手访问数据库。

④ 网络管理。由于大多数DBMS都允许用户通过网络进行远程访问，因此网络软件内部的安全性是很重要的。

⑤ DBMS实现。DBMS的安全机制的职责是检查用户的身份是否合法及使用数据库的权限是否正确。

实现数据库系统安全，具体要考虑很多方面的问题，诸如：

- 法律、道德伦理及社会问题。例如，请求者对其请求的数据的权利是否合法。
- 政策问题。例如，拥有系统的组织单位如何授予使用者对数据的存取权限。
- 可操作性问题。有关的安全性政策、策略与方案如何落实到系统实现？例如，若使用口令或密码，如何防止密码本身的泄露？若可以授权，如何防止被授权者再授权给不应被授权的人？
- 设施有效性问题。例如系统所在地的控制保护、软硬件设备管理的安全特性等是否合适？

这些问题不属于本书讨论的范畴，我们只考虑数据库系统本身。要实现数据库安全，DBMS必须提供下列支持：

- 安全策略说明。即安全性说明语言。如支持授权的SQL语言。
- 安全策略管理。即安全约束目录的存储结构、存取控制方法和维护机制。如自主存取控制方法和强制存取控制方法。
- 安全性检查。执行"授权"及其检验，认可"他能做他想做的事情吗?"。
- 用户识别。即标识和确认用户，确定"他就是他说的那个人吗?"。

现代DBMS一般采用"自主"(Discretionary)和"强制"(Mandatory)两种存取控制方法来解决安全性问题。在自主存取控制方法中，每个用户对各个数据对象被授予不同的存取权力(Authority)或特权(Privilege)，哪些用户对哪些数据对象有哪些存取权力都按存取控制方案执行，但并不完全固定。而在强制存取控制方法中，所有的数据对象被标定一个密级，所有的用户也被授予一个许可证级别。对于任一数据对象，凡具有相应许可证级别的用户就可存取，否则不能。

## 5.2 数据库安全性控制

在一般计算机系统中，安全措施是一级级层层设置的，其安全控制模型如图5-1所示。

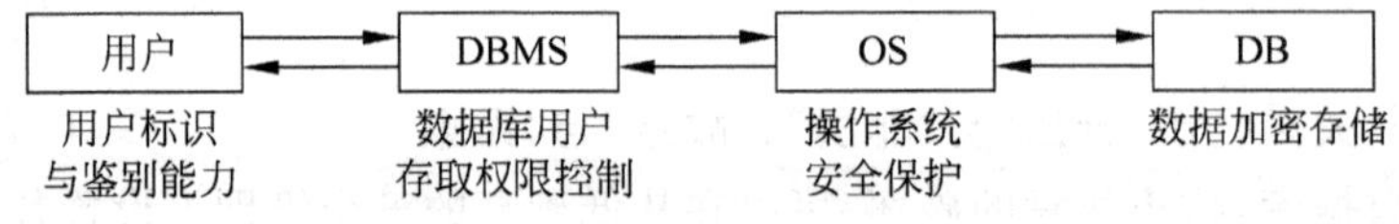


图5-1 计算机系统的安全模型

① 当用户进入计算机系统时，系统首先根据输入的用户标识(如用户名)进行身份的鉴定，只有合法的用户才准许进入系统。

② 对已进入计算机系统的用户，DBMS还要进行存取控制，只允许用户在所授予的权限之内进行合法的操作。

③ DBMS是建立在操作系统之上的，安全的操作系统是数据库安全的前提。操作系统应能保证数据库中的数据必须由DBMS访问，而不允许用户越过DBMS，直接通过操作系统或其他方式访问。

DBMS与操作系统在安全上的关系，可用一个现实生活中与安全有关的实例来形象地说明。2005年在某市发生了一起特大虫草盗窃案，盗贼通过租用店铺，从店铺的沙发下秘密地挖掘了一条39m的地道，通往街对面的一家虫草行库房，盗走了价值千万元的虫草。

虫草行库房周围的物理防护坚固，但盗贼绕过了这些防护，从库房地面这个薄弱环节盗走虫草。

④ 数据最后通过加密的方式存储到数据库中，即便非法者得到了已加密的数据，也无法识别数据内容。

对于操作系统这一级的安全措施不进行讨论，我们只讨论与数据库有关的用户标识和鉴定、存取控制、视图、数据加密和审计等安全技术。

### 5.2.1 用户标识与鉴别

实现数据库的安全性包含两个方面的工作：一是用户的标识与确认，即用什么来标识一个用户，又怎样去识别他；二是授权及其验证，即每个用户对各种数据对象的存取权力的表示和检查。这里只讨论第一个方面。

如何识别一个用户，常用的方法有三种。

① 用户的个人特征识别：如用户的声音、指纹、签名等。

② 用户的特有东西识别：如用户的磁卡、钥匙等。

③ 用户的自定义识别：如用户设置口令、密码和一组预定的问答等。

#### 1. 用户的个人特征识别

使用每个人所具有的个人特征，如声音、指纹、签名等来识别用户是当前最有效的方法。但是有两个问题必须解决：

① 专门设备。要能准确地记录、存储和存取这些个人特征。

② 识别算法。要能较准确地识别出每个人的声音、指纹或签名。这里关键问题是要让“合法者被拒绝”和“非法者被授受”的误判率达到应用环境可接受的程度。百分之百正确，即误判率为零几乎是不可能的。

另外，其实代价也不得不考虑，这不仅是经济上的代价，还包括识别算法执行的时间、空间代价。它影响整个安全子系统的代价/性能比。

#### 2. 用户的特有东西识别

让每一用户持有一个他特有的物件，如磁卡、钥匙等。识别时，将其插入一个“阅读器”，它读取其面上的磁条中的信息。该方法是目前一些安全系统中较常用的一种方法，但用在数据库系统中要考虑：

① 需要专门的阅读装置。

② 要求有从阅读器抽取信息及与 DBMS 接口的软件。

该方法的优点是比个人特征识别更简单、有效、代价/性能比更好。缺点是容易忘记带磁卡或钥匙等，也可能丢失甚至被别人窃取。

#### 3. 用户的自定义识别

使用只有用户自己知道的定义内容来识别用户是最常用的一种方法，一般用口令或密码，有时用只有用户自己能给出正确答案的一组问题，有的还可以用两者的组合。

使用这类方法要注意：

① 标识的有效性。口令、密码或问题答案要尽可能准确地标识每一个用户。

② 内容的简易性。口令或密码要长短适中,问答过程不要太烦琐。

③ 本身的安全性。为了防止口令、密码或问题答案的泄露或失窃,应经常改变。

实现这种方法需要专门的软件来进行用户名或用户 ID 及其口令的登记、维护与检验等。但它不需要专门的硬件设备,较之以上的方法这是其优点。其主要的缺点是口令、密码或问题答案容易被人窃取,因此还可以用更复杂的方法。例如每个用户都预先约定好一个计算过程或函数,鉴别用户身份时,系统提供一个随机数,用户根据自己预先约定的计算过程或函数进行计算,系统根据用户计算结果是否正确进一步鉴定用户身份。

例如,让用户记住一个表达式,如 T=XY+2X,系统告诉 X=1,Y=2,如果用户回答是 T=6,则证明了该用户的身份是合法的。当然,这是一个简单的例子,在实际使用中,还可以设计复杂的表达式,以使安全性更好。

### 5.2.2 存取控制策略

数据库安全性所关心的主要是 DBMS 的存取控制策略。数据库安全最重要的一点就是确保只授权给有资格的用户访问数据库的权限,同时令所有未被授权的人员无法接近数据,这主要通过数据库系统的存取控制策略来实现。

存取控制策略主要包括如下两部分。

(1) 定义用户权限,并将用户权限登记到数据字典中

用户对某一数据对象的操作权力称为权限。某个用户应该具有何种权限是个管理问题和政策问题而不是技术问题。DBMS 的功能就是保证这些决定的执行。为此 DBMS 系统必须提供适当的语言来定义用户权限,这些定义经过编译后存放在数据字典中,被称做安全规则或授权规则。

(2) 合法权限检查

每当用户发出存取数据库的操作请求后,DBMS 查找数据字典,根据安全规则进行合法权限检查,若用户的操作请求超出了定义的权限,系统将拒绝执行此操作。

用户权限定义和合法权限检查策略一起组成了 DBMS 的安全子系统。

当前,大多数 DBMS 所采取的存取控制策略主要是两种:自主存取控制和强制存取控制。其中,自主存取控制的使用更为普遍。下面分别简要的说明这两种方法。

(1) 自主存取控制

在自主存取控制(Discretionary Access Control,DAC)方法中,用户对于不同的数据库对象有不同的存取权限,不同的用户对同一对象也有不同的权限,而且用户还可将其拥有的存取权限转授给其他用户。因此,自主存取控制非常灵活。

(2) 强制存取控制

在强制存取控制(Mandoctory Access Control,MAC)方法中,每一个数据库对象被标以一定的密级,每一个用户也被授予某一个级别的许可证。对于任意一个对象,只有具有合法许可证的用户才可以存取。强制存取控制因此相对比较严格。

### 5.2.3 自主存取控制

用户使用数据库的方式称为"授权"(Authorization)。权限有两种:访问数据的权限和

修改数据库结构的权限。

① 访问数据的权限有四个。

- 读(SELECT)权限：允许用户读数据，但不能修改数据。
- 插入(INSERT)权限：允许用户插入新的数据，但不能修改数据。
- 修改(UPDATE)权限：允许用户修改数据，但不能删除数据。
- 删除(DELETE)权限：允许用户删除数据。

根据需要，可以授予用户上述权限中的一个或多个，也可以不授予上述任何一个权限。

② 修改数据库结构的权限也有四个。

- 索引(INDEX)权限：允许用户创建和删除索引。
- 资源(RESOURSE)权限：允许用户创建新的关系。
- 修改(ALTERATION)权限：允许用户在关系结构中加入或删除属性。
- 撤销(DROP)权限：允许用户撤销关系。

自主存取控制方式是通过授权和取消来实现。下面介绍自动存取控制的权限类型，包括角色(ROLE)权限和数据库对象权限及各自的授权和取消方法。

### 1. 权限类型

自主存取控制的权限类型分两种，分别是角色权限和数据库对象权限。

① 角色权限。通过给角色授权，并为用户分配角色，则用户的权限为其角色权限之和。角色权限由 DBA 授予。

② 数据库对象权限。不同的数据库对象，可提供给用户不同的操作。该权限由 DBA 或该对象的拥有者(Owner)授予用户。

### 2. 角色授权与取消

授权命令语法：

```
GRANT <角色类型>[,<角色类型>] TO <用户> [IDENTIFIED BY <口令>]
<角色类型>:: = Connect|Resource|DBA
```

其中，Connect 表示该用户可连接 DBMS；Resource 表示用户可访问数据库资源；DBA 表示该用户为数据库管理员；IDENTIFIED BY 用于为用户设置一个初始口令。

取消命令语法如下：

```
REVOKE <角色管理>[,<角色管理>] FROM <用户>
```

### 3. 数据库对象授权与取消

授权命令语法如下：

```
GRANT <权限> ON <表名> TO <用户>[,<用户>]
      [WITH GRANT OPTION]
<权限>:: = ALL PRIVILEGES|SELECT|INSERT|DELETE|UPDATE[(<列名>[,<列名>])]
```

其中，WITH GRANT OPTION 表示得到授权的用户，可将其获得的权限转授给其他用户；ALL PRIVILEGES 表示所有的操作权限。

取消命令语法如下：

```
REVOKE  <权限>  ON  <表名>  FROM  <用户>[,<用户>]
```

【说明】 数据库对象除了表之外，还有其他对象，如视图等。但由于表的授权最具典型意义，且表的授权也最复杂，因此，此处只以表的授权为例来说明数据库对象的授权语法，其他对象的授权语法类似，只是在权限上不同。

### 5.2.4 强制存取控制

自主存取控制能够通过授权机制有效地控制对敏感数据的存取。但它存在一个漏洞，一些别有用心的用户可以欺骗一个授权用户，采用一定的手段来获取敏感数据。例如，领导Manager是客户单Customer关系的物主，他将“读”权授予给用户A，且A不能再将该权限转授他人，其目的是让A审查客户信息，看有无错误。现在A自己另外创建一个新关系A_customer，然后将自Customer读取的数据写入(即复制到)A_customer。这样，A是A_customer的物主，他可以做任何事情，包括再将其权限转授给任何别的用户。

存在这种漏洞的根源在于，自主存取控制机制仅以授权来将用户(主体)与被存取数据对象(客体)关联，通过控制权限来实现安全要求，对用户和数据对象本身未作任何安全性标注。强制存取控制就能处理自主存取控制的这种漏洞。

强制存取控制方法的基本思想在于为每个数据对象(文件、记录或字段等)赋予一定的密级，级别从高到低为：绝密级(Top Secret，TS)、机密级(Secret，S)、秘密级(Confidential，C)、公用级(Unclassified，U)。每个用户也具有相应的级别，称为许可证级别。密级和许可证级别都是严格有序的。如：绝密＞机密＞秘密＞公用。

在系统运行时，采用如下两条简单规则：

① 用户 $i$ 只能查看比他级别低或同级的数据；

② 用户 $i$ 只能修改和他同级的数据。

强制存取控制是对数据本身进行密级标记，无论数据如何复制，标记与数据是一个不可分的整体，只有符合密级标记要求的用户才可以操纵数据，从而提供了更高级别的安全性。

强制存取控制的优点是系统能执行“信息流控制”。在前面介绍授权方法中，允许凡有权查看保密数据的用户就可以把这种数据复制到非保密的文件中，造成无权用户也可以接触保密的数据。而强制存取控制可以避免这种非法的信息流动。

注意，这种方法在通用数据库系统中不十分有用，只是在某些专用系统中才有用，例如军事部门或政府部门。

## 5.3 视图机制

视图可以作为一种安全机制。通过视图用户只能查看和修改他们所能看到的数据。其他数据库或关系既不可见也不可以访问。如果某一用户想要访问视图的结果集，必须授予其访问权限。

例如，假定李平老师具有检索和增删改“数据库”课程成绩信息的所有权限，学生王莎只能检索该科所有同学成绩的信息。那么，可以先建立“数据库”课程成绩的视图score_db，然后在视图上进一步定义存取权限。

① 建立视图 score_db。

```
CREATE  VIEW  score_db
AS
SELECT  *
FROM  score
WHERE  cnam = '数据库';
```

② 为用户授予操作视图的权限。

```
GRANT  SELECT
ON  score_db
TO  王莎;

GRANT  ALL PRIVILEGES
ON  score_db
TO  李平;
```

## 5.4 安全级别与审计跟踪

前面讲的用户标识与鉴别、存取控制仅是安全性标准的一个重要方面(安全策略方面),不是全部。为了使 DBMS 达到一定的安全级别,还需要在其他方面提供相应的支持。例如按照 TCSEC/TDI 标准中安全策略的要求,"审计"功能就是 DBMS 达到 C2 以上安全级别必不可少的一项指标。

### 5.4.1 安全级别**

美国国防部根据军用计算机系统的安全需要,于 1985 年制定了《可信计算机系统安全评估标准》(Trusted Computer Security Evaluation Criteria,TCSEC)。1991 年美国国家安全局的国家计算机安全中心发布 TCSEC 的可信数据库系统解释(简称 TDI)。这就形成了最早的信息安全及数据库安全评估体系。TCSEC/TDI 将系统安全性分为 4 等 7 级,依次是 D——最小保护、C(包括 C1、C2)——自主保护、B(包括 B1、B2、B3)——强制保护、A(包括 A1)——验证保护,按系统可靠或可信程度逐渐增高。下面简略地分别介绍。

① D 级。最低安全级别。保留 D 级的目的是为了将一切不符合更高标准的系统,统统归于 D 级。如 DOS 就是操作系统中安全标准为 D 的典型例子。

② C1 级。实现数据的所有权与使用权的分离,进行自主存取控制 DAC,保护或限制用户权限的传播。

③ C2 级。提供受控的存取保护,即将 C1 级的自主存取控制进一步细化,通过身份注册、审计和资源隔离以支持"责任"说明。

④ B1 级。标记安全保护,即对每一客体和主体分别标以一定的密级和安全证等级,实施强制存取控制 MAC 以及审计等安全机制。

⑤ B2 级。建立安全策略的形式化模型,并能识别和消除隐通道。

⑥ B3 级。提供审计和系统恢复过程,且指定安全管理员(通常是 DBA)。

⑦ A1 级。验证设计,提供 B3 级保护的同时给出系统的形式化设计说明和验证,以确信各安全保护真正实现。即安全机制是可靠的,且对安全机制能实现指定的安全策略给出数学证明。

### 5.4.2 审计跟踪

由于任何系统的安全保护措施都不是完美无缺的,蓄意盗取、破坏数据的人总会想方设法打破控制。审计功能把用户对数据库的所有操作自动记录下来放入"审计日志"(Audit Log)中,称为审计跟踪。DBA 可以利用审计跟踪信息,重现导致数据库现有状况的一系列事件,找出非法存取数据的人、时间和内容等,为分析攻击者线索提供依据。一般地,将审计跟踪和数据库日志记录结合起来,会达到更好的安全审计效果。

DBMS 的审计主要分为语句审计、权限审计、模式对象审计和资源审计。语句审计是指监视一个或多个特定用户或者所有用户提交的数据库操作语句(即 SQL 语句);权限审计是指监视一个或多个特定用户或所有用户使用的系统权限;模式对象审计是指监视一个模式中在一个或多个对象上发生的行为;资源审计是指监视分配给每个用户的系统资源。

审计机制应该至少记录:用户标识和认证、客体的存取、授权用户进行并影响系统安全的操作,以及其他安全相关事件。对于每个记录的事件,审计记录中需要包括事件时间、时间类型、用户、事件数据和事件的成功/失败情况。对于标识和认证事件,必须记录事件源的终端 ID 和源地址等;对于访问和改变对象的事件,则需要记录对象的名称。

审计通常是很费时间和空间的,所以 DBMS 往往都将其作为可选特征,允许 DBA 根据应用对安全性的要求,灵活地打开或关闭审计功能。审计功能一般主要用于安全性要求较高的部门。

## 5.5 数据加密

对于高度敏感性数据,例如财务数据、军事数据、国家机密,除以上安全性措施外,还可以采用数据加密技术。

数据加密是防止数据库中数据在存储和传输中失密的有效手段。加密的基本思想是根据一定的算法将原始数据(称为明文)变换为不可直接识别的格式(称为密文),从而使得不知道解密算法的人无法获知数据的内容。

加密方法主要有两种,一种是替换方法,另一种是转换方法。

① 替换加密法。这种方法是制定一种规则,将明文中的每个或每组字符替换成密文中的一个或一组字符。其缺点是使用得多了,窃密者可以从多次搜集的密文中发现其中的规律,破解加密方法。

② 转换加密法。这种方法不隐藏原来明文的字符,而是将字符重新排序。比如,加密方首先选择一个用数字表示的密钥,写成一行,然后把明文逐行写在数字下,再按照密钥中数字指示的顺序,将原文重新抄写,就形成密文。例如:

- 密钥：6852491703。
- 明文：张三偷走了李四的钱包。
- 密文：李的了三走钱张四包偷。

单独使用这两种方法的任意一种都是不安全的。但是将这两种方法合起来就能提供相当高的安全程度。采用这种结合算法的例子是美国1977年制定的官方加密标准，数据加密标准(Data Encryption Standard，DES)。

有关DES密钥加密技术及密钥管理问题在这里不再讨论。

目前有些数据库产品提供了数据加密例行程序，可根据用户的要求自动对存储和传输的数据进行加密处理。另一些数据库产品虽然本身未提供加密程序，但提供了接口，允许用户用其他厂商的加密程序对数据加密。

由于数据加密与解密也是比较费时的操作，而且数据加密与解密程序会占用大量系统资源，因此数据加密功能通常也作为可选特征，允许用户自由选择，只对高度机密的数据加密。

## 5.6 统计数据库的安全性

有一类数据库称为“统计数据库”，例如人口调查数据库，它包含大量的记录，但其目的只是向公众提供统计、汇总信息，而不是提供单个记录的内容。也就是查询的仅仅是某些记录的统计值，例如求记录数、和、平均值等。在统计数据库中，虽然不允许用户查询单个记录的信息，但是用户可以通过处理足够多的汇总信息来分析出单个记录的信息，这就给统计数据库的安全性带来严重的威胁。

统计数据库存在着提供隐通道的机会，因为可能从被允许查询的结果推导出受保护的信息。例如，设某单位有关于职工工资的一个统计数据库，它允许对职工的平均工资、每部门最高工资等进行统计查询，但不允许查询关于单个职工工资的信息。

现在，假设有一个职工刘五想知道职工张三的工资数目。他可以做如下工作：

① 用SELECT语句查询刘五自己和其他 $n-1$ 个人(譬如30岁的男职工)的工资总额A；

② 用SELECT语句查找张三和上述同样 $n-1$ 个人的工资总和B。

随后，刘五可以很方便的通过下列算式求得张三的工资数：

B－A＋“刘五自己的工资数”

这样，刘五就窃取到了张三的工资数目。这两个查询都是允许的，统计数据库应防止上述问题的发生。刘五成功的关键在于他用的两个查询有很多相同的数据对象。为了防止这种情况发生，系统应对用户查询得到的记录个数加以控制。

在统计数据库中，对查询应作下列限制：

① 查询查到的记录个数至少是 $n$；

② 查询查到的记录的“交”数目至多是 $m$。

系统可以调整 $n$ 和 $m$ 的值，使得用户很难在统计数据库中获取其他个别记录的信息，但要做到完全杜绝是不可能的。我们应限制用户计算和、个数、平均值的能力。如果一个破坏者只知道他自己的数据，那么已经证明，他至少要花 $1+(n-2)/m$ 次查询才有可能获取其他个别记录的信息。因而,系统应限制用户查询的次数在 $1+(n-2)/m$ 次以内。但是这个方法还不能防止两个破坏者联手查询导致数据的泄露。

保证数据库安全性的另一个方法是“数据污染”,也就是在回答查询时,提供一些偏离正确值的数据,以免数据泄露。当然,这个偏离要在不破坏统计数据的前提下进行。此时系统应该在准确性和安全性之间做出权衡。当安全性遭到威胁时,只能降低准确性的标准。

不管用什么样的安全策略与技术,都不能绝对保险,总存在旁通之途。所以好的安全机制不应是杜绝安全性问题,而是使企图破坏安全的手段不能实现或代价很高,这才是数据库安全机制的总体设计目标。

## 5.7 Oracle 的安全设置

为了防止非法用户对数据库进行操作,以保证数据库安全运行。Oracle 定义了一整套丰富的、完整的权限机制,使得只有通过权限认证的用户才可以对相应的数据库对象进行存取,而非授权用户则被禁止存取数据。下面将依次初步介绍 Oracle 对用户账号、权限和角色的管理。

### 5.7.1 用户账号

在 Oracle 数据库中,为了防止非授权数据库用户对数据库进行存取,DBA 可以创建登录用户、修改用户账号信息和删除用户账号。

#### 1. 创建用户账号

在 Oracle 数据库中,为了防止非授权数据库用户对数据库进行存取,DBA 可以创建登录用户。创建用户账号主要通过 CREATE USER 语句实现,CREATE USER 语句的基本语法如下:

```
CREATE  USER  用户名
IDENTIFIED  BY  口令
```

其中,IDENTIFIED BY 子句指定创建用户账号时的口令。该口令为用户的初始口令,在创建每个用户账号时,都必须提供一个口令。在用户与数据库建立连接时必须经过系统的认证,验证用户的合法性,以防止对数据库的非授权使用。在用户账号创建后,用户自己可以随时修改口令。

**【例 5-1】** 使用 SYSTEM 身份连接数据库。创建用户账号 TEMPUSER,其口令为 oracle。

```
SQL> CONN  system
输入口令: ****
已连接。
SQL> CREATE  USER  tempuser
  2  IDENTIFIED  BY  oracle;
用户已创建。
```

### 2. 修改用户账号

在创建用户账号后，允许对其进行修改。修改用户账号的 ALTER USER 语句的基本语法如下：

```
ALTER  USER  用户名
IDENTIFIED  BY 口令
```

**【例 5-2】** 修改用户账号 tempuser 的口令为 password。

```
SQL> ALTER USER  tempuser
  2  IDENTIFIED  BY  password;
用户已更改。
```

### 3. 删除用户账号

用户被删除后，该用户所创建的所有模式对象都将被删除。删除用户账号的语句如下：

```
DROP  USER  用户名  [CASCADE]
```

如果用户已经创建了模式对象，在删除用户时必须增加 CASCADE 选项，表示在删除用户时，连同该用户创建的模式对象(如表、视图、索引等)也全部删除。

**【例 5-3】** 删除用户账号 tempuser。

① 为用户账号授予建立会话连接、建表、在表空间中创建对象的权限。

```
SQL> GRANT CREATE SESSION,CREATE TABLE,UNLIMITED TABLESPACE
     TO  tempuser;
授权成功。
```

② 以用户账号 tempuser 连接数据库，并创建表。

```
SQL> CONN  tempuser
输入口令: ********
已连接。
SQL> CREATE  TABLE  student(
  2  sno    CHAR(6),
  3  sname  VARCHAR2(8));

表已创建。
```

③ 再以 SYSTEM 系统管理员的账号连接数据库，删除 tempuser 用户账号。

```
SQL> CONN  system
输入口令: ****
已连接。
SQL> DROP  USER  tempuser;
DROP  USER  tempuser
```

```
*
第 1 行出现错误:
ORA - 01922: 必须指定 CASCADE 以删除 'TEMPUSER'

SQL > DROP USER  tempuser  CASCADE;
用户已删除。
```

## 5.7.2 权限管理

创建了用户,并不意味着用户就可以对数据库随心所欲地进行操作。创建用户账号也只是意味着用户具有了连接、操作数据库的资格,用户对数据进行任何操作,都需要具有相应的操作权限。

在 Oracle 数据库,根据系统管理方式的不同,可以将权限分为两类,即系统权限和对象权限。

系统权限是指在系统级控制数据库的存取和使用机制。系统级控制决定是否可以连接到数据库,在数据库中可以进行哪些系统操作等。总之,系统权限是对用户设置的,用户必须具有相应的系统权限,才可以连接到数据库并进行相应的操作。例如,用户为了能够连接到数据库,必须具有的权限 CONNECT 就是一个系统权限。

对象权限是指在模式对象上控制存取和使用的机制。例如,希望向 SCOTT 模式的"DEPT"表插入行时,用户必须具有完成该操作的权限。

### 1. 系统权限

Oracle 提供了多种系统权限,每一种系统权限分别能使用户进行某种或某一类特定的数据库操作。如表 5-1 所示列出一些常见的 Oracle 系统权限。

表 5-1 系统权限

| 系统权限名称 | 系统权限功能 |
| --- | --- |
| CREATE ANY INDEX | 允许在任何模式下创建索引 |
| GRANT ALL PRIVILEGE | 将数据库任何权限授予任何用户,该权限仅包含所有的系统权限,并不包括对象权限 |
| CREATE ANY PROCEDURE | 允许在任何用户模式中创建存储过程的权限 |
| EXECUTE ANY PROCEDURE | 允许执行任何用户模式中的过程、函数和包的权限 |
| ALTER ANY ROLE | 修改数据库中任何角色的权限 |
| GRANT ANY ROLE | 允许用户将数据库中任何角色授予其他用户的权限 |
| CREATE ANY TABLE | 允许在任何用户模式中创建基本表的权限 |
| CREATE ANY TRIGGER | 在任何用户模式中创建数据库触发器的权限 |
| CREATE SESSION | 允许用户创建会话连接到数据库的权限 |
| UNLIMITED TABLESPACE | 允许用户在表空间中创建对象而不受表空间限制的权限 |

① 使用 GRANT 语句向用户授予系统权限的基本语法如下:

```
GRANT  系统权限  TO  用户名  [WITH ADMIN OPTION];
```

在上面的语法规则中,如果需要在向数据库用户授予指定的系统权限时,让他们同时也可把相同的权限授予给其他的用户，则可以使用可选项 WITH ADMIN OPTION。

② 使用 REVOKE 语句撤销系统权限的基本语法如下：

```
REVOKE 系统权限 FROM 用户名;
```

**【例 5-4】** 分析下面各 SQL 语句。

```
SQL> CREATE USER user1
  2 IDENTIFIED BY user1;

用户已创建。

SQL> CONN user1/user1;
ERROR:
ORA-01045: user USER1 lacks CREATE SESSION privilege; logon denied

警告：您不再连接到 ORACLE。
SQL> CONN SYSTEM
输入口令: ****
已连接。
SQL> GRANT CREATE SESSION TO user1;

授权成功。

SQL> CONN user1/user1;
已连接。
SQL> CREATE TABLE test_date(
  2 id number(10),
  3 name varchar2(20));
CREATE TABLE test_date(
*
第 1 行出现错误:
ORA-01031: 权限不足


SQL> CONN SYSTEM
输入口令: ****
已连接。
SQL> GRANT CREATE TABLE TO user1;

授权成功。

SQL> CONN user1/user1;
已连接。
SQL> CREATE TABLE test_date(
  2 id number(10),
  3 name varchar2(20));
CREATE TABLE test_date(
*
第 1 行出现错误:
```

```
ORA - 01950: 对表空间 'USERS' 无权限


SQL > CONN  SYSTEM
输入口令: ****
已连接。
SQL > GRANT  UNLIMITED  TABLESPACE  TO  user1;
授权成功。

SQL > conn  user1/user1;
已连接。
SQL > CREATE  TABLE test_date(
  2  id  number(10),
  3  name varchar2(20));

表已创建。
```

2. 对象权限

系统权限会控制对 Oracle 数据库中各种系统级功能的访问，而对象权限可以用来控制对指定数据库对象的访问。任何数据库用户都可以被授予这些权限，以允许他们对模式中的对象进行访问。

相对于数量众多的各种 Oracle 系统权限，对象权限相对较少，并且容易理解。最常使用的对象权限如表 5-2 所示。

表 5-2 对象权限

| 对　象 | 操　作 |
|---|---|
| 表 | SELECT、INSERT、UPDATE、DELETE、REFERANCES |
| 视图 | SELECT、INSERT、UPDATE、DELETE |
| 存储过程、函数 | EXECUTE |
| 列 | SELECT、UPDATE |

① 使用 GRANT 语句向用户授予对象权限的基本语法如下：

```
GRANT  对象权限  ON  对象名  TO  用户名  [WITH  GRANT  OPTION];
```

使用 WITH GRANT OPTION 选项后，被授予对象权限的用户可以将其获取的权限授予其他用户。

② 使用 REVOKE 语句撤销用户对象权限的基本语法如下：

```
REVOKE  对象权限  ON  对象名  FROM  用户名;
```

**【例 5-5】** 分析下面各 SQL 语句。

```
SQL > CREATE  USER  user2
  2  IDENTIFIED  BY  user2;
```

```
用户已创建。

SQL> CREATE USER user3
  2 IDENTIFIED BY user3;

用户已创建。

SQL> GRANT CREATE SESSION TO user2,user3;

授权成功。

SQL> GRANT SELECT ON scott.dept
  2 TO user2
  3 WITH GRANT OPTION;

授权成功。

SQL> CONN user2/user2
已连接。
SQL> SELECT * FROM scott.dept;

    DEPTNO DNAME          LOC
    ----  ------      -------
        10 ACCOUNTING    NEW YORK
        20 RESEARCH      DALLAS
        30 SALES         CHICAGO
        40 OPERATIONS    BOSTON

SQL> GRANT SELECT ON scott.dept TO user3;

授权成功。

SQL> CONN user3/user3;
已连接。
SQL> SELECT * FROM scott.dept;

    DEPTNO DNAME          LOC
    ----  ------      -------
        10 ACCOUNTING    NEW YORK
        20 RESEARCH      DALLAS
        30 SALES         CHICAGO
        40 OPERATIONS    BOSTON

SQL> CONN system
输入口令: ****
已连接。
SQL> REVOKE SELECT ON scott.dept FROM user2;

撤销成功。
```

```
SQL> CONN  user2/user2;
已连接。
SQL> SELECT * FROM scott.dept;
SELECT * FROM scott.dept
                    *
第 1 行出现错误:
ORA-00942: 表或视图不存在
```

### 5.7.3 角色管理

从前面的介绍中可以看出,Oracle 的权限设置是非常复杂的,权限的类型也非常多,这就为 DBA 有效地管理数据库权限带来了困难。另外,数据库的用户通常有几十个、几百个,甚至成千上万个。如果管理员为每个用户授予或者撤销相应的系统权限和对象权限,则这个工作量是非常庞大的。为了简化权限管理,Oracle 提供了角色的概念。

角色是具有名称的一组相关权限的组合,即将不同的权限集合在一起就形成了角色。可以使用角色为用户授权,同样也可以撤销角色。由于角色集合了多种权限,所以当为用户授予角色时,相当于为用户授予了多种权限。这样就避免了向用户逐一授权,从而简化了用户权限的管理。

在为用户授予角色时,既可以向用户授予系统预定的角色,也可以自己创建角色,然后再授予用户。这里我们只介绍用户自定义角色。

#### 1. 自定义角色

用户可以自己创建角色,即自定义角色,创建角色的语法如下:

```
CREATE  ROLE  角色名;
```

**【例 5-6】** 分析下面各 SQL 语句。

```
SQL> CREATE  ROLE  general_user;

角色已创建。

SQL> GRANT  CREATE  SESSION,CREATE TABLE,
  2  CREATE VIEW,CREATE PROCEDURE
  3  TO  general_user;

授权成功。

SQL> GRANT  general_user  TO  user2;

授权成功。

SQL> REVOKE  CREATE PROCEDURE  FROM  general_user;

撤销成功。
```

### 2. 删除角色

当不需要某个角色时，可以使用 DROP ROLE 删除。角色被删除后，使用该角色的用户的所有权限将丢失。删除角色的语法如下：

```
DROP ROLE 角色名;
```

**【例 5-7】** 接续例 5-6，分析下面各 SQL 语句。

```
SQL> REVOKE  CREATE PROCEDURE  FROM  general_user;

撤销成功。

SQL> drop  role  general_user;

角色已删除。

SQL> CONN  user2/user2;
ERROR:
ORA-01045: user USER2 lacks CREATE SESSION privilege; logon denied


警告: 您不再连接到 ORACLE。
```

## 5.8 小结

数据库的安全指的是保护数据以防止非法使用造成的数据泄密、更改和破坏。数据库的安全管理涉及用户的访问权限问题，通过设置用户标识、用户的存取控制权限、定义视图、审计、数据加密技术等来保证数据不被非法使用。

实现数据库系统安全性的技术和方法有多种，最重要的是存取控制技术、视图技术和审计技术。自主存取控制功能一般是通过 SQL 的 GRANT 语句和 REVOKE 语句来实现的。对数据库模式的授权则由 DBA 在创建用户时通过 CREATE USER 语句实现。数据库角色是一组权限的集合。使用角色来管理数据库权限可以简化授权的过程。在 SQL 中用 CREATE ROLE 语句创建角色，用 GRANT 语句给角色授权。

## 习题五

### 一、选择题

(1) 对用户访问数据库的权限加以限定是为了保护数据库的________。

A. 安全性　　B. 完整性　　C. 一致性　　D. 并发性

(2) 数据库的________是指数据的正确性和相容性。

A. 完整性　　B. 安全性　　C. 并发控制　　D. 系统恢复

(3) 在数据库系统中,定义用户可以对哪些数据对象进行何种操作被称为________。

A. 审计 B. 授权 C. 定义 D. 视图

(4) 某高校五个系的学生信息存放在同一个基本表中,采取________的措施可使各系的管理员只能读取本系学生的信息。

A. 建立各系的列级视图,并将对该视图的读权限赋予该系的管理员

B. 建立各系的行级视图,并将对该视图的读权限赋予该系的管理员

C. 将学生信息表的部分列的读权限赋予各系的管理员

D. 将修改学生信息表的权限赋予各系的管理员

(5) 关于 SQL 对象的操作权限的描述正确的是________。

A. 权限的种类分为 INSERT、DELETE 和 UPDATE 三种

B. 权限只能用于实表不能应用于视图

C. 使用 REVOKE 语句撤销权限

D. 使用 COMMIT 语句赋予权限

**二、填空题**

1. 对数据库________性的保护就是指要采取措施,防止库中数据被非法访问、修改,甚至恶意破坏。

2. 安全性控制的一般方法有________、________、________、________和________五种。

3. 在 Oracle 数据库中将权限分为两类,即________和________。________是指在系统级控制数据库的存取和使用机制,________是指在模式对象上控制存取和使用的机制。

4. ________是具有名称的一组相关权限的组合。

5. 授予权限和撤销权限的命令依次是________和________。

**三、操作题**

1. 对 SCOTT 模式下的表 DEPT:

```
DEPT(deptno,dname,loc)
```

请用 SQL 的 GRANT 和 REVOKE 语句(加上视图机制)完成以下授权定义或存取控制功能:

(1) 使用 SYSTEM 身份连接数据库。创建用户账号 test_user,其口令为 oracle。

(2) 向用户 test_user 授予连接数据库系统权限。

(3) 向用户 test_user 授予对象"SCOTT.DEPT"的 SELECT 权限。

(4) 向用户 test_user 授予对象"SCOTT.DEPT"的 INSERT、DELETE 权限,对 LOC 字段具有更新权力。

(5) 用户 test_user 具有对 DEPT 表所有权力(读、插、改、删),并具有给其他用户授权的权力。

(6) 撤销用户 test_user 对 DEPT 表的所有权限。

(7) 用户 test_user 只有查看"10"号部门的权力,不能查看其他部门信息。

(8) 建立角色 ROLE1,具有连接数据库、创建表的权力。

(9) 将 ROLE1 角色的权力授予给用户 test_user。

（10）删除角色 ROLE1。

2. 阅读下列说明，回答问题 1～3。

**【说明】** 某工厂的仓库管理数据库的部分关系模式如下所示：

仓库(仓库号,面积,负责人,电话)
原材料(编号,名称,数量,储备量,仓库号)

要求一种原料只能存放在同一仓库中。“仓库”和“原材料”的关系实例分别为：

**“仓库”关系**

| 仓库号 | 面积 | 负责人 | 电话 |
|---|---|---|---|
| 01 | 500 | 李劲松 | 8765412 |
| 02 | 300 | 陈东明 | 87654122 |
| 03 | 300 | 郑爽 | 87654123 |
| 04 | 400 | 刘春来 | 87654125 |

**“原材料”关系**

| 编号 | 名称 | 数量 | 储备量 | 仓库号 |
|---|---|---|---|---|
| 1001 | 小麦 | 100 | 50 | 01 |
| 2001 | 玉米 | 50 | 30 | 01 |
| 1002 | 大豆 | 20 | 10 | 02 |
| 2002 | 花生 | 30 | 50 | 02 |
| 3001 | 菜油 | 60 | 20 | 03 |

（1）根据上述说明，用 SQL 定义“原材料”和“仓库”的关系模式如下。

```
CREATE  TABLE  仓库(仓库号  Char(4),  面积  Int,  负责人  Char(8),
  电话  Char(8),____________________);//主键定义

CREATE  TABLE  原材料(编号  Char(4)  ____________,//主键定义
    名称  CHAR(6),数量  INT,储备量  INT,
    仓库号______________________,
    ______________________);//外键定义
```

（2）将下面的 SQL 语句补充完整，完成“查询存放原材料数量最多的仓库号”的功能。

```
SELECT  仓库号
FROM    ____________________
____________________________;
```

（3）将下面的 SQL 语句补充完整，完成“01 号仓库所存储的原材料信息只能由管理员李劲松来维护，而采购员李强能够查询所有原材料的库存信息”的功能。

```
CREATE  VIEW  raws_in_wh01
AS
  SELECT  ______________  FROM  原材料  WHERE  仓库号 = '01';

Grant  ________________  ON  ____________  TO  李劲松;
Grant  ________________  ON  ____________  TO  李强;
```

# 第6章 事务与并发控制

数据库是一个共享资源,可以供多个用户使用。当用户建立与数据库的会话后,用户就可以对数据库进行操作,而用户对数据库的操作是通过一个个事务来进行的。允许多个用户同时使用的数据库系统称为多用户数据库系统,例如飞机订票数据库系统、银行数据库系统等都是多用户数据库系统。在这样的系统中,在同一时刻并发运行的事务数可达到百个。

对于多用户数据库系统而言,当多个用户并发操作时,会产生多个事务同时操作同一数据的情况。若对并发操作不加以控制,就可能会发生读取和写入不正确的数据,从而破坏数据库的一致性,所以数据库管理系统必须提供并发控制机制。

## 6.1 事务

用户每天都会遇到许多现实生活中类似于事务的示例。例如,商业活动中的交易,对于任何一笔交易来说,都涉及两个基本动作:一手交钱和一手交货。这两个动作构成了一个完整的商业交易,缺一不可。也就是说,这两个动作都成功发生,说明交易完成;如果只发生一个动作,则交易失败。所以,为了保证交易能够正常完成,需要某种方法来保证这些操作的整体性,即这些操作要么都成功,要么都失败。

在事务处理中,一旦某个操作发生异常,则整个事务会重新开始,数据库也会返回到事务开始前的状态,在事务中对数据库所做的一切操作都会被取消。如果事务成功,则事务中所有的操作都会被执行。在事务处理的整个过程中,无论事务是否成功完成或者必须重新开始,事务必须确保数据库的完整性。

为了保证事务对数据操作的完整性,对事务需要加以要求和限制,只有满足这些要求或限制才能使数据库"在任何情况"下都是"正确有效"的,这是DBMS(也涉及用户或应用)的责任。这些要求或限制如下。

① 用户能将每一事务的执行当作是"原子"的。即一个事务的所有操作要么全部都执行,要么全不执行,不会发生事务被部分执行所造成的影响。

② 在多个事务并发执行的情况下,每个事务都是各自独立的,它既不干涉别的事务,也不受到别的事务的干涉,这称为事务的"隔离性"。DBMS必须对多个事务的并发执行施加一定的控制,使得任何两个事务看起来,像是一个事务结束以后,另一个才开始一样,每个事务都感觉不到系统中有其他事务在并发地执行。

③ 隔离执行事务时，必须保证数据库中的数据，在操作前和操作后是一致的，这称为事务的“一致性”。它要求用户负责保证，必要时可明确提供一致性限制，DBMS 给予检查。

④ 事务成功地完成后，其结果(尤其是对数据库的变更)状态是永久的，这称为事务的“持久性”。DBMS 必须确保事务所改变的数据在事务成功完成后必须写回数据库，即使系统在遇到故障时也不会丢失。

这些要求或限制也就是事务所必备的特性。

## 6.2 事务的 ACID 特性

DBMS 为了保证在并发访问时对数据库的保护，要求事务具有四个特性：原子性(Atomicity)、一致性(Consistency)、隔离性(Isolation)和持久性(Durability)，简称 ACID 准则。

### 6.2.1 原子性

事务的原子性是指事务中包含的所有操作要么全做，要么全不做。也就是说，事务的所有活动在数据库要么全部反映，要么全不反映，以保证数据库是一致的。

事务在执行过程中，有三种情况会使其不能成功地结束：一是出现意外而被 DBMS 夭折，例如系统发生死锁，一个事务被选中作为牺牲者。二是因为电源中断、硬件故障或者软件错误而使系统垮台。三是事务遇到了意料之外的情况，如不能从磁盘读取或读取了异常数据等。这些情形都会导致事务夭折，从而使数据库处于一种无效状态。

DBMS 必须有办法去解决这种“夭折”的事务给数据库造成的影响。可以有两种方法：一是防止这种事务的出现，然而这是办不到的，因为按上面所述，导致“夭折”的原因是无法完全避免的。二是让其发生，但一方面确保所导致的数据库“不正确”状态在系统中是不可见的，即不为事务所读取；而另一方面，同时尽快地使这种不正确状态恢复到正确状态。这是合乎情理的。

以银行转账事务为例，假如现在账户 A 上的现金为 2000 元，账户 B 上的现金为 3000 元，这时数据库反映出来的结果为：账户 A＋账户 B＝5000 元。当在转账事务中从账户 A 提款 1000 元后，向账户 B 存款之前，数据库的状态为：账户 A＋账户 B＝4000 元，丢失了 1000 元。所以在事务处理过程中数据库是不一致的，当事务处理完成后，在事务处理中不一致的状态被账户 A 为 1000 元、账户 B 为 4000 元的另一种一致状态所替代。

从中可以发现，在事务处理之前和处理之后，数据库中的数据是一致的，虽然在事务处理过程中会出现短暂的不一致状态，但必须保证事务结束时数据库是一致的。这就需要事务处理的原子性来提供保证。

如何实现事务的原子性呢？就是 DBMS 把那些“夭折”的事务已执行的操作对数据库所产生的影响再“抹掉(UNDO)”。DBMS 有一个事务日志，其中记录了每个事务对数据库所作变更的“旧值”和“新值”。当一个事务不能完成或夭折时，则将这些变更了的“新值”恢复到它的“旧值”(即抹掉了该变更)，就像该事务根本未执行过一样。负责这项工作的是 DBMS 中的“恢复管理”部件。

### 6.2.2 一致性

一致性是指数据库在事务操作前和事务处理后,其中的数据必须都满足业务规则约束。例如,上面的银行转账事务必须保证 A、B 两个账户的总钱数不变(这就是一种一致性限制),转账前总数是多少,转账后总数还是多少。这个责任一般由用户或应用程序员负责,例如他不会让 A 账户减 1000 元,而让 B 账户加 800 元,DBMS 无法检测这种错误。DBMS 无力自动实现每一事务的一致性,因为各个事务有各自的具体一致性限制。但可以将其作为一种数据的完整性限制明确给出,DBMS 提供的自动完整检查有助于一致性的实现。

下面通过实例来理解完整性约束如何实现数据库的一致性。

**【例 6-1】** 创建表 TEST,并为其添加一个主键约束和触发器。为表添加两行数据,随后对这两行数据进行更新,使所有行的主键值相同。由于主键约束的存在,当事务结束时,更新操作会失败。

```
SQL> CREATE  TABLE  test(
  i  NUMBER  NOT NULL  PRIMARY  KEY);

表已创建。

SQL> CREATE  OR  REPLACE TRIGGER test_tgr
  AFTER UPDATE  ON  test  FOR  EACH  ROW
  BEGIN
    dbms_output.put_line('更新前 i='||:old.i
                         ||'更新后 i='||:new.i);
  END;
  /

触发器已创建

SQL> SET  SERVEROUTPUT  ON
SQL> BEGIN
   INSERT  INTO  test  VALUES(1);
   INSERT  INTO  test  VALUES(2);
  END;
  /

PL/SQL 过程已成功完成。

SQL> BEGIN
   UPDATE  test  SET  i=3;
  END;
  /
更新前 i=1 更新后 i=3
更新前 i=2 更新后 i=3
BEGIN
*
第 1 行出现错误:
```

```
ORA-00001: 违反唯一约束条件 (SCOTT.SYS_C006659)
ORA-06512: 在 line 2

SQL> BEGIN
  2  UPDATE  test  SET  i=i+1;
  3  END;
  4  /
更新前 i=1 更新后 i=2
更新前 i=2 更新后 i=3

PL/SQL 过程已成功完成。
```

### 6.2.3 隔离性

隔离性是数据库允许多个并发事务同时对其中的数据进行读写和修改的能力，隔离性可以防止多个事务并发执行时，由于它们的操作命令交叉执行而导致的数据不一致状态。例如，对上面的银行转账事务，如果有另一个事务作账户汇总，它在事务结束之前计算 A+B，则得到一个不正确的结果值；进而若还根据这个值再修改其他数据，则会留下一个不正确的数据库状态，哪怕两个事务都完成了。

为了防止这种因并发事务的相互干扰而导致数据库的不正确或不一致性，DBMS 必须对它们的执行给予一定的控制，使若干并发执行的结果等价于它们一个接一个地串行执行的结果。也就是说，事务在执行过程中，其操作结果是相互不可见的，亦即完全"隔离"的，保证事务隔离性的任务由 DBMS 的"并发控制"部件完成。

### 6.2.4 持久性

事务的持久性表示为：当事务处理结束后，它对数据的修改应该是永久的，即使是系统在遇到故障的情况下也不会丢失。

这里涉及到一个问题：怎样才算事务完成了？

一种是它对数据库的操作全部执行完了，但其结果保存在内存中，没有真正写回到数据库中；另一种是不但全部操作完成，而且其结果也都写回到数据库中了。

若为前者，那么当其结果要写而未写到数据库时，发生系统故障而使其丢失怎么办？

若为后者，一方面回写数据库需要磁盘 I/O，因而可能等待很长时间，从而大大影响事务的并发度，降低系统性能；另一方面，即使写到数据库中了，也可能因磁盘故障而使其丢失或损坏。

DBMS 提供了日志设施来记录每一事务的各种操作及其结果和写磁盘的信息。无论何时发生故障，都能用这些记录的信息来恢复数据库，所以确保事务持久性的是 DBMS 的"恢复管理"部件。

### 6.2.5 Oracle 事务控制语句

在 Oracle 中，没有提供开始事务处理语句，所有的事务都是隐式开始的。也就是说，在 Oracle 中，用户不能以显式使用命令来开始一个事务。Oracle 认为第一条修改数据库的语句,或者一些要求事务处理的场合都是事务隐式的开始。但是,当用户想要终止一个事务处理时,必须显式使用 COMMIT 和 ROLLBACK 语句结束。

根据事务的 ACID 特性,Oracle 提供了如下一组语句对事务进行控制。

① COMMIT。提交事务,即把事务中对数据库的修改进行永久保存。

② ROLLBACK。回滚事务,即取消对数据库所做的任何修改。由于回滚操作需要很大的系统开销,所以用户应该在必要的时候才进行回滚。

③ SAVEPOINT。在事务中建立一个存储点。当事务处理发生异常而回滚事务时,可指定事务回滚到某存储点,然后从该存储点重新执行。其语法如下所示:

```
SAVEPOINT [存储点名];
```

在建立存储点时,可以为存储点指定一个名称。这样当回滚事务时,就可回滚到指定的存储点。如果没有为存储点指定名称,则回滚事务时,回滚到上一个存储点。

存储点是事务处理中很有用的特性,使用存储点可以让用户将一个规模比较大的事务分割成一系列小的部分。这样既降低了编写事务时的复杂度,又可防止因事务出错,而进行大批量的回滚。

**【例 6-2】** 理解下列各 SQL 语句。

(1) 复制“scott.dept”表,生成新 DEPT1。

```
SQL> CONN scott/tiger;
已连接。
SQL> CREATE TABLE dept1
  2 AS SELECT * FROM dept;
```

(2) 删除 dept1 中部门编号(deptno)为 10 的记录,并提交事务。

```
SQL> DELETE FROM dept1 WHERE deptno = '10';

已删除 1 行。

SQL> COMMIT;

提交完成。
```

(3) 将 dept1 表中部门编号(deptno)为 20 的记录的地址(loc)更改为“BEIJING”。然后回滚该事务以取消对 dept1 表的修改。

```
SQL> UPDATE dept1 SET loc = 'BEIJING'
  2 WHERE deptno = '20';

已更新 1 行。

SQL> ROLLBACK;

回退已完成。
```

(4) 在事务中建立一个存储点,并使用 ROLLBACK TO SAVEPOINT 语句回滚事务到存储点。

```
SQL> SELECT *  FROM  dept1;

    DEPTNO  DNAME        LOC
    ----  ------     -------
        20  RESEARCH     DALLAS
        30  SALES        CHICAGO
        40  OPERATIONS   BOSTON

SQL> DELETE  FROM  dept1  WHERE  deptno = '20';

已删除 1 行。

SQL> SAVEPOINT  p1;

保存点已创建。

SQL> UPDATE  dept1  SET  loc = 'AMERICA'  WHERE  deptno = '30';

已更新 1 行。

SQL> ROLLBACK  TO  SAVEPOINT  p1;

回退已完成。

SQL> SELECT * FROM  dept1;

    DEPTNO  DNAME        LOC
    ----  ------     -------
        30  SALES        CHICAGO
        40  OPERATIONS   BOSTON
```

## 6.3 并发控制

### 6.3.1 理解并发控制的含义

事务串行执行(Serial Execution,SE):DBMS按顺序一次执行一个事务,执行完一个事务后才开始另一事务的执行。类似于现实生活中的排队售票,卖完一个顾客的票后再卖下一个顾客的票。事务的串行执行,容易控制,不易出错。

事务并发执行(Concurrent Execution,CE):DBMS同时执行多个事务对同一数据的操作(并发操作),为此,DBMS需对各事务中的操作顺序进行安排,以达到同时运行多个事务的目的。这里的“并发”是指在单处理器(一个CPU)上,利用分时方法实现多个事务同时做。

并发执行的事务,可能会同时存取(或读写)数据库中同一数据的情况,如果不加以控制,可能引起读写数据的冲突,对数据库的一致性造成破坏。类似于多列火车都需要经过同一段铁路线时，车站调度室需要安排多列火车通过同一段铁路线的顺序，否则可能造成严重的火车撞车事故。

因此，DBMS对事务并发执行的控制，可归结为对数据访问冲突的控制，以确保并发事务间数据访问上的互不干扰，亦即保证事务的隔离性。

## 6.3.2 并发执行可能引起的问题

要对事务的并发执行进行控制，首先应了解事务的并发执行可能引起的问题，然后才可据此做出相应控制，以避免问题的出现，即可达到控制的目的。

事务中的操作归根结底就是读或写。两个事务之间的相互干扰就是其操作彼此冲突。因此，事务间的相互干扰问题可归纳为写-写、读-写和写-读三种冲突(读-读不冲突)，分别称为"丢失更新"、"不可重复读"、"读'脏'数据"问题。

### 1. 丢失更新

丢失更新(Lost Update)又称为覆盖未提交的数据，也就是说，一事务更新的数据尚未提交，而另一事务又将该未提交的更新数据再次更新，使得前一事务更新数据丢失。

原因：由于两个(或多个)事务对同一数据并发地写入引起，称为写-写冲突。

结果：与串行地执行两个(或多个)事务的结果不一致。

图6-1说明了丢失更新的情况，其中图6-1(a)为事务的执行顺序，图6-1(b)为按(a)顺序执行的结果。其中R(A)表示读取A的值，W(A)表示将值写入到A。

| 事务 $T_1$ | 事务 $T_2$ |
|---|---|
| R(A) | |
| W(A) | |
| | W(A) |
| R(A) | |
| ⋮ | |
| | ⋮ |

(a) 事务执行顺序

| 事务 $T_1$ | 事务 $T_2$ |
|---|---|
| R(A)：5 | |
| W(A)：6→A | |
| | W(A)：7→A |
| R(A)：7? | |

(b) 按(a)顺序执行的结果

图6-1 丢失更新

可以看出，事务 $T_1$ 对A的更新值"6"，被事务 $T_2$ 对A的更新值"7"所覆盖，于是，事务 $T_1$ 的第三步R(A)操作，读出来的值是"7"而不再是"6"。因此，事务 $T_1$ 的用户就会感到茫然，他不知道其事务 $T_1$ 对A对象的更新值，已被另外的事务更新所覆盖了。从而使事务间产生了干扰，这实际上已违背了事务的隔离性。

为了更清楚地认识"写-写"冲突的问题，再看一个例子。

**【例6-3】** 在表6-1中，数据库中A的初值是100，事务 $T_1$ 对A的值减30，事务 $T_2$ 对A的值增加一倍。如果执行次序是先 $T_1$ 后 $T_2$，那么结果A的值是140。如果先 $T_2$ 后 $T_1$，那么A的值是170。这两种情况都应该是正确的。但是按表中的并发执行，结果A的值是200，这个值肯定是错误的，因为在时间 $t_5$ 丢失了事务 $T_1$ 对数据库的更新操作。因而这个并发操作是不正确的。

表 6-1 丢失更新问题

| 时间 | 事务 $T_1$ | A 的值 | 事务 $T_2$ |
|---|---|---|---|
| $t_0$ | R(A) | 100 | |
| $t_1$ | | 100 | R(A) |
| $t_2$ | A：=A－30 | | |
| $t_3$ | | | A：=A * 2 |
| $t_4$ | W(A) | 70 | |
| $t_5$ | | 200 | W(A) |

## 2. 不可重复读

不可重复读(Unrepeatable Read)也称为读值不可复现。由于另一事务对同一数据的写入，一个事务对该数据两次读到的值不一样。

原因：该问题因读-写冲突引起。

结果：第二次读的值与前次读的值不同。

图 6-2 说明了不可重复读的情况，其中 6-2(a)为事务执行顺序，图 6-2(b)为按(a)顺序执行的结果。

| 事务 $T_1$ | 事务 $T_2$ |
|---|---|
| R(A) | |
| | W(A) |
| R(A) | |
| ⋮ | |
| | ⋮ |

(a) 事务执行顺序

| 事务 $T_1$ | 事务 $T_2$ |
|---|---|
| R(A)：5 | |
| | W(A)：6→A |
| R(A)：6? | |

(b) 按(a)顺序执行的结果

图 6-2 不可重复读

假定 $T_1$ 先读得 A 的值为“5”，$T_2$ 接着将 A 的值改为“6”，然后 $T_1$ 又来读 A，这时读得的值为“6”，由于中间 $T_1$ 未对 A 做过任何修改，导致在事务内部，对象值的不一致，即重复读同一对象其值不同的问题。

**【例 6-4】** 表 6-2 表示 $T_1$ 需要两次读取同一数据项 A，但是在两次读操作的间隔中，另一个事务 $T_2$ 改变了 A 的值。因此，$T_1$ 在两次读同一数据项 A 时却读出不同的值。

表 6-2 不可重复读问题

| 时间 | 事务 $T_1$ | A 的值 | 事务 $T_2$ |
|---|---|---|---|
| $t_0$ | R(A) | 100 | |
| $t_1$ | | 100 | R(A) |
| $t_2$ | | | A：=A * 2 |
| $t_3$ | | 200 | W(A) |
| $t_4$ | | | COMMIT |
| $t_5$ | R(A) | 200 | |

### 3. 读“脏”数据

读“脏”数据(Dirty Read)也称为读未提交的数据，也就是说，一事务更新的数据尚未提交，被另一事务读到，如前一事务因故要回退(ROLLBACK)，则后一事务读到的数据已经是没有意义的数据了，即为“脏”数据。

原因：由于后一事务读了前一个事务写了但尚未提交的数据引起，称为写-读冲突。

结果：读到有可能要回退的更新数据。但如果前一事务不回退，那么后一事务读到的数据仍是有意义的。

图 6-3 说明了可能读到“脏”数据的情况。图 6-3(a)为事务执行顺序，图 6-3(b)为按(a)顺序执行的结果。

| 事务 $T_1$ | 事务 $T_2$ |
|---|---|
| R(A) | |
| W(A) | |
| | R(A) |
| ROLLBACK | ⋮ |
| ⋮ | |

(a) 事务执行顺序

| 事务 $T_1$ | 事务 $T_2$ |
|---|---|
| R(A)：5 | |
| W(A)：6→A | |
| | R(A)：6 |
| ROLLBACK：A 的值恢复为 5 | |
| | 但事务 $T_2$ 仍可能用 6 这个“脏”数据作为 A 的值做其他事情 |

(b) 按(a)顺序执行的结果

图 6-3 读“脏”数据

假定 $T_1$ 先将 A 的初值“5”改为“6”，$T_2$ 从内存读得 A 的值为“6”，接着 $T_1$ 由于某种原因回退了，这时 A 的值又恢复为“5”，这样 $T_2$ 刚刚读到的“6”就是一个“脏”数据，如果它不再重新读的话。

**【例 6-5】** 表 6-3 事务 $T_1$ 把 A 的值修改为 70，但尚未提交(即未做 COMMIT 操作)，事务 $T_2$ 紧跟着读未提交的 A 值 70。随后，事务 $T_1$ 做 ROLLBACK 操作，把 A 的值恢复为 100。而事务 $T_2$ 仍在使用被撤销了的 A 值 70。

**表 6-3 读“脏”数据问题**

| 时间 | 事务 $T_1$ | A 的值 | 事务 $T_2$ |
|---|---|---|---|
| $t_0$ | R(A) | 100 | |
| $t_1$ | A：=A－30 | | |
| $t_2$ | W(A) | 70 | |
| $t_3$ | | 70 | R(A) |
| $t_4$ | ROLLBAKC | 100 | |

产生上述三类数据不一致性的主要原因就是并发操作破坏了事务的隔离性。并发控制就是要求 DBMS 提供并发控制功能，以正确的方式执行并发事务，避免并发事务之间的相互干扰造成数据的不一致性，保证数据库的完整性。

### 6.3.3　事务隔离级别

隔离性是事务最重要的基本特性之一，是解决事务并发执行时可能发生的相互干扰问题的基本技术。

隔离级别定义了一个事务与其他事务的隔离程度。为了更好地理解隔离级别，再来看看并发事务对同一数据库进行访问可能发生的情况。在并发事务中，总的来说会发生四种异常情况。

① 丢失更新。丢失更新就是当一个事务更新的数据尚未提交，而另一事务又将该未提交的更新数据再次更新，使得前一个事务更新数据丢失。

② 读"脏"数据。读"脏"数据就是当一个事务修改数据时，另一个事务读取了修改的数据，并且第一个事务由于某种原因取消了对数据的修改，使数据库返回到原来的状态，这时第二个事务中读取的数据与数据库的数据已经不相符合。

③ 不可重复读。不可重复读是指当一个事务读取数据库中的数据后，另一个事务则更新了数据，当第一个事务再次读取其中的数据时，就会发现数据已经发生改变，导致一个事务前后两次读取的数据不相同。

④ 幻影读。如果一个事务基于某个条件读取数据后，另一个事务则更新了同一个表中的数据，这时第一个事务再次读取数据时，根据搜索条件返回了不同的行，这就是幻影读。例如，学生表中有三个女生信息，事务 A 查询该表中女生的信息，得到的是三条记录；然后事务 B 往表中插入了一条新的女生记录；此时事务 A 再查询该表中女生的信息，则得到的是四条记录，导致前后读取的结果不一样，产生幻影读的异常。

事务中遇到这些类型的异常与事务的隔离级别的设置有关，事务的隔离级别限制越多，可消除的异常现象也就越多。隔离级别分为四级。

① 未提交读(Read Uncommitted)。此隔离级别，用户可以对数据执行未提交读；在事务结束前可以更改数据内的数值，行也可以出现在数据集中或从数据集消失。它是四个级别中限制最小的级别。

② 提交读(Read Committed)。此隔离级别不允许用户读一些未提交的数据，因此不会出现读"脏"数据的情况，但数据可以在事务结束前被修改，从而产生不可重复读或幻影数据。

③ 重复读(Repeatable Read)。此隔离级别保证在一个事务中重复读到的数据会保持同样的值，而不会出现读"脏"数据、不可重复读的问题。但允许其他用户将新的幻影行插入数据集，且幻影行包括在当前事务的后续读取中。

④ 串行读(Serializable)。此隔离级别是四个隔离级别中限制最大的级别，称为可串行读，不允许其他用户在事务完成之前更新数据集或将行插入数据集内。

表 6-4 是四种隔离级别允许的不同类型的行为。

**表 6-4　事务的四种级别**

| 隔离级别 | 丢失更新 | 读"脏"数据 | 不可重复读 | 幻影读 |
|---|---|---|---|---|
| 未提交读 | 是 | 是 | 是 | 是 |
| 提交读 | 否 | 否 | 是 | 是 |
| 可重复读 | 否 | 否 | 否 | 是 |
| 可串行读 | 否 | 否 | 否 | 否 |

### 6.3.4 Oracle 事务隔离级别设置

#### 1. Oracle 的隔离级别

Oracle 支持上述四种隔离级别中的两种：Read Committed 和 Serializable。除此之外，Oracle 还定义了 Read Only 和 Read Write 隔离级别。各隔离级别意义如下。

① Read Committed。这是 Oracle 默认的隔离级别，为事务设置 Read Commited 隔离级别后，可以防止读"脏"数据的发生，即不读取未提交的数据。由于该隔离级别下，Oracle 并不禁止其他事务对当前事务中所使用数据的修改，因此在同一事务中运行两个相同的语句，可能会得到不同的结果，即会发生不可重复读的错误。

② Serializable。设置事务的隔离级别为 Serializable 后，事务与事务之间完全隔开。事务以串行的方式执行，这并不是说一个事务必须结束后才能启动另外一个事务，而是说这些事务的执行结果与一次执行一个事务的结果是一样的。

③ Read Only 和 Read Write。当使用 Read Only 选项时，事务中不能有任何修改数据库数据的语句，这包括 INSERT、UPDATE、DELETE 语句，以及修改数据库结构的语句(如 CREATE TABLE)语句，避免了读"脏"数据、不可重复读和幻影读的异常情况。Read Write 语句在 Oracle 中并不经常使用，这是因为它是默认设置，该选项表示在事务中既可以有访问语句，也可以有数据修改语句。

#### 2. 隔离级别的设置

在 Oracle 下，可以使用 SET TRANSACTION 语句设置事务的隔离级别，下面列出了 Oracle 下最重要的四个隔离级别设置语句：

① SET TRANSACTION READ ONLY

② SET TRANSACTION READ WRITE

③ SET TRANSACTION ISOLATION LEVEL READ COMMITTED

④ SET TRANSACTION ISOLATION LEVEL SERIALIZABLE

注意，这些 SET TRANSACTION 语句是互斥的，即不可同时使用两个或两以上的选项。

现在将在 Oracle 中建立三个并发事务，以演示事务隔离级别对数据访问的影响。因此，需要打开三个 SQL * Plus 窗口并连接 SCOTT 模式。下面以表格的形式说明示例的操作步骤，操作步骤及效果如表 6-5 所示。

表 6-5 事务隔离实例

| 时间 | 会话 1 | 会话 2 | 会话 3 | 说明 |
|---|---|---|---|---|
| $T_1$ | set transaction read only;<br>select * from dept1<br>where deptno='30'; | | | |

续表

| 时间 | 会话 1 | 会话 2 | 会话 3 | 说明 |
|---|---|---|---|---|
| $T_2$ | | set transaction isolation level read committed; select * from dept1 where deptno='30'; | | 会话 1 和会话 2 中的事务都看到了 deptno 为 30 的部门信息 |
| $T_3$ | | | update dept1 set deptno='50' where deptno='30'; | 更新 deptno 为 30 的部门信息，但没有提交 |
| $T_4$ | select * from dept1 where deptno='30'; | select * from dept1 where deptno='30'; | | 两个事务仍然可以看到 deptno 为 30 的部门信息，防止了读“脏”数据的发生 |
| $T_5$ | | | commit; | 提交对数据行的修改 |
| $T_6$ | select * from dept1 where deptno='30'; | select * from dept1 where deptno='30'; | | 事务 1 依然可以看到该行数据，但事务 2 已经不能看到该行数据。即事务 1 没有出现不可重复读的错误，但事务 2 则出现了不可重复读的错误 |
| $T_7$ | commit; | | | 结束会话 1 中对事务的设置 |
| $T_8$ | select * from dept1 where deptno='30'; | | | 会话 1 也不能看到 deptno 为 30 的部门信息 |

对于大部分应用来说，READ COMMITTED 是最合适的隔离级别。虽然 READ COMMITTED 隔离级别存在不可重复读和幻影读现象，但是它能够提供较高的并发性。如果所处的数据库中具有大量的并发事务，并且对事务的处理和响应速度要求较高，则使用 READ COMMITTED 隔离级别比较合适。

相应地，如果所连接的数据库用户比较少，多个事务并发地访问同一资源的概率比较小，并且用户的事务可能会执行很长一段时间，在这种情况下使用 READ ONLY 或 SERIALIZABLE 隔离级别较合适，因为它不会发生不可重复读和幻影读现象。

## 6.4 封锁

封锁是实现并发控制的一个非常重要的技术。所谓封锁就是事务 T 在对某个数据对象例如表、记录等操作之前，先向系统发出请求，对其加锁。加锁后事务 T 就对该数据对象有了一定的控制，在事务 T 释放它的锁之前，其他的事务不能更新此数据对象。

### 6.4.1 锁

一个锁实质上就是允许(或阻止)一个事务对一个数据对象的存取特权。一个事务对一个对象加锁的结果是将别的事物“封锁”在该对象之外,特别是防止了其他事务对该对象的更改,而加锁的事务则可执行它所希望的处理并维持该对象的正确状态。一个锁总是与某一事务的一个操作相联系。

#### 1. 基本锁

锁可以有多种不同的类型,最基本的有两种:排他锁(Exclusive Locks)和共享锁(Share Locks)。

1) 排他锁(X 锁)

排他锁又称为写锁。若一个事务 $T_1$ 在数据对象 R 上获得了排他锁,则 $T_1$ 既可对 R 进行读操作,也可进行写操作。而其他任何事务不能对 R 加任何锁,因而不能进行任何操作,直至 $T_1$ 释放了它对 R 加的锁。所以排他锁就是独占锁。

2) 共享锁(S 锁)

共享锁又称为读锁。若一个事务 $T_1$ 在数据对象 R 上获得了共享锁,则它能对 R 进行读操作,但不能写 R。其他事务可以也只能同时对 R 加共享锁。

显然,排他锁比共享锁更“强”,因为共享锁只禁止其他事务写操作,而排他锁既禁止其他事务的写又禁止读。

#### 2. 基本锁的相容矩阵

根据 X 锁、S 锁的定义,可以得出基本锁的相容矩阵,如表 6-6 所示。表中表明,当一个数据对象 R 已被事务持有一个锁,而另一事务又想在 R 上加一个锁时,只有两种锁同为共享型时,才有可能。要请求对 R 加一个排他锁,只有在 R 上无任何事务持有锁时才可以。

表 6-6 基本锁相容矩阵

| 相容性 / 请求锁 / 持有锁 | S | X | — |
|---|---|---|---|
| S | Y | N | Y |
| X | N | N | Y |
| — | Y | Y | Y |

注:

① N=NO,不相容的请求

Y=YES,相容的请求

② X、S、—:分别表示 X 锁、S 锁、无锁

③ 如果两个锁不相容,则后提出封锁的事务需等待

#### 3. 锁的粒度

封锁对象的大小称为封锁粒度(Lock Granularity)。根据对数据的不同处理,封锁的对象可以是字段、记录、表、数据库等逻辑单元;也可以是页(数据页或索引页)、块等物理

单元。

封锁粒度与系统的并发度和并发控制的开销密切相关。封锁粒度越小,系统中能够被封锁的对象就越多,但封锁机构复杂,系统开销也就越大。相反,封锁粒度越大,系统中能够被封锁的对象就越少,并发度越小,封锁机构简单,相应系统开销也就越小。

因此,在实际应用中,选择封锁粒度应同时考虑封锁机构和并发度两个因素,对系统开销与并发度进行权衡,以求得最优的效果。一般来说,需要处理大量元组的用户事务可以以关系为封锁单元;而对于一个处理少量元组的用户事务,可以以元组为封锁单位以提高并发度。

## 6.4.2 封锁协议

在运用封锁机制时,还需要约定一些,例如,何时开始封锁、封锁多长时间、何时释放等,这些封锁规则称为封锁协议(Lock Protocol)。

上面讲述过的并发操作所带来的丢失更新、读“脏”数据和不可重复读等数据不一致性问题,可以通过三级封锁协议在不同程度上给予解决。

### 1. 一级封锁协议

一级封锁协议内容:事务 T 在修改数据对象之前必须对其加 X 锁,直至事务结束。

具体地说,就是任何企图更新数据对象 R 的事务必须先执行“Xlock R”操作,以获得对 R 进行更新的权力并取得 X 锁。如果未获准“X 锁”,那么这个事务进入等待状态,一直到获准“X 锁”,该事务才能继续下去。

一级封锁协议规定事务在更新数据对象时必须获得 X 锁,使得两个同时要求更新 R 的并行事务之一必须在一个事务更新操作执行完成之后才能获得 X 锁,这样就避免了两个事务读到同一个 R 值而先后更新时所发生的数据丢失更新问题。

但一级封锁协议只有当修改数据时才进行加锁,如果只是读取数据并不加锁,所以它不能防止读“脏”数据和不可重复读的情况。

**【例 6-6】** 利用一级封锁协议解决表 6-1 中的数据丢失更新问题,如表 6-7 所示。

表 6-7 丢失更新问题

| 时间 | 事务 $T_1$ | A 的值 | 事务 $T_2$ |
|---|---|---|---|
| $t_0$ | Xlokc A | | |
| $t_1$ | R(A) | 100 | |
| $t_2$ | | | Xlock A |
| $t_3$ | A:=A-30 | | 等待 |
| $t_4$ | W(A) | 70 | 等待 |
| $t_5$ | Commit | | 等待 |
| $t_6$ | Unlock X | | 等待 |
| $t_7$ | | | Xlock A |
| $t_8$ | | 70 | R(A) |
| $t_9$ | | | A:=A*2 |
| $t_{10}$ | | 140 | W(A) |
| $t_{11}$ | | | Commit |
| $t_{12}$ | | | Unlock X |

事务 $T_1$ 先对 A 进行 X 封锁，事务 $T_2$ 执行"Xlock A"操作，未获准"X 锁"，则进入等待状态，直到事务 $T_1$ 更新 A 值以后，解除 X 封锁操作(Unlock X)。此后事务 $T_2$ 再执行"Xlock A"操作，获准"X 锁"，并对 A 值进行更新(此时 R 已是事务 $T_1$ 更新过的值，A=70)。

### 2. 二级封锁协议

二级封锁协议内容：在一级封锁协议的基础上，另外加上事务 T 在读取数据对象 R 之前必须先对其加 S 锁，读完后释放 S 锁。

二级封锁协议不但可以解决数据丢失更新问题，还可以进一步防止读"脏"数据。但二级封锁协议在读取数据之后，立即释放 S 锁，所以它仍然不能解决不可重复读的问题。

**【例 6-7】** 利用二级封锁协议解决表 6-3 中的读"脏"数据问题，如表 6-8 所示。

**表 6-8 读"脏"数据问题**

| 时间 | 事务 $T_1$ | A 的值 | 事务 $T_2$ |
|---|---|---|---|
| $t_0$ | Xlock A | | |
| $t_1$ | R(A) | 100 | |
| $t_2$ | A：=A-30 | | |
| $t_3$ | W(A) | 70 | |
| $t_4$ | | | Slock A |
| $t_5$ | ROLLBAKC | | 等待 |
| $t_6$ | Unlock X | 100 | 等待 |
| $t_7$ | | | Slock A |
| $t_8$ | | 100 | R(A) |
| $t_9$ | | | Commit |
| $t_{10}$ | | | Unlock S |

事务 $T_1$ 先对 A 进行 X 封锁，把 A 的值改为 70，但尚未提交。这时事务 $T_2$ 请求对数据 A 加 S 锁，因为 $T_1$ 已对 A 加了 X 锁，$T_2$ 只能等待，直至事务 $T_1$ 释放 X 锁。之后事务 $T_1$ 因某种原因撤销，数据 A 恢复原值 100，并释放 A 上的 X 锁。事务 $T_2$ 可对数据 A 加 S 锁，读取 A=100，得到了正确的结果，从而避免了事务 $T_2$ 读取"脏"数据。

### 3. 三级封锁协议

三级封锁协议内容是：在一级封锁协议的基础上，另外加上事务 T 在读取数据 R 之前必须先对其加 S 锁，读完后并不释放 S 锁，而直至事务 T 结束才释放。

所以三级封锁协议除了可以防止丢失更新和读"脏"数据外，还可进一步防止不可重复读，彻底解决了并发操作所带来的三个不一致性问题。

**【例 6-8】** 利用三级封锁协议解决表 6-2 中的不可重复读问题，如表 6-9 所示。

**表 6-9 不可重复读问题**

| 时间 | 事务 $T_1$ | A 的值 | 事务 $T_2$ |
|---|---|---|---|
| $t_0$ | Slock A | | |
| $t_1$ | R(A) | 100 | |
| $t_2$ | | | Xlock A |
| $t_3$ | R(A) | 100 | 等待 |
| $t_4$ | Commit | | 等待 |
| $t_5$ | Unlock S | | 等待 |
| $t_6$ | | | Xlock A |
| $t_7$ | | 100 | R(A) |
| $t_8$ | | | A：=A*2 |
| $t_9$ | | 200 | W(A) |
| $t_{10}$ | | | COMMIT |
| $t_{11}$ | | | Unlock X |

事务 $T_1$ 读取 A 值之前先对其加 S 锁，这样其他事务只能对 A 加 S 锁，而不能加 X 锁，即其他事务只能读取 A，而不能对 A 进行修改。

当事务 $T_2$ 在 $t_2$ 时刻申请对 A 加 X 锁时被拒绝，使其无法执行修改操作，只能等待事务 $T_1$ 释放 A 上的 S 锁，这时事务 $T_1$ 再读取数据 A 进行核对时，得到的值仍是 100，与开始所读取的数据是一致的，即可重复读。

在事务 $T_1$ 释放 S 锁后，事务 $T_2$ 才可以对 A 加 X 锁，进行更新操作，这样便保证了数据的一致性。

#### 4. 封锁协议总结

这三级协议的内容和优缺点如表 6-10 所示。

**表 6-10 封锁协议的内容和优缺点**

<table>
<tr><th>级别</th><th colspan="3">内　　容</th><th>优点</th><th>缺点</th></tr>
<tr><td>一级<br>封锁协议</td><td rowspan="3">事务在修改数据之前，必须先对该数据加 X 锁，直到事务结束时才释放</td><td colspan="2">但只读数据的事务可以不加锁</td><td>防止“丢失更新”</td><td>不加锁的事务，可能“读‘脏’数据”，也可能“不可重复读”</td></tr>
<tr><td>二级<br>封锁协议</td><td rowspan="2">但其他事务在读数据之前必须先加 S 锁</td><td>读完后即刻释放 S 锁</td><td>防止“丢失更新”<br>防止“读‘脏’数据”</td><td>对加 S 锁的事务，可能“不可重复读”</td></tr>
<tr><td>三级<br>封锁协议</td><td>直到事务结束时才释放 S 锁</td><td>防止“丢失更新”<br>防止“读‘脏’数据”<br>防止“不可重复读”</td><td></td></tr>
</table>

### 6.4.3 封锁带来的问题

利用封锁技术，可以避免并发操作引起的各种错误，但有可能产生新的问题，即活锁、饿死和死锁。

#### 1. “饿死”问题

有可能存在一个事务序列，其中每个事务都申请对某数据项加 S 锁，且每个事务在授权加锁后一小段时间内释放封锁，此时若另一个事务 $T_2$ 欲在该数据项上加 X 锁，则将永远轮不上封锁的机会。这种现象称为“饿死”(Starvation)。

例如，假设事务 $T_1$ 持有数据 R 上的一个共享锁 $S_1(R)$，现在事务 $T_0$ 请求排他锁 $X_0(R)$，则 $T_0$ 必须等待 $T_1$ 释放 $S_1(R)$。在此期间，可能又有事务 $T_2$ 请求对 R 的共享锁 $S_2(R)$，由于它不与 $S_1(R)$ 冲突，故被允许。于是当 $T_1$ 释放 $S_1(R)$ 时，$T_0$ 还不能获得 $X_0(R)$，要等待 $T_2$ 释放锁。以此类推，$T_0$ 可能还要等 $T_3$，$T_4$，…，这样一直等下去而根本不能前进，这种情形就称为 $T_0$ 被“饿死”了。

可以用下列授权方式来避免事务“饿死”。

当事务 $T_2$ 中请求对数据 R 加 S 锁时，授权加锁的条件是：

① 不存在数据 R 上持有 X 锁的其他事务；

② 不存在等待对数据 R 加锁且先于 $T_2$ 申请加锁的事务。

### 2. “活锁”问题

系统可能使某个事务永远处于等待状态，得不到封锁的机会，这种现象称为“活锁”(Live Lock)。

例如，事务 $T_1$ 在对数据 R 封锁后，事务 $T_2$ 又请求封锁 R，于是 $T_2$ 等待。$T_3$ 也请求封锁 R。当 $T_1$ 释放 R 上的封锁后，系统首先批准了 $T_3$ 的请求，$T_2$ 继续等待。然后又有 $T_4$ 请求封锁 R，$T_3$ 释放了 R 上的封锁后，系统又批准了 $T_4$ 的请求，以此类推，$T_2$ 可能永远处于等待状态，从而发生了“活锁”。

解决“活锁”问题的一种简单方法是采用“先来先服务”的策略，也就是简单的排队方式。如果运行时，事务有优先级，那么很可能存在优先级低的事务，即使排队也很难轮上封锁的机会。此时可采用“升级”方法来解决，也就是当一个事务等待若干时间(比如 5min)还轮不上封锁时，可以提高其优先级别，这样总能轮上封锁。

### 3. “死锁”问题

系统中两个或两个以上的事务都处于等待状态，并且每个事务都在等待其中另一个事务解除封锁，它才能继续执行下去，结果造成任何一个事务都无法继续执行，这种现象称系统进入“死锁”(Dead Lock)状态。

例如，事务 $T_1$ 等待事务 $T_2$ 释放它对数据对象持有的锁，事务 $T_2$ 等待事务 $T_3$ 释放它的锁，依此类推，最后事务 $T_n$ 又等待 $T_1$ 释放它持有的某个锁，从而形成了一个锁的等待圈，产生死锁。

1) “死锁”的预防

预防死锁有两种方法：一次加锁法和顺序加锁法。

(1) 一次加锁法

一次加锁法是每个事务必须将所有要使用的数据对象全部依次加锁，并要求加锁成功，只要一个加锁不成功，表示本次加锁失败，则应该立即释放所有已加锁成功的数据对象，然后重新开始从头加锁。

一次加锁法虽然可以有效地预防死锁的发生，但也存在一些问题。

① 对某一事务所要使用的全部数据一次性加锁，扩大了封锁的范围，从而降低了系统

的并发度。

② 数据库中的数据是不断变化的，原来不需要封锁的数据，在执行过程中可能会变成封锁对象，所以很难事先精确地确定每个事务要封锁的数据对象，这样只能在开始时扩大封锁范围，将可能要封锁的数据全部加锁，这就进一步降低了并发度，影响系统运行效率。

(2) 顺序加锁法

顺序加锁法是预先对所有可加锁的数据对象强加一个封锁顺序，同时要求所有事务都只能按此顺序封锁数据对象。

顺序加锁法同一次加锁法一样，也存在一些问题。因为事务的封锁请求可能随着事务的执行而动态地决定，随着数据操作的不断变化，维护这些数据的封锁顺序需要很大的系统开销。

2) “死锁”的检测与解除

预防死锁的代价太高，还可能发生许多不必要的回退操作。因此现在大多数 DBMS 采用的方法是，允许死锁发生，然后设法发现它、解除它。

(1) “死锁”检测

利用事务等待图测试系统中是否存在死锁。图中每一个节点是一个“事务”，箭头表示事务间的依赖关系。

例如，事务 $T_1$ 需要数据 B，但 B 已被事务 $T_2$ 封锁，那么从 $T_1$ 到 $T_2$ 画一个箭头；然后，事务 $T_2$ 需要数据 A，但 A 已被事务 $T_1$ 封锁，那么从 $T_2$ 到 $T_1$ 也应画一个箭头，如图 6-4 所示。

如果在事务等待图中沿着箭头方向存在一个循环，那么死锁的条件就形成了，系统进入死锁状态。

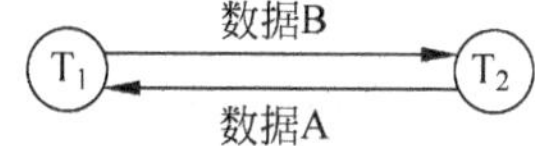


图 6-4 事务等待图

(2) “死锁”解除

DBMS 中有一个死锁测试程序，每隔一段时间检查并发的事务之间是否发生死锁。如果发现死锁，DBA 从依赖相同资源的事务中抽出某个事务作为牺牲品，将它撤销，并释放此事务占用的所有数据资源，分配给其他事务，使其他事务得以继续运行下去，这样就有可能消除死锁。

在解除死锁的过程中，抽取牺牲事务的标准是根据系统状态及其应用的实际情况来确定的，通常采用的方法之一是选择一个处理死锁代价最小的事务，将其撤销；或从用户等级角度考虑，取消等级低的用户事务，释放其封锁的资源给其他需要的事务。

## 6.5 两段封锁协议

DBMS 对并发事务不同的调度(即事务的执行次序)可能会产生不同的结果，那么什么样的调度是正确的呢？显然，串行调度是正确的。执行结果等价于串行调度的调度也是正确的。这样的调度叫做可串行化调度。

前面说明了封锁是一种最常用的并发控制技术，而可串行性是并发调度的一种正确性准则。接下来的问题是，怎么封锁其调度才是可串行化的呢？最简单而有效的是采用两段封锁协议(Two-Phase Locking Protocol，2PL 协议)。

两段封锁协议规定所有的事务应遵守下面两条规则。

① 在对任何一个数据进行读写操作之前,事务必须获得对数据的封锁。

② 在释放一个封锁之后,事务不再获得任何其他封锁。

所谓"两段"锁的含义是,事务分为两个阶段,第一阶段是获得封锁,也称为"扩展"阶段。在这个阶段,事务可以申请获得任何数据项上任何类型的锁,但是不能释放任何锁。第二阶段是释放封锁,也称为"收缩"阶段。在这个阶段,事务可以释放任何数据项上的任何类型的锁,但是不能再申请任何锁。

例如,$T_1$: S($a$),$x$=R($a$),X($b$),W($b$,$x$),U($a$),U($b$),C

$T_2$: S($a$),$x$=R($a$),U($a$),X($b$),W($b$,$x$),U($b$),C

其中,S($a$)为给数据对象 $a$ 加 S 锁;

$x$=R($a$)为读取数据对象 $a$ 值赋给变量 $x$;

X($b$)为给数据对象 $b$ 加 X 锁;

W($b$,$x$)为把变量 $x$ 值写入到数据对象 $b$;

U($a$)和 U($b$)分别为解除对数据对象 $a$ 和 $b$ 的封锁;

C 为提交事务的操作。

两个事务中 $T_1$ 遵循 2PL,$T_2$ 则没有遵循。

两段封锁协议不是一个具体的协议,但其思想可融入到具体的加锁协议之中,如 X 锁协议。下面给出一个遵守 2PL 的可串行化调度实例,如图 6-5 所示。

遗憾的是,两段封锁协议仍有可能导致死锁的发生,而且可能会增多。这是因为每个事务都不能及时解除被它封锁的数据。如图 6-6 所示的遵守两段封锁协议可能发生死锁的事务调用。

| 事务 $T_1$ | 事务 $T_2$ |
|---|---|
| Xlock($x$) | |
| R($x$) | |
| W($x$) | |
| Xlock($y$) | |
| Unlock($x$) | |
| | Xlock($x$) |
| | R($x$) |
| | W($x$) |
| | Xlock($y$) |
| R($y$) | 等待 |
| W($y$) | 等待 |
| Unlock($y$) | 等待 |
| | Xlock($y$) |
| | Unlock($x$) |
| | R($y$) |
| | W($y$) |
| | Unlock($y$) |

图 6-5 遵守 2PL 的可串行化调度

| 事务 $T_1$ | 事务 $T_2$ |
|---|---|
| Slock($x$) | |
| R($x$) | |
| | Slock($y$) |
| | R($y$) |
| Xlock($y$) | |
| 等待 | Xlock($x$) |
| 等待 | 等待 |

图 6-6 遵守 2PL 的事务可能发生死锁

# 6.6 Oracle 的并发控制

所谓的并发控制是指用正确的方式实现事务的并发操作，避免造成数据的不一致性，也就是事务的一致性。为了维护事务的一致性，Oracle 使用锁机制防止其他用户修改另外一个未完成的事务中的数据。

事务对数据库的操作可以概括为读和写，当两个事务对同一个数据项进行操作时，可能的情况包括读-读、读-写、写-读和写-写。除读-读这种情况外，在其他情况下都可能产生数据的不一致，因此要通过不同模式的锁来避免数据不一致的发生。

### 1. 锁的模式

Oracle 提供了五种锁的模式，如表 6-11 所示。

**表 6-11　Oracle 锁模式**

| 锁　模　式 | 说　　明 |
| --- | --- |
| 共享锁(S) | 某事务用 S 锁锁定了表，则其他事务只能使用 S 锁锁定这个表，但不能对表进行更改 |
| 排他锁(X) | 某事务对表加 X 锁后，则该事务对表即可以读也可以写，但其他事务不能对该表加任何锁 |
| 行级共享锁(RS) | 如果某事务为了更新表中的行，使用 RS 锁锁定相应的行后，除了这些行外，另外的事务仍可以锁定表中其他的行 |
| 行级排他锁(RX) | 如果某事务为了更新表而使用了 RX 锁锁定相应的行，则它不允许其他事务再锁定该表 |
| 共享行级排他锁(SRX) | 如果某事务对表加 SRX 锁，则表示对该表加 S 锁，而对要进行更新行加 RX 锁 |

### 2. 锁的相容矩阵

Oracle 各模式锁的相容性，如表 6-12 所示。

**表 6-12　锁的相容矩阵**

| 相容性（持有锁 \ 请求锁） | S | RS | RX | SRX | X |
| --- | --- | --- | --- | --- | --- |
| S | Y | Y | N | N | N |
| RS | Y | Y | Y | Y | N |
| RX | N | Y | Y | N | N |
| SRX | N | Y | N | N | N |
| X | N | N | N | N | N |

### 3. 各种模式锁设置语句

在Oracle中,当使用INSERT、UPDATE或DELETE语句时,Oracle会自动使用RX锁;而对DDL中的CREATE语句,Oracle会自动使用S锁,所有ALTER语句将使用X锁。除此之外,Oracle提供了一个LOCK语句,允许用户手动锁定一个表,而不是由一个事务自动地将它的锁触发。

表6-13所示列出了使用LOCK语句设置的各种模式锁。

**表6-13 LOCK语句设置的锁模式**

| 锁 模 式 | LOCK语句 |
|---|---|
| RS | LOCK TABLE 表名 IN ROW SHARE MODE |
| RX | LOCK TABLE 表名 IN ROW EXCLUSIVE MODE |
| S | LOCK TABLE 表名 IN SHARE MODE |
| SRX | LOCK TABLE 表名 IN SHARE ROW EXCLUSIVE MODE |
| X | LOCK TABLE 表名 IN EXCLUSIVE MODE |

【例6-9】 分析下列各SQL语句的功能。

(1) 打开一个SQL * Plus,建立与SCOTT模式的连接。

在此会话事务中对"dept1"表加行级排他锁RX,并使用UPDATE语句修改其中的某行数据。

```
SQL> LOCK TABLE dept1   IN   ROW   EXCLUSIVE   MODE;

表已锁定。

SQL> UPDATE dept1 SET loc = 'AMERICA'
  2  WHERE   deptno = '40';

已更新 1 行。
```

(2) 再打开一个SQL * Plus,并对"dept1"表加S锁。

```
SQL> LOCK TABLE dept1 IN   SHARE   MODE;
```

由于会话一锁的类型是RX,当会话二中设置锁的类型是S时,会话二中的事务将被阻塞,等待会话一对"dept1"表解锁。

(3) 在会话一中使用ROLLBACK回滚事务,终止事务的运行,这时将解除对"dept1"表加的RX锁。

```
SQL> ROLLBACK;

回退已完成。
```

(4) 当在会话一中解除对"dept1"表的RX锁时,会话二中的事务就可以正常运行了。

```
SQL> LOCK TABLE dept1 IN  SHARE  MODE;

表已锁定。
```

## 6.7 小结

本章主要介绍了事务管理及其主要技术。保证数据一致性是对数据库的最基本的要求。事务是数据库的逻辑工作单位，是由若干操作组成的序列。只要DBMS能够保证系统中一切事务的原子性、一致性、隔离性和持续性，也就保证了数据库处于一致状态。

事务是并发控制的基本单位，为了保证事务的一致性，DBMS需要对并发操作进行控制。事务的并发指的是多个事务同时对相同的数据进行操作，事务并发会带来更新丢失、脏读等一致性问题。锁技术通过给并发事务设读锁或写锁，并制定相关的锁协议来避免上述问题。对数据对象施加封锁，会带来活锁和死锁问题，并发控制机制必须提供适合数据库特点的解决方法。

并发控制机制调度并发事务操作是否正确的判别准则是可串行性，两段封锁协议是可串行化调度的充分条件，但不是必要条件。因此，两段封锁协议可以保证并发事务调度的正确性。

## 习题六

**一、选择题**

(1) 假如当前数据库中有两个并发的事务，其中，第一个事务修改表中的数据，第二个事务在将修改提交给数据库前查看这些数据。如果第一个事务执行回滚操作，则会发生哪种读取现象？________。

A. 幻影读　　B. 不可重复读　　C. 读"脏"数据　　D. 可重复读

(2) 事务的ACID性质，关于原子性的描述正确的是________。

A. 指数据库的内容不出现矛盾的状态

B. 若事务正常结束，即使发生故障，新结果也不会从数据库中消失

C. 事务中的所有操作要么都执行，要么都不执行

D. 若多个事务同时进行，与顺序实现的处理结果是一致的

(3) 一级封锁协议解决了事务并发操作带来的________不一致性的问题。

A. 数据丢失修改　　B. 数据不可重复读

C. 读"脏"数据　　D. 数据重复修改

(4) ________能保证不产生死锁。

A. 两段封锁协议　　B. 一次封锁法

C. 二级封锁协议　　D. 三级封锁协议

(5) 一个事务执行过程中，其正在访问的数据被其他事务所修改，导致处理结果不正确，这是由于违背了事务的________。

A. 原子性　　B. 一致性　　C. 隔离性　　D. 持久性

(6)“一旦事务成功提交,其对数据库的更新操作将永久有效,即使数据库发生故障”,这一性质是指事务的________。

A. 原子性　　B. 一致性　　C. 隔离性　　D. 持久性

(7) 事务 $T_1$,$T_2$,$T_3$ 分别对数据 $D_1$、$D_2$、$D_3$ 的并发操作如下,其中 $T_1$ 与 $T_2$ 间并发操作____①____,$T_2$ 与 $T_3$ 间并发操作____②____。

| 时间 | 事务 $T_1$ | 事务 $T_2$ | 事务 $T_3$ |
|---|---|---|---|
| $t_1$ | 读 $D_1=50$ | | |
| $t_2$ | 读 $D_2=100$ | | |
| $t_3$ | 读 $D_3=300$ | | |
| $t_4$ | $X_1=D_1+D_2+D_3$ | | |
| $t_5$ | | 读 $D_2=100$ | |
| $t_6$ | | 读 $D_3=300$ | |
| $t_7$ | | | 读 $D_2=100$ |
| $t_8$ | | $D_2=D_3-D_2$ | |
| $t_9$ | | 写 $D_2$ | |
| $t_{10}$ | 读 $D_1=50$ | | |
| $t_{11}$ | 读 $D_2=200$ | | |
| $t_{12}$ | 读 $D_3=300$ | | |
| $t_{13}$ | $X_1=D_1+D_2+D_3$ | | |
| $t_{14}$ | 验算不对 | | $D_2=D_2+50$ |
| $t_{15}$ | | | 写 $D_2$ |

① A. 不存在问题　　B. 将丢失修改
　C. 不能重复读　　D. 将读“脏”数据

② A. 不存在问题　　B. 将丢失修改
　C. 不能重复读　　D. 将读“脏”数据

(8) 火车售票点 $T_1$、$T_2$ 分别售出了两张 2012 年 1 月 1 日到北京的硬卧票,但数据库里的剩余票数却只减了两张,造成数据的不一致,原因是________。

A. 系统信息显示出错　　B. 丢失了某售票点修改

C. 售票点重复读数据　　D. 售票点读了“脏”数据

(9) 若系统中存在五个等待事务 $T_0$、$T_1$、$T_2$、$T_3$、$T_4$,其中 $T_0$ 正等待被 $T_1$ 锁住的数据项 $A_1$,$T_1$ 正等待被 $T_2$ 锁住的数据项 $A_2$,$T_2$ 正等待被 $T_3$ 锁住的数据项 $A_3$,$T_3$ 正等待被 $T_4$ 锁住的数据项 $A_4$,$T_4$ 正等待被 $T_0$ 锁住的数据项 $A_0$,则系统处于________的工作状态。

A. 并发处理　　B. 封锁　　C. 循环　　D. 死锁

(10) 事务回滚指令 ROLLBACK 执行的结果是________。

A. 跳转到事务程序开始处继续执行

B. 撤销该事务对数据库的所有的 INSERT、UPDATE、DELETE 操作

C. 将事务中所有变量值恢复到事务开始的初值

D. 跳转到事务程序结束处继续执行

**二、填空题**

1. 事务的 ACID 特性包括________、一致性、________和持久性。

2. 在众多的事务控制语句中，用来撤销事务的操作语句为________，用于持久化事务对数据库操作的语句是________。

3. 当对某个表加 SRX 锁时，则表行的锁类型为________。

4. 如果对数据库的并发操作不加以控制，则会带来三类问题：________、________和不可重复读。

5. 封锁能避免错误的发生，但会引起________、________和________。

**三、操作题**

阅读下列说明，回答问题 1 到问题 3。

**【说明】** 某银行的存款业务分为如下三个过程：

(1) 读取当前账户余额，记为 R($b$)。

(2) 当前余额 $b$ 加上新存入的金额 $x$ 作为新的 $b$，即 $b=b+x$。

(3) 将新余额 $b$ 写入当前账户，记为 W($b$)。

存款业务分布于该银行各营业厅，并允许多个客户同时向同一账号存款，针对这一需求，完成下述问题。

**【问题 1】**

假设同时有两个客户向同一账号发出存款请求，该程序会出现什么问题？

**【问题 2】**

存款业务的伪代码程序为 R($b$)，$b=b+x$，W($b$)。现引入共享锁指令 Slock($b$)和排他锁指令 Xlock($b$)对数据 $b$ 进行加锁，解锁指令 Unlock($b$)对数据 $b$ 进行解锁。

请补充存款业务的伪代码程序，使其满足 2PL 协议。

**【问题 3】**

若用 SQL 编写的存款业务事务程序如下：

```
…
SET    TRANSACTION   ISOLATION    LEVEL   READ    UNCOMMITTED
UPDATE   accounts   SET   余额 = 余额 + 数量    WHERE   账号 = AccountNo
COMMINT
…
```

该程序段是否能够实现存款业务？如若不能，请修改其中的语句。

# 第7章 故障恢复

任何一个系统都难免由于种种原因发生各种故障，数据库系统也是如此。故障可能来自硬件(如 CPU、内存、系统总线、电源等)、软件(如 DBMS 和 OS 的隐患，应用程序逻辑和数据错误等)、磁盘损坏，乃至病毒和人为的有意破坏等。

因此，DBMS 必须具有把数据库从错误状态恢复到某一已知的正确状态的功能，这就是数据库的恢复。数据库系统所采用的恢复技术是否行之有效，不仅对系统的可靠程度起着决定性作用，而且对系统的运行效率也有很大影响，是衡量系统性能优劣的重要指标。

## 7.1 数据库故障恢复概述

系统能把数据库从被破坏、不正确的状态，恢复到最近一个正确的状态，DBMS 的这种能力称为数据库的可恢复性(Recovery)。

恢复管理的任务包含两部分：一是在未发生故障而系统正常运行时，采取一些必要措施为恢复工作打基础；二是在发生故障后进行恢复处理。

① 平时做好两件事：转储和建立日志。

- 周期地(比如一天一次)对整个数据进行复制，转储到另一个磁盘或磁带一类的存储介质中。
- 建立日志数据库。记录事务的开始、结束标志，记录事务对数据库的每一次插入、删除和修改前后的值，写到日志库中，以便有案可查。

② 数据库系统基本的共同恢复方法。

- 优先写日志。任何对数据库中数据元素的变更都必须先写入日志；将变更的数据写入磁盘前，日志中的所有相关记录必须写入磁盘。
- 重做(REDO)已提交事务的操作。当发生故障而使系统崩溃后，对那些已提交但其结果尚未写到磁盘上去的事务操作要重做，使数据库恢复到崩溃时所处理状态。
- 撤销(UNDO)未提交事务的操作。系统崩溃时，那些未提交事务操作所产生的数据库变更必须恢复到原状，使数据库只反映已提交事务的操作结果。

数据库恢复的基本原则很简单，数据重复存储，即数据“冗余”。数据库恢复系统应该提供两种类型的功能：一是生成冗余数据，即备份数据库；二是冗余重建，即利用这些冗余数据恢复数据库。

## 7.2 故障分类

在数据库系统引入事务概念以后，数据库的故障具体体现在事务执行的成功与失败。常见的故障有三类：事务故障、系统故障和介质故障。

### 7.2.1 事务故障

事务故障就是一个事务不能再正常执行下去了。事务故障又可分为两种。

① 可以预期的事务故障。即在程序中可以预先估计到的错误。例如存款余额透支，商品库存量达到最低量等，此时继续取款或发货就会出现问题。这种情况可以在事务的代码中加入判断和 ROLLBACK 语句。当事务执行到 ROLLBACK 语句时，由系统对事务进行撤销操作，即执行 UNDO 操作。

② 非预期的事务故障。即在程序中发生的未估计到的错误。例如数据错误(有的错误数据在输入时是无法检查出来的，例如存入银行的钱数“3500”输入成“5300”)、运算溢出、并发事务发生死锁而被选中撤销该事务(使事务不能再执行下去，但系统未崩溃，该事务可在后面的某时间重启动执行)等。此时由系统直接对该事务执行 UNDO 处理。

一个事务故障既不伤害其他事务，也不会损害数据库(在正确并发控制和恢复管理策略下)。所以它是一种最轻，也是最常见的故障。

### 7.2.2 系统故障

引起系统停止运转随之要求重新启动的事件称为“系统故障”。例如硬件故障、软件(DBMS、OS 或应用程序)错误或系统断电等情况。系统故障影响正在运行的所有事务，但不破坏数据库，这时主存内容，尤其是数据库缓冲区(在内存)中的内容都被丢失，所有运行事务都非正常终止。

系统故障可能导致事务的两种情况。

① 尚未完成的事务。发生系统故障时，一些尚未完成的事务的结果可能已写入到物理数据库，从而造成数据库可能处于不正确的状态。

② 已提交的事务。发生系统故障时，有些已经完成的事务，它们更改的数据可能有一部分甚至全部留在内存缓冲区，尚未写回到磁盘上的物理数据库中，系统故障使得这些事务对数据库的修改部分或全部丢失，这也会使数据库处于不一致状态。

重新启动时，具体处理分为：

① 对未完成事务作 UNDO 处理；

② 对已提交事务但更新还留在内存缓冲区的事务进行 REDO 处理。

### 7.2.3 介质故障

系统故障常称为软故障，介质故障称为硬故障。硬故障指外存故障，如磁盘损坏、磁头碰撞、瞬时强磁场干扰等。发生介质故障，磁盘上的物理数据库遭到毁灭性破坏。

介质故障恢复的方法是：

- 重新装入转储的后备副本到新的磁盘,使数据库恢复到转储时的一致状态。
- 在日志中找出转储以后所有已提交的事务。对这些已提交的事务进行 REDO 处理,将数据库恢复到故障前某一时刻的一致状态。

上述的各类故障都是可以采用各种技术与机制来恢复的。也存在难以恢复的故障,如地震、火灾、爆炸等造成外存(包括日志、数据库、备份等)的严重毁坏。对这类灾难性故障,一般的恢复技术是难以奏效的,采用分布式或远程调用(日志、备份等)技术可能是较好的方法。

## 7.3 恢复的实现技术

数据库恢复的基本原则是数据的冗余。建立冗余数据最常用的技术是数据备份和登记日志文件。通常在一个数据库系统中,这两种方法是一起使用的。

### 7.3.1 数据备份

备份是为了支持磁盘本身发生故障时的数据库恢复。在发生介质故障时,存储在磁盘上的数据库本身甚至日志遭到破坏,将如何恢复呢?

其基本方法是定期(比如一天一次)地将数据库转储到另外分离(甚至远离)的安全存储器(磁带、光盘或远程节点等)上,这种转储过程就称为备份。

当发生介质故障时,先用最近的一次备份副本来复原数据库,然后利用日志的 REDO 和 UNDO 记录将其恢复到最近的一致性状态。显然,这里的前提是,最近一次备份以来的联机日志是完好的。

备份转储是一个很长的过程,如何进行备份要考虑两个方面:一是怎样复制数据库,二是怎样(何时或在什么情况下)进行备份转储。先考虑第一方面的问题,可以区分两个不同的级别的复制策略:

① 海量转储。每次复制整个数据库。

② 增量转储。每次只转储上次转储后被更新过的数据。上次转储以后对数据库的更新修改情况记录在日志文件中。利用日志文件,将更新过的那些数据重新写入上次转储的文件中,就完成了转储操作。这与转储整个数据库的效果是一样的,但花的时间要少得多。

现在考虑怎样(在什么情况下)做备份的问题。分为静态转储和动态转储。

① 静态转储。是指在系统中无运行事务时进行的转储操作。

静态转储期间不允许有任何数据存取活动,因而必须在当前所有用户的事务结束之后进行,新用户事务又必须在转储结束之后才能进行。显然,静态转储得到的一定是一个数据一致性的副本,但它降低了数据库的可用性。

② 动态转储。是指转储其间允许对数据库进行存取或修改的转储操作。

动态转储可以克服静态转储的缺点,它不用等待正在运行的用户事务结束,也不会影响新事务的运行。但是,转储结束时后备副本上的数据并不能保证正确有效。例如,在转储期间的某个时间,系统把数据 X=100 转储到磁盘上,而在下一时刻,某一事务将 X 改为 200。转储结束后,后备副本上的 X 已是过时的数据了。

为此，必须把转储期间各事务对数据库的修改活动记录在日志文件中。这样，后备副本加上日志文件就能把数据库恢复到某一时刻的正确状态。

### 7.3.2 登记日志文件

在系统运行时，数据库与事务都在不断地变化，为了在故障后能恢复系统的正常状态，必须在系统正常运行期间随时记录下它们的变化情况，以便提供恢复所需信息。这种历史记录称为“日志”。

#### 1. 日志记录类型

日志中一般包含有关于事务活动、数据库变更及恢复处理信息的三大类型的记录。

1）关于事务活动的记录

这类记录所记载的内容典型地有如下几种。

- 事务的唯一标识符。事务是并发的，所以相对于几个事务的日志记录可能是交错的，即先是关于某个事务的一个操作，接着是关于另一事务的一个操作，然后又是第一个或第三个事务的一个行动，以此类推，所以每一记录需被授予一个唯一的标识号。
- 事务的输入数据。
- 事务的开始。
- 事务的提交。但它所做的变更不一定写到磁盘上。
- 事务的夭折。要保证事务的任何变更不能出现在磁盘上。
- 事务完全结束。仅有 COMMIT 或 ABORT 日志记录是不够的，因为此后还有一些活动必须要完成，如收回事务所占有的工作缓冲区等。
- 事务在数据对象上进行的操作。如插入、删除、读取、修改操作。

2）关于数据库变更的记录

这类记录反映了数据库的变化历史，变更的内容有以下两个。

- 更新前数据的旧值（对于插入操作而言，此项为空值）。
- 更新后数据的新值（对于删除操作而言，此项为空值）。

3）关于恢复处理信息的记录

为了支持各种故障的有效恢复，除上述关于事务和数据库变更历史的日志记录外，还要有下列两种日志记录。

- 备份记录：记载为了能进行介质故障恢复而所做的数据库定期转储的有关信息。例如，转储的类型（海量转储、增量转储）、转储副本的版本号等。
- 检验点记录：主要的内容有在做检测点时正在运行的事务的列表、每一种事务的最后一个日志记录的标识号、第一个日志记录的标识号等。

#### 2. 日志文件的作用

日志文件在数据库恢复中起着非常重要的作用。可以用来进行事务故障恢复和系统故障恢复，并协助后备副本进行介质故障恢复。具体作用是：

① 事务故障恢复和系统故障恢复必须用日志文件。

② 在动态转储方式中必须建立日志文件,后备副本和日志文件结合起来才能有效地恢复数据库。

③ 在静态转储方式的恢复中,也可能需要日志文件。当数据库毁坏后可重新装入后备副本把数据库恢复到转储结束时刻的正确状态,然后利用日志文件,把已完成的事务进行重做(REDO)处理,对故障发生时尚未完成的事务进行撤销(UNDO)处理。这样不必重新运行那些已完成的事务就可把数据库恢复到故障前某一时刻的正确状态。

### 3. 登记日志文件

为保证数据库是可恢复的,登记日志文件时必须遵守两条原则:

① 事务登记的次序必须严格按并发事务执行的时间次序。

② 必须先写日志文件,后写数据库。

如果先写了数据库修改,而在日志文件中没有登记这个修改,则以后就无法恢复这个修改了。如果先写日志,但没有修改数据库,在进行恢复时,只要执行 UNDO 或 REDO 操作就可以了,并不会影响数据库的正确性。

所以为了安全,一定要先写日志文件,然后写数据库的修改。这就是“先写日志文件”的原则。

# 7.4 恢复策略

当系统运行过程中发生故障,利用数据库后备副本和日志文件就可以将数据库恢复到故障前的某个一致性状态。不同故障其恢复策略和方法也不一样。

## 7.4.1 事务故障的恢复

引起事务故障,有如下几个原因:

① 事务无法执行而中止。

② 用户主动撤销事务。

③ 因系统调度差错而中止。

事务故障恢复步骤是:

① 从后向前扫描日志,找到故障事务。

② 撤销该事务已做的所有更新操作。例如,如果日志记录中是插入操作,则相当于做删除操作(此时“更新前的值”为空);若日志记录中是删除操作,则做插入操作;若是修改操作,则相当于用修改前的值代替修改后的值。

③ 从正在运行的事务列表中删除该事务,释放该事务所占资源。

事务故障的恢复由系统自动完成,无需用户干预。

## 7.4.2 系统故障的恢复

引起系统故障的原因主要有两个,即系统断电、除介质故障之外的软硬件故障。

系统故障会使数据库处于不一致的状态,其原因如下:

① 未提交事务对数据库的更新已写入数据库。

② 已提交事务对数据库的更新还留在内存缓冲区中，没来得及写入数据库。

因此，对系统故障的恢复策略，是撤销故障发生时未提交的事务，重做已提交的事务。

系统故障的恢复步骤是：

① 重新启动 OS 和 DBMS。

② 从前向后扫描日志，找到故障前已提交的事务，将其事务唯一标识号记入重做(REDO)队列。同时，找出故障时未提交的事务，将其事务唯一标识号记入撤销(UNDO)队列。

③ 对撤销队列中的各个事务进行撤销处理，具体方法是，反向扫描日志，对每个要撤销的事务进行回退操作。

④ 对重做队列中的各个事务进行重做，具体方法是，正向扫描日志，对每个事务重新执行日志文件登记的操作。

系统故障的恢复是由系统在重新启动时自动完成的，无需用户干预。

### 7.4.3 介质故障的恢复

介质故障的恢复方法是重装数据库，重做已提交的事务。具体步骤如下。

① 修复或更换磁盘系统，并重新启动系统。

② 装入最近的数据库后备副本，使数据库恢复到最近一次转储时的一致性数据库状态。

③ 装入有关的日志副本，重做(REDO)已提交的事务。具体方法为：扫描日志，找出故障时已提交事务的唯一标识号，记入重做队列；正向扫描日志，对重做队列中的事务重新执行日志文件中登记的操作。

介质故障的恢复需要 DBA 的干预，但 DBA 的任务也只是重装最近转储的数据库后备副本和有关的日志副本，发出系统恢复的命令即可。具体的恢复操作仍由 DBMS 来完成。

## 7.5 具有检查点的恢复技术

当发生系统失败时，首先必须查阅日志来确定哪些事务要重做(REDO)，哪些事务要撤销(UNDO)。问题是：如何查阅日志？从哪里查起呢？一种最明显的选择是从头查起，这显然是不明智的。一是搜索整个日志将耗费大量的时间；二是很多需重做(REDO)处理的事务实际上已经将它们的更新操作结果写到数据库中了，然而恢复子系统又重新执行了这些操作，浪费了大量的时间。为了解决这些问题，引入检查点机制，这种检查点机制大大减少了数据库恢复的时间。这个方法如图 7-1 所示。

设数据库系统运行时，在 $t_c$ 时刻产生了一个检查点，而在下一个检查点来临之前的 $t_f$ 时刻系统发生了故障。我们把这一阶段运行的事务分成五类($T_1$～$T_5$)：

- 事务 $T_1$ 不必恢复。因为它们的更新已在检查点 $t_c$ 时写到数据库中去了。
- 事务 $T_2$ 和事务 $T_4$ 必须重做(REDO)。因为它们结束在下一个检查点之前。它们对数据库的修改仍在内存缓冲区，还未写到磁盘。

• 事务 $T_3$ 和事务 $T_5$ 必须撤销(UNDO)。因为它们还未做完，必须撤销事务已对数据库做的修改。

采用检查点方法的基本恢复分成两步：

① 根据日志文件建立事务重做(REDO)队列和事务撤销(UNDO)队列。

② 对重做队列中的事务进行 REDO 处理，对撤销队列中的事务进行 UNDO 处理。

一般 DBMS 产品自动实行检查点操作，无需用户干预。

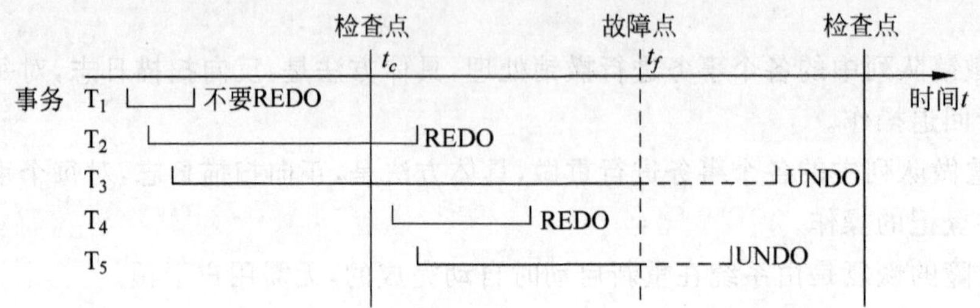


图 7-1　与检查点和系统故障有关的事务

# 7.6　Oracle 恢复管理器 RMAN

RMAN 是 Recovery Manager 的缩写，即恢复管理器。它可以用来备份和恢复数据库文件、归档日志文件，可以用来执行完全或不完全的数据库恢复。

## 7.6.1　基本概念

首先，介绍一组与 RMAN 相关的基本概念。

① 备份片(Backup Pieces)。每个备份片是一个单独的输出文件。一个备份片的大小是有限制的。如果没有大小的限制，备份集就只由一个备份片构成。备份片的大小不能大于使用的文件系统所支持的文件长度的最大值。

② 备份集(Backup Sets)。备份集由若干个备份片组成。备份集包括数据库文件或归档日志，并以 Oracle 专有的格式保存。

③ 通道(Channel)。通道是 RMAN 和目标数据库之间的一个连接，使用 ALLOCATE CHANNEL 命令可以在目标数据库启动一个服务器进程，同时必须定义服务器进程执行备份或者恢复操作使用的 I/O 类型。

④ 多文件备份(File Multiplexing)。将不同的多个数据文件和数据块混合备份在一个备份集中。

⑤ 全备份(Full Backup Sets)。全备份是对数据文件中使用过的数据块的备份。没有使用过的数据块不进行备份。

⑥ 镜像复制(Image Copies)。镜像复制是独立文件(数据文件、归档日志、控制文件)的复制。它类似于操作系统级的文件复制。它不是备份集或备份片，也没有被压缩。

⑦ 增量备份集合(Incremental Backup Sets)。增量备份是指备份数据文件自从上一次

同一级别的或更低级别的备份以来被修改过的数据块。与完全备份相同，增量备份也进行压缩。

⑧ 恢复目录(Catalog)。恢复目录是由 RMAN 使用、维护的用来放置备份信息的仓库。RMAN 利用恢复目录记载的信息去判断如何执行需要的备份恢复操作。恢复目录可以存在于 Oracle 数据库的计划中。虽然恢复目录可以用来备份多个数据库，建议为恢复目录数据库创建一个单独的数据库。恢复目录数据库不能使用恢复目录备份自身。

在使用 RMAN 之前，需要做好准备工作，包括将数据库设置为归档日志(ARCHIVELOG)模式、创建恢复目录所使用的表空间、创建 RMAN 用户并授权、创建恢复目录、注册目标数据库等。

## 7.6.2 将数据库设置为归档日志模式

要使用 RMAN，首先必须将数据库设置为归档日志模式(ARCHIVELOG)。

打开 SQL * Plus，使用 SYSTEM 用户登录到 ORCL 实例。执行下面的语句可以查看到当前数据库实例的编号、名称、日志模式：

```
SQL> SELECT dbid,name,log_mode FROM v$database;

      DBID    NAME        LOG_MODE
--------- ------  --------------
 1303861907  ORCL        NOARCHIVELOG
```

可以看到实例 ORCL 当前的日志模式为 NOARCHIVELOG，即非归档日志模式。要修改日志模式，必须进行如下操作。

① 以 SYSDBA 的身份登录。

执行下面的语句，变更登录用户：

```
SQL> CONN sys/orcl AS SYSDBA;
已连接。
```

② 在数据库实例打开时不能修改日志模式，所以首先要关闭数据库。

执行下面的语句，关闭数据库。

```
SQL> shutdown immediate;
数据库已经关闭。
已经卸载数据库。
ORACLE 例程已经关闭。
```

执行下面的语句，再次启动数据库，但不打开实例。

```
SQL> startup mount;
ORACLE 例程已经启动。

Total System Global Area  251658240 bytes
Fixed Size                  1248356 bytes
Variable Size              92275612 bytes
```

```
Database Buffers            150994944 bytes
Redo Buffers                  7139328 bytes
数据库装载完毕。
```

③ 切换实例为归档日志模式。

执行下面的语句,设置归档日志模式。

```
SQL> alter database archivelog;

数据库已更改。

SQL> SELECT dbid,name,log_mode FROM v$database;

      DBID NAME      LOG_MODE
---------- -----     ----------
1303861907 ORCL      ARCHIVELOG
```

通过执行 SELECT 语句,可以看到实例 ORCL 当前的日志模式已修改为 ARCHIVELOG,即归档日志模式。

### 7.6.3 创建恢复目录所使用的表空间

需要创建表空间存放与 RMAN 相关的数据。要创建表空间,需要打开数据库实例。

① 打开数据库实例。

```
SQL> alter database open;

数据库已更改。
```

② 创建表空间。

```
SQL> create tablespace rman_ts
  2  datafile 'd:\oracle\product\10.2.0\oradata\orcl\rman_ts.dbf'
  3  size 200M;

表空间已创建。
```

创建的表空间名为 rman_ts,数据文件为 d:\oracle\product\10.2.0\oradata\orcl\rman_ts.dbf,表空间的大小为 200MB。

### 7.6.4 创建 RMAN 用户并授权

创建一个 RMAN 用户,并授予其相关权限,专门进行数据库备份和恢复操作。

① 创建 RMAN 用户。

可以使用 CREATE USER 语句创建用户。

例如,创建用户 rman,口令为 rman,默认表空间 rman_ts,临时表空间为 temp。

```
SQL> create user rman identified by rman
  2  default tablespace rman_ts
  3  temporary tablespace temp;

用户已创建。
```

② 为用户授权。

可以使用 GRANT 语句为用户授予权限，这里授予 rman 用户 connect、recovery_catalog_owner 和 resource 权限。

```
SQL> grant connect,recovery_catalog_owner,resource to rman;

授权成功。
```

拥有 connect 权限可以连接数据库，创建表、视图等数据库对象，拥有 recovery_catalog_owner 权限可以对恢复目录进行管理，拥有 resource 权限可以创建表、视图等数据库对象。

注意，如果不授予用户 resource 权限，在后面创建恢复目录时将会出现错误。

## 7.6.5 创建恢复目录

使用 rman 命令可以打开恢复管理器。rman 命令的主要参数如下：

① target。后面跟目标数据库的连接字符串。

② catalog。后面跟恢复目录。

③ nocatalog。指定没有恢复目录。

(1) 打开恢复管理器

例如，打开 orcl 数据库实例恢复管理器，恢复目录为 rman。

在命令提示符下输入命令：

```
c:\rman catalog rman/rman target orcl
```

其中第 1 个 rman 代表用户 rman，第 2 个 rman 代表用户的口令。执行结果如图 7-2 所示。

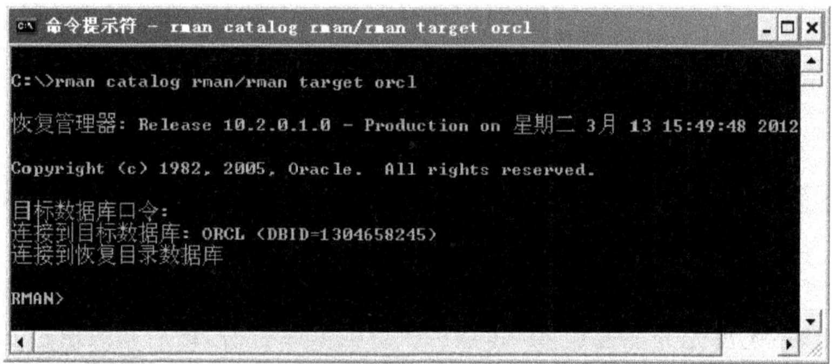


图 7-2 打开恢复管理器

(2) 创建恢复目录

可以使用 CREATE CATALOG 命令创建恢复目录。

例如,使用 rman_ts 表空间创建恢复目录。

在命令提示符下输入命令:

```
create catalog tablespace rman_ts
```

执行结果如图 7-3 所示。

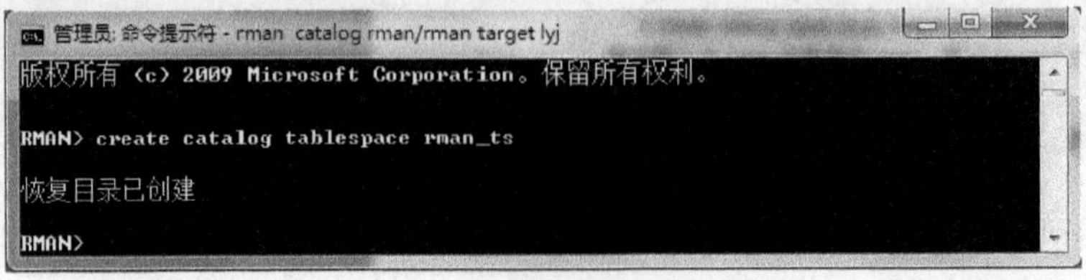

图 7-3 创建恢复目录

注意,如果不授予用户 resource 权限,在创建恢复目录时将会出现错误。

### 7.6.6 注册目标数据库

只有注册的数据库才能进行备份和恢复操作。可以使用 register database 命令对数据库进行注册。

例如,在命令提示符下输入命令:

```
register database;
```

执行结果如图 7-4 所示。

图 7-4 注册目标数据库

### 7.6.7 RMAN 备份和恢复

在执行备份和恢复时,常常需要同时执行多个语句,可以使用 run 命令定义一组要执行的语句。

**【例 7-1】** 执行全数据库备份。执行结果如图 7-5 所示。

可以看出,系统首先分配通道 dev1,然后执行数据库备份,最后释放通过 dev1。

**【例 7-2】** 单独备份归档日志文件。执行结果如图 7-6 所示。

**【例 7-3】** 恢复归档日志信息。执行结果如图 7-7 所示。

```
管理员: 命令提示符 - rman catalog rman/rman target lyj
RMAN> run{
2> allocate channel dev1 type disk;
3> backup database;
4> release channel dev1;
5> }

分配的通道: dev1
通道 dev1: sid=140 devtype=DISK

启动 backup 于 11-3月 -12
通道 dev1: 启动全部数据文件备份集
通道 dev1: 正在指定备份集中的数据文件
输入数据文件 fno=00001 name=D:\ORACLE\PRODUCT\10.2.0\ORADATA\LYJ\SYSTEM01.DBF
输入数据文件 fno=00003 name=D:\ORACLE\PRODUCT\10.2.0\ORADATA\LYJ\SYSAUX01.DBF
输入数据文件 fno=00006 name=D:\ORACLE\PRODUCT\10.2.0\ORADATA\LYJ\RMAN_TS.DBF
输入数据文件 fno=00005 name=D:\ORACLE\PRODUCT\10.2.0\ORADATA\LYJ\EXAMPLE01.DBF
输入数据文件 fno=00002 name=D:\ORACLE\PRODUCT\10.2.0\ORADATA\LYJ\UNDOTBS01.DBF
输入数据文件 fno=00004 name=D:\ORACLE\PRODUCT\10.2.0\ORADATA\LYJ\USERS01.DBF
通道 dev1: 正在启动段 1 于 11-3月 -12
通道 dev1: 已完成段 1 于 11-3月 -12
段句柄=D:\ORACLE\PRODUCT\10.2.0\DB_1\FLASH_RECOVERY_AREA\LYJ\BACKUPSET\2012_03_1
1\O1_MF_NNNDF_TAG20120311T144507_7ORLHMOD_.BKP 标记=TAG20120311T144507 注释=NONE

通道 dev1: 备份集已完成, 经过时间:00:00:35
通道 dev1: 启动全部数据文件备份集
通道 dev1: 正在指定备份集中的数据文件
备份集中包括当前控制文件
在备份集中包含当前的 SPFILE
通道 dev1: 正在启动段 1 于 11-3月 -12
通道 dev1: 已完成段 1 于 11-3月 -12
段句柄=D:\ORACLE\PRODUCT\10.2.0\DB_1\FLASH_RECOVERY_AREA\LYJ\BACKUPSET\2012_03_1
1\O1_MF_NCSNF_TAG20120311T144507_7ORLJR8T_.BKP 标记=TAG20120311T144507 注释=NONE

通道 dev1: 备份集已完成, 经过时间:00:00:03
完成 backup 于 11-3月 -12

释放的通道: dev1

RMAN>
```

图 7-5 备份整个数据库

图 7-6 备份归档日志文件

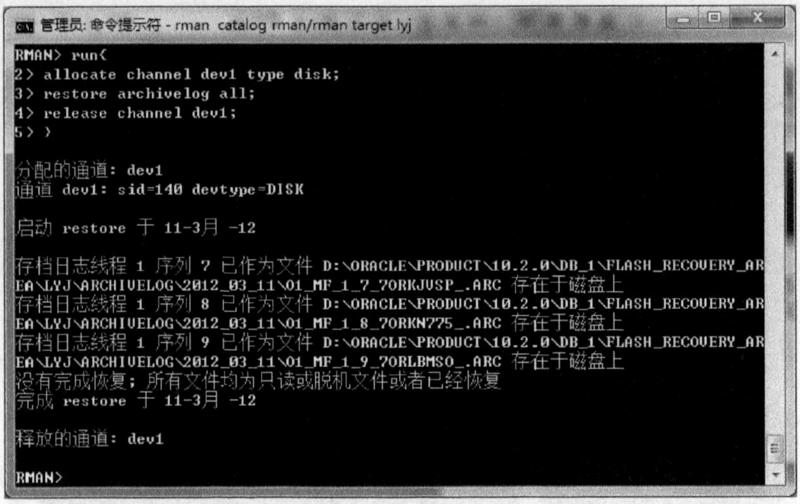

```
管理员: 命令提示符 - rman catalog rman/rman target lyj
RMAN> run{
2> allocate channel dev1 type disk;
3> restore archivelog all;
4> release channel dev1;
5> }

分配的通道: dev1
通道 dev1: sid=140 devtype=DISK

启动 restore 于 11-3月 -12

存档日志线程 1 序列 7 已作为文件 D:\ORACLE\PRODUCT\10.2.0\DB_1\FLASH_RECOVERY_AR
EA\LYJ\ARCHIVELOG\2012_03_11\O1_MF_1_7_7ORKJVSP_.ARC 存在于磁盘上
存档日志线程 1 序列 8 已作为文件 D:\ORACLE\PRODUCT\10.2.0\DB_1\FLASH_RECOVERY_AR
EA\LYJ\ARCHIVELOG\2012_03_11\O1_MF_1_8_7ORKN775_.ARC 存在于磁盘上
存档日志线程 1 序列 9 已作为文件 D:\ORACLE\PRODUCT\10.2.0\DB_1\FLASH_RECOVERY_AR
EA\LYJ\ARCHIVELOG\2012_03_11\O1_MF_1_9_7ORLBMSO_.ARC 存在于磁盘上
没有完成恢复; 所有文件均为只读或脱机文件或者已经恢复
完成 restore 于 11-3月 -12

释放的通道: dev1

RMAN>
```

图 7-7 恢复归档日志

## 7.7 闪回技术**

Oracle 提供了一个新的功能,即基于磁盘的自动备份与恢复,此功能的基础就是闪回恢复区(Flash Recovery Area)。下面将介绍闪回(Flashback)技术的具体应用。

### 7.7.1 闪回技术概述

闪回恢复区是用来存储恢复相关文件的存储空间,它可以使用如下形式存储。

① 目录。

② 文件系统。

③ 自动存储管理(ASM)磁盘组。

可以在闪回恢复区中存储如下几种文件。

① 控制文件。

② 归档的日志文件。

③ 闪回日志。

④ 控制文件和 SPFILE 自动备份。

⑤ RMAN 备份集。

⑥ 数据文件拷贝。

闪回技术的最大特点是实现自动备份与恢复,大大减少了管理开销。当 Oracle 数据库发生人为故障时,不需要事先备份数据库,就可以利用闪回技术快速而方便地进行恢复。

闪回技术包括闪回数据库、闪回表、闪回回收站、闪回版本查询和闪回事务查询等。这里我们主要介绍闪回数据库、闪回表。

### 7.7.2 闪回数据库

闪回数据库可以快速地将 Oracle 数据库倒退到以前的某个时间,从而纠正逻辑数据丢失和人为错误造成的问题。若要使用闪回数据库，必须首先配置闪回恢复区。初始化参数 db_recovery_file_dest 表示闪回恢复区的位置，db_recovery_file_size 表示闪回恢复区的大小。

使用 SYS 用户以 SYSDBA 的身份登录到 Enterprise Manager，在"管理"界面中单击"数据库管理"→"数据库配置"→"所有初始化参数"超链接，打开"查看所有初始参数"界面。找到闪回恢复区的配置信息，如图 7-8 所示。

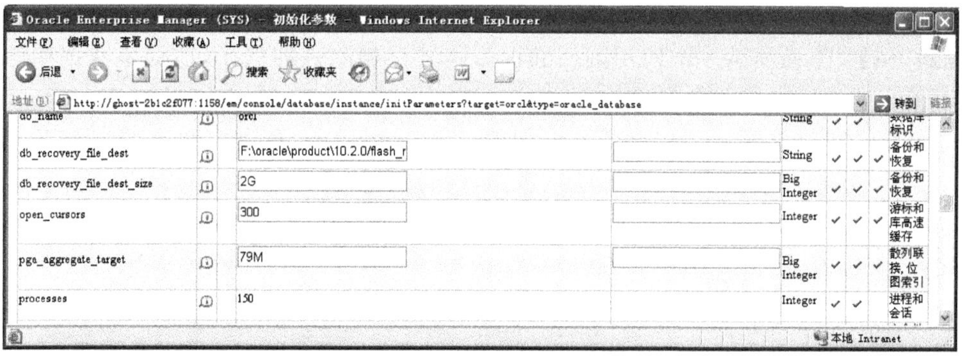

图 7-8 查看闪回恢复区的初始化参数

要设置某数据库为闪回数据库，必须以 mount 方式启动数据库实例，并且数据库设置为归档日志(ARCHIVELOG)模式，然后执行 alter database flashback on 代码。

下面是配置闪回数据库的过程。

```
SQL> conn sys/orcl as sysdba
已连接。
SQL> shutdown immediate
数据库已经关闭。
已经卸载数据库。
ORACLE 例程已经关闭。
SQL> startup mount
ORACLE 例程已经启动。

Total System Global Area  251658240 bytes
Fixed Size                  1248356 bytes
Variable Size              88081308 bytes
Database Buffers          155189248 bytes
Redo Buffers                7139328 bytes
数据库装载完毕。
SQL> alter database archivelog;

数据库已更改。

SQL> select dbid,name,log_mode from v$database;

      DBID NAME      LOG_MODE
------ ----- -----
1304658245 ORCL      ARCHIVELOG
```

```
SQL> alter database flashback on;

数据库已更改。

SQL> alter database open;

数据库已更改。
```

【例 7-4】 下面演示一个使用闪回数据库恢复误删除表的例子，前提是数据库已经按照上面的方法设置为闪回数据库。

(1) 首先在数据库方案 SCOTT 中创建一个表 mydep，表结构和表数据与 SCOTT. dept 相同。查看表 SCOTT. mydep 中的数据，代码如下：

```
SQL> create table scott.mydep
  2  as select * from scott.dept;

表已创建。

SQL> select * from scott.mydep;

    DEPTNO  DNAME          LOC
---------- ----------- -------
        10  ACCOUNTING     NEW YORK
        20  RESEARCH       DALLAS
        30  SALES          CHICAGO
        40  OPERATIONS     BOSTON
```

可以看到，表 scott. mydep 已经存在。

(2) 使用 drop table 语句删除表 SCOTT. mydep，代码如下：

```
SQL> set time on;
11:38:02 SQL> drop table scott.mydep;

表已删除。

11:38:15 SQL> select * from scott.mydep;
select * from scott.mydep
                    *
第 1 行出现错误:
ORA-00942: 表或视图不存在
```

为了显示删除操作的时间，首先执行了 set time on 语句。此时，在 SQL>提示符的前面显示了当前的时间。再使用 select 语句查询表 scott. mydep 中的数据，则提示表或视图不存在。

(3) 关闭数据库再以 mount 方式打开，代码如下：

```
11:38:22 SQL> shutdown immediate;
```

```
数据库已经关闭。
已经卸载数据库。
ORACLE 例程已经关闭。
11:41:05 SQL> startup mount;
ORACLE 例程已经启动。

Total System Global Area  251658240 bytes
Fixed Size                  1248356 bytes
Variable Size              88081308 bytes
Database Buffers          155189248 bytes
Redo Buffers                7139328 bytes
数据库装载完毕。
```

(4) 为了显示方便,设置当前系统日期的显示模式,代码如下:

```
11:41:34 SQL> alter session set nls_date_format = 'yyyy-mm-dd hh24:mi:ss';

会话已更改。
```

(5) 从系统视图 v$flashback_database_log 中查看闪回数据库日志信息,代码如下:

```
11:42:41 SQL> select * from v$flashback_database_log;

OLDEST_FLASHBACK_SCN OLDEST_FLASHBACK_TI RETENTION_TARGET
-------------------- ------------------- ----------------
FLASHBACK_SIZE ESTIMATED_FLASHBACK_SIZE
-------------- ------------------------
               989676   2012-03-13 11:22:46     1440
  8192000                0
```

可以看到最早的闪回 SCN 编号、最早的闪回日志时间、闪回文件大小等信息。比较重要的信息是其中的时间值,它表示只能从闪回恢复区恢复此时间后的数据。如果试图恢复此时间点之前的数据,则系统会提示"ORA-38796: 闪回数据库日志数据不足,无法撤销 FLASHBACK"。

(6) 使用 flashback database 语句闪回恢复数据库,代码如下:

```
11:44:18 SQL> flashback database
11:50:35   2  to timestamp(to_date('2012-03-13 11:38:00','yyyy-mm-dd hh24:mi:ss'));

闪回完成。
```

使用 to timestamp 函数可以指定恢复的时间。因为前面删除表 scott.mydep 的时间是 11:38:02,所以这里选择了一个稍微提前一点的时间。注意,如果时间提前太多,则可能还没有创建表 scott.mydep,达不到演示的效果。

(7) 重新打开数据库实例,确认表 scott.mydep 是否恢复。注意,闪回恢复后,再打开数据库实例时,需要使用参数 resetlogs 或 noresetlogs。代码如下:

```
11:52:05 SQL> alter database open resetlogs;
```

```
数据库已更改。
11:53:45 SQL> select * from scott.mydep;

    DEPTNO  DNAME         LOC
---------  --------  ----------
        10   ACCOUNTING    NEW YORK
        20   RESEARCH      DALLAS
        30   SALES         CHICAGO
        40   OPERATIONS   BOSTON
```

可以看到,表 scott.mydep 又回来了。有了闪回技术,再也不必为误操作删除数据而担心。

### 7.7.3 闪回表

闪回数据库可以将整个数据库恢复到指定的时间点。但有时仅仅是对一个表做了误操作,而对数据库的其他操作是有效的。此时,用户希望对指定的表进行恢复。Oracle 提供了闪回表的概念,可以将指定表中的数据、索引、触发器等恢复到指定的时间点。

使用 flashback table 语句可以对表进行闪回操作,语法如下:

```
flashback table 表名
to [before drop [rename to 表别名]] | [scn|timestamp] 表达式
[enable | disable triggers];
```

参数说明如下:

① to before drop。将表恢复到删除之前的状态。

② rename to 表别名。修改表名。

③ to scn。使用 scn(系统改变编号)来恢复表。

④ to timestamp。使用时间戳来恢复表。

⑤ enable | disable triggers。恢复后是否重新启动触发器。

**【例 7-5】** 下面介绍一个闪回表的实例。

(1) 创建表 scott.mydept,表结构和数据与 scott.dept 相同,代码如下:

```
14:44:04 SQL> create table scott.mydept
14:44:39   2  as select * from scott.dept;

表已创建。

14:44:49 SQL> select * from scott.mydept;

    DEPTNO DNAME            LOC
-----  ---------  ------
        50 市场部           上海
        10 ACCOUNTING           NEW YORK
        20 RESEARCH             DALLAS
```

```
        30 SALES            CHICAGO
        40 OPERATIONS        BOSTON
```

(2) 删除 deptno=50 的记录,然后检查此记录是否存在,代码如下:

```
14:45:01 SQL> delete from scott.mydept
14:45:46   2  where deptno = 50;

已删除 1 行。

14:45:50 SQL> commit;

提交完成。

14:45:53 SQL> select * from scott.mydept
14:46:03   2  where deptno = 50;

未选定行。
```

执行 delete 语句后,通过执行 commit 语句提交任务,将此记录真正地从表中删除。再使用 select 语句查询 deptno=50 的记录,结果没有找到。

(3) 执行 flashback table 语句,对表 scott.mydept 进行恢复。代码如下:

```
14:48:53 SQL> alter table scott.mydept enable row movement;

表已更改。

14:49:33 SQL> flashback table scott.mydept
14:49:47   2  to timestamp(to_date('2012-03-13 14:45:00','yyyy-mm-dd hh24:mi:ss'));

闪回完成。

14:50:05 SQL> select * from scott.mydept
14:50:28   2  where deptno = 50;

    DEPTNO DNAME          LOC
----- --------- ------
        50 市场部          上海
```

注意,删除数据的时间是 14:45:01,因此将恢复时间设置为 14:45:00。当显示闪回完成后,执行 select 语句,已经可以查询到被删除的数据。

## 7.8 小结

对于数据库在使用过程中出现的故障可以分为三类:事务故障、系统故障和介质故障。当出现故障后,需要对其恢复。数据库的恢复是指系统发生故障后,把数据从错误状态中恢复到某一正确状态的功能。日志与后备副本是 DBMS 中最常用的恢复技术。恢复的基本原理是利用存储在日志文件和数据库后备副本中的冗余数据来重建数据库。有了日志，可保证有效操作数据的不丢失。为保证故障发生时的可恢复性，DBMS要对更新的事务执行进行控制，控制步骤的安排，需要遵守相应的规则。对于这三种不同类型的故障，DBMS有不同的恢复方法。

Oracle下可以通过RMAN技术和闪回技术进行数据恢复。RMAN可以用来备份和恢复数据库文件、归档日志文件，可以用来执行完全或不完全的数据库恢复。闪回技术可以完成磁盘的自动备份与恢复。

# 习题七

**一、选择题**

(1) 关于事务的故障与恢复，下列描述正确的是________。

A. 事务日志是用来记录事务执行的频度

B. 采用增量备份，数据的恢复可以不使用事务日志文件

C. 系统故障的恢复只需要进行重做(REDO)操作

D. 对日志文件设立检查点的目的是为了提高故障恢复的效率

(2) ________，数据库处于一致性状态。

A. 采用静态副本恢复后　　B. 事务执行过程中

C. 突然断电后　　D. 缓冲区数据写入数据库后

(3) 输入数据违反完整性约束导致的数据库故障属于________。

A. 事务故障　　B. 系统故障　　C. 介质故障　　D. 网络故障

(4) 在有事务运行时转储全部数据库的方式是________。

A. 静态增量转储　　B. 静态海量转储　　C. 动态增量转储　　D. 动态海量转储

(5) 用于数据库恢复的重要文件是________。

A. 日志文件　　B. 索引文件　　C. 数据库文件　　D. 备注文件

(6) 后备副本的主要用途是________。

A. 数据转储　　B. 历史档案　　C. 故障恢复　　D. 安全性控制

(7) "日志"文件用于保存________。

A. 程序运行结果　　B. 数据操作

C. 程序执行结果　　D. 对数据库的更新操作

(8) 在数据库恢复中，对已经COMMIT但更新未写入磁盘的事务执行________。

A. REDO处理　　B. UNDO处理　　C. ABORT处理　　D. ROLLBACK处理

(9) 在数据库恢复中，对尚未提交的事务执行________。

A. REDO处理　　B. UNDO处理　　C. ABORT处理　　D. ROLLBACK处理

(10) 数据库备份可只复制自上次备份以来更新过的数据，这种备份方法称为________。

A. 海量备份　　B. 增量备份　　C. 动态备份　　D. 静态备份

**二、填空题**

1. 数据库的故障分为有三类，分别是________、________和________。

2. 基于日志的恢复方法需要使用两种冗余数据，即________和________。

3. 在恢复Oracle数据库时，必须先启动________模式，才能使数据库在磁盘故障的情况下得到恢复。

4. RMAN是________的缩写，即恢复管理器。它可以用来备份和恢复数据库文件、归档日志和控制文件，可以用来执行完全或不完全的数据库恢复。

5. 打开恢复管理器的命令是________。

# 第三篇 数据库系统设计

- 第8章　使用实体-联系模型进行数据建模
- 第9章　关系模型规范化设计理论
- 第10章　数据库设计

# 第8章 使用实体-联系模型进行数据建模

实体-联系模型(Entity-Relationship Model,E-R 模型)是一种高级数据模型,广泛用于对现实世界的数据抽象,以及数据库的概念模式设计。

数据模型是数据库设计的一个计划、蓝图。在数据建模过程中,改变数据仅需要重新绘图或修改文档,但当数据库创建好后,再改变数据则难得多,这时需要迁移数据、重写 SQL 语句、重写表单和报表等。所以,数据建模对数据库设计来说是十分必要的。

## 8.1 概念模型设计

### 8.1.1 概念模型设计的重要性

在早期的数据库设计中,概念模型设计并不是一个独立的设计阶段。当时的设计方式是在需求分析之后,直接把用户信息需求得到的数据存储格式转换成 DBMS 能处理的逻辑模型。这样,注意力往往被牵扯到更多的细节限制方面,而不能集中在最重要的信息组织结构和处理模式上。因此在设计依赖于具体 DBMS 的逻辑模型后,当外界环境发生变化时,设计结果就难以适应这个变化了。

为了改善这种状况,在需求分析和逻辑设计之间增加了概念模型设计阶段。将概念模型设计从设计过程中独立出来,可以带来以下好处:

① 任务相对单一化,设计复杂程度大大降低,便于管理。

② 概念模型不受具体 DBMS 的限制,也独立于存储安排和效率方面的考虑,因此更稳定。

③ 易于被业务用户所理解。由于开发人员对现实系统业务不熟悉,使得其对现实系统数据描述的结果是否正确和完善无法得到证实。在这种情况下,就需要现实系统的业务用户能够理解开发人员所用的数据模型,从而能担负起评判数据描述结果是否正确和完善的作用。

④ 能真实、充分地反映现实世界,包括事物和事物间的联系,能满足用户对数据的处理要求,是反映现实世界的一个真实模型。

⑤ 易于更改。当应用环境和应用要求改变时,容易对概念模型进行修改和扩充。

⑥ 易于向逻辑模型中的关系数据模型转换。

人们提出了许多概念模型,其中最著名、最简单实用的一种是 E-R(即实体-联系模型)模型。它将现实世界的信息结构统一用属性、实体以及实体间的联系来描述。

## 8.1.2 概念模型设计的方法

概念模型设计,通常有以下四种方法。

### 1. 自顶向下

首先定义全局概念结构的框架,然后逐步细化,如图 8-1 所示。

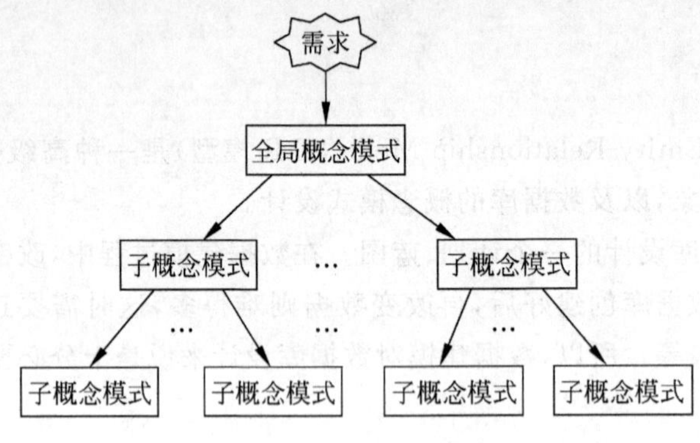


图 8-1 自顶向下的设计方法

### 2. 自底向上

首先定义各局部应用的子概念结构,然后将它们集成起来,得到全局概念结构,如图 8-2 所示。

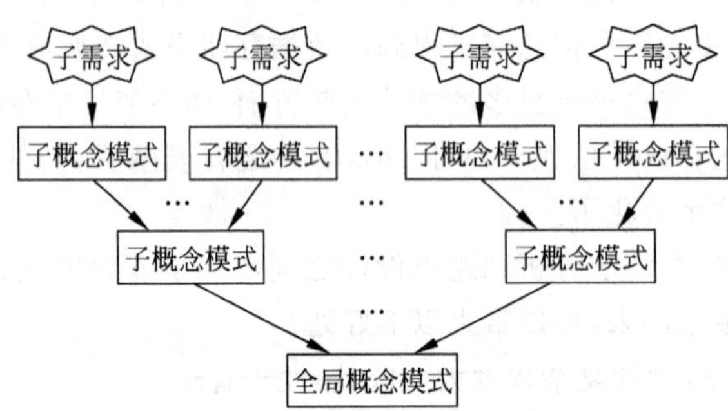


图 8-2 自底向上的设计方法

### 3. 逐步扩张

首先定义核心业务的概念结构,然后向外扩充,以滚雪球的方式逐步生成其他概念结构,直至全局概念结构,如图 8-3 所示。

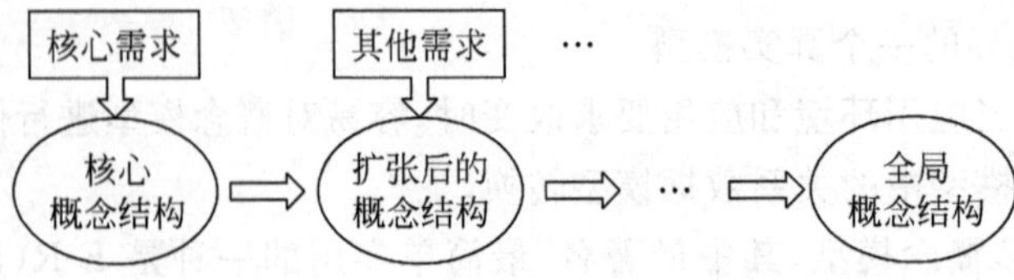


图 8-3 逐步扩张的设计方法

#### 4. 混合策略

将自顶向下和自底向上两种方法相结合，首先用自顶向下方法设计一个全局概念结构框架，划分成若干个局部概念结构，再采取自底向上的方法实现全局概念结构加以合并，最终实现全局概念结构。

在概念模型设计中，最常用的是第 2 种方法，即自底向上的方法。一般情况下，需求分析时采用自顶向下的方法，而在概念设计时采用自底向上的方法。

## 8.2 实体-联系模型

实体-联系(E-R)模型的提出有助于数据库的设计。E-R 模型是一种语义模型，模型的语义方面主要体现在用模型力图去表达数据的意义。E-R 模型在将现实世界的含义和相互关联映射到概念模式方面非常有用，因此，许多数据库设计工具都利用 E-R 模型的概念。E-R 模型采用了三个基本概念：实体、联系和属性。

### 8.2.1 实体及实体集

#### 1. 实体(Entity)

概念：实体是现实世界或客观世界中可以相互区别的对象。

这里要强调的是：实体不能仅仅被理解为“实实在在的物体”，它既可以是看得见摸得着的物体，如学生、顾客、汽车等；也可以是无形的东西，如飞行的航线、计算机软件、银行户头等；还可以是抽象的概念，如交通规则、工作任务、课程、合同等。

在 E-R 模型中，实体用矩形框表示，框内注明实体的命名，如图 8-4 所示。

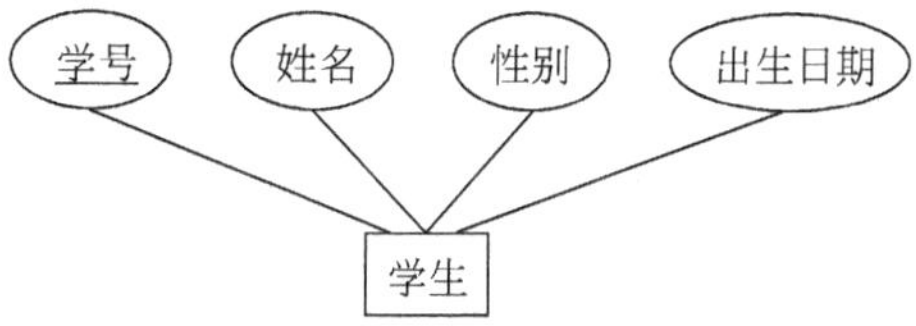

图 8-4 E-R 模型示例

#### 2. 实体集(Entity Set)

概念：实体集是同类实体的集合。在不混淆的情况下，简称为实体。

例如“学生”、“课程”、“汽车”都各是一个实体集。

### 8.2.2 属性

#### 1. 属性(Atrribute)

概念：实体的某一特性称为属性。在一个实体中，能够唯一标识实体的属性或属性集称为实体的主键。

例如实体“学生”有“学号”、“姓名”，“性别”，“出生日期”等属性，其中学号为学生实体的主键。

在 E-R 图中，属性用椭圆表示，加下划线的属性为实体的主键，如图 8-4 所示。

属性域是属性的可能取值范围，也称为属性的值域。例如，“性别”属性的域是(男，女，

NULL)。

2. 属性的分类

为了在E-R图中准确设计实体的属性，需要把属性的种类、取值特点等先了解清楚。按结构分，属性有简单属性和复合属性；按取值分，属性有单值属性、多值属性和空值属性等。

1) 简单属性和复合属性

简单属性是不可再分的属性。例如，学号、性别、出生日期等。

复合属性是可再分解为其他属性的属性。例如，姓名属性可由现用名、曾用名、英文名等子属性构成，家庭住址可由城市、街道、门牌号等子属性构成。

图8-5为"学生"实体及其属性描述的E-R图。其中，"姓名"和"家庭住址"为复合属性。

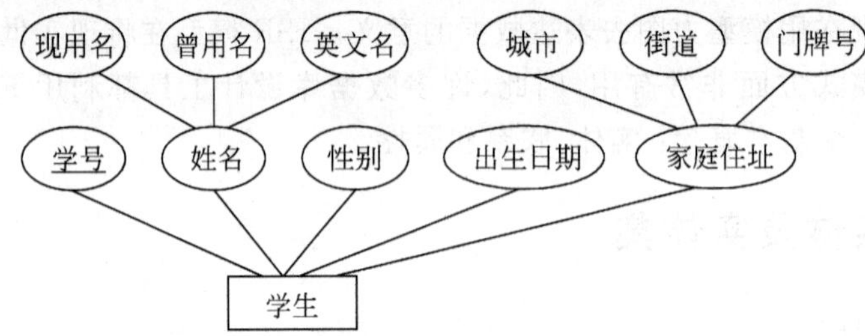


图8-5 "学生"实体及其属性描述E-R图

2) 单值属性和多值属性

单值属性指的是同一实体的属性只能取一个值。例如，同一个学生只能有一个性别，所以性别属性是一个单值属性。

多值属性指同一实体的某个属性可能取多值。例如，一个人的学位是一个多值属性(学士，硕士，博士)；一个零件可能有多种销售价格(经销、代销、批发、零售)。

在E-R图中，多值属性用双线椭圆表示，如图8-6所示。

如果用上述的方法简单的表示多值属性，在数据库的实施过程中，将会产生大量的数据冗余，造成数据库潜在的数据异常、数据不一致性和完整性的缺陷。所以，应该修改原来的E-R模型，对多值属性进行变换。多值属性的变换通常有下列两种变换方法。

① 将原来的多值属性用几个新的单值属性来表示。

例如，前面提到的零件实体，可以将其销售价格分解为销售性质(即经销、代销、批发、零售)和销售价格两个属性，变换结果如图8-7所示。

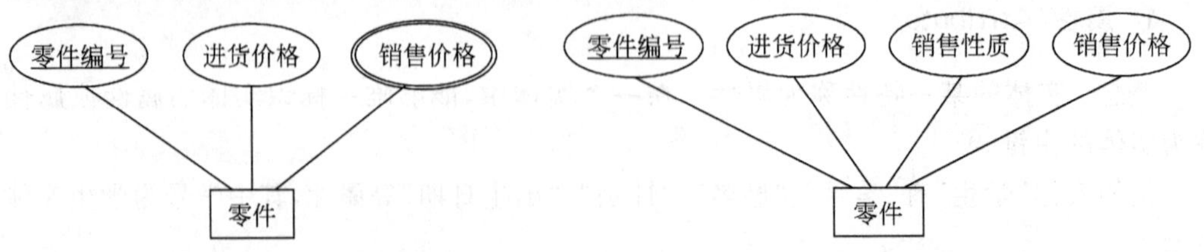


图8-6 多值属性的表示实例

图8-7 多值属性的变换方式一

② 将原来的多值属性用一个新的实体表示。

在现实世界中，有时某些实体对于另一些实体具有很强的依赖联系。也就是一个实体的存在必须以另一个实体的存在为前提，此时前者称为“弱实体”，后者称为“强实体”。例如，一个职工可能有多个亲属，亲属是一个多值属性，为了消除冗余，设计两个实体：职工与亲属。在职工与亲属中，亲属信息是以职工信息的存在为前提。因此亲属与职工之间存在着一种依赖联系。

弱实体：一个实体对于另一个实体（称为父实体）具有很强的依赖联系，称该实体为弱实体。

部分键：弱实体没有能唯一识别其实体的键，但可指定其中一个属性，与父实体的键结合，形成相应弱实体的键。弱实体的这个属性，称为弱实体的部分键。

在E-R模型中，弱实体用双线矩形框表示，部分键加虚下划线。与弱实体关联的联系，用双线菱形框表示。强实体与弱实体的联系只能是1∶1或1∶$n$。

例如，在零件实体中，可以增加一个销售价格弱实体，该弱实体的主键是零件编号＋销售性质，它与零件实体具有“存在”的联系。变换的结果如图8-8所示。

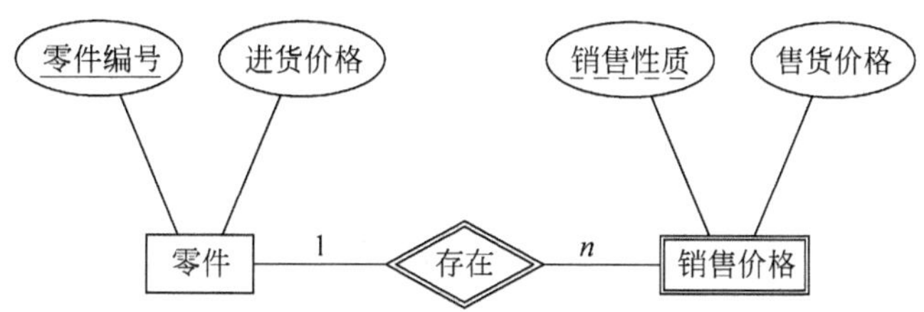


图8-8 多值属性的变换方式二

3）空值属性

当实体在某个属性上没有值时应使用空（NULL）值。

例如，如果某个员工尚未婚配，那么该员工的配偶属性值将是NULL，表示“无意义”。NULL还可以用于值未知时，未知的值可能是缺失的（即有值，但不知道具体的值是什么）或不知道的（不能确定该值是否真的存在）。比如某个员工在配偶值处填上空值，实际上至少有以下三种情况。

- 该员工尚未婚配，即配偶值无意义。
- 该员工已婚配，但配偶名尚不知。
- 该员工是否婚配，还不能得知。

在数据库，空值是很难处理的一种值。

## 8.2.3 联系

现实世界中，实体不是孤立的，实体之间是有联系的。

### 1. 联系

概念：表示一个或多个实体间的关联关系。

例如，“职工在某部门工作”表示实体“职工”和“部门”之间有联系；“学生听某老师讲的课程”表示实体“学生”、“老师”和“课程”之间有联系；而“零件之间有组合联系”表示“零件”实体之间有联系。

联系的属性：联系也可以有描述属性，用于记录联系的信息而非实体的信息。

联系的主键：联系由所参与的实体的键共同唯一确定。例如，“工作”是实体“职工”和“部门”的联系，“工作”联系的主键是职工号＋部门号。

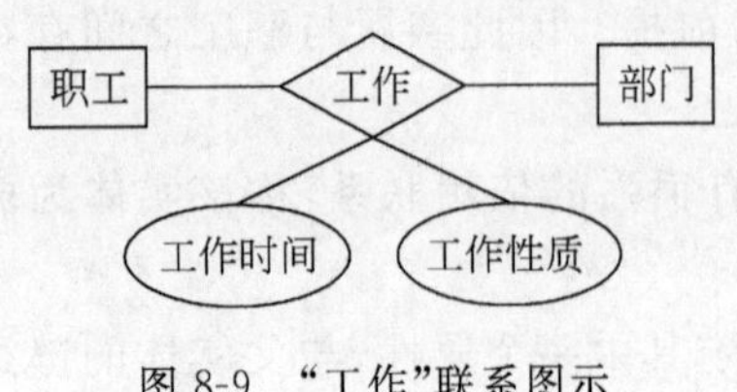

图 8-9 “工作”联系图示

联系是实体之间的一种行为，一般用动名词来命名联系，例如，“工作”、“参加”、“属于”、“出库”、“入库”等。

在 E-R 图中，联系用菱形框表示，并用线段将其与相关的实体连接起来，如图 8-9 所示。

**2. 联系的设计**

一个联系涉及到的实体个数，称为该联系的元数或度数。联系可存在如下三种类型。

1) 二元联系

二元联系是指两个实体之间的联系，这种联系比较常见。

**【例 8-1】** 请给出系与教师间的 E-R 图，这两个实体间的联系是 1∶$n$ 联系。

**【解答】**

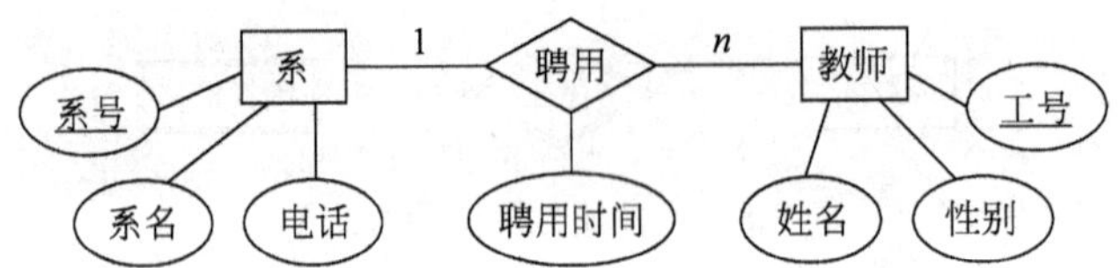


2) 一元联系

一元联系是指一个联系所关联的是同一个实体集中的两个实体。这种情况比较特殊，但在现实生活中也是存在的，有时，也称这种联系为递归联系。

**【例 8-2】** 员工之间存在着上下级关系，一个员工可以领导多个员工，每个员工只能被一个人领导。也就是说员工之间有 1∶$n$ 联系。画出其 E-R 图。

**【解答】**

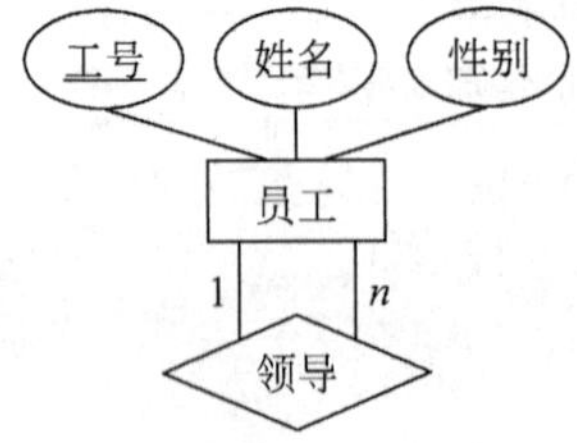


3) 三元联系

三元联系是指三个实体间的联系，这种联系也比较常见。

**【例 8-3】** 某商业集团中，商店、仓库、商品之间存在着进货联系，这三个实体间都是 $m$∶$n$ 的联系。画出其 E-R 图。

【解答】

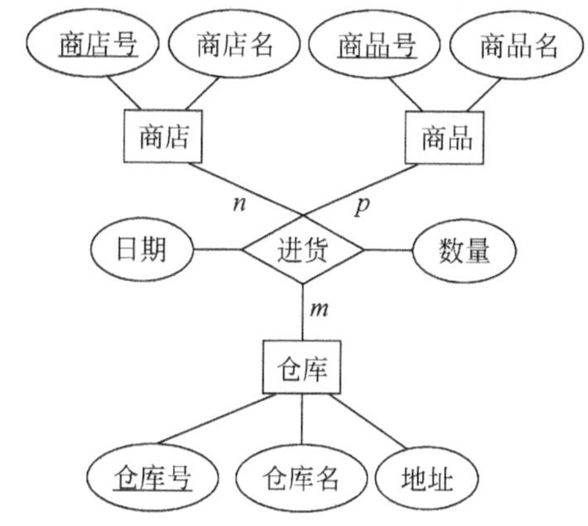


## 8.2.4　E-R模型应用示例

**【例 8-4】** 原材料库房管理 E-R 图。

(1) 系统调研。通过调研可以了解到如下数据信息。

① 该公司有多个原材料库房，每个库房分布在不同的地方，每个库房有不同的编号，公司对这些库房进行统一管理。

② 每个库房可以存放多种不同的原材料，为了便于管理，各种原材料分类存放，同一种原材料集中存放在同一个库房里。

③ 每一个库房可安排一名或多名员工管理库房，在这些库房，每一个管理员有且仅有一名员工是他的直接领导。

④ 同一种原材料可以供应多个不同的工程项目，同一个工程项目要使用多种不同的原材料。

⑤ 同一种原材料可由多个不同的厂家生产，同一个生产厂家可生产多种不同的原材料。

(2) 确定实体与联系。对调研结果分析后，可以归纳出相应的实体、联系及其属性。

① 实体及属性

- “库房”实体，具有的属性：“库房号”、“地点”、“库房面积”、“库房类型”；
- “员工”实体，具有的属性：“员工号”、“姓名”、“性别”、“职称”；
- “原材料”实体，具有的属性：“材料号”、“名称”、“规格”、“单价”、“说明”；
- “工程项目”实体，具有的属性：“项目号”、“预算资金”、“开工日期”、“竣工日期”；
- “生产厂家”实体，具有的属性：“厂家号”、“厂家名称”、“通信地址”、“联系电话”。

② 联系及其属性

- “工作”联系是 1∶$n$ 联系；
- “领导”联系是 1∶$n$ 联系，且是一种递归联系；
- “存放”联系是 1∶$n$ 联系，且具有“库存量”属性；
- “供应”联系是一个三元联系，且具有“供应量”属性。

由此，可得到如图 8-10 所示的 E-R 模型。

如果某个实体的属性太多，可以将实体的属性分离出来单独表示；当实体比较多，而联系又特别复杂时,可以分解成几个子图来表示。

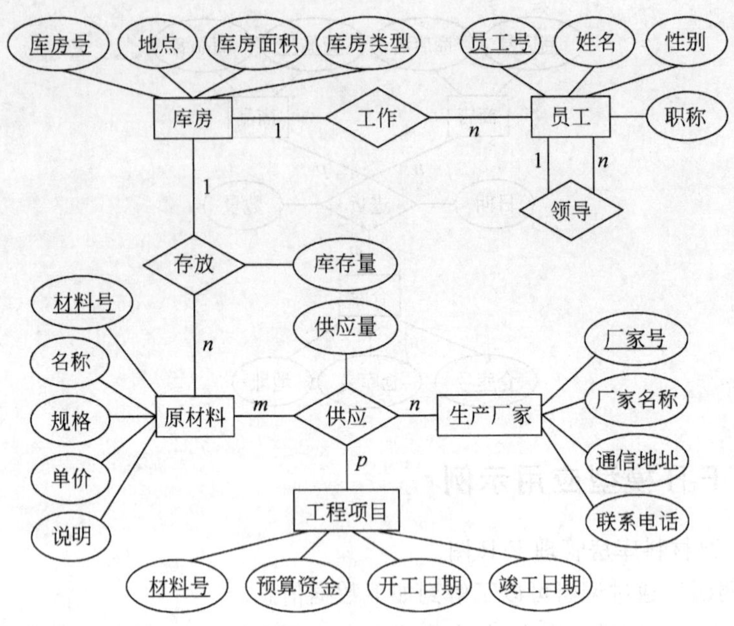


图 8-10 原材料库存管理 E-R 模型图

## 8.3 利用 E-R 模型的数据库概念设计

采用 E-R 模型进行数据库的概念设计,可以分成三步进行:首先设计局部 E-R 模型,然后把各局部 E-R 模型综合成一个全局 E-R 模型,最后对全局 E-R 模型进行优化,得到最终的 E-R 模型,即概念模型。

### 8.3.1 局部 E-R 模型设计

设计局部 E-R 模型,关键是确定:

① 一个概念是用实体还是属性表示?

② 一个概念是作实体的属性还是联系的属性?

#### 1. 实体和属性的数据抽象

实体和属性在形式上并无可以明显区分的界限,通常是按照现实世界中事物的自然划分来定义实体和属性,将现实世界中的事物进行数据抽象,得到实体和属性。数据抽象一般有分类和聚集两种,通过分类抽象出实体,通过聚集抽象出实体的属性。

1) 分类

定义某一类概念作为现实世界中一组对象的类型,将一组具有某些共同特性和行为的对象抽象为一个实体。

例如,“李明”是学生当中的一员,具有学生们共同的特性和行为,如在哪个系、学习哪个专业、年龄是多大等。那么，这里的“学生”就是一个实体，“李明”则是学生实体的一个具体对象。

2）聚集

定义某个类型的组成成分。将对象的组成成分抽象为实体的属性。

例如，学号、姓名、性别等都可以抽象为学生实体的属性。

### 2. 实体和属性的取舍

实体和属性是相对而言的，往往要根据实际情况进行必要的调整，在调整时要遵守两条原则：

① 属性不能再具有需要描述的性质，即属性必须是不可分的数据项，不能再由另一些属性组成。

② 属性不能与其他实体具有联系，联系只发生在实体之间。

符合上述原则的事物一般作为属性对待。为了简化 E-R 图的处理，现实世界中的事物凡能够作为属性对待的，应尽量作为属性。

例如，具有属性雇员编号、姓名和电话的实体雇员。这里的电话也可以作为一个单独的实体，它具有属性电话号码和地点(地点是电话所处的办公室或家庭住址，如果是移动电话则可以用“移动”来表示)。如果采用这样的观点，则雇员实体就必须重新定义如下：

- 实体雇员，具有属性雇员编号和姓名。
- 实体电话，具有属性电话号码和地点。
- 联系雇员-电话，表示员工及其电话间的联系。

这两种定义如图 8-11 所示。

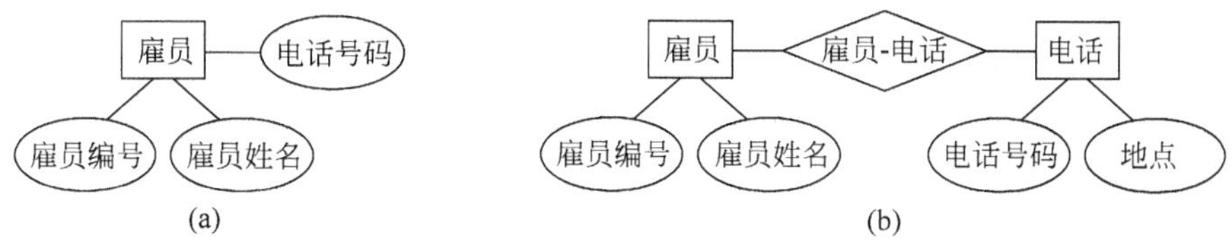


图 8-11　雇员和电话的定义形式

员工的这两个定义主要差别是什么呢？将电话作为一个属性，表示对于每个员工来说，正好有一个电话号码与之相联系；将电话看成一个实体，就允许每个员工可以有几个电话号码与之相联系，而且可以保存关于电话的额外信息，如它的位置，或类型(移动、视频的或普通电话)。这种情况，把电话视为一个实体比把它视为一个属性的方式更具有通用性。

### 3. 属性在实体与联系间的分配

当多个实体用到同一属性时，将导致数据冗余，从而可能影响存储效率和完整性约束，因而需要确定把它分配给哪个实体。一般把属性分配给那些使用频率最高的实体，或分配给实体值少的实体。例如，“课名”属性，不需要在“学生”和“课程”实体中都出现，一般将其分配给“课程”实体作属性。

有些属性不宜归属于任一实体，只说明实体之间联系的特性。例如，某个学生选修某门课的“成绩”，即不能归为“学生”实体的属性，也不能归为“课程”实体的属性，应作为“选课”

联系的属性,如图 8-12 所示。

#### 4. 局部 E-R 模型设计过程

局部 E-R 模型的设计过程如图 8-13 所示。

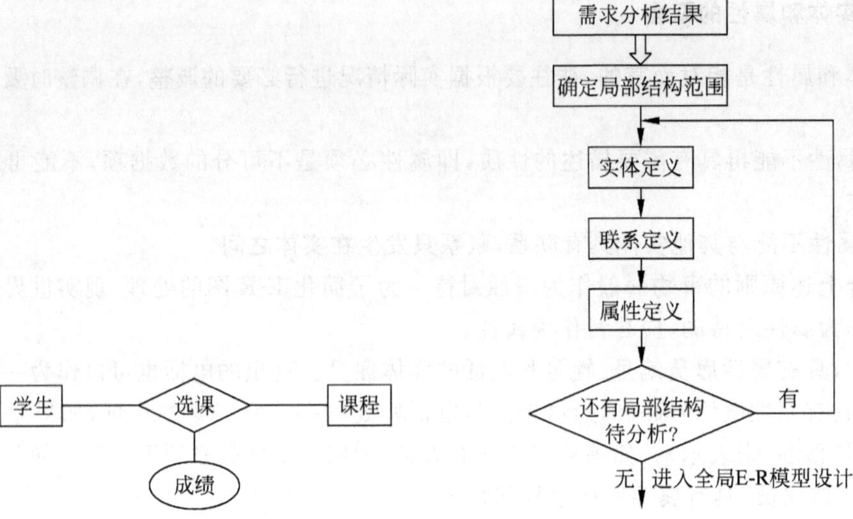


图 8-12 “成绩”作“选课”联系的属性

图 8-13 局部 E-R 模型设计

1) 确定局部结构范围

设计各个局部 E-R 模型的第一步是确定局部结构的范围划分,划分的方式一般有两种。

- 一种是依据系统的当前用户进行自然划分。

例如,对一个企业的综合数据库,用户有企业决策层、销售部门、生产部门、技术部门和供应部门等。各部门对信息内容和处理的要求明显不同,因此,应为他们分别设计各自的局部 E-R 模型。

- 另一种是按用户要求数据库提供的服务归纳成几类,使每一类应用访问的数据显著不同于其他类,然后为每类应用设计一个局部 E-R 模型。

例如,学校的教师数据库可以按提供的服务分为以下几类。

① 教师的档案信息(如姓名、年龄、性别和民族等)的查询分析。

② 对教师专业结构(如毕业专业、现在从事的专业及科研方向等)进行分析。

③ 对教师的职称、工资变化的历史分析。

④ 对教师的学术成果(如著译、发表论文和科研项目获奖情况)查询分析。

这样做的目的是为了更准确地模仿现实世界,以减少统一考虑一个大系统所带来的复杂性。

局部结构范围的确定要考虑下述因素。

① 范围划分要自然,易于管理。

② 范围之间的界面要清晰,相互影响要小。

③ 范围的大小要适度。太小了,会造成局部结构过多,设计过程繁杂,综合困难;太大了,则容易造成内部结构复杂,不便于分析。

2）实体定义

实体定义的任务就是从信息需求和局部范围定义出发，确定每一个实体的属性和键。

实体确定之后，它的属性也随之确定。对实体命名并确定其键也是很重要的工作。命名应反映实体的语义性质，见名知意，在一个局部结构中应是唯一的；键可以是单个属性，也可以是属性的组合。

3）联系定义

E-R 模型的“联系”用于刻画实体之间的关联。

一种完整的方式是依据需求分析的结果，考察局部结构中任意两个实体之间是否存在联系。若有联系，进一步确定的是 $1:n$、$m:n$ 还是 $1:1$。还要考察一个实体内部是否存在联系，两个实体之间是否存在联系，多个实体之间是否存在联系等等。

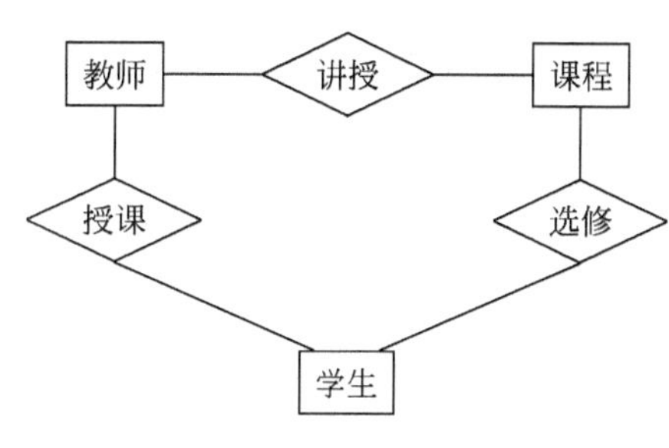


图 8-14　冗余联系例子

在确定联系时，应注意防止出现冗余的联系（即可从其他联系导出的联系）。如果存在，要尽可能地识别并消除这些冗余联系，以免将这些问题遗留给综合全局的 E-R 模型阶段。图 8-14 所示的“教师与学生之间的授课联系”就是一个冗余联系。

4）属性分配

实体与联系都确定下来后，局部结构中的其他语义信息大部分可用属性描述。这一步工作有两个：一是确定属性；二是把属性分配到有关实体和联系中去。这部分内容前面已讲述，这里不再赘述。

## 8.3.2　全局 E-R 模型设计

所有 E-R 模型都设计好后，接下来就是把它们综合成单一的全局概念结构。全局概念结构不仅要支持所有局部 E-R 模型，而且必须合理地表示一个完整、一致的数据库概念结构。全局 E-R 模型的设计过程如图 8-15 所示。

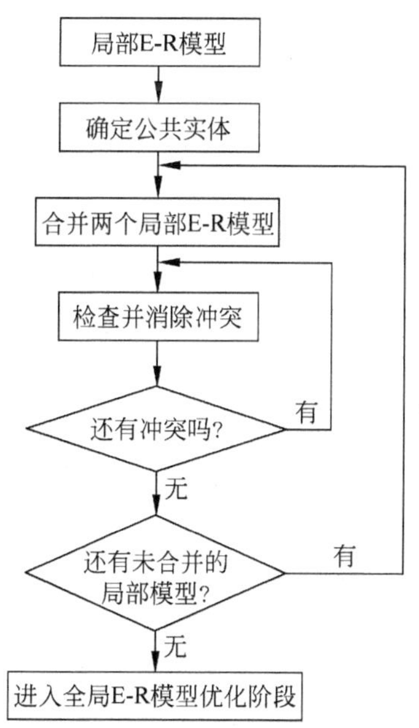


图 8-15　全局 E-R 模型设计

### 1. 确定公共实体

为了给多个局部 E-R 模型的合并提供开始合并的基础，首先要确定各局部结构中的公共实体。

确定公共实体并非一目了然。特别是当系统较大时，可能有很多局部模式，这些局部 E-R 模型是由不同的设计人员确定的，因而对同一现实世界的对象可能给予不同的描述。有的作为实体，有的又作为联系或属性。即使都表示成实体，实体名和键也可能不同，这种情况，一般把同名实体作为公共实体的一类候选；把具有相同键的实体作为公共实体的另一类候选。

### 2. 局部 E-R 模型的合并

对于各局部 E-R 模型，需要合并成一个整体的全局 E-R 模型。一般来说，合并可以有两种方式：

- 多个局部 E-R 图一次合并，如图 8-16(a)所示。
- 逐步合并，用累加的方式一次合并两个局部 E-R 图，如图 8-16(b)所示。

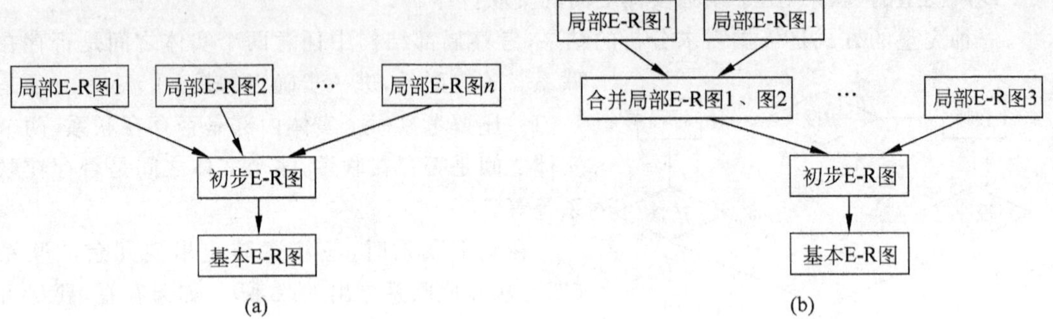


图 8-16　局部 E-R 图合并的两种方式

合并的顺序有时影响处理效率和结果。建议的合并原则是逐步合并：首先进行两两合并，先合并那些现实世界中有联系的局部结构；合并从公共实体开始，最后再加入独立的局部结构。

### 3. 消除冲突

由于各类应用不同，不同的应用通常又由不同设计人员设计成局部 E-R 模型，因此局部 E-R 模型之间不可避免地会有不一致的地方，称之为冲突。

各局部 E-R 图之间的冲突主要有三类：属性冲突、命名冲突和结构冲突。

1）属性冲突

属性冲突又包括属性域冲突和属性取值单位冲突。

① 属性域冲突。即属性值的类型、取值范围或取值集合不同。

例如职工号，有的部门把它定义为整数，有的部门把它定义为字符型。不同部门对职工号编码也不同，如“1001”或“RS001”，都表示人事部门“1”号职工的职工号。又如年龄，某些部门以出生日期形式表示职工的年龄，而另一些部门用整数表示职工的年龄。

② 属性取值单位冲突。

例如重量单位有的用公斤，有的用斤，有的用克。

属性冲突理论上好解决，通常采用讨论、协商等行政手段解决，但实际上需要各部门讨论协商，解决起来并非易事。

2）命名冲突

命名冲突包括同名异义和异名同义两种情况。

① 同名异义。即不同意义的对象在不同的局部应用中具有相同的名字。

例如局部应用 A 中将教室称为房间，局部应用 B 中将学生宿舍也称为房间。

② 异名同义。即同一意义的对象在不同的局部应用中具有不同的名字。

例如对科研项目,财务处称为项目,科研处称为课题,生产管理处称为工程。

命名冲突包括属性名、实体名、联系名之间的冲突。其中属性的命名冲突更为常见。处理命名冲突通常也采用讨论、协商等行政手段解决。

3) 结构冲突

结构冲突分为三种情况,分别是同一对象在不同应用中具有不同的抽象、同一实体在不同局部 E-R 图中所包含的属性个数和属性排列次序不完全相同、实体间的联系在不同的局部 E-R 图中为不同类型。

① 同一对象在不同应用中具有不同的抽象。

例如,职工在某个应用中为实体,而在另一应用中为属性。

解决方法:通常是把属性变换为实体或实体变换为属性,使同一对象具有相同的抽象。

②同一实体在不同局部 E-R 图中所包含的属性个数和属性排列次序不完全相同。

解决方法:使该实体的属性取各局部 E-R 图中属性的并集,再适当调整属性的次序。

③ 实体间的联系在不同的局部 E-R 图中为不同类型。

例如实体 E1 与 E2 在一个局部 E-R 图中是多对多联系,在另一个局部 E-R 图中是一对多联系;又如在一个局部 E-R 图中 E1 与 E2 发生联系,而在另一个局部 E-R 图中 E1、E2 和 E3 三者之间发有联系。

解决方法:根据应用的语义对实体联系的类型进行综合或调整。

**【例 8-5】** 分析下面所给的两个局部 E-R 图存在的冲突。

设有如下实体:

学生:学号、单位名称、姓名、性别、年龄、选修课程名、平均成绩。

课程:课程号、课程名、开课单位、任课教师号。

教师:教师号、姓名、性别、职称、讲授课程号。

单位:单位名称、电话、教师号、教师姓名。

上述实体中存在如下联系:

(1) 一个学生可选修多门课程,一门课程可为多个学生选修;

(2) 一个教师可讲授多门课程,一门课程可为多个教师讲授;

(3) 一个系可有多名教师,一个教师只能属于一个系。

根据上述约定,可以得到学生选课局部 E-R 图和教师授课局部 E-R 图,如图 8-17(a)和图 8-17(b)所示。

**【解答】**

(1) 这两个局部 E-R 图中存在着异名同义的命名冲突。

学生选课局部 E-R 图中的实体“系”与教师任课局部 E-R 图中的实体“单位”都是指“系”,合并后统一改为“系”。

学生选课局部 E-R 图的属性“名称”和教师任课局部 E-R 图的属性“单位名称”都是指“系名”,合并后统一改为“系名”。

(2) 存在着结构冲突。

实体“系”和实体“课程”在两个局部 E-R 图中的属性组成不同,合并后这两个实体的属性组成为各局部 E-R 图中的同名实体属性的并集。即实体“系”的属性有系名、电话;实体“课程”的属性有课程号、课程名和教师号。

解决上述冲突后,合并两个局部 E-R 图,生成初步的全局 E-R 图如图 8-18 所示。

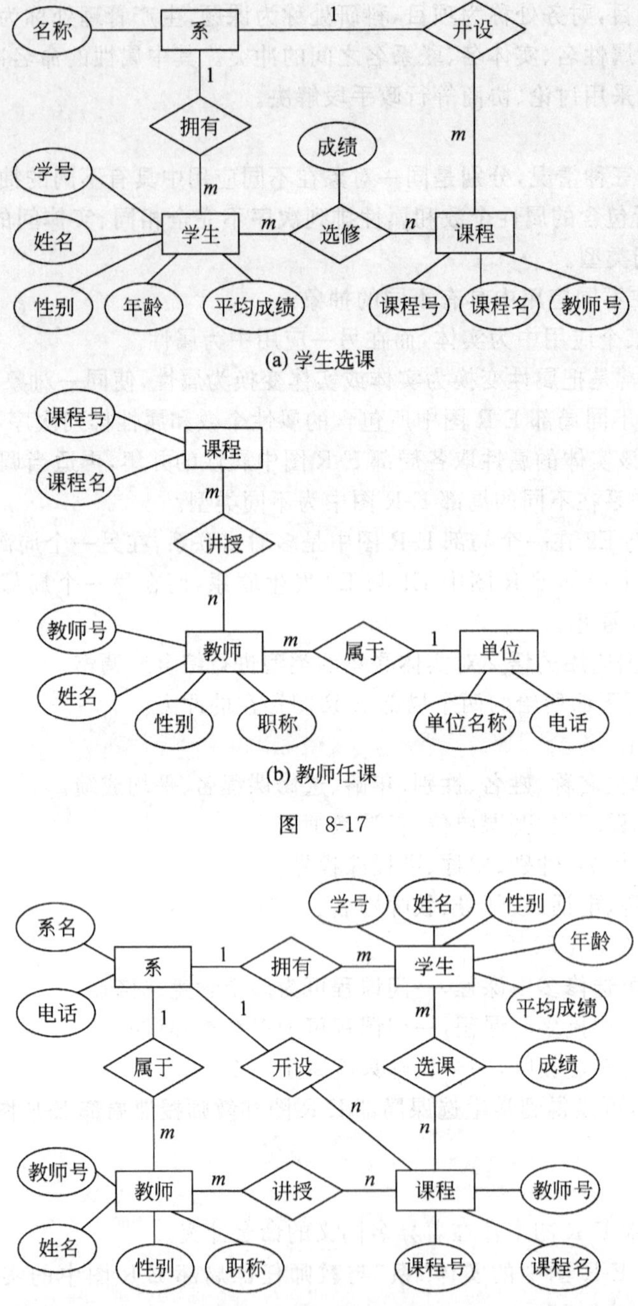


(a) 学生选课

(b) 教师任课

图 8-17

图 8-18 初步的全局 E-R 图

#### 4. 全局 E-R 模型的优化

在得到全局 E-R 模型后，为了提高数据库系统的效率，还应进一步依据处理需求对E-R模型进行优化。一个好的全局 E-R 模型，除能准确、全面地反映用户功能需求外，还应满足下列条件：实体的个数尽可能少，实体所含属性个数尽可能少，实体间联系无冗余。

但是，这些条件不是绝对的，要视具体的信息需求与处理需求而定。下面给出几个全局

E-R 模型的优化原则。

1）实体的合并

这里的合并是指相关实体的合并。在信息检索时，涉及到多个实体的信息要通过连接操作获得。因而减少实体个数，可减少连接的开销，提高处理效率。

一般在权衡利弊后，可以把 1∶1 联系的两个实体合并。

2）冗余属性的消除

通常在各个局部结构中是不允许冗余属性存在的，但在综合成全局 E-R 模型后，可能产生全局范围内的冗余属性。

例如，在教育统计数据库的设计中，一个局部结构含有高校毕业生数、招生数、在校学生数和预计毕业生数，另一局部结构中含有高校毕业生数、招生数、分年级在校学生数和预计毕业生数。各局部结构自身都无冗余，但综合成一个全局 E-R 模型时，在校学生数即成为冗余属性，应予以消除。

一个属性值可从其他属性的值导出来，所以应把冗余的属性从全局模型中去掉。

冗余属性消除与否，也取决于它对存储空间、访问效率和维护代价的影响。有时为了兼顾访问效率，有意保留冗余属性。这当然会造成存储空间的浪费和维护代价的提高。

3）冗余联系的消除

在全局模型中可能存在有冗余的联系，通常利用规范化理论中函数依赖的概念消除冗余。这个内容将会在后续章节讲述。

**【例 8-6】** 对例 8-5 得到的初步 E-R 图进行优化。

【分析】

① 消除冗余属性“课程”实体中的属性“教师号”，因为“课程”实体中的属性“教师号”可由“讲授”这个联系导出；

② 消除冗余属性“学生”实体中的属性“平均成绩”，因为平均成绩可由“选修”联系中的属性“成绩”经过计算得到；

③ 消除冗余联系“开设”，因为该联系可以通过“系”和“教师”之间的“属于”联系与“教师”和“课程”之间的“讲授”联系推导出来。

最后优化后得到的全局 E-R 图如图 8-19 所示。

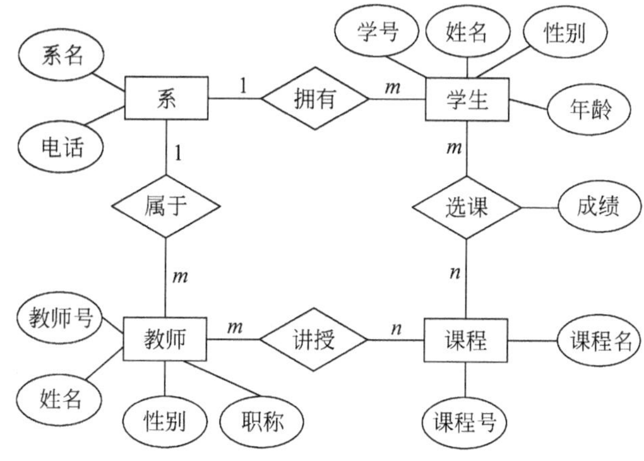


图 8-19　优化后的全局 E-R 图

## 8.4 E-R 模型设计工具——ERwin**

有了用概念模型描述的、正确和完整的数据模式后，开发人员还需要将其转换为具体DBMS所支持数据模型的对应模式，并对转换的模式优化、处理后，才能通过数据库语言中的数据定义子语言，将优化后的模式定义到DBMS中。

目前，已有许多实现E-R模型向关系模型相互转换的工具，它们是Oracle公司的Oracle Case，Sybase公司的Power Designer，Computer Association公司的ERwin等，这些工具可实现E-R模型向关系模型转换的正向工程、关系模型向E-R模型转换的逆向工程。利用这些转换工具，将概念模型描述的数据模式，转换为DBMS可支持的数据模式，从而减轻开发人员的工作量，实现快速应用开发。

ERwin全称是AllFusion Erwin Data Modeler，是CA公司AllFusion品牌下的建模工具之一。ERwin功能强大，为设计、生成、维护高水平的数据库应用程序提供非凡的工作效率。从描述信息需求和商务规则的逻辑模型，到针对特定目标数据库优化的物理模型，ERwin帮助开发人员可视化地确定合理的结构、关键元素，并优化数据库。相对其他的建模工具，ERwin目前在关系数据库的设计中有着比较广泛的应用。

注意，ERwin中的逻辑模型对应前面内容的概念模型，物理模型对应后续章节的逻辑模型。这里，我们采用ERwin工具中的叫法。

### 8.4.1 ERwin 建模方法

ERwin的建模方法采用的是IDEF1x。IDEF系列由美国军方研究完成，IDEF1x作为IDEF方法之一，被用来建立信息模型，其中的功能模型和过程模型分别由IDEF0和IDEF3来实现。

在解决复杂问题时，常采用分层、分级别、分模块等方法。IDEF1x建模就是一个分层，逐步求精的过程。按照分层的思想，ERwin总体上可分为逻辑模型和物理模型。

逻辑模型包括实体联系、基于键的模型和全属性模型。其中，实体联系和基于键的模型属于高层的领域级模型，因为它们从总体上描述了系统包含哪些实体以及这些实体的联系。全属性模型属于项目级的模型，用于详细描述一个实体的各种属性。

物理模型包括转化模型和DBMS模型。物理模型的工作是理解逻辑模型和业务需求并将其实现为特定的数据库。

#### 1. 实体联系模型

实体联系模型与前面介绍的E-R图不太一样。一般的E-R图描述了实体的详细属性以及它们之间的联系。而实体联系模型则仅仅包含了系统主要的实体以及它们之间的联系，没有详细的描述信息。此模型主要用于初期的讨论和展示，完成对系统的粗略描述，所以信息不需要太详细。如图8-20所示为“学生选课”的实体联系模型，“学生”和“课程”之间是多对多的联系。

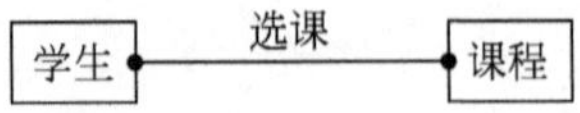

学生 —选课— 课程

图 8-20 “学生”与“课程”的 E-R 模型

### 2. 基于键的模型

基于键的模型包含了所有的实体、主键以及实体的主要属性。此模型做的工作包括建立主键属性、候选键、主要属性、查询项，分析关系类型，解决多对多的联系等。主键及候选键与前面的概念一样。对于查询项，一般是对那些经常查询的、既非主键也非候选键的属性，可创建一个查询项。在向物理模型转化时，查询项映射为索引项。

在 ERwin 中有四种联系：分类联系、标识联系、多对多联系、非标识联系，如图 8-21 所示。分类联系将一些有共同特征的实体进行分类，例如，“客户”可分类为“贵宾”、“高级”、“普通”；标识联系属于一对多联系，例如，一个“订单”包括多个“明细项目”，“订单”和“明细项目”就属于标识联系；多对多联系比较常见，例如，“学生”与“选课”就是一个多对多联系；非标识联系表明实体间没有强制的联系，只是普通的包含联系，例如，学校的“协会成员”列表包含“学生”和“教职工”，“学生”和“协会成员”之间就是一个非标识联系。

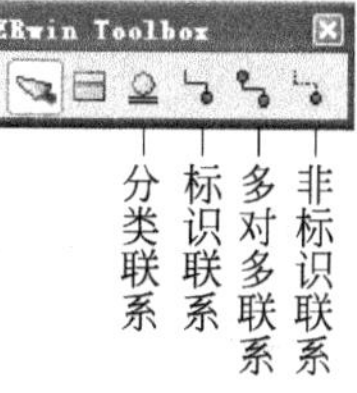


图 8-21 ERwin 中四种联系类型

实际情况下，一般会将多对多联系进行转化，创建一个它们的联系实体。例如，对“学生选课”来创建“学生选课成绩”这样的联系实体，如图 8-22 所示。

图 8-22 创建“学生选课成绩”联系实体

### 3. 全属性模型

全属性模型是包含了实体全部属性和关系的模型，为向物理模型转换打下基础。建立该模型的工作包括添加完整属性和通过 Attributes（属性）对话框编辑属性的定义，如图 8-23 所示。

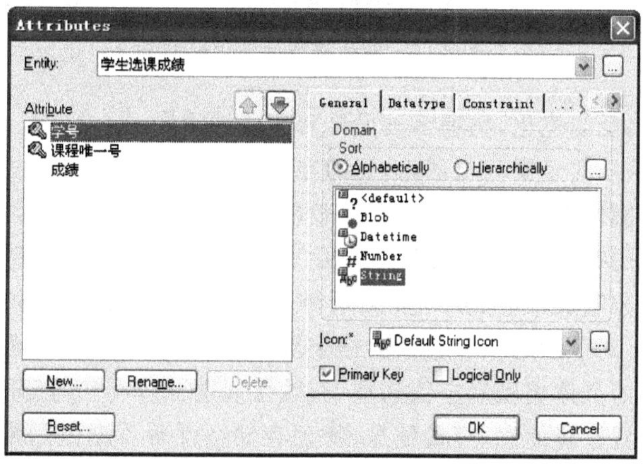


图 8-23 属性对话框

在属性对话框中可以设定属性的类型域、数据类型、定义信息、注释和自定义属性。

类型域(Domain)是指用户自定义的属性和字段特征值,表明字段的特征是概括性的。类型域可以自己定义,一般用系统自带的就可以了。ERwin 本身包含了默认的几种类型,如 Blob、Datetime、Number、String 和<Default>。

一般来说,逻辑模式下的数据类型和物理模式下的数据类型不一样。另外,各个 DBMS 产品之间的数据类型也不完全一样,在向物理模型转换时应注意这一点。图 8-24 所示为设置了类型的"学生选课"模型。

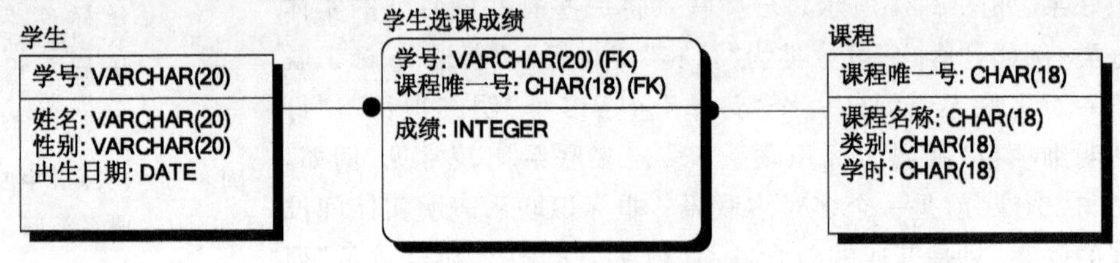


图 8-24 "学生选课"模型

添加、设定并检查了属性及其定义后,接下来还需要按照关系模型的规范化理论,对模型进行规范化处理。关系模型的规范化将在后续章节讲解。

### 4. 转化模型

转化模型存在于 ERwin 文件中,用来描述将要生成的物理数据库的模型。图 8-25 所示为"学生选课"的转化模型。转化模型的设计包括物理设计、键和索引设计、视图设计、存储过程,以及触发器。

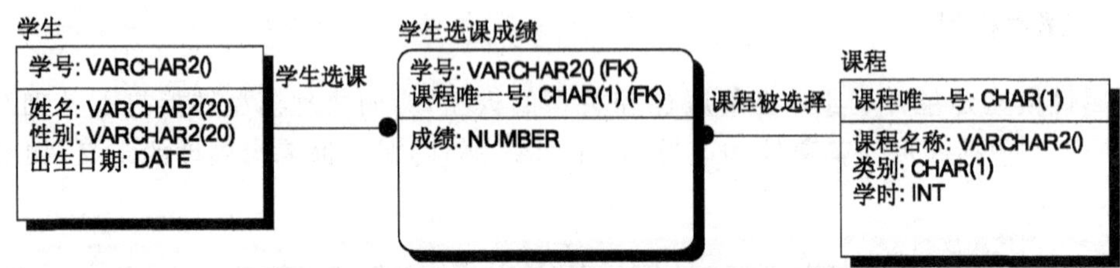


图 8-25 学生选课的转化模型

物理表设计包括反规范化、物理字段设计和表属性设置。

逻辑模型设计采用的是规范化理论,目的在于减少数据冗余,消除关系模式中存在的异常。不过,当表连接操作频繁时,效率就会比较差。因此,实际开发时可能会保留一定的数据冗余,以提高系统的查询性能,此即反规范化。ERwin 工具中提供了多种类型转化方法,如垂直分割表、水平分割表、解决多对多关系等。ERwin 可以自动维护逻辑模型和物理模型之间的对照关系。对字段的设计包括数据字段名(可能需要更改为英文单词)、细化数据类型(细化为数据库的具体类型)、空值选项、有效性规则、默认值。打开如图 8-26 所示的表属性对话框,可以设置注释信息、容量信息、物理存储特性等。键值用来保证实体数据的唯一性,索引用来提高查询的性能。一般,对于键都会创建唯一索引。不过,索引是一把双刃剑,它提高查询性能的同时也降低了数据更新的性能,增加了数据库容量。因此,建立适当的索引，平衡它的利弊，也是转化模型的一个重要工作。实际情况下，系统在运行一个阶段还需要调整索引。

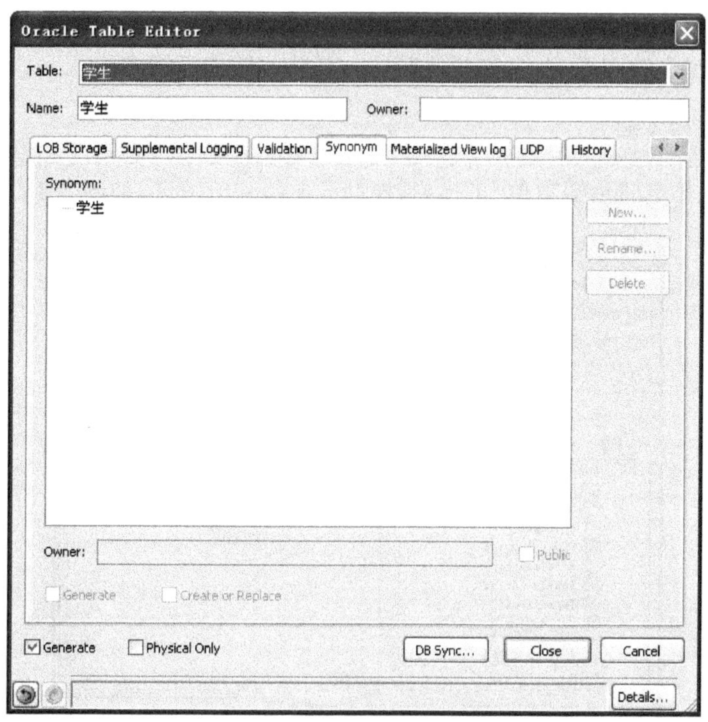


图 8-26　表属性对话框

视图可以简化对复杂数据的访问，提供一定的数据安全性。在 ERwin 中，有多种创建视图的方法，既可通过工具栏中的图标创建，也可以通过模型导航中的 View 菜单等。ERwin 可以自动维护视图和表之间的联系，当表中列被删除时，也会删除视图中的对应列。

存储过程是存放在数据库服务器上的一组包含控制处理语句和 SQL 语句的集合体。它可以封装业务逻辑用来提高系统维护性，减少网络传输和执行时间等好处。缺点是出现错误时调试较为烦琐。建立转化模型可能需要建立相关的存储过程。

触发器可用来维护数据的完整性，通过分析默认设置下 ERwin 生成的脚本，可以看出，它使用了大量的触发器来保证数据的完整性。

### 5. DBMS 模型

DBMS 模型可以是项目级的，针对一个主题域；也可以是领域级的，包含多个主题域。针对特定 DBMS 产品，转化模型可以直接在目的数据库上自动生成对象。转化时，主键转化为唯一索引，候选键和查询项转化为普通索引。实体间的完整性可以通过数据库的参照完整性或触发器来实现。业务逻辑一般用存储过程来实现。ERwin 可以提供生成数据库对象的 SQL DDL 脚本文件，可以通过 ERwin 来执行脚本，也可以在数据库中执行修改后的脚本文件。

## 8.4.2 ERwin 应用实例

前面介绍了 ERwin 的主要概念，下面将利用 ERwin 来完成一个简单的“学生选课”建模：创建逻辑模型和物理模型、并将模型转化为具体的数据库脚本。

### 1. ERwin 工作空间

ERwin 的工作空间包括菜单、工具栏、模型导航器和绘图区，如图 8-27 所示。

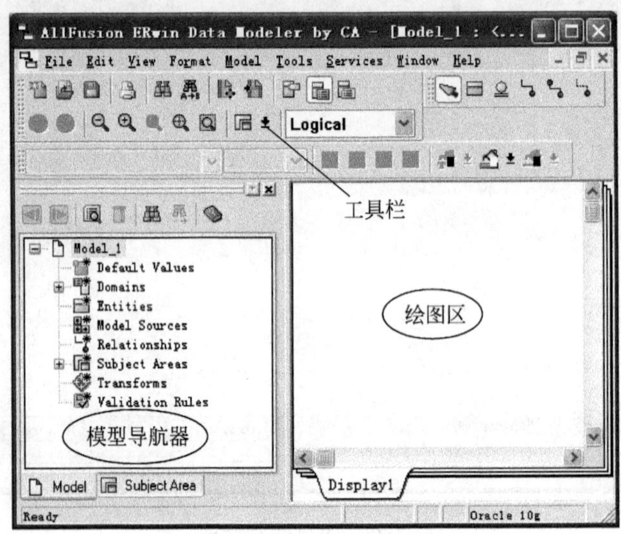


图 8-27 ERwin 工作区间

### 2. 创建一个新的模型

执行 File→New 菜单命令，在弹出的对话框中单击 Logical/Physical 单选按钮，如图 8-28 所示。

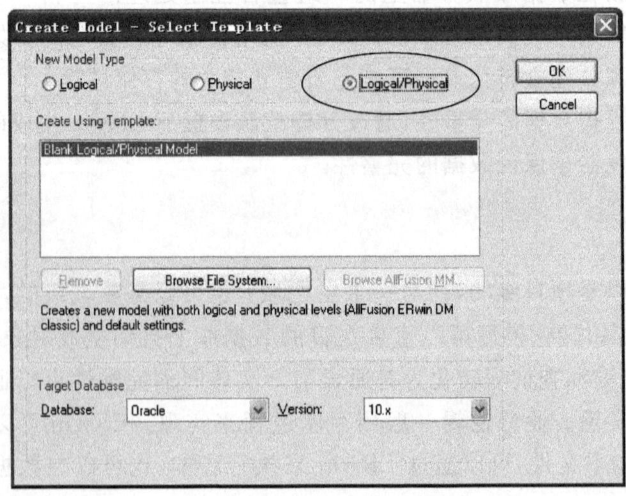


图 8-28 创建一个新模型

### 3. 创建实体

单击工具栏中创建实体按钮 ▤ ,然后在绘图区中单击,便得到一个新建的实体。新建实体的默认名字为“E/1”,如图 8-29 所示,“1”为添加实体的顺序号。可以通过两次单击实体名称,即可修改实体的名称。用同样的方法创建实体课程。

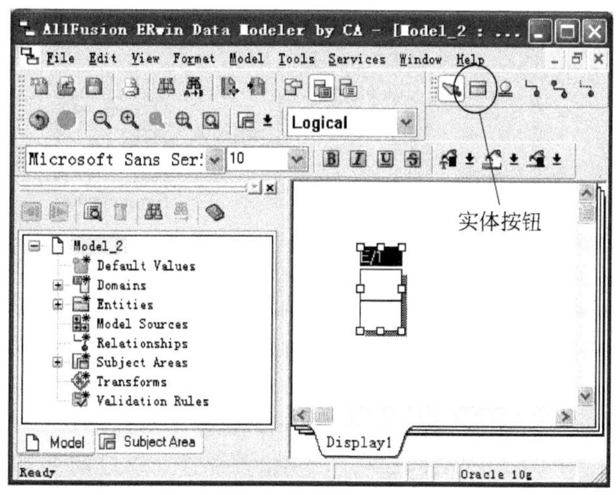


图 8-29 创建实体

### 4. 添加实体的属性

更改完实体名称后,按 Enter 键即可输入实体的属性,如图 8-30 所示为创建的“学生”和“课程”两个实体。

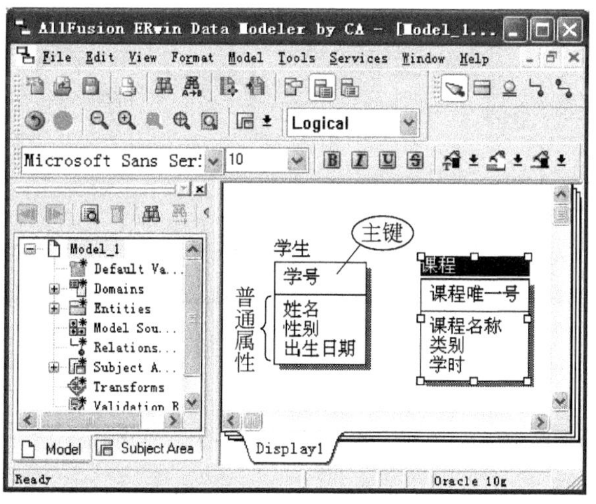


图 8-30 学生和课程两个实体

### 5. 创建实体间联系

通过在联系上右击,打开联系的属性对话框,默认的联系名为“R/1”。修改 Verb phrase

中的“R/1”为“学生选课”,图 8-31 所示为创建的学生与课程间的多对多联系。

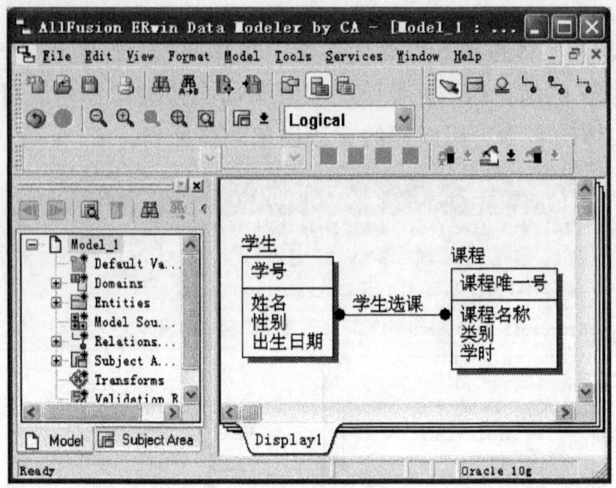


图 8-31 学生与课程间的多对多联系

对于多对多联系,一般采用新建一个联系实体来存储实体间的联系。右击“学生选课”联系,在快捷菜单中执行 Create Association Entity 命令。通过向导即可创建联系实体,如图 8-32 所示。然后,添加“成绩”属性。

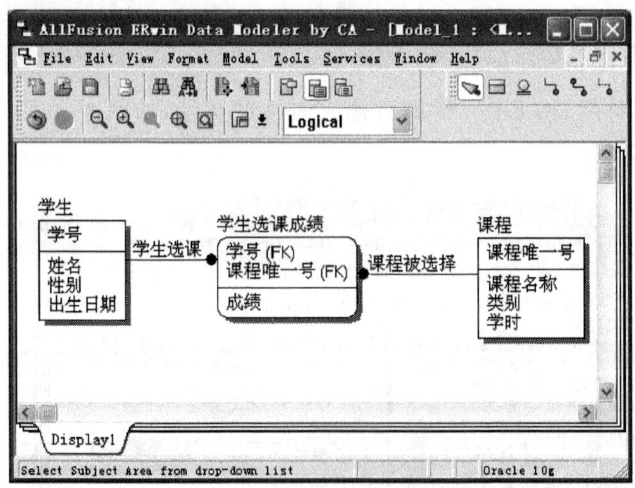


图 8-32 创建学生与课程间的联系实体

### 6. 设置属性的类型

执行 Model/Physical Model 菜单命令,切换到物理模型视图,这时可看到如图 8-33 所示的模型。

双击“学生”实体,打开“学生”列属性对话框,如图 8-34 所示。选择 Column 区域中的列,即可在 Oracle 选项页中设置列的属性。

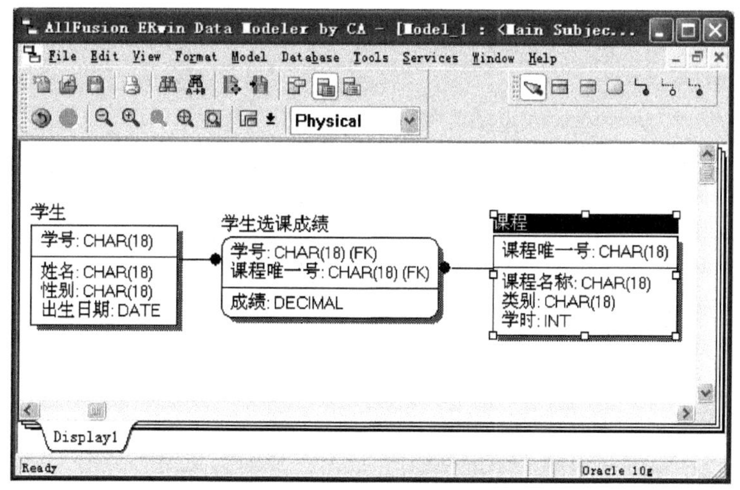


图 8-33 学生选课的物理模型

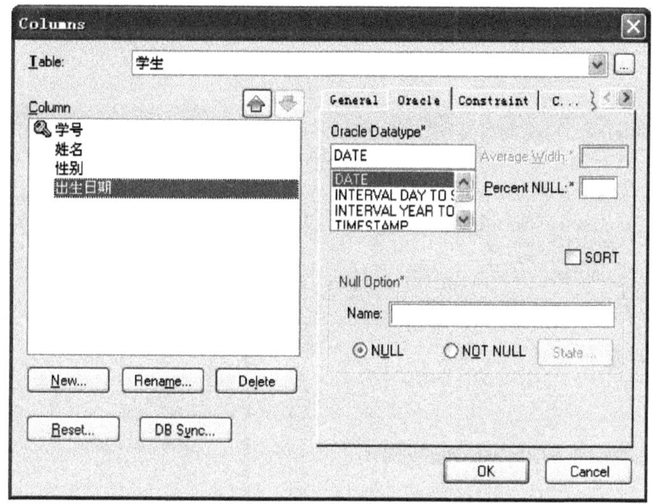


图 8-34 修改列属性的对话框

### 7. 生成数据库

至此，已完成“学生选课”的逻辑模型和物理模型。现在，需要在目的数据库中生成“学生”表、“课程”表和“学生选课”表。选择 Tools/Forward Engineer/Schema 菜单项，弹出如图 8-35 所示 Generation 对话框。

在该对话框的左边可选择表、索引、列、触发器等选项，右边则是生成这些对象的属性选项。设置好属性后，可通过单击 Preview 按钮来查看生成的脚本，如图 8-36 所示。仔细观察会发现，脚本除了包含表定义外，还通过触发器、存储过程完成了数据的一致性定义。

最后，单击图 8-36 中的 Generate 按钮，打开数据库连接对话框，如图 8-37 所示。填写信息数据库的连接信息后，单击 Connect 按钮，即可在目的数据库生成对象。

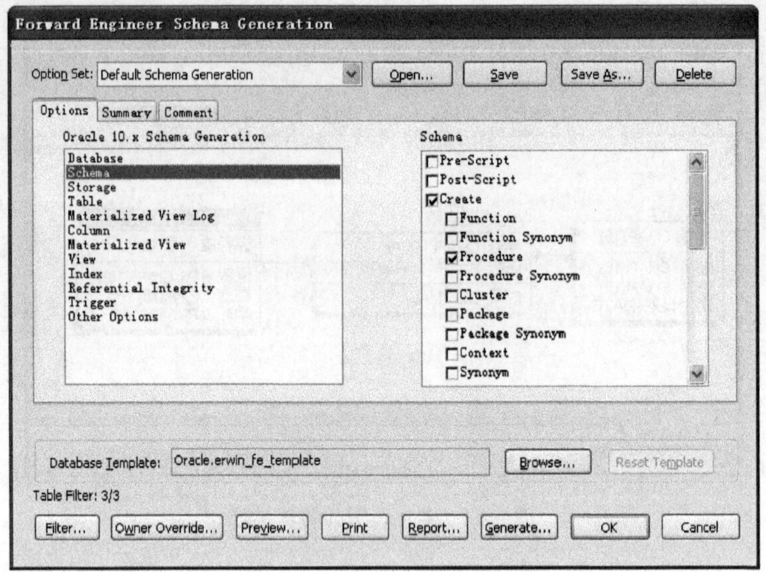


图 8-35　数据库模式生成对话框

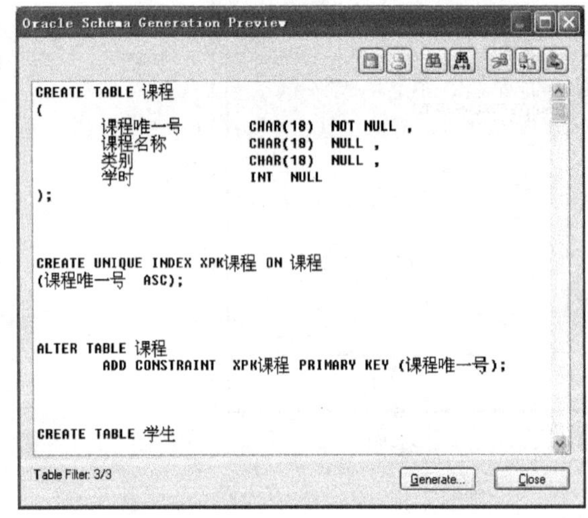


图 8-36　预览脚本窗口

图 8-37　连接数据库对话框

至此，完成了“学生选课”的数据库。该应用尽管简单，但它是复杂应用的基础。通过工具建立逻辑模型和物理模型，方便后续的开发和维护。

## 8.5　小结

本章较详细地介绍了广泛作为概念数据库设计工具的 E-R 模型。E-R 模型描述的元素有实体、实体型、属性、键(键和候选键)、联系、联系型。其中，实体主要是指单独存在的具体事物或抽象概念的个体，而实体型是指同一类型的实体集合。实体用属性来描述，实体型中的实体用相同的属性集合来描述。属性按结构分为简单属性、复合属性,按取值分为单值属性、多值属性和空属性。键用于唯一标识实体型中的实体,可能是一个属性,也可能是多个属性的集合,按其具有的属性个数,分为简单键和复合键。如果存在多个候选键,则应指定其中一个作为主键。联系是两个或多个实体间的关联,也可以有其描述属性。一般情况下,联系由所参与实体的键共同决定。

采用E-R模型进行数据库的概念设计,可以分成三步进行:首先设计局部E-R模型,然后把各局部E-R模型综合成一个全局E-R模型,最后对全局E-R模型进行优化,得到最终的E-R模型,即概念模型。在将局部E-R模型合成全局E-R模型时,需要消除冲突,如属性冲突、命名冲突、结构冲突。

ERwin是一种成熟的E-R模型建模型工具,可用来设计数据库的逻辑模型和物理模型,并支持逻辑模型到数据库物理设计的双向转换,即支持正向工程与逆向工程。

## 习题八

### 一、选择题

(1) 下列对E-R图设计的说法错误的是________。

A. 设计局部E-R图中,能作为属性处理的客观事务应尽量作为属性处理

B. 局部E-R图中的属性均应为原子属性,即不能再划分出子属性

C. 对局部E-R图合并时既可以一次实现全部合并,也可以两两合并,逐步进行

D. 集成后所得的E-R图中可能存在冗余数据和冗余联系,应予以全部清除

(2) 以下关于E-R图的叙述正确的是________。

A. E-R图建立在关系数据库的假设上

B. E-R图使应用过程和数据的关系清晰,实体间的关系可导出应用过程的表示

C. E-R图可将现实世界(应用)中的信息抽象地表示为实体以及实体间的联系

D. E-R图能表示数据生命周期

(3) 在某学校的综合管理系统设计阶段,教师实体在学籍管理子系统中被称为"教师",而在人事管理子系统中被称为"职工"这类冲突被称之为________。

A. 语义冲突　　B. 命名冲突　　C. 属性冲突　　D. 结构冲突

### 二、填空题

1. 若在两个局部图中都有实体"零件"的"质量"属性,而所用质量单位分别为千克和克,则称这两个E-R图存在________冲突。

2. 数据库概念设计的E-R方法中,用属性描述实体的特征,属性在E-R图中,用________表示。

3. 概念设计通常有四种方法:________、________、________和________。其中最常用的是________。

4. E-R模型的基本元素有三个:________、________和________。

5. 数据抽象有两种方法:________和________。

### 三、设计题

有如下运动队和运动会两个方面的实体:

(1) 运动队方面

运动队：队名、教练姓名、队员姓名；

队员：队名、队员姓名、性别、项目。

其中，一个运动队有多个队员，一个队员仅属于一个运动队，一个队有一个教练。

(2) 运动会方面

运动队：队编号、队名、教练姓名。

项目：项目名、参加运动队编号、队员姓名、性别、比赛场地。

其中，一个项目可由多个队参加，一个运动员可参加多个项目，一个项目一个比赛场地。

请完成如下设计：

① 分别设计运动队和运动会两个局部 E-R 图；

② 将它们合并为一个全局 E-R 图；

③ 合并时存在什么冲突？应如何解决这些冲突。

# 第9章 关系模型规范化设计理论

在数据管理中，数据冗余一直是影响系统性能的大问题。数据冗余是指同一个数据在系统中多次重复出现。如果一个关系模式设计得不好，就会导致数据冗余、插入异常、删除异常和修改复杂等问题。规范化设计理论使用范式来定义关系模式所要符合的不同等级，将较低级别范式的关系模式，经模式分解转换为多个符合较高级别范式要求的关系模式，减少数据冗余和出现的各种异常情况。

## 9.1 关系模式中可能存在的异常

### 9.1.1 存在异常的关系模式示例

下面给出一个存在异常的关系模式及其语义，并且在其后的内容中分别加以引用。

Students(Sid,Sname,Dname,Ddirector,Cid,Cname,Cscore)

该关系模式用来存放学生及其所在的系和选课信息。对应的中文含义为：

Students(学号,姓名,系名,系主任,课程号,课程名,成绩)

假定该关系模式包含如下数据语义。

① 一个系有多名学生，而一个学生只属于一个系，即系与学生之间是的 1∶$n$ 的联系。

② 一个系只有一名系主任，一名系主任也只在一个系任职，即系与系主任之间是 1∶1 的联系。

③ 一名学生可以选修多门课程，而每门课程有多名学生选修，即学生与课程之间是 $m$∶$n$的联系。

在此关系模式对应的关系表中填入一部分具体的数据，则可得到关系模式 Students 的实例，即一个学生关系，如表 9-1 所示。

**表 9-1 Students(学生)表**

| Sid | Sname | Dname | Ddirector | Cid | Cname | Cscore |
|---|---|---|---|---|---|---|
| 1001 | 李红 | 计算机 | 罗刚 | 1 | 数据库原理 | 86 |
| 1001 | 李红 | 计算机 | 罗刚 | 3 | 数据结构 | 90 |
| 2001 | 张小伟 | 信息管理 | 李少强 | 1 | 数据库原理 | 92 |
| 2001 | 张小伟 | 信息管理 | 李少强 | 2 | 电子商务 | 75 |

续表

| Sid | Sname | Dname | Ddirector | Cid | Cname | Cscore |
|---|---|---|---|---|---|---|
| 2001 | 张小伟 | 信息管理 | 李少强 | 3 | 数据结构 | 86 |
| 1002 | 钱海斌 | 计算机 | 罗刚 | 1 | 数据库原理 | 90 |
| 1002 | 钱海斌 | 计算机 | 罗刚 | 3 | 数据结构 | 60 |

由上述语义及表中的数据,可以确定该关系模式的主键为(Sid,Cid)。

### 9.1.2 可能存在的异常

一个没有设计好的关系模式可能存在如下几种异常,下面以 Students 表(关系)来说明。

#### 1. 数据冗余

冗余的表现是,某种信息在关系中存储多次。

例如,学生的学号 Sid、姓名 Sname、每个系的名称 Dname 和系主任 Ddirector 的名字存储的次数等于该系的所有学生每人选修课程门数的累加和,数据冗余量很大,导致存储空间的浪费。

#### 2. 插入异常

插入异常的表现是,元组插入不进去。

例如,某个学生还没有选课,则该学生的信息就不能插入到该关系中。因为关系的主键是(Sid,Cid),该学生没有选课,则 Cid 值未知,而主键的值不能部分为空,所以该学生的信息不能插入。再如,某个新系没有招生,尚无学生时,则系名和系主任的信息也就无法插入到关系中。

#### 3. 删除异常

删除异常的表现是,删除时,删掉了其他不应删除的信息。

例如,当某系学生全部毕业而还没有招生时,要删除全部学生的记录,这时系名、系主任的信息也随之被删除,而现实中这个系依然存在,但在数据库的关系中却无法存在该系的信息。

#### 4. 更新异常

更新异常的表现是,修改一个元组,却要求修改多个元组。

例如,如果某学生改名,则需对该学生的所有记录都要逐一修改 Sname 的值;又如某系更换了系主任,则属于该系的学生记录都要修改 Ddirector 的内容,稍有不慎,就有可能漏改某些记录,导致数据的不一致。

由于存在以上问题,所以说 Students 是一个不好的关系模式。产生上述问题的原因,直观地说,是因为数据间存在的语义,它会对关系模式的设计产生影响。

### 9.1.3 关系模式中存在异常的原因

开发现实系统时，在需求分析阶段，用户会给出数据间的语义限制，如前面的 Students 关系模式，要求一个系有多名学生，而一个学生只属于一个系；一个系只有一名系主任，一名系主任也只在一个系任职等的数据间的语义限制。数据的语义可以通过完整性体现出来，如每个学生都应该是唯一的，这可以通过主键完整性来保证，还可以从关系模式设计方面体现出来。

数据语义在关系模式中的具体表现是，在关系模式中的属性间存在一定的依赖关系，即数据依赖。

数据依赖是现实系统中实体属性间相互联系的抽象，是数据语义的体现。如一个系只有一名系主任，一名系主任也只在一个系任职这个数据语义，表明系和系主任间是一对一的数据依赖关系，即通过系可以知道该系的系主任是谁，通过系主任可以知道是哪个系。

数据依赖有多种，其中最重要的有函数依赖、多值依赖，这两类数据依赖，将在其后的内容中分别予以介绍。

事实上，异常现象产生的原因，就是由于关系模式中存在的这些复杂的数据依赖关系所导致的。在设计关系模式时，如果将各种有联系的实体数据集中于一个关系模式中，不仅造成关系模式结构冗余、包含的语义过多，也使得其中的数据依赖变得错综复杂，不可避免地要违背以上某个或多个限制，从而产生异常。

解决异常的方法是利用关系数据库规范化理论，对关系模式进行相应的分解，使得每一个关系模式表达的概念单一，属性间的数据依赖关系单纯化，从而消除这些异常。如前面的 Students 关系模式，可以将它分解为学生、系、成绩三个关系模式，这样就会大大减少异常现象的发生。

## 9.2 函数依赖

### 9.2.1 函数依赖定义

函数依赖(Functional Dependency，FD)是数据库设计的核心部分，理解它非常重要。我们先解释概念的常规意义，然后再给出它的定义。

先来看一个数学函数：y=f(x)，即给定一个 x 值，y 就确定了唯一一个值。那么，我们就说 y 函数依赖于 x，或 x 函数决定 y，可以写成：x→y。式子左边变量称为决定因素，右边的变量称为依赖因素。这也是取名为函数依赖的原因。

在 Students 关系中，因为每个学号 Sid 的值都对应着唯一一个学生的名字 Sname，我们可以将其形式化为：

Sid→Sname

因此，可以说，名字 Sname 函数依赖于学生的学号 Sid，学生的学号 Sid 决定了学生的名字 Sname。

再如，学号 Sid 和课号 Cid 可以一起决定某位同学某科的成绩 Cscore，将其形式化为：

$$(Sid, Cid) \to Cscore$$

这里,决定因素是(Sid,Cid)的组合。

**定义 9.1** 设 R(U)是属性集 U 上的关系模式,X 和 Y 是 U 的子集。若对于 R(U)的任意一个可能的关系 r,对于 X 的每一个具体值,Y 都有唯一的具体的值与之对应,则称 X 函数决定 Y,或 Y 函数依赖于 X,记作 X→Y。称 X 为决定因素,Y 为依赖因素。

**【说明】**

① 函数依赖同其他数据依赖一样,是语义范畴概念。只能根据数据的语义来确定函数依赖。

例如,"姓名→年龄",这个函数依赖只有在没有重名的条件下成立,如果允许有重名,则年龄就不再函数依赖于姓名了。但设计者可以对现实系统作强制性规定,例如,规定不允许重名出现,使函数依赖"姓名→年龄"成立。这样,当插入某个元组时,这个元组上的属性值必须满足规定的函数依赖,若发现有相同名字存在,则拒绝插入该元组。

② 函数依赖不是指关系模式 R 的某个或某些元组满足的约束条件,而是指 R 的所有元组均要满足的约束条件,不能部分满足。

③ 函数依赖关心的问题是一个或一组属性的值决定其他属性的值。

## 9.2.2 发现函数依赖

确定数据间的函数依赖关系,是数据库设计的前提。函数依赖可以通过数据间的语义来确定,也可以通过分析完整的样本数据来确定。下面,分别针对这两种情况来说明怎样确定数据间的函数依赖关系。

### 1. 根据完整的样本数据发现函数依赖

这种方法是根据完整的样本数据和函数依赖的定义来实现的。在没有样本数据或者只有部分样本数据时,则不能用此方法确定数据之间函数依赖的关系。

为了能够找到表上存在的函数依赖,我们必须确定,哪些列的取值决定了其他列的取值。下面以关系 ORDER_ITEM(订单关系)为例,该关系的数据如表 9-2 所示。

**表 9-2 ORDER_ITEM 表**

| Order_ID<br>(订单编号) | SKU<br>(商品编号) | Quantity<br>(数量) | Price<br>(单价) | Total<br>(总价) |
|---|---|---|---|---|
| 3001 | 100201 | 1 | 300 | 300 |
| 2001 | 101101 | 4 | 50 | 200 |
| 3001 | 101101 | 2 | 60 | 120 |
| 2001 | 101201 | 2 | 50 | 100 |
| 3001 | 201001 | 2 | 50 | 100 |
| 1001 | 101201 | 2 | 150 | 300 |

这张表中有哪些函数依赖?从左边开始,Order_ID 列不能决定 SKU 列,因为有多个 SKU 值对应一个 Order_ID 值,例如 Order_Id 值为 3001,则与之对应的 SKU 的值有 100201、101101、201001 这三个值,同理它也不能决定 Quantity、Price 和 Total;因为有多个

Order_ID 值对应一个 SKU 值。所以,SKU 不能决定 Order_ID,同理 SKU 也不能决定 Quantity、Price 和 Total;同理,Quantity、Price 和 Total 这三列也都没有决定其他列的函数依赖关系。结果是 ORDER_ITEM 表中,不存在某一列决定其他列的函数依赖关系。

下面考虑两列的组合是否有决定关系,按照上述分析的方法,能够得出:

(Order_ID,SKU)→(Quantity,Price,Total)

这个函数依赖是有道理的,意味着一份订单和该订单订购的指定商品项能够有唯一的数量 Quantity、唯一的单价 Price 和唯一的总价 Total。

同时也要注意到,由于总价 Total 是从下面的公式计算得到的,Total=Quantity * Price,那么就有:

(Quantity,Price)→Total

表 ORDER_ITEM 中存在下面的函数依赖:

(Order_ID,SKU)→(Quantity,Price,Total)

(Quantity,Price)→Total

请读者考虑三列、四列甚至五列的组合,是否存在决定关系?如果存在决定关系,那么对应的函数依赖是否有意义?

### 2. 根据数据语义发现函数依赖

函数依赖是由数据语义决定的,从前面的 Students 示例关系模式的语义描述,可以看出数据间的语义大多表示为:某实体与另一个实体存在 1∶1、1∶$n$ 或 $m$∶$n$ 的联系。那么,由这种表示的语义,如何变成相应的函数依赖呢?

一般,对于关系模式 R,U 为其属性集合,X、Y 为其属性子集,根据函数依赖的定义和实体间联系的类型,可以得出如下变换的方法:

① 如果 X 和 Y 之间是 1∶1 的联系,则存在的函数 X→Y 和 Y→X;

② 如果 X 和 Y 之间是 1∶$n$ 的联系,则存在的函数 Y→X;

③ 如果 X 和 Y 之间是 $m$∶$n$ 的联系,则 X 和 Y 之间不存在函数依赖关系。

例如,在 Students 关系模式中,系与系主任之间是 1∶1 的联系,所以有 Dname→Ddirector 和 Ddirector→Dname 函数依赖;系与学生之间是 1∶$n$ 的联系,所以有函数依赖 Sid→Dname;学生和课程之间是 $m$∶$n$ 的联系,所以 Sid 与 Cid 之间不存在函数依赖。

**【例 9-1】** 设有关系模式 R(A,B,C),其关系 $r$ 如下所示。

| A | B | C |
|---|---|---|
| 1 | 2 | 3 |
| 4 | 2 | 3 |
| 5 | 3 | 3 |

(1) 试判断下列 3 个 FD 在关系 $r$ 中是否成立?

A→B　　BC→A　　B→A

(2) 根据关系 $r$,你能断定哪些 FD 在关系模式 R 上不成立?

**【解答】**

(1) 在关系 $r$ 中,A→B 成立,BC→A 不成立,B→A 不成立。

(2) 在关系 $r$ 中,不成立的 FD 有: B→A,C→A,C→B,C→AB,BC→A。

**【例 9-2】** 有一个包括学生选课、教师任课数据的关系模式:

R(S#,SNAME,AGE,SEX,C#,CNAME,SCORE,T#,TNAME,TITLE)

属性分别表示学生学号、姓名、年龄、性别、选修课程的课程号、课程名、成绩、任课教师工号、教师姓名和职称。

规定: 每个学号只能有一个学生姓名,每个课程号只能决定一门课程;

每个学生每学一门课,只能有一个成绩;

每门课程只由一位教师任课。

根据上面的规定和实际意义,写出该关系模式所有的 FD。

**【解答】**

R 关系模式包括的 FD 有: S#→SNAME　　C#→CNAME

(S#,C#)→GRADE　　C#→T#

S#→(AGE,SEX)　　T#→(TNAME,TITLE)

## 9.2.3 最小函数依赖集

函数依赖的定义使我们能由已知的函数依赖推导出新的函数依赖。例如,若 X→Y,Y→Z,则有 X→Z。既然有的函数依赖能由其他函数依赖推出,那么对于一个函数依赖集,其中有的函数依赖可能是不必要的、冗余的。如果一个函数依赖可以由该集中其他函数依赖推导出来,则称该函数依赖在其函数依赖集中是冗余的。数据库设计的实现,是基于无冗余的函数依赖集的,即最小函数依赖集。

### 1. 函数依赖的推理规则

要得到一个无冗余的函数依赖集,从已知的一些函数依赖,推导出另外一些函数依赖,这需要一系列的推理规则。

设 U 是关系模式 R 的属性集,F 是 R 上成立的只涉及 U 中属性的函数依赖集。函数依赖的推理规则如下:

① A1(自反性): 如果 Y⊆X⊆U,则 X→Y。

② A2(增广性): 如果 X→Y 且 Z⊆U,则 XZ→YZ。

③ A3(传递性): 如果 X→Y 且 Y→Z,则 X→Z。

④ B1(合并性): 如果 X→Y 且 X→Z,则 X→YZ。

⑤ B2(分解性): 如果 X→YZ,则 X→Y、X→Z。

⑥ B3(结合性): 如果 X→Y 且 W→Z,则 XW→YZ。

⑦ B4(伪传递性): 如果 X→Y 且 WY→Z,则 XW→Z。

A1~A3 就是有名的 Armstrong 公理,B1~B4 是 Armstrong 公理的推论。

**【例 9-3】** 设有关系模式 R,属性集 U={A,B,X,Y,Z},函数依赖集 F={Z→A,B→X,AX→Y,ZB→Y},试给出 ZB→Y 是冗余的函数依赖的过程。

**【解答】**

(1) 因为 Z→A,B→X,由 B3 可知,ZB→AX;

(2) 因为 ZB→AX,AX→Y,由 A3 可知,ZB→Y。

即 ZB→Y 可以由 F 中其他函数依赖导出，所以 ZB→Y 是冗余的函数依赖。

### 2. 求最小函数依赖集

如果函数依赖集 F 满足下列条件，则称 F 为一个最小函数依赖集。

① 每个函数依赖的右边都是单属性(可以通过 B2 分解性实现)；

② 函数依赖集 F 中没有冗余的函数依赖(即 F 中不存在这样的函数依赖 X→Y，使得 F 与 F－{X→Y}等价)；

③ F 中每个函数依赖的左边没有多余的属性(即 F 中不存在这样的函数依赖 X→Y，X 有真子集 W 使得 F－{X→Y}∪{ W→Y}与 F 等价)。

显然，每个函数依赖集至少存在一个最小依赖集，但并不一定唯一。

**【例 9-4】** 设 F 是关系模式 R(A，B，C)的 FD 集，F＝{A→BC，B→C，A→B，AB→C}，试求最小函数依赖集。

**【解答】**

(1) 先把 F 中的函数依赖写成右边是单属性形式：

F＝{A→B，A→C，B→C，A→B，AB→C}

删去一个 A→B，得：

F＝{A→B，A→C，B→C，AB→C}

(2) 删去冗余的函数依赖。F 中 A→C 可从 A→B 和 B→C 推出，因此 A→C 是冗余的，删去，得：

F＝{A→B，B→C，AB→C}

(3) 消除函数依赖左边冗余的属性。F 中的 AB→C，因为有 B→C，所以 A 多余，删去，得到最小函数依赖集为：

F＝{A→B，B→C}

**【例 9-5】** 设关系模式 R(A，B，C，D，E，G，H)上的函数依赖集 F＝{AC→BEGH，A→B，C→DEH，E→H}，求 F 的最小函数依赖集。

**【解答】**

(1) 把每个 FD 的右边拆成单属性，得到 9 个 FD，得：

F＝{AC→B，AC→E，AC→G，AC→H，A→B，C→D，C→E，C→H，E→H}

(2) 消除冗余的 FD，得：

F＝{ AC→B，AC→E，AC→G，AC→H，A→B，C→D，C→E，E→H}

(3) 消除 FD 中左边冗余的属性。因为 A→B，所以消去 AC→B 中的 C；因为 C→E，所以消去 AC→E 的 A；因为由 C→E、E→H，可推出 C→H，所以消去 AC→H 中的 A，得 C→H，因为可由 C→E、E→H 推出，所以将 AC→H 删去，得到的 F 为：

F＝{ A→B，C→E，AC→G，A→B，C→D，C→E，E→H}

精简后，得

F＝{ A→B，C→E，AC→G，C→D，E→H}

(4) 再把左边相同的 FD 合并起来，得到最小的函数依赖集为：

F＝{ A→B，C→DE，AC→G，E→H}

## 9.3 候选键

只有在确定了一个关系模式的候选键后，才能用关系规范化理论对出现异常现象的关系模式进行分解。

### 9.3.1 候选键定义

前面章节中已经提到过候选键的概念，在这里利用函数依赖的概念，来对它进行定义。

**定义 9.2** 设 R 是一个具有属性集合 U 的关系模式，$K \subseteq U$。如果 K 满足下列两个条件，则称 K 是 R 的一个候选键：

① $K \rightarrow U$；

② 不存在 K 的真子集 Z，使得 $Z \rightarrow U$。

例如，关系 Students(Sid, Sname, Dname, Ddirector, Cid, Cname, Cscore)，它的候选键是(Sid, Cid)，根据已知的函数依赖和推理规则，可以知道(Sid, Cid)能函数决定 R 的全部属性，它的真子集(Sid)和(Cid)都不能决定 R 的全部属性，如 Sid→(Sname, Dname, Ddirector)，但它不能决定(Cid, Cname, Cscore)；Cid→Cname，但它不能决定(Sid, Sname, Dname, Ddirector, Cscore)；(Sid, Cid)→Cscore；只有(Sid, Cid)的组合才能决定全部属性，所以(Sid, Cid)是关系 Students 的一个候选键。

那么，如何确定属性集 $K \rightarrow U$ 呢？可以通过求属性集 K 的闭包来完成。

### 9.3.2 属性集的闭包

**定义 9.3** 设 F 是属性集 U 上的函数依赖集，X 是 U 的子集，那么属性集 X 的闭包用 $X^+$ 表示，它是一个从 F 集使用函数依赖推理规则推出的所有满足 $X \rightarrow A$ 的属性 A 的集合：

$$X^+ = \{属性\ A \mid X \rightarrow A\ 能由\ F\ 推导出来\}$$

从属性集闭包的定义，容易得出下面的定理。

**定理 9.1** $X \rightarrow Y$ 能由 F 根据函数依赖推理规则推出的充分必要条件是 $Y \subseteq X^+$。

于是，判定 $X \rightarrow Y$ 是否能由 F 根据函数依赖推理规则推出的问题，就转化为求出 $X^+$ 的子集问题。这个问题由下面的算法 9.1 解决。

**算法 9.1** 求属性集 $X(X \subseteq U)$ 关于 U 上的函数依赖集 F 的闭包 $X^+$。

输入：函数依赖集 F；属性集 U

输出：$X^+$

步骤：

(1) 令 $X^{(0)} = X, i = 0$；

(2) 求 Y，这里 $Y = \{A \mid (\exists V)(\exists W)(V \rightarrow W \in F \wedge V \subseteq X^{(i)} \wedge A \in W)\}$；

(3) $X^{(i+1)} = Y \cup X^{(i)}$；

(4) 判断 $X^{(i+1)} = X^{(i)}$ 是否成立；

(5) 如果等式成立或 $X^{(i+1)} = U$，则 $X^{(i+1)}$ 就是 $X^+$，算法终止；

(6) 如果等式不成立，则 $i = i + 1$，返回步骤(2)继续。

**【例 9-6】** 已知关系模式 R(U,F),其中 U={A,B,C,D,E};F={AB→C,B→D,C→E,EC→B,AC→B}。求$(AB)^+$。

**【解答】**

(1) $X^{(0)}$=AB。

(2) 求 Y。逐一扫描 F 集中各个函数依赖,找左部为 A、B 或 AB 的函数依赖,得到 AB→C,B→D,则 Y=CD。

(3) $X^{(1)}=Y\cup X^{(0)}$=CD∪AB=ABCD。

(4) 因为 $X^{(1)}\neq X^{(0)}$,所以再找左部为 ABCD 子集的函数依赖,得到 C→E,AC→B,于是 $X^{(2)}=Y\cup X^{(1)}$=BE∪ABCD=ABCDE。

(5) 因为 $X^{(2)}$=U,所以$(AB)^+$=ABCDE。

**【注意】** 本题因为 AB→U,所以 AB 是关系模式 R 的一个候选键。

**【例 9-7】** 设关系模式 R(A,B,C,D,E,G)上函数依赖集为 F,F={D→G,C→A,CD→E,A→B}。求 $D^+$,$CD^+$,$AD^+$,$AC^+$,$ACD^+$。

**【解答】**

$D^+$=DG,$CD^+$=ABCDEG,$AD^+$=ABDG,$AC^+$=ABC,$ACD^+$=ABCDEG。

**【注意】** 本题 CD 和 ACD 都能决定 R 上的所有属性,根据候选键定义,ACD 的真子集 CD 能决定所有属性,所以 CD 是关系模式 R 的一个候选键,ACD 就不是了。

### 9.3.3 求候选键

已知关系模式 R(U,F),U 是 R 的属性集合,F 是 R 的函数依赖集,如何找出 R 的所有候选键?下面给出一个可参考的规范方法,通过它可以找出 R 的所有候选键,步骤如下。

① 查看函数依赖集 F 中的每个形如 $X_i\to Y_i(i=1,\cdots,n)$的函数依赖关系。看哪些属性在所有 $Y_i(i=1,\cdots,n)$中一次也没有出现过,设没有出现过的属性集为 P($P=U-Y_1-Y_2-\cdots Y_n$)。则当 P=∅时,转步骤④;P≠∅时,转步骤②。

② 根据候选键的定义,候选键中应必包含 P(因为没有其他属性能决定 P,但自己能决定自己)。考察 P,如果 P 满足候选键定义,则 P 为候选键,并且候选键只有 P 一个,然后转步骤⑤结束;如果 P 不满足候选键定义,则转步骤③继续。

③ P 可以分别与{U−P}中的每一个属性合并,合成 $P_1$、$P_2$、…、$P_m$。再分别判断 $P_j(j=1,\cdots,m)$是否满足候选键定义,能成立则找到了一个候选键,没有则放弃。合并一个属性如果不能找到或不能找全候选键,可进一步考虑 P 与{U−P}中的 2 个(或 3 个,4 个,……)属性的所有组合分别进行合并,继续判断分别合并后的各属性组是否满足候选键的定义,如此下去,直到找出 R 的所有候选键为止。转步骤⑤结束。

**【注意】** 如果属性组 K 已有 K→U,则不需要再去考察含 K 的其他属性组合,显然它们都不可能再是候选键了(根据候选键定义的第②项)。

④ 如果 P=∅,则可以先考察 $X_i\to Y_i(i=1,\cdots,n)$中的单个 $X_i$,判断 $X_i$ 是否满足候选键定义。如果成立则 $X_i$ 为候选键。剩下不是候选键的,可以考察它们两个或多个的组合,查看这些组合是否满足候选键定义,从而找出其他可能还有的候选键。转步骤⑤结束。

⑤ 本方法结束。

**【例 9-8】** 设有关系模式 R(A,B,C,D,E,G),函数依赖集 F={AB→E,AC→G,AD→

B,B→C,C→D},求出 R 的所有候选键。

**【解答】**

(1) P={A}。因为 P≠∅,转步骤(2)。

(2) 求 P 对应属性的闭包,即$(A)^+$。

$(A)^+$=A,P 对应的属性不能决定 U,所以 P 不满足候选键定义,转步骤(3)。

(3) P 中 A 分别与{U−P}中的(B,C,D,E,G)合并,形成 AB、AC、AD、AE、AG。下面分别求$(AB)^+$、$(AC)^+$、$(AD)^+$、$(AE)^+$、$(AG)^+$。

$(AB)^+$ = ABCDEG, $(AC)^+$ = ABCDEG, $(AD)^+$ = ABCDEG, $(AE)^+$ = AE, $(AG)^+$=AG。

所以 R 的候选键是 AB、AC、AD。

**【例 9-9】** 设有关系模式 R(A,B,C,D,E)上的函数依赖集为 F,并且 F={A→BC,CD→E,B→D,E→A},求出 R 的所有候选键。

**【解答】**

R 的候选键有四个:A、E、CD 和 BC。

## 9.4 关系模式的规范化

关系模式的好与坏,用什么标准来衡量呢?这个标准就是关系模式的范式。将坏的关系模式转换成好的关系模式,则需要对范式进行规范化。

### 9.4.1 范式及规范化

#### 1. 范式

范式(Normal Form,NF)是指关系模式的规范形式。

关系模式上的范式有六个:1NF(称做第一范式,以下类同)、2NF、3NF、BCNF、4NF、5NF。各范式间的联系为:

5NF⊂4NF⊂BCNF⊂3NF⊂2NF⊂1NF

其中,1NF 级别最低,5NF 级别最高。一般说来,1NF 是关系模式必须满足的最低要求。高级别范式可看成是低级别范式的特例。

范式级别与异常问题的关系是:级别越低,出现异常的现象越高。

#### 2. 规范化

将一个给定的关系模式转化为某种范式的过程,称为关系模式的规范化过程,简称为规范化(Normalization)。

规范化一般采用分解的办法,将低级别范式向高级别范式转化,使关系的语义单纯化。

规范化的目的是逐渐消除异常。

理想的规范化程度是范式级别越高,则规范化程度也越高。但规范化程度,不一定越高越好,在关系模式设计时,一般要求关系模式达到 3NF 或 BCNF 即可。

### 9.4.2　完全函数依赖、部分函数依赖和传递函数依赖

#### 1. 完全函数依赖和部分函数依赖

**定义 9.4**　设 R 是一个具有属性集合 U 的关系模式，X 和 Y 是 U 的子集。

如果 X→Y，并且对于 X 的任何一个真子集 Z，Z→Y 都不成立，则称 Y 完全函数依赖于 X，记作 $X \xrightarrow{f} Y$；

如果 X→Y，并且对于 X 的任何一个真子集 Z，Z→Y 都成立，则称 Y 部分函数依赖于 X，记作 $X \xrightarrow{p} Y$。

**【例 9-10】**　对于关系模式 Students(Sid, Sname, Dname, Ddirector, Cid, Cname, Cscore)，判断下面所给的两个函数依赖是完全函数依赖还是部分函数依赖，为什么？

①(Sid,Cid)→Cscore

②(Sid,Cid)→Dname

**【解答】**

①是完全函数依赖。因为 Cscore 的值必须由 Sid 和 Cid 一起来决定。

②是部分函数依赖。因为 Dname 的值只由 Sid 决定，与 Cid 的值无关。

**【说明】**　只有当决定因素(函数依赖左侧)是组合属性时，讨论部分函数依赖才有意义，当决定因素是单属性时，都是完全函数依赖。

#### 2. 传递函数依赖

**定义 9.5**　设 R 是一个具有属性集合 U 的关系模式，X、Y、Z 是 U 的子集，且 X、Y、Z 是不同的属性集。如果 X→Y，Y→X 不成立，Y→Z，则称 Z 传递函数依赖于 X，记作 $X \xrightarrow{t} Y$。

**【说明】**

① 如果 X→Y，且 Y→X，则称 X 与 Y 等价，记作 X↔Y。

② 如果定义中 Y→X 成立，则 X 与 Y 等价，这时称 Z 对 X 直接函数依赖，而不是传递函数。

**【例 9-11】**　对于关系模式 Students(Sid, Sname, Dname, Ddirector, Cid, Cname, Cscore)

① 存在 Sid→Dname，但 Dname→Sid 不成立，而 Dname→Ddirector，则有 Sid $\xrightarrow{t}$ Ddirector。

② 在学生不存在重名的情况下，Sid→Sname，Sname→Sid，即 Sid↔Sname，而 Sname→Dname，这时 Dname 对 Sid 是直接函数依赖，而不是传递函数依赖。

### 9.4.3　以函数依赖为基础的范式

以函数依赖为基础的范式有：1NF、2NF、3NF 和 BCNF 范式。

#### 1. 第一范式(1NF)

**定义 9.6**　设 R 是一个关系模式。如果 R 中每个属性的值域，都是不可分的原子值，则称 R 是第一范式，记作 1NF。

1NF 是关系模式具备的最起码的条件。

要将非第一范式的关系转换为 1NF 关系,只需将复合属性变为简单属性即可。例如关系模式 R(NAME,ADDRESS,PHONE),如果一个人有两个 PHONE(一个人可能有一个办公室电话和一个手机号码),那么在关系中可将属性 PHONE 分解成两个属性,即单位电话属性和个人电话属性。

关系模式仅满足 1NF 是不够的,仍可能出现插入异常、删除异常、数据冗余及更新异常。

**【例 9-12】** 以关系模式 Students(Sid,Sname,Dname,Ddirector,Cid,Cname,Cscore)为例,分析 1NF 出现的异常情况。

**【解答】**

根据 1NF 的定义,可知关系模式 Students 为 1NF 关系模式。

Students 上的函数依赖有:

{Sid→Sname,Sid→Dname,Cid→Cname,Dname→Ddirector,Ddirector→Dname,Sid→Ddirector,(Sid, Cid) $\xrightarrow{f}$ Cscore,(Sid, Cid) $\xrightarrow{p}$ Sname,(Sid, Cid) $\xrightarrow{p}$ Dname,(Sid, Cid) $\xrightarrow{p}$ Cname}。

该关系模式存在以下异常。

(1) 数据冗余。如某学生选修了多门课程,则存在如姓名、系和系主任的信息的多次重复存储。

(2) 插入异常。插入学生基本信息,但学生还未选课,则不能插入,因为主键为(Sid,Cid),Cid 为空值,主键中不允许出现空值,从而导致元组插不进去。

(3) 删除异常。如果某学生只选了一门课,要删除学生的该门课程,则该学生的信息也被删除。导致删除时,删掉了其他不应删除的信息。

(4) 更新异常。由于存在数据冗余,如果某个同学要转系,需要修改多行数据。

### 2. 第二范式(2NF)

在给出 2NF 定义之前,再来强调两个概念。

主属性,候选键中所有的属性均称为主属性;非主属性,不包含在任何候选键中的属性称为非主属性。

**定义 9.7** 如果关系模式 R 是 1NF,而且 R 中所有非主属性都完全函数依赖于任意一个候选键,则称 R 是第二范式,记作 2NF。

2NF 的实质是不存在非主属性“部分函数依赖”于候选键的情况。

非 2NF 关系或 1NF 关系向 2NF 的转换原则是消除其中的部分函数依赖,一般是将一个关系模式分解成多个 2NF 的关系模式,即将部分函数依赖于候选键的非主属性及其决定属性移出,另成一个关系,使其满足 2NF。可以总结为如下方法:

设关系模式 R 属性集合为 U,主键是 W,R 上还存在函数依赖 X→Z,且 X 是 W 的子集,Z 是非主属性,那么 W→Z 就是一个部分函数依赖。此时应把 R 分解成两个关系模式:

- R1(XZ),主键是 X;
- R2(Y),其中 Y=U-Z,主键仍是 W,外键是 X。

如果 R1 和 R2 还不是 2NF,则重复上述过程,一直到每个关系模式都是 2NF 为止。

【例 9-13】 根据例 9-12 函数依赖关系，将满足 1NF 的关系模式 Students(Sid，Sname，Dname，Ddirector，Cid，Cname，Cscore)分解成 2NF。

【解答】

可将其分解为 3 个 2NF 关系模式，每个关系模式及函数依赖分别如下：

(1) Students(Sid，Sname，Dname，Ddirector)

{Sid→Sname，Sid→Dname，Dname→Ddirector，Ddirector→Dname，Sid→Ddirector}

(2) Score(Sid，Cid，Cscore)

{(Sid，Cid)$\xrightarrow{f}$Cscore}

(3) Course(Cid，Cname)

{Cid→Cname}

但是，2NF 关系仍可能存在插入异常、删除异常、数据冗余和更新异常。因为，还可能存在“传递函数依赖”。下面以分解后第一个 2NF 关系模式为例：

Students(Sid，Sname，Dname，Ddirector)

该关系模式的主键为 Sid，其中的函数依赖关系有：

{Sid→Sname，Sid→Dname，Dname→Ddirector，Ddirector→Dname，Sid→Ddirector}

该关系模式存在以下异常：

(1) 插入异常。插入尚未招生的系时，不能完成插入，因为主键是 Sid，而其为空值。

(2) 删除异常。如某系学生全毕业了，删除学生则会删除系的信息。

(3) 数据冗余。由于系有众多学生，而每个学生均带有系信息，所以造成数据冗余。

(4) 更新异常。由于存在冗余，所以如果修改一个系信息，则要修改多行。

### 3. 第三范式(3NF)

**定义 9.8** 如果关系模式 R 是 2NF，而且 R 中所有非主属性对任何候选键都不存在传递函数依赖，则称 R 是第三范式，记作 3NF。

3NF 是从 1NF 消除非主属性对候选键的部分函数依赖，和从 2NF 消除传递函数依赖而得到的关系模式。

2NF 关系向 3NF 转换的原则是消除传递函数依赖，将 2NF 关系分解成多个 3NF 关系模式。可以总结为如下方法：

设关系模式 R 属性集合为 U，主键是 W，R 上还存在函数依赖 X→Z，并且 Z 是非主属性，Z 不包含于 X，X 不是候选键，这样 W→Z 就是一个传递依赖。此时应把 R 分解成两个关系模式：

- R1(XZ)，主键是 X；
- R2(Y)，其中 Y=U−Z，主键仍是 W，外键是 X。

如果 R1 和 R2 还不是 3NF，则重复上述过程，一直到每个关系模式都是 3NF 为止。

【例 9-14】 根据例 9-13 分解出的第一个 2NF，将关系模式 Students(Sid，Sname，Dname，Ddirector)分解成 3NF，其函数依赖集是{Sid→Sname，Sid→Dname，Dname→Ddirector，Ddirector→Dname，Sid→Ddirector}。

【解答】

在该关系模式的函数依赖集中存在一个传递函数依赖

{Sid→Dname,Dname→Ddirector,Sid→Ddirector}

通过消除该传递函数依赖,将其分解为两个 3NF 关系模式,每个关系模式及函数依赖分别如下:

(1) Students(Sid,Sname,Dname)

{Sid→Sname,Sid→Dname}

(2) Depts(Dname,Ddirector)

{Dname→Ddirector,Ddirector→Dname}

在 3NF 的关系中,所有非主属性都彼此独立地完全函数依赖于候选键,它不再引起操作异常,故一般的数据库设计到 3NF 就可以了。但这个结论只适用于仅具有一个候选键的关系,而具有多个候选键的 3NF 关系仍可能产生操作异常,如下面所给的示例。

**【例 9-15】** 3NF 异常情况。

现有关系 STC(Sid,Cid,Grade,Tname)

该关系模式用来存放学生、教师、课程及成绩的信息。其中,Sid 为学生的学号,Cid 为学生所选修的、由某位教师讲授课程的课程号,Grade 为学生该课程的成绩,Tname 为教师的姓名。

假定该关系模式包括以下数据语义。

(1) 课程与教师之间是 1∶$n$ 的联系,即一门课程可由多名教师讲授,而一名教师只讲授一门课程。

(2) 学生与课程之间是 $m$∶$n$ 的联系,即一名学生可选修多门课程,而每门课程有多名学生选修。

由上述语义可知,该关系模式的候选键为(Sid,Cid)和(Sid,Tname),其中函数依赖关系如下:

{(Sid,Cid)→Grade,(Sid,Tname)→Grade,Tname→Cid}。

该关系模式是 3NF。因为它只有一个非主属性 Grade,而该非主属性又完全依赖于每一个候选键。

该关系模式存在以下的异常。

(1) 插入异常。插入尚未选课的学生时,不能插入;或插入没有学生选课的课程时,不能插入,因为该关系模式有两个候选键,无论哪种情况的插入,都会出现候选键中的某个主属性值为 NULL,故不能插入。

(2) 删除异常。如选修某课程的学生全毕业了,删除学生,则会删除课程的相关信息。

(3) 数据冗余。每个选修某课程的学生均带有教师的信息,故冗余。

(4) 更新异常。由于存在数据冗余,故要修改某门课程的信息,则要修改多行。

引起上述问题的原因是关系模式主属性之间存在函数依赖:Tname→Cid,导致主属性 Cid 部分依赖于候选键(Sid,Tname),Boycc 和 Codd 指出了这种缺陷,且为了补救而提出了一个更强的 3NF 定义,通常叫 Boycc-Codd 范式。

### 4. Boycc-Codd 范式(BCNF)

**定义 9.9** 如果关系模式 R 是 1NF,且对于 R 中每个函数依赖 X→Y,X 必为候选键,则称 R 是 BCNF 范式。

由 BCNF 的定义可以知,每个 BCNF 范式应具有以下三个性质:

① 所有非主属性都完全函数依赖于每个候选键；

② 所有主属性都完全函数依赖于每个不包含它的候选键；

③ 没有任何属性完全函数依赖于非键的任何一组属性。

3NF 关系向 BCNF 转换的原则是消除主属性对候选键的部分和传递函数依赖，将 3NF 关系分解成多个 BCNF 关系模式。

**【例 9-16】** 将例 9-15 的 3NF 分解成 BCNF。

通过消除主属性 Cid 部分函数依赖于候选键(Sid，Tname)，将其分解为如下两个 BCNF 关系模式：

(1) SG(Sid，Cid，Grade)

{(Sid，Cid)→Grade}

(2) TC(Tname，Cid)

{Tname→Cid}

3NF 和 BCNF 是范式中最重要的两种，在实际的数据库设计中具有特别意义。虽然 BCNF 仅在关系具有多个组合且有重叠的关键字时才考虑，而这种情况是比较少有的，但它总还是存在的。所以一般设计的模式都应达到 BCNF 或 3NF。

**【例 9-17】** 综合练习。

设有关系模式 R(运动员编号，比赛项目，成绩，比赛类别，比赛主管)，用于存储运动员比赛成绩及比赛类别、主管等信息。

语义规定：每个运动员每参加一个比赛项目，只有一个成绩；每个比赛项目只属于一个比赛类别；每个比赛类别只有一个比赛主管。

试回答下列问题：

(1) 根据上述规定，写出模式 R 的基本函数依赖集和候选键。

(2) 说明 R 不是 2NF 的理由，并把 R 分解成 2NF 模式集。

(3) 进而分解成 3NF 模式集。

**【解答】**

(1) 基本的函数依赖集有 3 个：

{(运动员编号，比赛项目)→成绩，比赛项目→比赛类别，比赛类别→比赛主管}

R 候选键为(运动员编号，比赛项目)

(2) R 中有两个这样的函数依赖：

(运动员编号，比赛项目)→(比赛类别，比赛主管)

(比赛项目)→(比赛类别，比赛主管)

可见前一个函数依赖是部分依赖，所以 R 不是 2NF 模式。

R 应分解成　R1(比赛项目，比赛类别，比赛主管)

　　　　　　R2(运动员编号，比赛项目，成绩)

这里，R1 和 R2 都是 2NF 模式。

(3) R2 已是 3NF 模式。

在 R1 中，存在两个函数依赖：

比赛项目→比赛类别

比赛类别→比赛主管

因此,“比赛项目→比赛主管”是一个传递依赖,R1 不是 3NF 模式。

R1 应分解成　R11(比赛项目,比赛类别)
R12(比赛类别,比赛主管)

这样,{R11,R12,R2}是一个 3NF 模式集。

### 9.4.4 关系的分解

分解是关系向更高一级范式规范化的一种唯一手段。所谓关系模式的分解,是将关系模式的属性集划分成若干子集,并以各属性子集构成的关系模式的集合来代替原关系模式,则该关系模式集就叫原关系模式的一个分解。

分解是消除冗余和操作异常的一种好工具。然而,分解是否会带来新的问题?答案是肯定的。其中最关键的问题是:分解能否“复原”,即将分解的关系再连接起来是否能得到原来的关系?分解后各关系函数依赖集的并运算结果是否与原关系的函数依赖等价?答案是不一定。下面对有关问题及其解决办法进行讨论。

#### 1. 无损连接分解

如果关系模式 R 上的任一关系 r 都是它在各分解模式上投影的自然连接(自然连接是一种特殊的等值连接,结果中去掉重复的属性列),则该分解就是无损连接分解,也称无损分解。否则就是有损连接分解,或称有损分解。

**【例 9-18】** 设有关系模式 R(ABC)

(1) 设 R 上的一个关系 *r* 及对 *r* 分解得到的两个关系 *r*1、*r*2 分别如下,判断此分解是否为无损连接分解。

***r***

| A | B | C |
|---|---|---|
| 1 | 1 | 1 |
| 1 | 2 | 1 |

***r*1**

| A | B |
|---|---|
| 1 | 1 |
| 1 | 2 |

***r*2**

| A | C |
|---|---|
| 1 | 1 |

**【解答】**

因为 $r_1$ 和 $r_2$ 共有的列为 A,取 A 值相等的行进行自然连接,连接后能够恢复成 *r*,即未丢失信息,所以此分解为“无损分解”。

(2) 设 R 上的一个关系 *r* 及对 *r* 分解得到的两个关系 *r*1、*r*2 分别如下,判断此分解是否为无损连接分解。

***r***

| A | B | C |
|---|---|---|
| 1 | 1 | 4 |
| 1 | 2 | 3 |

***r*1**

| A | B |
|---|---|
| 1 | 1 |
| 1 | 2 |

***r*2**

| A | C |
|---|---|
| 1 | 4 |
| 1 | 3 |

**【解答】**

*r*1 和 *r*2 自然连接后得到的结果为:

| A | B | C |
|---|---|---|
| 1 | 1 | 4 |
| 1 | 1 | 3 |
| 1 | 2 | 4 |
| 1 | 2 | 3 |

因为连接后包含了一些非 $r$ 中的元组,所以为"有损分解"。"更多"的元组使一些原来确定的信息变成不确定的了,从这个意义上来说,是损失了。

如果一个关系被分解成两个关系,可以通过下面所给的定理判断该分解是否为无损分解。

**定理 9.2** 设 p=(R1,R2)是关系模式 R 的一个分解,F 为 R 的函数依赖集。当且仅当 R1∩R2→R1－R2 或 R1∩R2→R2－R1 属于 $F^+$(包含 F 集中的函数依赖关系和通过 FD 集推导出来的函数依赖关系)时,p 是 R 的一个无损连接分解。

**【例 9-19】** (1) 设有关系模式 R(ABC),函数依赖集 F={A→B,C→B},分解成 p={AB,BC},判断该分解是否是无损的。

**【解答】**

因为 R1∩R2=B,R1－R2=A,R2－R1=C,由于在函数依赖集中,即无 B→A,也无 B→C,所以该分解是有损的。

(2) 设有关系模式 R(XYZ),函数依赖集 F={X→Y,X→Z,YZ→X},分解成 p={XY,XZ},判断该分解是否是无损的。

**【解答】**

因为 R1∩R2=X,R1－R2=Y,R2－R1=Z,由于在函数依赖集中,有 X→Y,所以判定分解是无损的。也可以通过 X→Z,判定该分解是无损的。

### 2. 无损连接分解的测试

定理 9.2 给出了一种分解关系模式成两部分的无损连接分解判定法。但对于一般情况的分解,如何测试分解是否是无损分解?这里介绍一种测试方法。

**算法 9.2** 无损分解的测试方法。

输入:关系模式 $R=(A_1,A_2,\cdots,A_n)$,F 是 R 上成立的函数依赖集,$p=\{R_1,R_2,\cdots,R_k\}$ 是 R 的一个分解。

输出:确定 p 是否为 R 的无损分解。

步骤:

(1) 构造一张 $k$ 行 $n$ 列的表格,每列对应一个属性 $A_j(1\leqslant j\leqslant n)$,每行对应一个模式 $R_i(1\leqslant i\leqslant k)$。如果 $A_j$ 在 $R_i$ 中,那么表格的第 $i$ 行第 $j$ 列处填上符号 $a_j$,否则填上 $b_{ij}$($a_j$,$b_{ij}$ 仅是一种符号,无专门含义)。

(2) 把表格看成模式 R 的一个关系,反复检查 F 中每个函数依赖在表格中是否成立,若不成立,则修改表格中的值。修改方法如下:

对于 F 中的一个函数依赖 X→Y,在表格中寻找对应于 X 中属性的所有列上符号 $a_i$ 或 $b_{ij}$ 全相同的那些行,按下列情况处理:

① 如果表格中有两行(或多行)这样的行,则让这些行中对应于Y中属性的所有列的符号相同:如果符号中有一个 $a_j$,那么其他全都改成 $a_j$;如果没有 $a_j$,那么用其中一个 $b_{ij}$ 替换其他值(尽量把下标 $i,j$ 改成较小的数)。

② 如果没有找到两个这样的行,则不用修改。

对F集中所有函数依赖重复执行步骤(2),直到表格不能修改为止。

(3) 若修改的最后一张表格中有一行是全a,即 $a_1,a_2,\cdots,a_n$,那么称p相对于F是无损分解,否则称有损分解。

**【例 9-20】** 设有关系模式R,其函数依赖F和R的一个分解p如下:

R=(ABCDE)

F={A→C,B→C,C→D,DE→C,CE→A}

p={$R_1$(AD),$R_2$(AB),$R_3$(BE),$R_4$(CDE),$R_5$(AE)}

判断p相对于F是否为无损分解?

**【解答】**

(1) 构建表格

| | **A** | **B** | **C** | **D** | **E** |
|---|---|---|---|---|---|
| $R_1$(AD) | $a_1$ | $b_{12}$ | $b_{13}$ | $a_4$ | $b_{15}$ |
| $R_2$(AB) | $a_1$ | $a_2$ | $b_{23}$ | $b_{24}$ | $b_{25}$ |
| $R_3$(BE) | $b_{31}$ | $a_2$ | $b_{33}$ | $b_{34}$ | $a_5$ |
| $R_4$(CDE) | $b_{41}$ | $b_{42}$ | $a_3$ | $a_4$ | $a_5$ |
| $R_5$(AE) | $a_1$ | $b_{52}$ | $b_{53}$ | $b_{54}$ | $a_5$ |

(2) 取A→C,A列中值相同的是第2、3、6行,全为 $a_1$,对应于C的列中无任何一个 $a_i$;选取 $b_{13}$,改 $b_{23}$ 和 $b_{53}$ 均为 $b_{13}$,得新的表格如下。

| | **A** | **B** | **C** | **D** | **E** |
|---|---|---|---|---|---|
| $R_1$(AD) | $a_1$ | $b_{12}$ | $b_{13}$ | $a_4$ | $b_{15}$ |
| $R_2$(AB) | $a_1$ | $a_2$ | $b_{13}$ | $b_{24}$ | $b_{25}$ |
| $R_3$(BE) | $b_{31}$ | $a_2$ | $b_{33}$ | $b_{34}$ | $a_5$ |
| $R_4$(CDE) | $b_{41}$ | $b_{42}$ | $a_3$ | $a_4$ | $a_5$ |
| $R_5$(AE) | $a_1$ | $b_{52}$ | $b_{13}$ | $b_{54}$ | $a_5$ |

(3) 再取B→C,B列中值相同的是第3、4行,全为 $a_2$,对应于C列中无任何一个 $a_i$;选取 $b_{13}$,改 $b_{33}$ 为 $b_{13}$,得新的表格如下。

| | **A** | **B** | **C** | **D** | **E** |
|---|---|---|---|---|---|
| $R_1$(AD) | $a_1$ | $b_{12}$ | $b_{13}$ | $a_4$ | $b_{15}$ |
| $R_2$(AB) | $a_1$ | $a_2$ | $b_{13}$ | $b_{24}$ | $b_{25}$ |
| $R_3$(BE) | $b_{31}$ | $a_2$ | $b_{13}$ | $b_{34}$ | $a_5$ |
| $R_4$(CDE) | $b_{41}$ | $b_{42}$ | $a_3$ | $a_4$ | $a_5$ |
| $R_5$(AE) | $a_1$ | $b_{52}$ | $b_{13}$ | $b_{54}$ | $a_5$ |

(4) 再取 C→D,C 列中值相同的是第 2、3、4、6 行,全为 $b_{13}$,对应于 D 列中有一个 $a_4$,将 $b_{24}$、$b_{34}$、$b_{54}$ 都改为 $a_4$,得新的表格如下。

| | A | B | C | D | E |
|---|---|---|---|---|---|
| $R_1$(AD) | $a_1$ | $b_{12}$ | $b_{13}$ | $a_4$ | $b_{15}$ |
| $R_2$(AB) | $a_1$ | $a_2$ | $b_{13}$ | $a_4$ | $b_{25}$ |
| $R_3$(BE) | $b_{31}$ | $a_2$ | $b_{13}$ | $a_4$ | $a_5$ |
| $R_4$(CDE) | $b_{41}$ | $b_{42}$ | $a_3$ | $a_4$ | $a_5$ |
| $R_5$(AE) | $a_1$ | $b_{52}$ | $b_{13}$ | $a_4$ | $a_5$ |

(5) 再取 DE→C,D 列的值全为 a4,对应于 C 列中有一个 $a_3$,将 C 列其他值均改 $a_3$,得新的表格如下。

| | A | B | C | D | E |
|---|---|---|---|---|---|
| $R_1$(AD) | $a_1$ | $b_{12}$ | $a_3$ | $a_4$ | $b_{15}$ |
| $R_2$(AB) | $a_1$ | $a_2$ | $a_3$ | $a_4$ | $b_{25}$ |
| $R_3$(BE) | $b_{31}$ | $a_2$ | $a_3$ | $a_4$ | $a_5$ |
| $R_4$(CDE) | $b_{41}$ | $b_{42}$ | $a_3$ | $a_4$ | $a_5$ |
| $R_5$(AE) | $a_1$ | $b_{52}$ | $a_3$ | $a_4$ | $a_5$ |

E 列中只有第 4、5、6 行中的值全为 $a_5$,而对应 C 列的值全为 $a_3$,所以不用修改。

(6) 再取 CE→A,C 列的值全为 $a_3$,所以将 A 列的 $b_{31}$ 和 $b_{41}$ 都改为 $a_1$,得新的表格如下。

| | A | B | C | D | E |
|---|---|---|---|---|---|
| $R_1$(AD) | $a_1$ | $b_{12}$ | $a_3$ | $a_4$ | $b_{15}$ |
| $R_2$(AB) | $a_1$ | $a_2$ | $a_3$ | $a_4$ | $b_{25}$ |
| $R_3$(BE) | $a_1$ | $a_2$ | $a_3$ | $a_4$ | $a_5$ |
| $R_4$(CDE) | $a_1$ | $b_{42}$ | $a_3$ | $a_4$ | $a_5$ |
| $R_5$(AE) | $a_1$ | $b_{52}$ | $a_3$ | $a_4$ | $a_5$ |

E 列中只有第 4、5、6 行中的值全为 $a_5$,而对应 A 列的值全为 $a_1$,所以不用修改。最终得到的表格如下。

| | A | B | C | D | E |
|---|---|---|---|---|---|
| $R_1$(AD) | $a_1$ | $b_{12}$ | $a_3$ | $a_4$ | $b_{15}$ |
| $R_2$(AB) | $a_1$ | $a_2$ | $a_3$ | $a_4$ | $b_{25}$ |
| $R_3$(BE) | $a_1$ | $a_2$ | $a_3$ | $a_4$ | $a_5$ |
| $R_4$(CDE) | $a_1$ | $b_{42}$ | $a_3$ | $a_4$ | $a_5$ |
| $R_5$(AE) | $a_1$ | $b_{52}$ | $a_3$ | $a_4$ | $a_5$ |

(7) 此时第 4 行全是 a,所以相对于 F,R 分解成 p 是无损分解。

**【例 9-21】** 设关系模式 R(ABCD),R 分解成 p={AB,BC,CD}。如果 R 上成立的函数依赖集 F1={B→A,C→D},那么 p 相对于 F1 是否为无损分解?如果 R 上成立的函数依赖集 F2={A→B,C→D}呢?

**【解答】**

相对于 F1,R 分解成 p 是无损分解。

相对于 F2,R 分解成 p 是有损分解。

分析过程请读者自己完成。

**3. 保持函数依赖分解**

对于一个关系模式的分解,保证分解的连接无损性是必要的,但这还不够,还需要保持函数依赖。如果不保持函数依赖,那么数据的语义就会出现混乱。

怎样保持函数依赖分解呢?直观地讲,就是当一个关系模式被分解成多个模式时,其函数依赖集也被相应地分成各自的函数依赖集的集合,若该 FD 集的集合与原 FD 集等价,则该分解是依赖保持的。

**定义 9.10** 设有关系模式 R(U,F),Z⊆U,则 Z 所涉及的 F 中所有函数依赖为 F 在 Z 上的投影,记为 $\prod_Z(F)$,有 $\prod_Z(F)=\{X\to Y \mid (X\to Y)\in F^+$ 且 $X\subseteq Z$、$Y\subseteq Z\}$ 为函数依赖集 F 在 Z 上的投影。

【注】 $F^+$ 包含 F 集中的函数依赖关系和通过 FD 集推导出来的函数依赖关系。

**定义 9.11** 设 R(U,F) 的一个分解 $p=\{R_1,R_2,\cdots,R_k\}$,如果 F 等价于 $\prod_{R1}(F)\cup\prod_{R2}(F)\cup\cdots\cup\prod_{Rk}(F)$,则称分解 $p$ 具有函数依赖保持性。

**【例 9-22】** 设有 R=(XYZ),其中函数依赖集 F={X→Y,Y→Z},分解 $p=(R_1,R_2)$,$R_1=(XY)$,$R_2=(XZ)$。判断 p 是否保持函数依赖。

**【解答】**

$R_1$ 上函数依赖是 $F_1=\{X\to Y\}$,$R_2$ 上函数依赖是 $F_2=\{X\to Z\}$。但从这两个函数依赖推导不出在 R 上成立的函数依赖 Y→Z,因此分解 p 把 Y→Z 丢失了,即 p 不保持函数依赖。

**【例 9-23】** 设关系模式 R(ABC),p={AB,AC}是 R 的一个分解。试分析分别在 $F_1=\{A\to B\}$,$F_2=\{A\to C,B\to C\}$,$F_3=\{B\to A\}$,$F_4=\{C\to B,B\to A\}$情况下,p 是否具有无损分解和保持 FD 的分解特性。

**【解答】**

(1) 相对于 $F_1=\{A\to B\}$,分解 p 是无损分解且保持 FD 集的分解。

(2) 相对于 $F_2=\{A\to C,B\to C\}$,分解 p 是无损分解,但不保持 FD 集。因为 B→C 丢失了。

(3) 相对于 $F_3=\{B\to A\}$,分解 p 是有损分解但保持 FD 集的分解。

(4) 相对于 $F_4=\{C\to B,B\to A\}$,分解 p 是有损分解且不保持 FD 集的分解,因为丢失了 C→B。

### 9.4.5 多值依赖与 4NF

前面介绍的规范化都是建立在函数依赖的基础上,函数依赖表示的是关系模式中属性间的一对一或一对多的联系,但它并不能表示属性间多对多的关系,因而某些关系模式虽然已经规范到 BCNF,但仍然会存在一些异常,下面主要讨论属性间多对多的联系,即多值依赖问题，以及在多值依赖范畴内定义的 4NF。

### 1. 多值依赖

先看一个例子。设有关系模式 Course(Cou,Stu,Pre)的属性分别表示课程、选修该课程的学生及该课程的先修课。Cou 值与 Stu 值、Cou 值与 Pre 值之间都是 1∶$n$ 联系，并且这两个 1∶$n$ 联系是独立的。该关系模式部分数据的一个实例如下表 9-3 所示。

表 9-3 关系 R 示例

| Cou | Stu | Pre | Cou | Stu | Pre |
|---|---|---|---|---|---|
| C4 | S1 | C1 | C4 | S2 | C1 |
| C4 | S1 | C2 | C4 | S2 | C2 |
| C4 | S1 | C3 | C4 | S2 | C3 |

该关系模式的主键为(Cou,Stu,Pre)，由 BCNF 范式的定义及性质可知，此模式属于 BCNF 范式。

然而，该关系模式仍然存在以下异常。

① 插入异常。插入选修某门课的学生，因该课程有多门先修课，需要插入多个元组。导致插入一个元组，却需插入多个元组的情况。

② 删除异常。删除某门课程的一门先修课，因为选修该课程的学生有多名，所以需删除多个元组。导致删除一个元组却要删除了多个元组的情况。

③ 数据冗余。每门课程的先修课，由于有多名学生选修该课程，所以需存储多次，导致数据大量冗余。

④ 更新异常。修改一门课程的先修课，由于该课程涉及多名学生，所以需修改多个元组。

该关系模式已经达到函数依赖范畴内的最高范式 BCNF，为什么还存在这四种异常？问题的根源在于先修课(Pre)的取值与学生(Stu)的取值，彼此独立、毫无关系，它们都取决于课程名(Cou)。此即多值依赖的表现。

**定义 9.12** 设 R 是一个具有属性集合 U 的关系模式，X、Y 和 Z 是属性集 U 的子集，并且 Z=U－X－Y。如果对于 R 的任一关系，对于 X 的一个确定值，存在 Y 的一组值与之对应，且 Y 的这组值仅仅决定于 X 的值而与 Z 值无关，则称 Y 多值依赖于 X，或 X 多值决定 Y，记作 X→→Y。

**【例 9-24】** 多值依赖示例。

以关系模式 Course(Cou,Stu,Pre)为例，其上的多值依赖关系有：

{Cou→→Stu,Cou→→Pre}

对于 Cou→→Stu，因为每组(Cou,Pre)上的值，对应一组 Stu 值，且这种对应只与 Cou 的值有关，而与 Pre 的值无关。同理，对于 Cou→→Pre，每组(Cou,Stu)上的值，对应一组 Pre 值，且这种对应只与 Cou 的值有关，而与 Stu 的值无关。

### 2. 多值依赖的性质

与函数依赖类似，多值依赖也有一组完备而有效的多值依赖推理规则。

设 U 是一个关系模式的属性全集，X、Y、Z 都是 U 的子集。以下为多值依赖推理出的几个性质。

① 多值依赖对称性。若 X→→Y，则 X→→Z，其中 Z=U－X－Y。

② 多值依赖传递性。若 X→→Y，Y→→Z，则 X→→Z－Y。

③ 多值依赖合并性。若 X→→Y，X→→Z，则 X→→YZ。

④ 多值依赖分解性。若 X→→Y，X→→Z，则 X→→Y∩Z，X→→Y－Z，X→→Z－Y。

⑤ 函数依赖可看做是多值依赖的特殊情况。若 X→Y，则 X→→Y。

### 3. 第四范式

在介绍第四范式之前，先来介绍什么是平凡多值依赖和非平凡多值依赖。

设 R 是一个具有属性集合 U 的关系模式，X、Y 和 Z 是属性集 U 的子集，并且 Z=U－X－Y。在多值依赖中，若 X→→Y 且 Z=U－X－Y≠φ，则称 X→→Y 是非平凡多值依赖，否则称为平凡多值依赖。

**定义 9.13** 设有一关系模式 R(U)，U 是其属性全集，X、Y 是 U 的子集，D 是 R 上的数据依赖集。如果对于任一多值依赖 X→→Y，此多值依赖是平凡的，则称关系模式 R 是第四范式，记作 4NF。

BCNF 关系向 4NF 转换的方法是，消除非平凡多值依赖，即将 BCNF 分解成多个 4NF 关系模式。

**【例 9-25】** BCNF 分解示例。

以关系模式 Course(Cou，Stu，Pre)为例，其上存在非平凡多值依赖关系：

{Cou→→Stu，Cou→→Pre}

根据 4NF 定义，通过消除非平凡多值依赖，可将 Course 分解为如下两个 4NF 关系模式：

CS(Cou，Stu)

CP(Cou，Pre)

总结，一个 BCNF 的关系模式不一定是 4NF，而 4NF 的关系模式必定是 BCNF 的关系模式，即 4NF 是 BCNF 的推广，4NF 范式的定义涵盖了 BCNF 范式的定义。

**【例 9-26】** 设关系模式 R(ABCEFG)，数据依赖集 D={A→→BCG，B→AC，C→G}，将 R 分解为 4NF。

**【解答】**

(1) 因为 A→→BCG，根据多值依赖的对称性可得 A→→EF，所以将 R 分解为两个关系模式：

R1(ABCG)　D1={ B→AC，C→G}

R2(AEF)　D2={ }

(2) R2 既无函数依赖也无多值依赖，所以 R2 已是 4NF。

(3) R1 的候选键是 B，因为存在非主属性 G 对候选键 B 的传递依赖，所以 R1 是 2NF，所以将其分解为两个关系模式：

R11(ABC)　D11={ B→AC}

R12(CG)　D12={ C→G}

根据定义，R11 和 R12 已是 4NF。

(4) R 关系分解为 4NF 的结果是：

R1(ABC)　D1＝{ B→AC}

R2(CG)　D2＝{ C→G}

R3(CG)　D3＝{ C→G}

函数依赖和多值依赖是两种最重要的数据依赖。如果只考虑函数依赖，则属于 BCNF 的关系模式的规范化程度是最高的。如果考虑多值依赖，则属于 4NF 的关系模式规范化程度是最高的。事实上，数据依赖中除了函数依赖和多值依赖之外，还有其他的数据依赖如连接依赖。函数依赖是多值依赖的一种特例，而多值依赖实际上又是连接依赖的一种特例。连接依赖不像函数依赖和多值依赖那样可由语义直接导出，而是在关系的连接运算时才反映出来。存在连接依赖的关系模式仍可能遇到数据冗余及插入、删除、修改异常的问题。如果消除了属于 4NF 的关系中存在的连接依赖，则关系模式可以进一步达到 5NF。本书不再讨论连接依赖和 5NF 方面的内容。

### 9.4.6 关系模式规范化总结

规范化工作是将给定的关系模式按范式级别，从低到高，逐步分解为多个关系模式。实际上，在前面的叙述中，已分别介绍了各低级别的范式向其高级别范式的转换方法，下面通过图示方式，来综合说明关系模式规范化的基本步骤，如图 9-1 所示。

1NF
↓ 消去非主属性对候选键的部分函数依赖
2NF
↓ 消去非主属性对候选键的传递函数依赖
3NF
↓ 消去主属性对候选键的部分和传递函数依赖
BCNF
↓ 消去不是函数依赖的非平凡多值依赖
4NF

图 9-1　关系模式规范化的基本步骤

各步骤描述如下：

① 对 1NF 关系模式进行分解，消除原关系模式中非主属性对候选键的部分函数依赖，将 1NF 关系模式转换为多个 2NF 关系模式。

② 对 2NF 关系模式进行分解，消除原关系模式中非主属性对候选键的传递函数依赖，将 2NF 关系模式转换为多个 3NF 关系模式。

③ 对 3NF 关系模式进行分解，消除原关系模式中主属性对候选键的部分和传递函数依赖，即使决定属性成为所分解关系的候选键，从而得到多个 BCNF 关系模式。

④ 对 BCNF 关系模式进行分解，消除原关系模式中不是函数依赖的非平凡多值依赖，将 BCNF 关系模式转换为多个 4NF 关系模式。

需要强调的是，规范化仅仅是从一个侧面提供了改善关系模式的理论和方法。一个关系模式的好坏，规范化是衡量的标准之一，但不是唯一的标准。数据库设计者的任务是，在一定的制约条件下，寻求能较好地满足用户需求的关系模式。规范化的程度不是越高越好，这取决于应用。

## 9.5 小结

一个未经设计好的关系模式可能存在异常，包括插入异常、删除异常、冗余和更新异常。存在异常的原因在于，关系模式中的属性间存在复杂的数据依赖。数据依赖由数据间的语义决定，不是凭空臆造。数据依赖包括函数依赖、多值依赖和连接依赖。

函数依赖表示关系模式中的一个或一组属性值决定另一个或一组属性值。函数依赖一般有完全函数依赖、部分函数依赖和传递函数依赖。在对一个关系模式规范化前，必须将关系模式中所有的函数依赖全部找出，Armstrong 公理系统可帮助完成此项任务。

目前，关系模式上的范式一共有六种，分别是 1NF、2NF、3NF、BCNF、4NF 和 5NF。其中，1NF 最低，5NF 最高；1NF、2NF、3NF 和 BCNF 是函数依赖范畴内的范式；4NF 是多值依赖范畴内的范式；5NF 是连接依赖范畴内的范式。关系模式设计时，静态关系模式可为 1NF，其他关系模式达到 3NF 或 BCNF 即可。

函数依赖讨论的是属性间的依赖对属性取值的影响，即属性级的影响；多值依赖讨论的是属性间的依赖关系对元组级的影响；连接依赖则讨论的是属性间的依赖关系对关系级的影响。

关系模式的规范化，一般通过投影分解完成。关系模式分解有两个指标：无损分解和函数依赖保持，一般做到无损分解即可。

通过本章的学习，应该得到一个启示：在关系模式设计时，应使每个关系模式只表达一个概念，做到关系模式概念的单一化。这样，可在很大程度上避免这样或那样的异常。

## 习题九

**一、选择题**

(1) 关系规范化中的插入异常是指________。

A. 插入了不该插入的数据

B. 数据插入后导致数据处于不一致的状态

C. 该插入的数据不能实现插入

D. 以上都不对

(2) 关系模式中的候选键________。

A. 有且仅有一个　　B. 必然有多个

C. 可以有一个或多个　　D. 以上都不对

(3) 规范化的关系模式中，所有属性都必须是________。

A. 相互关联的　　B. 互不相关的

C. 不可分解的　　D. 长度可变的

(4) 设关系模式 R 属于 1NF，若在 R 中消除了部分函数依赖，则 R 至少属于________。

A. 1NF　　B. 2NF　　C. 3NF　　D. 4NF

(5) 如果关系模式 R 中的属性都是主属性,则 R 至少属于________。

A. 3NF　　B. BCNF　　C. 4NF　　D. 5NF

(6) 在关系模式 R(ABC)中,有函数依赖集 F={AB→C,BC→A},则 R 最高达到________。

A. 1NF　　B. 2NF　　C. 3NF　　D. BCNF

(7) 设有关系模式 R(ABC),其函数依赖集 F={A→B,B→C},则关系 R 最高达到________。

A. 1NF　　B. 2NF　　C. 3NF　　D. BCNF

(8) 关系规范化中的删除操作异常是指________。

A. 不该删除的数据被删除　　B. 不该删除的关键码被删除

C. 应该删除的数据未被删除　　D. 应该删除的关键码未被删除

(9) 给定关系模式 R(U,F),U={A,B,C,D,E},F={B→A,D→A,A→E,AC→B},那么属性集 AD 的闭包为____①____,R 的候选键为____②____。

① A. ADE　　B. ABD　　C. ABCD　　D. ACD

② A. ABD　　B. ADE　　C. ACD　　D. CD

(10) 在关系模式 R 中,函数依赖 X→Y 的语义是________。

A. 在 R 的某一关系中,若两个元组的 X 值相等,则 Y 值不相等

B. 在 R 的每一关系中,若两个元组的 X 值相等,则 Y 值也相等

C. 在 R 的某一关系中,Y 值应与 X 值不等

D. 在 R 的每一关系中,Y 值应与 X 值相等

(11) 在最小依赖集 F 中,下面叙述不正确的是________。

A. F 中每个 FD 的右部都是单属性　　B. F 中每个 FD 的左部都是单属性

C. F 中没有冗余的 FD　　D. F 中每个 FD 的左部没有冗余的属性

(12) 设关系模式 R(ABCD),函数依赖集 F={A→B,B→C,C→D,D→A},p={AB,BC,AD}是 R 上的一个分解,那么分解 p 相对于 F ________。

A. 是无损连接分解,也是保持 FD 的分解

B. 是无损连接分解,但不保持 FD 的分解

C. 不是无损连接分解,但保持 FD 的分解

D. 既不是无损连接分解,也不保持 FD 的分解

(13) 无损连接和保持 FD 之间的关系是________。

A. 同时成立或不成立　　B. 前者包含后者

C. 后者包含前者　　D. 没有必然的联系

(14) 设有关系 R(ABC)的值如下:

| A | B | C |
|---|---|---|
| 5 | 6 | 5 |
| 6 | 7 | 5 |
| 6 | 8 | 6 |

下列叙述正确的是________。

A. 函数依赖 C→A 在上述关系中成立 B. 函数依赖 AB→C 在上述关系中成立

C. 函数依赖 A→C 在上述关系中成立 D. 函数依赖 C→AB 在上述关系中成立

(15) 设教学数据库有一个关于教师任教的关系模式 R(T#,C#,CNAME,TEXT,TNAME,TAGE),其属性为教师工号、任教的课程编号、课程名称、所用的教材、教师姓名和年龄。

如果规定:每个教师(T#)只有一个姓名(TNAME)和年龄(TAGE),且不允许同名同姓;对每个课程号(C#)指定一个课程名(CNAME),但一个课程名可以有多个课程号(即开设了多个班);每个课程名称(CNAME)只允许使用一本教材(TEXT);每个教师可以上多门课程(指 C#),但每个课程号(C#)只允许一个教师任教。

那么,关系模式 R 上基本的函数依赖集为____①____,R 上的候选键为____②____,R 的模式级别为____③____。

如果把关系模式 R 分解成数据库模式 p={(T#,C#),(T#,TNAME,TAGE),(C#,CNAME,TEXT)},那么 R 分解成 p 是无损分解、保持依赖且 p 属于____④____。

① A. {T#→C#,T#→(TNAME,TAGE),C#→(CNAME,TEXT)}

B. { T#→(TNAME,TAGE),C#→(CNAME,TEXT)}

C. {T#→TNAME,TNAME→TAGE,C#→CNAME,CNAME→TEXT}

D. {(T#,C#)→(TNAME,CNAME),TNAME→TAGE,CNAME→TEXT}

② A. T#　　B. C#

C. (T#,C#)　　D. (T#,C#,CNAME)

③ A. 属于 1NF 但不属于 2NF　　B. 属于 2NF 但不属于 3NF

C. 属于 3NF 但不属于 2NF　　D. 属于 3NF

④ A. 1NF 模式集　　B. 2NF 模式集

C. 3NF 模式集　　D. 模式级别不确定

## 二、填空题

1. 数据依赖主要包括________依赖、________依赖和连接依赖。
2. 一个不好的关系模式会存在________、________和________等弊端。
3. 包含 R 中全部属性的候选键称________,不在任何候选键中的属性称________。
4. 3NF 是基于________依赖的范式,4NF 是基于________依赖的范式。
5. 规范化过程,是通过投影分解,把________关系模式分解为________的关系模式。
6. 关系模式的好与坏,用________衡量。
7. 消除了非主属性对候选键部分依赖的关系模式,称为________模式。
8. 消除了非主属性对候选键传递依赖的关系模式,称为________模式。
9. 消除了每一属性对候选键传递依赖的关系模式,称为________模式。
10. 在关系模式的分解中,数据等价用________衡量,依赖等价用________衡量。

## 三、简答题

1. 设有关系模式 R(A,B,C,D,E),R 中属性均不可再分解,若只基于函数依赖进行讨论,试根据给定的函数依赖集 F,分析 R 最高属于第几范式。

(1) F={AB→C,AB→D,ABC→E};

(2) F＝{AB→C,AB→D,AB→E};

(3) F＝{AB→C,AB→E,A→D,BD→ACE}。

2. 设关系模式 R 的属性集 U＝{A,B,C},$r$ 是基于 R 的一个关系,且 R 上有多值依赖 A→→B 成立。若已知 $r$ 中存在元组(a1,b1,c1),(a1,b2,c2)和(a1,b3,c3),则 $r$ 中至少还有哪些元组?

3. 设有关系模式 R(U,F),其中: U＝{A,B,C,D,E},

F＝{A→D, E→D, D→B, BC→D, DC→A}

(1) 求出 R 的候选关键字。

(2) 若模式分解为 p＝{AB,AE,CE,BCD,AC},判断其是否为无损连接分解?能保持原来的函数依赖吗?

**四、设计题**

某学员为公司的项目工作管理系统设计了初始的关系模式集:

部门(部门代码,部门名,起始年月,终止年月,办公室,办公电话)

职务(职务代码,职务名)

等级(等级代码,等级名,年月,小时工资)

职员(职员代码,职员名,部门代码,职务代码,任职时间)

项目(项目代码,项目名,部门代码,起始年月日,结束年月日,项目主管)

工作计划(项目代码,职员代码,年月,工作时间)

(1) 试给出部门、等级、项目、工作计划关系模式的主键和外键,以及基本函数依赖集 F1、F2、F3 和 F4。

(2) 该学员设计的关系模式不能管理职务和等级这间的关系。如果规定:一个职务可以有多个等级代码。请修改"职务"关系模式中的属性结构。

(3) 为了能管理公司职员参加各项目每天的工作业绩,请设计一个"工作业绩"关系模式。

(4) 部门关系模式存在什么问题?请用 100 字以内的文字阐述原因。为了解决这个问题可将关系模式分解,分解后的关系模式的关系名依次取部门_A、部门_B、…。

(5) 假定月工作业绩关系模式为:月工作业绩(职员代码、年月、工作日期),请给出"查询职员代码、职工名、年月、月工资"的 SQL 语句。

# 第10章 数据库设计

现在数据库已在各类应用系统使用，如MIS(管理信息系统)、DSS(决策支持系统)、OA(办公自动化系统)等。实际上，数据库已成为现代信息系统的基础和核心部分。如果数据模型设计得不合理，即使使用性能再好的DBMS软件，也很难使数据库的应用系统达到最佳状态，仍然会出现文件系统存在的冗余、异常和不一致问题。总之，数据库设计的优劣将直接影响信息系统的质量和运行效果。

在具备了DBMS、系统软件、操作系统和硬件环境时，对数据库应用开发人员来说，就是如何使用这个环境表达用户的要求，构造最优的数据模型，然后据此建立数据库及其应用系统，这个过程称为数据库设计。

## 10.1 数据库设计概述

什么是数据库设计呢？广义地讲，是数据库及其应用系统的设计，即设计整个的数据库应用系统。狭义地讲，是设计数据库本身，即设计数据库的各级模式并建立数据库，这是数据库应用系统设计的一部分。这里我们主要讲解狭义的数据库设计。当然设计一个好的数据库与设计一个好的数据库应用系统是密不可分的。一个好的数据库结构是应用系统的基础。特别在实际的系统开发项目中两者更是密切相关、并行进行的。

数据库设计人员需要根据用户的各种应用需求(包括数据需求和处理需求)，选择合适的系统环境(硬件配置、操作系统和DBMS等)、使用合理的设计方法与技术来建立一个数据库以满足用户的要求。作为一名设计人员，首先必须要明确数据库设计要考虑和解决的主要问题。

### 10.1.1 数据库设计问题

数据库设计一般不是一个非常结构化的过程，往往可以有多种不同的方法，使用多种不同的设计技术与工具。

在整个数据库开发周期中要解决的主要问题或任务是：

① 确定用户的需求(包括数据、功能和运用)是什么？如何表示它们？

② 这些需求如何转换成有效的逻辑数据库结构？

③ 如何在计算机上有效地实现这种逻辑数据库结构及基于这种结构的存取？

④ 怎样用这种数据库结构及其存取的系统去实现满足用户当前和将来的新的需求？

数据库的服务一般是面向组织单位的，组织中有多种不同类型的用户，设计者必须明确他们对系统的处理功能、数据类型、数据量、数据的使用与性能要求，以及系统的各种限制。用户需求与系统限制是整个数据库设计与开发过程的基础与出发点。

数据库设计者应以提供一个有效的逻辑数据库结构及其实现来满足所有的用户需求为目标。然而，这是一个极其困难的任务，除了需要的知识面广、使用的技术工具多、与组织单位的诸多因素关系密切（数据库系统不仅仅是一个技术系统，还是一个社会系统）外，还始终要考虑各方面对系统的限制，这些限制有时甚至是矛盾的。此外，还要考虑到发展变化。当设计者在考虑潜在的时间和空间的节省、数据的可用性及可扩展性时，可能会伴随某些用户服务功能的潜在降低。设计者虽然会尽力避免这种功能上的降低，但终究可能只满足所有用户需求的公共部分。

用户通过访问数据来获取所需信息并记录他们的决策信息到数据库中，故数据库存储结构与存取方法的实现对系统的有效性担负着极其重大的责任。合适地构造与组织数据库，使其能容易存取各种数据，很快地响应用户请求，这是数据库设计的基本追求。

数据库的结构及其实现不仅要满足用户当前需求，还必须具有适应新的变化需要的灵活性。新的和变化的组织职能必然伴随着新的变化的数据及其结构要求，数据库要能够很容易地容纳新的数据及其结构，适应这种变化。

## 10.1.2 数据库设计方法

什么是“好”的数据库设计方法呢？

首先，它应该能在合理的时间内以合理的工作量在给定的条件下产生一个有效的数据库。有效的数据库就是能实现各种用户需求（即对数据要求、处理要求、性能要求、安全性及完整性要求等的适应）、满足各种限制（如完整性、一致性和安全性限制，响应时间限制，存储空间限制等），且以最简的数据模型表示的（为了便于用户理解）数据库。

其次，它应具有充分的一般性和灵活性，以便能为具有各种数据库设计经验的人使用。

最后，它应是可重复使用的，即不同的人对同一问题使用该方法应能产生同样或几乎同样的结果。

这些目标对数据库设计而言说起来容易，但要真正实现确很困难。例如，可重用性恐怕就很难实现。

新奥尔良（New Orleans）方法，它是目前公认的比较完整和权威的一种规范设计法。它运用软件工程的思想，按一定的设计规程用工程化方法设计数据库。它将数据库设计分为四个阶段，即需求分析、概念设计、逻辑设计和物理设计。目前大多数设计方法都起源于新奥尔良法，并在设计的每个阶段采用一些辅助方法来具体实现，下面简单介绍几种比较有影响的设计方法。

### 1. 基于 E-R 模型的数据库设计方法

基于 E-R 模型的数据库设计方法的基本思想是在需求分析的基础上，用 E-R 图构造一个反映现实世界中实体与实体之间联系的概念模型，然后再将此概念模型转换成基于某一特定的 DBMS 的逻辑模型。

E-R 方法设计的基本步骤是：

① 确定实体类型；

② 确定实体联系；

③ 画出 E-R图；

④ 确定属性；

⑤ 将 E-R 图转换成某个 DBMS 可接受的逻辑数据模型；

⑥ 设计记录格式。

**2. 基于 3NF 的数据库设计方法**

基于 3NF 的数据库设计方法是用关系规范化理论为指导来设计数据库的逻辑模型。其基本思想是在需求分析的基础上确定数据库模式中全部的属性与属性之间的依赖关系，将它们组织为一个单一的关系模式，然后再将其投影分解，消除其中不符合 3NF 的约束条件，把其规范成若干个 3NF 关系模式的集合。

**3. 计算机辅助数据库设计方法**

计算机辅助数据库设计是数据库设计趋向自动化的一个重要方面，其设计的基本思想不是要把人从数据库设计中赶走，而是提供一个交互式平台，一方面充分地利用计算机速度快、容量大和自动化程度高的特点，完成比较规则、重复性大的设计工作；另一方面又充分发挥设计者的技术和经验，做出一些重大决策，人机结合，互相渗透，帮助设计者更好地进行数据库设计。

数据库工作者一直在研究和开发数据库设计工具。经过多年的努力，数据库设计工具已经实用化和产品化。例如，Designer2000 和 Power Designer 分别是 Oracle 公司和 Sybase 公司推出的数据库设计工具软件，这些工具软件可以辅助设计人员完成数据库设计过程中的很多任务，已经普遍地用于大型数据库设计之中。第 8 章介绍的 ERwin 就是一种建模工具。

## 10.1.3 数据库应用系统设计过程

数据库设计开始之前，首先必须确定参加设计的人员，包括系统分析人员、数据库设计人员、应用开发人员、数据库管理员和用户代表。系统分析人员和数据库设计人员是数据库设计的核心人员，他们将自始至终的参与数据库设计，他们的水平决定了数据库系统的质量。用户和数据库管理员在数据库设计中也是举足轻重的，他们主要参加需求分析和数据库的运行和维护，他们的积极参与(不仅仅是配合)不但能加速数据库设计，而且也是决定数据库设计质量的重要因素。应用开发人员(包括程序员和操作员)分别负责编制程序和准备软硬件环境，他们在系统实施阶段参与进来。

仿照软件生存周期，可以得到数据库系统生存周期概念，即把数据库应用系统从开始规划、设计、实现、维护到最后被新的系统取代而停止使用的整个期间，称为数据库系统生存周期。这个生存周期一般可划分成六个阶段：规划、需求分析、设计、实现、测试和运行维护。数据库系统生存周期中每个阶段的设计描述见图 10-1 所示。

| 设计阶段 | 设计描述 | | |
|---|---|---|---|
| | 数据 | | 处理 |
| 规划 | 组织层次图，可行性分析报告，系统总目标，项目开发计划 | | |
| 需求分析 | 数据字典、全系统中数据项、数据流、数据存储的描述 | | 数据流图和判定表（判定树）、数据字典中处理过程的描述 |
| 设计 | 概念结构设计 | 概念模型（E-R图） 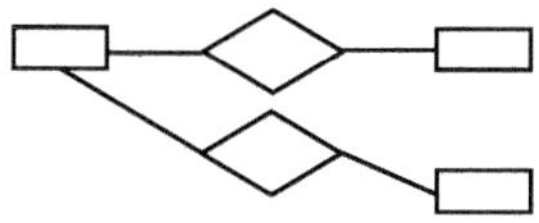<br>数据字典 | 系统说明书包括：<br>① 新系统的要求、方案和概图<br>② 反映新系统信息流的数据流图 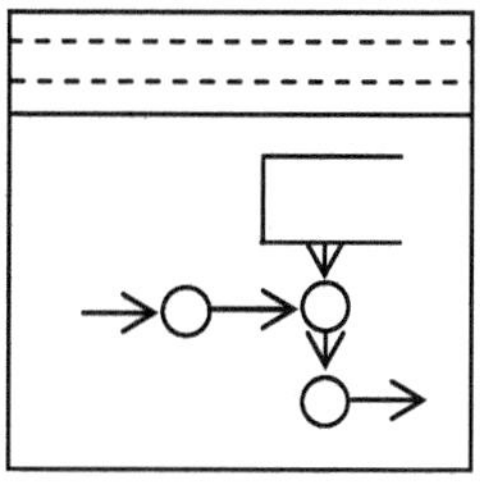 |
| | 逻辑结构设计 | 关系模型 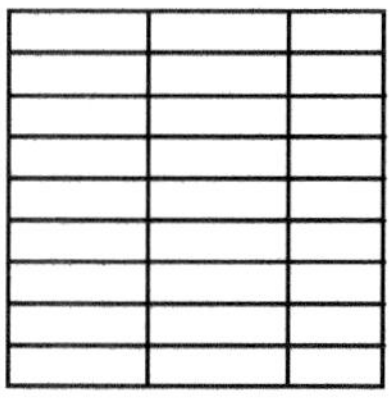 | 系统结构图<br>（模块结构） 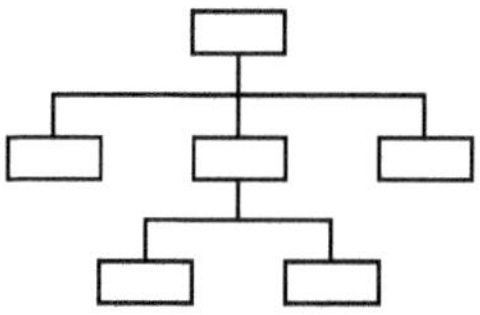 |
| | 物理设计 | 存储安排<br>方法选择<br>存取路径建立 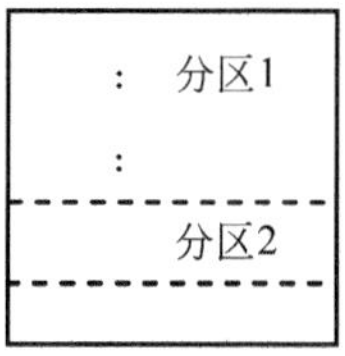<br>: 分区1<br>:<br>分区2 | 模块设计<br>IPO表 <br>IPO表 …<br>输入：<br>输出：<br>处理： |
| 实现 | 建库建表<br>装载数据 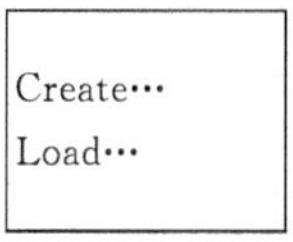<br>Create…<br>Load… | | 程序编码<br>编译联结 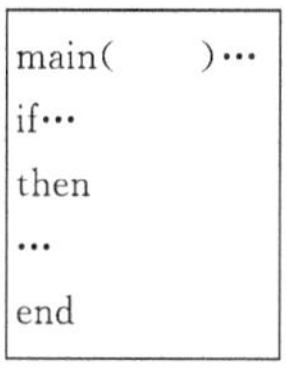<br>main( )…<br>if…<br>then<br>…<br>end |
| 测试 | 数据库结构的测试：<br>测试DB的结构及使用<br>测试DB的并发、恢复、完整性和安全性能力 | | 应用程序的测试：<br>单元测试<br>集成测试<br>确认测试 |
| | DBS试运行 | | |
| 运行维护 | 数据库部分：<br>DB的转储与恢复<br>DB安全性完整性控制<br>DB性能的监督分析和改进<br>DB的重组织和重构造 | | 应用程序部分：<br>改正性维护<br>适应性维护<br>完善性维护<br>预防性维护 |

图 10-1 数据库设计每个阶段的设计描述

### 1. 规划阶段

对于数据库系统，特别是大型数据库系统或大型信息系统中的数据库群，规划阶段是十分必要的。规划的好坏直接影响到整个系统的成功与否，对企业组织的信息化进程将产生深远的影响。

规划阶段具体可分成三个步骤。

① 系统调查。对企业组织作全面的调查，画出组织层次图，以了解企业的组织机构。

② 可行性分析。从技术、经济、效益、法律等诸方面对数据库的可行性进行分析；然后写出可行性分析报告；组织专家进行讨论其可行性。

③ 确定数据库系统的总目标和制定项目开发计划。在得到决策部门批准后，就正式进入数据库系统的开发工作。

### 2. 需求分析阶段

这一阶段是计算机人员(系统分析员)和用户双方共同收集数据库所需要的信息内容和用户对处理的需求。并以需求说明书的形式确定下来，作为以后系统开发的指南和系统验证的依据。

需求分析是整个设计过程的基础，是最困难、最耗费时间的一步。作为“地基”的需求分析是否做的充分与准确，决定了在其上构建数据库“大厦”的速度与质量。需求分析做得不好，甚至会导致整个数据库设计返工重做。

### 3. 设计阶段

数据库结构的设计工作分成三个阶段：概念设计、逻辑设计和物理设计。

1) 概念设计阶段

概念设计的目标是产生反映企业组织信息需求的数据库概念结构，即概念模型。概念模型是独立于计算机硬件结构，独立于支持数据库的 DBMS。

概念模型能充分反映现实世界中实体间的联系，又是各种基本数据模型的共同基础，同时也容易向现在普遍使用的关系模型转换。

2) 逻辑设计阶段

概念设计的结果是得到一个与 DBMS 无关的概念模型。而逻辑设计的目的是把概念设计阶段设计好的全局 E-R 模型转换成 DBMS 能处理的逻辑模型。这些模型在功能上、完整性和一致性约束及数据库的可扩充性等方面均应满足用户的各种要求。

3) 物理设计阶段

对于给定的基本数据模型选取一个最适合应用环境的物理结构的过程，称为物理设计。

数据库的物理结构主要指数据库的存储记录格式、存储记录安排和存取方法。显然，数据库的物理设计是完全依赖于给定的硬件环境和数据库产品的。

### 4. 实现阶段

对数据库的物理设计初步评价完成后就可以开始建立数据库了。数据库实现主要包括三项工作。

① 用 DBMS 提供的 DDL(数据定义语言)定义数据库结构；
② 组织数据入库；
③ 编制与调试应用程序。

#### 5. 测试阶段

在这一阶段，对数据库的结构及使用进行测试；对数据库的并发控制、恢复、安全性、完整性措施进行测试。采用软件工程的白盒测试和黑盒测试方法，对应用程序进行单元测试和集成测试。

应用程序调试完成，并且已有一小部分数据入库后，就可以开始数据的试运行了。在数据库试运行阶段，由于系统还不稳定，软、硬件故障随时都有可能发生，而且系统的操作人员对新系统还不熟悉，误操作也不可避免，因此必须做好数据库的转储和恢复工作，尽量减少对数据库的破坏。

#### 6. 运行维护阶段

在数据库试运行结果符合设计目标后，数据库就可以真正投入运行了。数据库投入运行标志着开发任务的基本完成和维护工作的开始，并不意味着设计过程结束，由于应用环境在不断变化，数据库运行过程中物理存储也会不断变化，所以对数据库设计进行评价、调整、修改等维护工作是一个长期的任务，也是设计工作的继续和提高。

在数据库运行阶段，对数据库经常性的维护工作主要是由 DBA 完成的。

## 10.2　需求分析

对用户需求进行调查、描述和分析是数据库设计过程的最基础的一步。从开发设计人员的角度讲，事先并不知道数据库应用系统到底要“做什么”，它是由用户提供的。但遗憾的是，用户虽然熟悉自己的业务，但往往不了解计算机技术，难以提出明确、恰当的要求；而设计人员常常不了解用户的业务甚至非常陌生，难以准确、完整地用数据模型来模拟用户现实世界的信息类型和信息之间的联系。在这种情况下，马上要对现实问题进行设计，几乎注定要返工，因此用户需求分析是数据库设计必经的一步。

### 10.2.1　需求分析的任务

开发人员首先要确定被开发的系统需要做什么，需要存储和使用哪些数据，需要什么样的运行环境和达到的性能指标。调查的重点是“信息”、“处理”和“运行”，通过调查、收集与分析，获得用户对数据库的要求。

#### 1. 信息需求

信息需求是最基本的，它作用于整个数据库设计过程的各步。信息需求就是用户需要从数据库中获得信息的内容和性质。由信息要求可以导出数据要求，即在数据库中需要存储哪些数据。

#### 2. 处理需求

处理需求就是用户需要数据库系统提供的各种处理功能。这里,用户类型必须具有代表性、完全性,要包括业务层、计划管理层、领导层等用户。要考虑当前应用还要考虑可能的操作变化及未来的策略。

#### 3. 运行需求

运行需求是指如何使用数据库方面的要求,包括使用数据库的安全性、完整性、一致性限制;查询方式、输入输出格式、同时能支持的用户或应用个数等方面的要求;对数据库性能方面的要求,如响应速度、故障恢复速度等。

确定用户的最终需求是很困难的,这就要求设计人员必须不断深入地与用户交流,达成共识,把共同的理解写成一份需求说明书作为本阶段工作的结果。它也是用户和设计者相互了解的基础,设计者以此为依据进行设计,最后它也是测试和验收数据库的依据,可以说,需求说明书是用户和设计者之间的合同。

### 10.2.2 需求分析的过程

需求分析就是调查应用环境的现行系统(包括人工系统和计算机系统)业务流程、收集用户的需求信息、分析并转换需求信息成规范形式的过程。需求分析的过程主要由下面四步组成。

① 分析用户活动,产生业务流程图。

了解用户当前的业务活动和职能,搞清其处理流程(即业务流程)。如果一个处理比较复杂,就要把处理分成若干个子处理,使每个处理功能明确、界面清楚,分析之后画出用户的业务流程图。

② 确定系统范围,产生系统关联图。

这一步是确定系统的边界。在和用户经过充分讨论的基础上,确定计算机所能进行的数据处理的范围,确定哪些工作由人工完成,哪些计算机系统完成,即确定人机界面。

③ 分析用户活动涉及的数据,产生数据流图。

深入分析用户的业务处理,以数据流图形式表示出数据的流向和对数据所进行的加工。

数据流图是从“数据”和“对数据的加工”两方面表达数据处理系统工作过程的一种图形表示法,具有直观、易于被用户和软件人员双方都能理解的一种表达系统功能的描述方式。

④ 分析系统数据,产生数据字典。

数据字典是对数据描述的集中管理,它的功能是存储和检索各种数据描述。对数据库设计来说,数据字典是进行详细的数据收集和数据分析所获得的主要成果。

对上述各步产生的需求分析结果,进行规范化文档编制,生成需求分析说明书,达到较圆满地描述用户需求的目的。下面对上述过程中除了第二个过程外的其他过程依次进行详细说明。

### 10.2.3 用户需求调研的方法

在调研过程中,可以根据不同的问题和条件,使用不同的调研方法。常用的调研方法如下。

① 审阅以前的研究及应用情况。

在调研过程中,不但应该仔细研究用户的业务需求,而且还要考察现有的系统。大多数数据库项目都不是从头开始建立的,通常总会存在用来满足特定需求的现有系统。显然,现有系统并不完美,否则就不必再建立新系统了。但是对旧系统的研究,可以发现一些可能会忽略的细微问题。一般来说,考察现有系统对新系统的设计绝对有好处。

② 查阅文档。

这里所说的文档并不是指文本化的,事实上是形式化的,包括图例、表格、文件、报告、单据等。

③ 发调查问卷。

就用户的职责范围、业务工作目标结果(输出)、业务处理过程与使用的数据、与其他业务工作的联系(接口)等方面,请其回答若干问题。

④ 同用户交谈。

与用户代表面谈,这是需求调查目前最有效的方法。

交谈的目的是标识每一业务功能、各功能所处理逻辑与使用的数据、执行管理等功能的明显或潜在规律。交谈的对象必须要有代表性、普遍性,从作业层直到最高决策层都要包括。

⑤ 现场调查。

深入用户的业务活动中进行实地调研,目的在于掌握业务流程所发生的各个事件,收集有关的资料以补充前面工作不足。但要避免介入或干涉其具体业务工作。

这种调研是多方面的,需要与用户单位各层次的领导和业务管理人员交谈,了解、收集用户单位各部门的组织机构、各部门的职责及其业务联系、业务流程、各部门和各种业务活动和业务管理人员对数据的需求,以及对数据处理的要求等。由于需求的不断变化、专业背景的差异导致问题的理解不同,使得这个工作可能需要反复多次。

### 10.2.4 数据流图**

数据流图(Data Flow Diagram,DFD)是一种便于用户理解和分析系统数据流程的图形工具。这里要提醒的是,DFD 表示的是数据流,而不是控制流,这是 DFD 与“系统流程图”的根本区别。它只标识各种数据、数据的处理、数据的存储、数据的流动(来源、去处),以及数据流的最初的源头和最终的吸纳处,都是围绕着数据的。关于 DFD 的具体内容在《软件工程》课程中有详细讲解,这里只做简单的介绍。

一个基于计算机的信息处理系统由数据流和一系列转换构成,这些转换将输入数据流变换为输出数据流。数据流图就是用来刻画数据流和转换的信息系统建模技术。它用简单的图形记号来分别表示数据流、加工、数据源以及外部实体,如图 10-2 所示。

在使用数据流图来进行系统分析的时候,在构造各个层次的数据流图的时候必须注意以下问题。

① 有意义地为数据流、加工、数据存储以及外部实体命名,名字应反映该成分的实际含义,避免使用特别简单的、空洞的名字。

② 在数据流图,需要画的是数据流而不要画控制流。

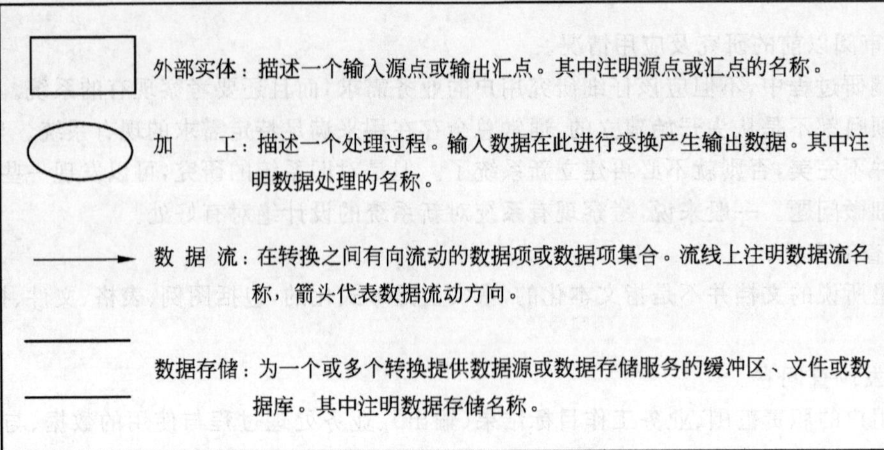


图 10-2　数据流图中的图形记号

③ 一个加工的输出数据流不应与一个输入数据流同名，即使它们的组成成分相同。

④ 允许一个加工有多条数据流流向另一个加工，也允许一个加工有两个相同的输出数据流流向两个不同的加工。

⑤ 保持父图与子图平衡。也就是说，父图中某加工的输入输出数据流必须与它的子图的输入输出数据流在数量和名字上相同。值得注意的是：如果父图的一个输入(或输出)数据流对应于子图中几个输入(或输出)数据流，而子图中组成这些数据流的数据项全体正好是父图中的这一个数据流，那么它们仍然算是平衡的。

⑥ 在自顶向下的分解过程中，若一个数据存储首次出现时只与一个加工相关，那么这个数据存储应作为这个加工的内部文件而不必画出。

⑦ 保持数据守恒。也就是说，一个加工的所有输出数据流中的数据必须能从该加工的输入数据流中直接获得，或者是通过该加工能产生的数据。

⑧ 每个加工必须既有输入数据流，又有输出数据流。

⑨ 在整套数据流图中，每个数据存储必须既有读的数据流，又有写的数据流。但在某一张子图中可能只有读没有写，或者只有写没有读。

下面通过关于数据流图的例题来看看数据流图的设计。

**【例 10-1】** 阅读下列说明和数据流图，回答 1 到 3 的问题。

**【说明】** 某基于微处理器的住宅系统，使用传感器(如红外探头、摄像头等)来检测各种意外情况，如非法进入、火警、水灾等。

房主可以在安装该系统时配置安全监控设备(如传感器、显示器、报警器等)，也可以在系统运行时修改配置，通过录像机和电视机监控与系统连接的所有传感器，并通过控制面板上的键盘与系统进行信息交互。在安装过程中，系统给每个传感器赋予一个编号(即 id)和类型，并设置房主密码以启动和关闭系统，设置传感器事件发生时应自动拨出的电话号码。当系统检测到一个传感器事件时，就激活警报，拨出预置的电话号码，并报告关于位置和检测到的事件的性质等信息。

**【问题 1】**

如图 10-3 所示，数据流图 1-1(住宅安全系统顶层图)中 A 和 B 分别是什么？

【数据流图 1-1】

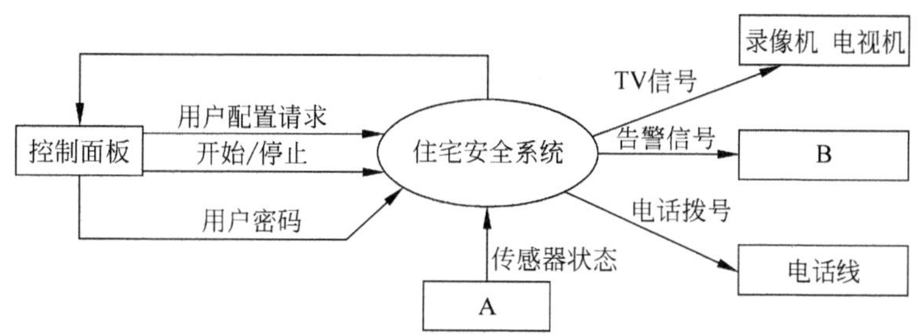


图 10-3 住宅安全系统设计顶层图

【问题 2】 如图 10-4 所示，数据流图 1-2(住宅安全系统第 0 层 DFD 图)中的数据存储“配置信息”会影响到图中的哪些加工？

【数据流图 1-2】

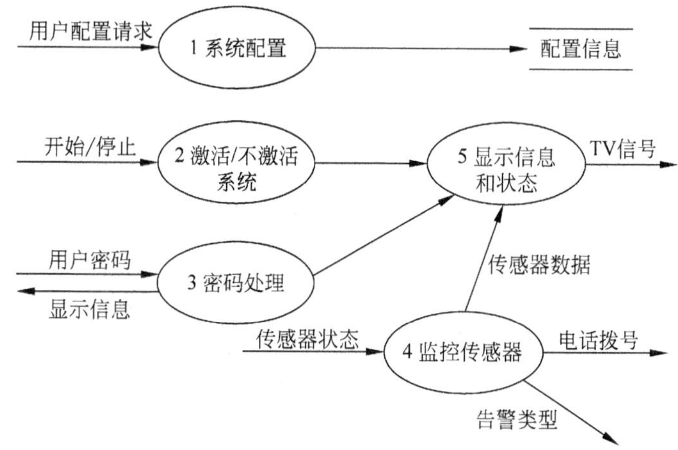


图 10-4 住宅安全系统设计第 0 层数据流图

【问题 3】

如图 10-5 所示，将数据流图 1-3(加工 4 的细化图)中的数据流补充完整，并指明加工名称、数据流的方向(输入/输出)和数据流名称。

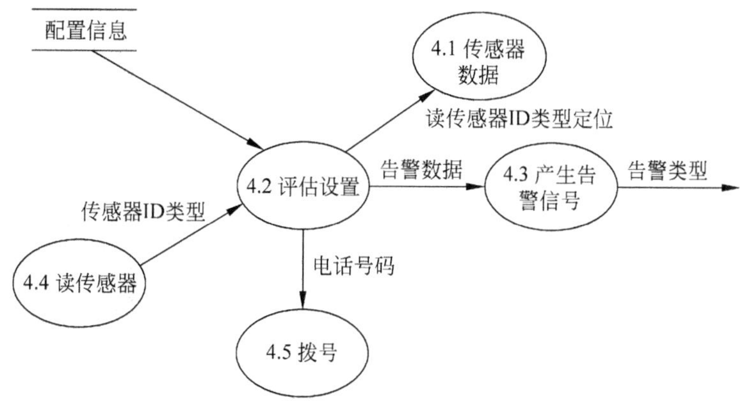


图 10-5 住宅安全系统设计加工 4 的细化图

**【参考答案】**

**【问题1】** A. 传感器　　B. 报警器

**【问题2】** 监控传感器和显示信息和状态

**【问题3】** 加入3条加工的数据流,如下表所示:

| 加 工 名 称 | 数据流的方向 | 数据流的名称 |
|---|---|---|
| 4.1 传感器数据 | 输出 | 传感器数据 |
| 4.4 读传感器 | 输入 | 传感器状态 |
| 4.5 拨号 | 输出 | 电话拨号 |

**【分析】**

利用父图和子图平衡这个关系可以解决各个层次数据流图之间的关系,但是对于顶层数据流图来说没有可以参照的对象,就必须利用题目给出的内容来设计。接下去就可以利用分层数据流图的性质原则来解题。

用这样一条原则可以轻松地解决问题3。在0层数据流图中,“4 监控传感器”模块有1条输入数据流——“传感器状态”和3条输出数据流——“电话拨号”、“传感器数据”和“告警类型”。但在加工4的细化图中,只画出了“告警类型”这一条输出数据流。所以很容易通过前面的平衡原则知道,在细化图4中缺少了3条数据流——“传感器状态”、“电话拨号”、“传感器数据”。这样对于问题3将数据流图补充完整,那么只要把这3条缺少的数据流定位到数据流图中的相应部分即可,具体的可以看参考答案。

而对于问题1,由于是对顶层数据流图中缺少的内容进行补充,没有上层的图可以参考,那么现在对于顶层图中的内容只能通过题目给出的信息、对系统的要求来对顶层图的内容进行分析。题目中提到了“房主可以在安装该系统时配置安全监控设备(如传感器、显示器、报警器等)”,在顶层图中这3个名次都没有出现。但仔细观察,可以看出“电视机”实际上就是“显示器”,因为它接收TV信号并输出。其他的几个实体都和“传感器”、“报警器”没有关联。又因为A中输出“传感器状态”到“住宅安全系统”,所以A应填“传感器”; B接收“告警类型”,所以应填“报警器”。

再来看问题2,毫无疑问“4 监控传感器”用到了配置信息,这一点可以在加工4的细化图中看出。同时由于输出到“5 显示信息和状态”的数据流是“检验ID信息”,所以“5 显示信息和状态”也用到了配置信息文件。

### 10.2.5 数据字典

数据流图并不足以完整地描述软件需求,因为它没有描述数据流的内容。事实上,数据流图必须与描述并组织数据条目的数据字典配套使用。没有数据字典,数据流图不精确,没有数据流图,数据字典不知用于何处。数据字典包含了所有在数据流图中出现的数据及其部件、数据流、存储文件、处理原则的定义,以及任何需要定义的其他东西。

数据字典通常包括数据项、数据结构、数据流、数据存储和处理过程五个部分。其中数据项是数据的最小组成单位,若干个数据项可以组成一个数据结构,数据字典通过对数据项和数据结构的定义来描述数据流、数据存储的逻辑内容。

下面以“学生选课”数据流图为例，如图10-6所示，讲解其对应的数据字典各组成部分的应用。

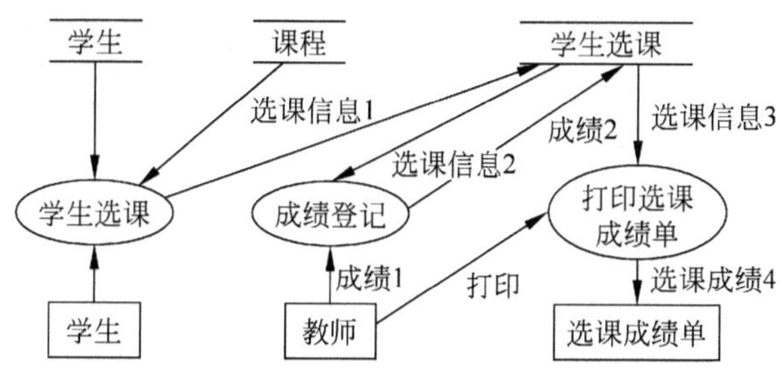


图10-6　“学生选课”数据流图

### 1. 数据项

数据项是不可再分的数据单位。对数据项的描述通常包括以下内容：

数据项描述={数据项名，数据项含义说明，别名，数据类型，长度，取值范围，取值含义，与其他数据项的逻辑关系，数据项之间的联系}

其中，“取值范围”、“与其他数据项的逻辑关系”（例如，该数据项等于另几个数据项的和，该数据项值等于另一数据项的值等）定义了数据的完整性约束条件。可以用关系规范化理论为指导，用数据依赖的概念分析和表示数据项之间的联系。

例如：以“学号”为例

数据项名：　学号

数据项含义：　唯一标识每一个学生

别名：　学生编号

数据类型：　字符型

长度：　8

取值范围：　00 000 000～99 999 999

与其他数据项的逻辑关系：主码或外码

### 2. 数据结构

数据结构反映了数据之间的组合关系。一个数据结构可以由若干个数据项组成，也可以由若干个数据结构组成，或由若干个数据项和数据结构混合组成。对数据结构的描述通常包括以下内容：

数据结构描述={数据结构名，含义说明，组成：{数据项或数据结构}}

例如：以“学生”为例

数据结构名：　学生

含义说明：　是学籍管理子系统的主体数据结构，定义了一个学生的有关信息

组成：　学号、姓名、性别、年龄、所在系

### 3. 数据流

数据流是数据结构在系统内传输的路径。对数据流的描述通常包括以下内容：

数据流描述={数据流名,说明,数据流来源,数据流去向,
组成:{数据结构},平均流量,高峰期流量}

其中,"数据流来源"是说明该数据流来自哪个过程;"数据流去向"是说明该数据流将到哪个过程去;"平均流量"是指在单位时间(每天、每周、每月等)里的传输次数;"高峰期流量"则是指在高峰时期的数据流量。

例如:以"选课信息"为例

数据流名: 选课信息
说明: 学生所选课程信息
数据流来源: "学生选课"处理
数据流去向: "学生选课"存储
组成: 学号,课程号
平均流量: 每天 10 个
高峰期流量: 每天 100 个

#### 4. 数据存储

数据存储是数据结构停留或保存的地方,也是数据流的来源和去向之一。对数据存储的描述通常包括以下内容:

数据存储描述={数据存储名,说明,编号,流入的数据流,流出的数据流,
组成:{数据结构},数据量,存取频度,存取方式}

其中,"存取频度"指每小时或每天或每周存取几次、每次存取多少数据等信息;"存取方式"包括是批处理还是联机处理、是检索还是更新、是顺序检索还是随机检索等;另外,"输入的数据流"要指出其来源;"输出的数据流"要指出其去向。

例如:以"学生选课"为例

数据存储名: 学生选课表
说明: 记录学生所选课程的成绩
编号: 无
流入的数据流: 选课信息、成绩信息
流出的数据流: 选课信息、成绩信息
组成: 学号,课程号,成绩
数据量: 50 000 个记录
存取频度: 每天 20 000 个记录
存取方式: 随机存取

#### 5. 处理过程

处理过程的具体处理逻辑,一般用判定表或判定树来描述。数据字典中只需要描述处理过程的说明性信息,通常包括以下内容:

处理过程描述={处理过程名,说明,输入:{数据流},输出:{数据流},
处理:{简要说明}}

其中,"简要说明"中主要说明该处理过程的功能及处理要求。功能是指该处理过程用

来做什么(而不是怎么做),处理要求包括处理频度要求,如单位时间里处理多少事务、多少数据量、响应时间要求等。这些处理要求是后面物理设计的输入及性能评价的标准。

例如:以"学生选课"为例

处理过程名: 学生选课

说明: 学生从可选修的课程中选出课程

输入数据流: 学生,课程

输出数据流: 学生选课信息

处理: 每学期学生都可以从公布的选修课程中选修自己需要的课程,选课时有些选修课有先修课程的要求,还要保证选修课的上课时间不能与该生必修课时间相冲突,每个学生四年内的选修课门数不能超过16门。

数据字典是在需求分析阶段建立的,在数据库设计过程中不断修改、充实、完善的。

### 10.2.6 用户需求描述与分析实例**

为了加深理解,下面以"学生公寓管理系统"的数据库设计为例,对用户需求进行描述与分析,其中某些环节做了适当的简化。

#### 1. 需求描述

经过调研,学生公寓管理的组织机构可分为二级,宿管科和具体的执行组。尽管宿管科隶属于后勤集团,但对于系统应用而言,这种联系是松散的,故不予以考虑。业务流程如图10-7所示。图中的财务主管有点特殊,在人事上隶属于宿管科,但在业务上直接对后勤集团的财务科负责,鉴于它在本系统扮演的角色,把它当作一个普通的二级组织机构是恰当的。

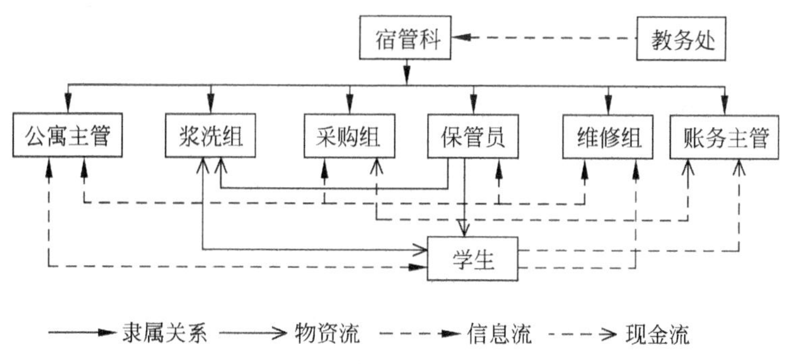


图10-7 学生公寓管理系统业务流程图

基于这个业务流程图,通过与用户协商,大体上可划分出应用边界:浆洗组与学生之间的物资来往(指浆洗的床单、被套等),不纳入计算机管理;财务主管与采购之间的现金来往也不纳入本系统(实际情况是由后勤集团财务科统筹管理)。

系统主要功能性需求描述如下:

① 导入新生数据。由于现实管理原因,学生公寓管理系统不允许和教务的学生信息库长期共享数据,每学年开学时,教务处对本系统做短暂的"开放",此时需将新生基本信息导入本系统。

② 新生注册。给新生分配寝室、床位，发放统一配备的卧具。

③ 床位调配。公寓主管在辖区公寓内调整学生寝室、床位；为宿管科新分配来的临时入住者(如进修生、短训班学员等)分配寝室、床位。

④ 回收床位。可随时回收临时入住者、辍学者床位；批量回收非留级毕业生床位。并将被回收床位者的信息从“在住者基本信息库”转移到“入住者基本信息历史库”。这个可以逆向执行。

⑤ 门禁管理。记录、统计、报告来访信息以及违反公寓管理制度者的违纪信息。

⑥ 设备报修。学生通过校园网上报待修设备，维修组对此信息做出反应。

⑦ 卫生管理。记录、统计、报告寝室的卫生检查情况。

⑧ 物资管理。记录、统计、报告物资采购、使用或消耗情况。

⑨ 分类统计、报告入住情况。分类方式有：公寓、院系、班级、年级、专业以及它们的任意组合。

⑩ 统计、报告闲置的寝室、床位。

⑪ 员工管理。公寓管理和服务人员的基本情况、出勤情况、工作业绩、违纪情况等纳入本系统统一管理。

⑫ 财务管理。仅管理学生交纳的公寓服务费、公寓设施损坏赔偿费。

**2. 数据流图(DFD)**

为了表达较复杂问题的数据处理过程，用一张 DFD 是不够的，要按照问题的层次结构进行逐步分解，并以一套分层的 DFD 反映这种结构关系。分层的一般方法是先画系统的输入输出，然后再画系统内部。

1) 画系统的输入输出

画系统的输入输出，即先画顶层 DFD。顶层图只包含一个加工，用以标识被开发的系统，然后考虑有哪些数据，数据从哪里来，到哪里去。顶层图的作用在于表明应用的范围以及周围环境的数据交换关系，顶层图只有一张。图 10-8 为学生公寓管理系统的顶层图。

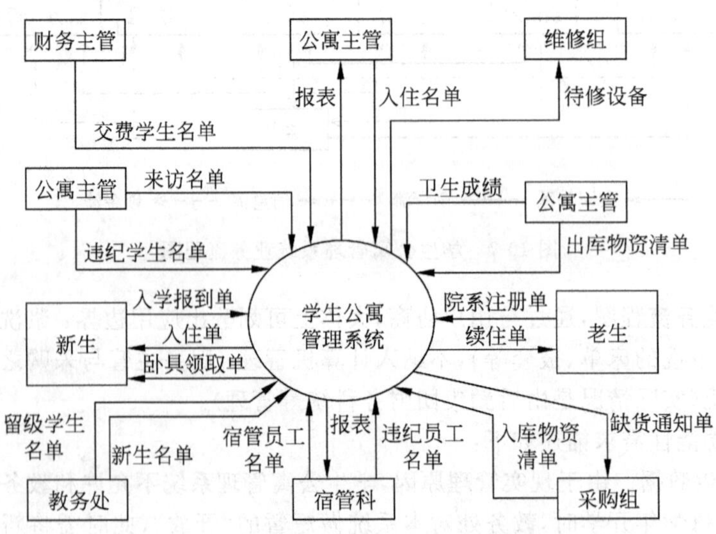


图 10-8 学生公寓管理系统顶层 DFD

【注意】 图中的外部实体“公寓主管”出现了三次。有时候为了增加 DFD 的清晰性，防止数据流的箭头线过长或指向过于密集，在一张图上可以重复画同名的外部实体。

2）画系统内部

画系统内部，即画下层的 DFD。一般将层号从 0 开始编号，采取自顶向下，由外向内的原则。

画 0 层 DFD 时，一般根据当前系统工作分组情况，并按系统应有的外部功能，分解顶层流程图的系统为若干子系统，决定每个子系统间的数据接口和活动关系。

例如，学生公寓管理系统按功能分成 14 个部分：新生数据导入、新生注册、老生报到、床位调配、处理学生违纪、收取公寓服务费、设备报修、来访登记、卫生检查、处理缺货、处理进货、处理物资出库、宿管员工注册、处理员工违纪。这 14 个子系统通过相关的数据存储联系起来。

画更下层的 DFD 时，则分解上层图中的加工。一般沿着输入流的方向，凡数据流的组成或值发生变化的地方则设置一个加工，这样一直进行到输出数据流（也可以从输出流到输入流方向画）。如果加工的内部还有数据流，则对此加工在下层图中继续分解，直到每个加工足够简单，不能再分解为止。

在把一张 DFD 中的加工分解成另一张 DFD 时，上层图称为父图，下层图为子图。子图应编号，子图上的所有加工也应编号。子图的编号就是父图中相应加工的编号，子图中加工的编号由子图号、小数点及局部号组成。

例如，在学生公寓管理系统 0 层 DFD 中，“新生注册”这个加工的编号为 2，则在分解这个加工形成的 DFD 时，编号就为 2，其中的每个加工编号为 2. X，如图 10-9 所示。

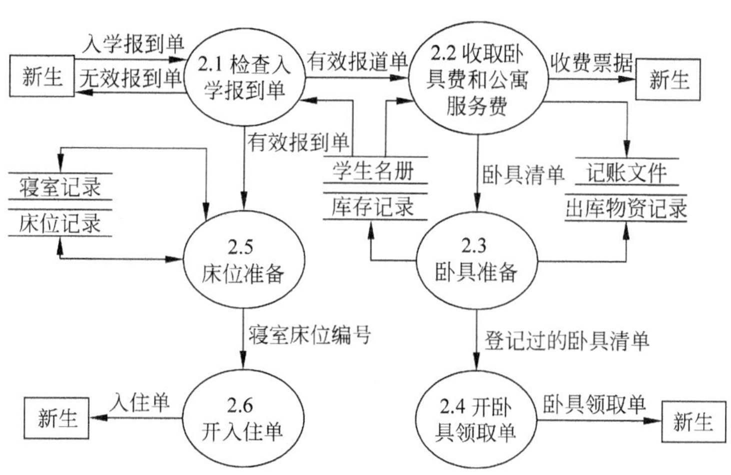


图 10-9　对 0 层 DFD 中编号为 2 的“新生注册”加工分解得到的 DFD

### 3. 建立数据字典

数据字典可用来定义 DFD 中的各个成分的具体含义。它以一种准确的、无歧义性的说明方式，为系统的分析、设计及维护提供了有关元素的、一致的定义和描述。它和 DFD 共同构成了系统的逻辑模型，是“需求说明书”的主要组成部分。

数据库应用设计侧重在数据方面，要产生数据的完全定义，可以利用 DBMS 中的数据字典工具。

创建数据字典非常费时、费事,但对其他开发人员了解整个设计却是完全必要的。数据字典有助于避免今后可能面临的混乱,可以让任何了解数据库的人都明确知道如何从数据库中获得数据。

这里不再对“学生公寓管理系统”的数据字典作详细描述。

## 10.3 概念数据建模

概念数据建模是对现实世界的抽象和模拟,是在用户需求描述与分析的基础上,以数据流图和数据字典提供的信息作为输入,运用信息模型工具,设计人员发挥综合抽象能力,对目标进行描述,并以用户能理解的形式表达信息。

之所以称为“概念”,是因为它仅由表示现实世界中的实体及其联系的抽象数据形式定义,根本不涉及计算机硬软件环境,与DBMS或任何其他的物理特性无关。

### 10.3.1 建模方法

概念数据建模的方法很多,目前应用最广泛的是E-R建模方法。E-R建模方法的实质是将现实世界抽象为具有某种属性的实体,而实体间相互有联系。最终画出一张E-R图,形成对系统信息的初步描述,进而形成数据库的概念模型。

E-R建模方法设计概念模型一般有两种方法。

① 视图集成建模法。

视图集成建模法,即自底向上建模法。以各部分需求说明为基础,分别设计各部门的局部模式;然后再以这些视图为基础,集成一个全局模式。这个全局模式就是所谓的概念模式。该方法适合于大型数据库的设计。

② 集中模式建模法。

集中模式建模法,即自顶向下建模法。首先将需求说明综合成一个一致的统一的需求说明,然后在此基础上设计一个全局的概念模式,再据此为各个用户或应用定义子模式。该法强调统一,适合于小的、不太复杂的应用。

### 10.3.2 建模的基本任务与步骤

建模的方法有多种,不论哪种方法,下列各任务和步骤都是需要完成的。

#### 1. 用户视图建模

视图对应E-R建模中的局部模式。在实际操作中,一般是在多级数据流图中选择适当层次的数据流图,这个数据流图中每一个部分可作为局部E-R图对应的范围。确定出应用范围,就可以开始设计对应的局部视图了。

首先,构造实体。构造方法如下:

① 根据数据流图和数据字典提供的情况,将一些对应于客观事物的数据项汇集、形成一个实体,数据项则是该实体的属性。这里的事物可以是具体的事物或抽象的概念、事物联

系或某一事件等。

② 将剩下的数据项用一对多的分析方法，再确定出一批实体。某数据项若与其他多个数据项之间存在一对多的对应关系，那么这个数据项就可以作为一个实体，而其他多个数据项则作为它的属性。

③ 分析最后一些数据项之间的紧密程度，又可以确定一批实体。如果某些数据项完全依赖于另一些数据项，那么所有这些数据项可以作为一个实体，而后者"另一些数据项"可以作为此实体的键。

经过上面三步，如果在数据流图和数据字典中还有剩余的数据项，那么这些数据项一般是实体间联系的属性，在分析实体之间的联系时要把它们考虑进去。

得到实体之后，再确定实体之间的联系。确定联系的一般方法，请参见第 8 章相关内容。

### 2. 视图集成

局部视图只反映了部分用户的数据观点，因此需要从全局数据观点出发，把上面得到的多个局部视图进行合并，把它们的共同特性统一起来，找出并消除它们之间的差别，进而得到数据的概念模型，这个过程就是视图集成。

视图集成要解决如下问题。

① 命名冲突。指属性、联系、实体的命名存在冲突，冲突有同名异义和同义异名两种。

② 结构冲突。同一概念在一个视图中可作为实体，在另一个视图中可作为属性或联系。

③ 属性冲突。相同的属性在不同的视图中有不同的取值范围。例如，学号在一个视图中可能是字符串，在另一个视图中可能是整数。有些属性采用不同的度量单位。例如，身高在一个视图中用厘米作单位，在另一个视图中可能用米作单位。

④ 标识的不同。要解决多标识机制。例如，在一个视图中，可能用学号唯一标识学生，而在另外的一些视图中，可能用校园卡卡号作为学生的唯一标识。

⑤ 区别数据的不同子集。例如，学生可分为本科生、硕士生、博士生。

具体的做法，可以选取最大的一个局部视图作为基础，将其他局部视图逐一合并。合并时尽可能合并对应部分，保留特殊部分，删除冗余部分。必要时，对局部视图进行适当修改，力求使视图简明清晰。

有关概念数据建模的具体情况请参阅第 8 章。

## 10.4 逻辑结构设计

由概念建模所产生的概念模型完全独立于 DBMS 及任何其他软件或计算机硬件特征。该模型必须转换成 DBMS 所支持的逻辑数据结构，并最终实现为物理存储的数据库结构，因为目前的技术尚不能实现概念数据库模型到物理数据库结构的直接转换，故还必须先产生一个在它们之间的、能由特定的 DBMS 处理的逻辑数据库结构，这就是数据库逻辑结构设计，简称逻辑设计。

### 10.4.1 E-R 图向关系模型的转换

E-R 图向关系模型转换要解决的问题是如何将实体和实体间的联系转换为关系模式，如何确定这些关系模式的属性和键。

E-R 图是由实体、实体的属性和实体之间的联系三个要素组成。所以将 E-R 图转换为关系模式实际上就是要将实体、实体的属性和实体间的联系转换为关系模式，这种转换一般遵循的原则如下。

注意，本节所给关系模式中，带下划线的属性为主键，带虚线的属性为外键。

**1. 实体转换成关系模式**

实体转换成关系模式很直接，实体的名称即是关系模式的名称，实体的属性则为关系模式的属性，实体的主键就是关系模式的主键。

**【例 10-2】** 将下面所给的“学生”实体转换成关系模式。

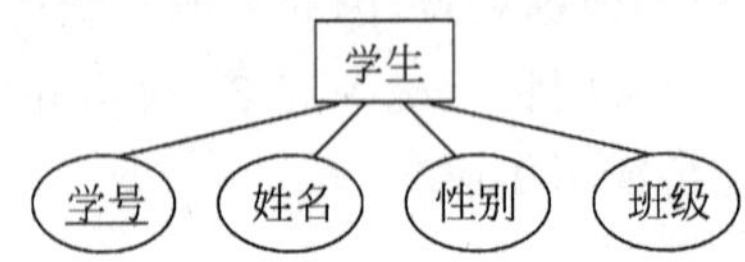


**【解答】**

“学生”实体转换成的关系模式为：

学生(<u>学号</u>,姓名,性别,班级)

但在转换时需要注意以下三个问题。

(1) 属性取值范围的问题。如果所选用的 DBMS 不支持 E-R 图中某些属性的取值范围，则应作相应修改，否则由应用程序处理转换。

(2) 非原子属性的问题。E-R 模型中允许非原子属性，这不符合关系模型的 1NF 的条件，必须做相应的修改。

(3) 弱实体的转换。弱实体在转换成关系模式时，弱实体所对应的关系模式中必须包含强实体的主键。

**【例 10-3】** 将下面所给的 E-R 图中的“销售价格”弱实体转换成关系模式。

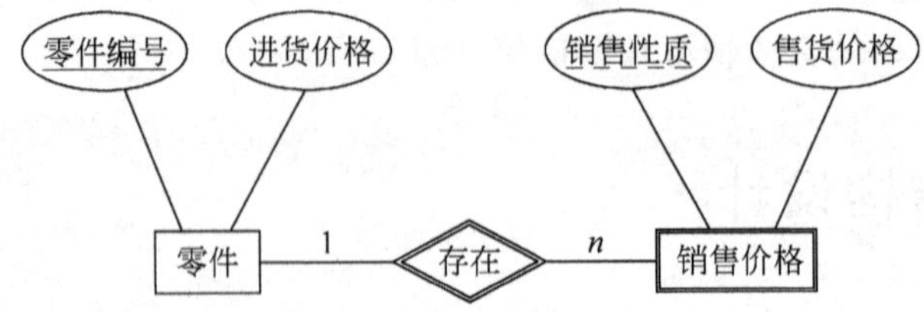


**【解答】**

将“销售价格”弱实体转换成的关系模式为：

销售价格(<u>零件编号</u>,<u>销售性质</u>,售货价格)

### 2. 联系的转换

联系分为一元联系、二元联系和三元联系，根据不同的情况应做不同的处理。

1) 二元联系的转换

实体之间的联系，有 1∶1、1∶$n$ 和 $m$∶$n$ 等三种，它们在向关系模型转换时，采取的策略是不一样的。

(1) 1∶1 联系的转换

一个 1∶1 联系可以转换为一个独立的关系，也可以与任意一端对应的关系模式合并。

① 转换为一个独立的关系模式，则与该联系相连接的各实体的键及联系本身的属性均转换为该关系模式的属性，每个实体的键均是该关系模式的候选键。

② 与某一端实体对应的关系模式合并，则需要在该关系模式的属性中加入另一个关系模式的键（作为外键）和联系本身的属性。

**【例 10-4】** 将下面的 E-R 图转换成关系模式。

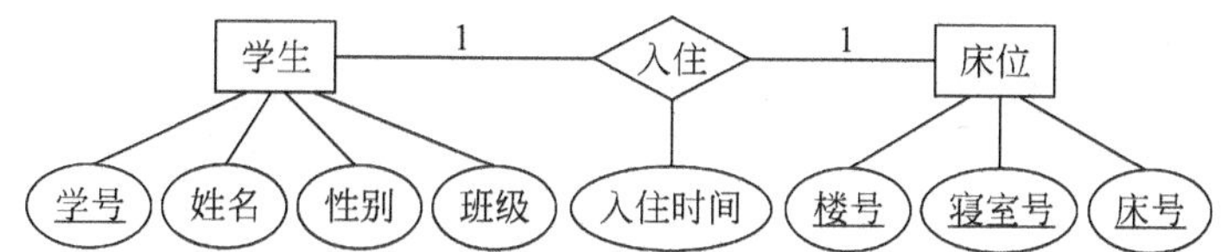


**【解答】**

方案一

学生(学号，姓名，性别，班级)
床位(楼号，寝室号，床号)
入住(学号，楼号，寝室号，床号，入住时间)

方案二

学生(学号，姓名，性别，班级，楼号，寝室号，床号，入住时间)
床位(楼号，寝室号，床号)

方案三

学生(学号，姓名，性别，班级)
床位(楼号，寝室号，床号，学号，入住时间)

方案一有个缺点：当查询“学生”、“床位”两个实体相关的详细数据时，需做三元联接，而后两种关系模式只需要做二元联接，因此应尽可能选择后两种方案。

而后两种方案也需要根据实际情况进行选取。方案二中，因为“床位”的主键是由三个属性组成的复合键，使得“学生”多出三个属性。方案三中，因为入住率不可能总是 100%，这时“学号”可能取 NULL 值。

(2) 1∶$n$ 联系的转换

在 $n$ 端实体转换的关系模式中加入 1 端实体的键（作为外键）和联系的属性。

【例 10-5】 将下面所给的 E-R 图转换成关系模式。

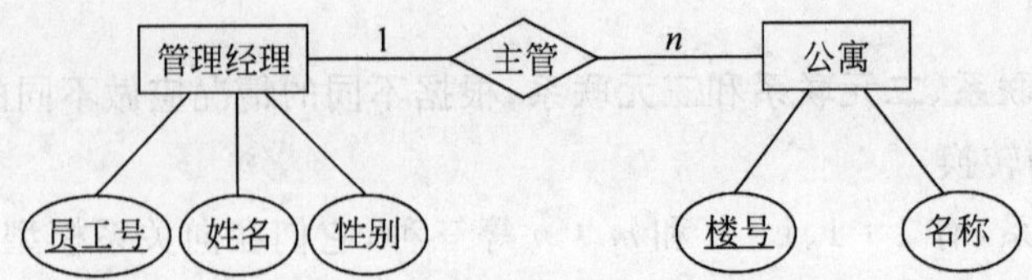


【解答】

管理经理(员工号,姓名,性别)
公寓(楼号,名称,员工号)

(3) $m:n$ 联系的转换

将联系转换为一个独立的关系模式,其属性为两端实体的键(作为外键)加上联系的属性,两端实体的键组成该关系模式的键或键的一部分。

【例 10-6】 将下面所给的 E-R 图转换成关系模式。

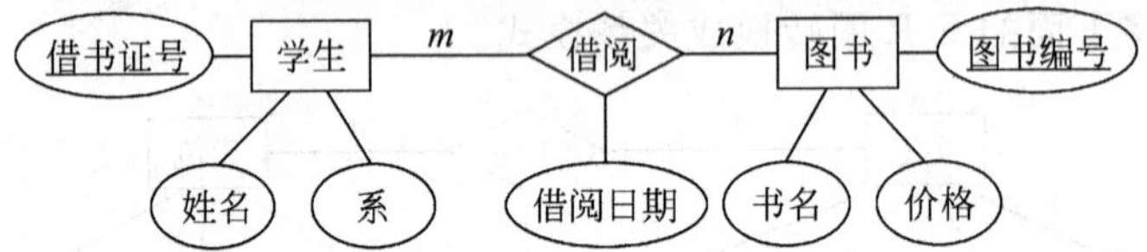


【解答】

学生(借书证号,姓名,系)
图书(图书编号,书名,价格)
借阅(借书证号,图书编号,借阅日期)

大多数情况下,两个实体的主键构成的复合主键就可以唯一标识一个 $m:n$ 联系。但在本例中,考虑到学生将借阅的图书归还后,还可能再借阅同一本图书,因此将"借书日期"和"借书证号"、"图书编号"共同作为"借阅"的复合主键。

【例 10-7】 综合练习。将下面所给的一个有关教学管理的 E-R 图转换成关系模式,E-R图如图 10-10 所示。

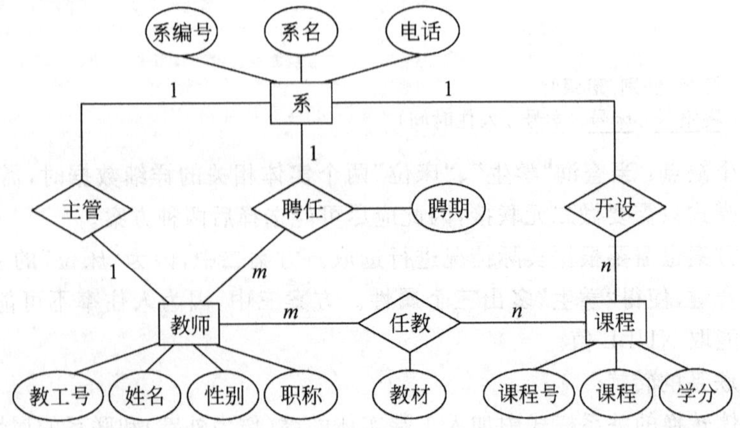


图 10-10 教学管理的 E-R 图

【解答】

① 将 E-R 图 3 个实体转换成 3 个模式。

系(系编号,系名,电话)
教师(教工号,姓名,性别,职称)
课程(课程号,课程名,学分)

② 对于 1∶1 联系“主管”,可以在“系”模式中加入教工号(作为外键);
对于 1∶$n$ 联系“聘任”,可以在“教师”模式中加入系编号(作为外键)和聘期;
对于 1∶$n$ 联系“开设”,可以在“课程”模式中加入系编号(作为外键)。
这样①步得到的 3 个模式就成了如下形式。

系(系编号,系名,电话,教工号)
教师(教工号,姓名,性别,职称,系编号,聘期)
课程(课程号,课程名,学分,系编号)

③ 对于 $m$∶$n$ 联系“任教”,则生成一个新的关系模式。

任教(教工号,课程号,教材)

这样,转换成的 4 个关系模式如下所示。

系(系编号,系名,电话,教工号)
教师(教工号,姓名,性别,职称,系编号,聘期)
课程(课程号,课程名,学分,系编号)
任教(教工号,课程号,教材)

2) 一元联系的转换

和二元联系的转换类似。

【例 10-8】 将下面所给的一元联系 E-R 图转换成关系模式。

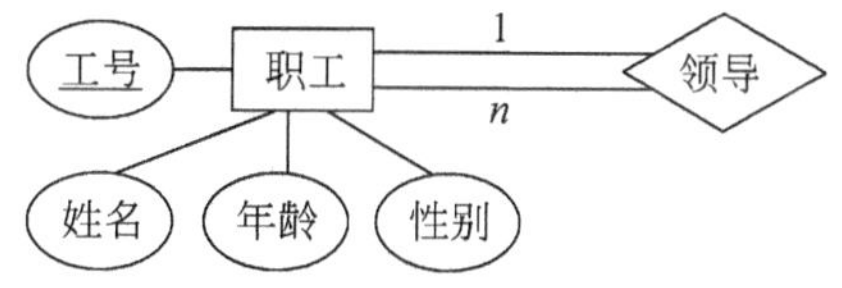


【解答】

转换成的关系模式:职工(工号,姓名,年龄,性别,经理工号)

3) 三元联系的转换

(1) 1∶1∶1 联系转换

如果实体间的联系是 1∶1∶1,可以在三个实体转换成的三个关系模式中,任意一个关系模式的属性中加入另两个关系模式的键(作为外键)和联系的属性。

(2) 1∶1∶$n$ 联系转换

如果实体间的联系是 1∶1∶$n$,则在 $n$ 端实体转换成的关系模式中加入两个 1 端实体的键(作为外键)和联系的属性。

(3) 1∶$m$∶$n$ 联系转换

如果实体间的联系是 1∶$m$∶$n$,则将联系也转换成关系模式,其属性为 $m$ 端和 $n$ 端实体的键(作为外键)加上联系的属性,两端实体的键作为该关系模式的键或键的一部分。1

端的键可以根据应用的实际情况,加入到 $m$ 端或者 $n$ 端或者联系中作为外键。

(4) $m:n:p$ 联系转换

如果实体间的联系是 $m:n:p$,则将联系也转换成关系模式,其属性为三端实体的键(作为外键)加上联系的属性,各实体的键组成该关系模式的键或键的一部分。

**【例 10-9】** 将下面的三元联系转换成关系模式。

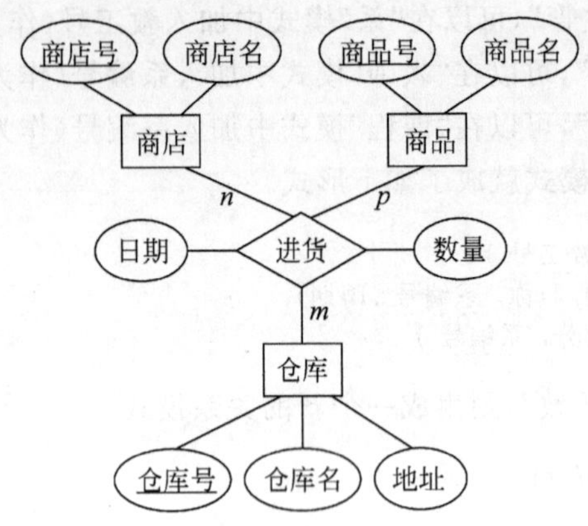


**【解答】**

该三元联系转换得到的关系模式如下:

仓库(<u>仓库号</u>,仓库名,地址)
商店(<u>商店号</u>,商店名)
商品(<u>商品号</u>,商品名)
进货(<u>仓库号</u>,<u>商店号</u>,<u>商品号</u>,<u>日期</u>,数量)

在联系转换成的关系模式"进货"中,把日期加入到主键中,以记录某个商店可从某仓库多次进入某种商品。

## 10.4.2 采用 E-R 模型的逻辑设计步骤

由于关系模型的固有优点,逻辑设计可以运用关系数据库模式设计理论,使设计过程形式化地进行,并且结果可以验证。关系数据库的逻辑设计的过程如图 10-11 所示。

从图 10-11 可以看出,概念设计的结果直接影响到逻辑设计过程的复杂性和效率。在概念设计阶段已经把关系规范化的某些思想用作构造实体和联系的标准,在逻辑设计阶段,仍然要使用关系规范化理论来设计模式和评价模式。关系数据库的逻辑设计的结果是一组关系模式的定义。

(1) 导出初始关系模型

逻辑设计的第一步是把概念设计的结果,即全局 E-R 模型,转换成初始关系模型。

(2) 规范化处理

对于从 E-R 图转换来的关系模式,就要以关系数据库规范化设计理论为指导,对得到的关系模式逐一分析,确定它们分别是第几范式,并通过必要的分解来得到一组 3NF 的关系。

(3) 模式评价

模式评价的目的是检查已给出的数据库模式是否完全满足用户的功能要求，是否具有较高的效率，并确定需要加以修正的部分。模式评价主要包括功能和性能两个方面。

(4) 模式优化

根据模式评价的结果，对已生成的模式集进行优化。在后续的内容中将重点讲解优化的方法。

在逻辑设计阶段，还要设计出全部外模式。外模式是面向各个最终用户的局部逻辑结构。外模式体现了各个用户对数据库的不同观点，也提供了某种程度的安全控制。

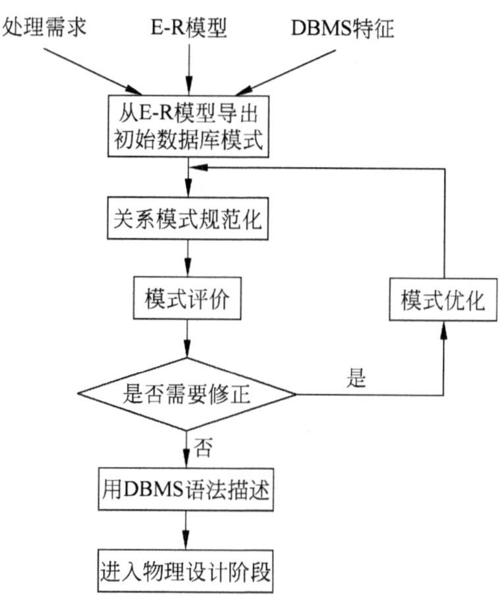


图 10-11 关系数据库的逻辑设计

### 1. 数据模式的优化

模式设计的是否合理，对数据库的性能有很大影响。数据库设计完全是人的问题，而不是 DBMS 的问题。不管数据库设计是好是坏，DBMS 照样运行。数据库及其应用的性能和调优，都是建立在良好的数据库设计基础上。数据库的数据是一切操作的基础，如果数据库设计不好，则其一切调优方法提高数据库性能的效果都是有限的。因此，对模式进行优化是逻辑设计的重要环节。

对关系模式规范化，其优点是消除异常、减少数据冗余、节约存储空间，相应的逻辑和物理的 I/O 次数减少，同时加快了增、删、改的速度。但是，对完全规范的数据库查询，通常需要更多的连接操作，而连接操作很费时间，从而影响查询的速度。因此，有时为了提高某些查询或应用的性能，而有意破坏规范化规则，这一过程叫逆规范化。

关系数据模式的优化，一般首先基于 3NF 进行规范化处理；然后，根据实际情况对部分关系模式进行逆规范化处理。常用的逆规范化方法，有增加冗余属性、增加派生属性、重建关系和分割关系。

1) 增加冗余属性

增加冗余属性,是指在多个关系中都具有相同的属性,它常用来在查询时避免连接操作。

例如,在"公寓管理系统"中,有如下两个关系:

学生(学号,姓名,性别,班级)
床位(楼号,寝室号,床号,学号)

如果公寓管理人员经常要检索学生所在的公寓、寝室、床位,则需要对"学生"和"床位"进行连接操作。而对于公寓管理来说,这种查询非常频繁。因此,可以在"学生"关系中增加三个属性:楼号、寝室号和床号。这三个属性即为冗余属性。

增加冗余属性,可以在查询时避免连接操作。但它需要更多的磁盘空间,同时增加了表维护的工作量。

2) 增加派生属性

增加派生属性,是指增加的属性来自其他关系中的数据,由它们计算生成。它的作用是在查询时减少连接操作,避免使用聚集函数。

例如,在"公寓管理系统"中,有如下两个关系:

公寓(楼号,公寓名)
床位(楼号,寝室号,床号,学号)

如果想获得公寓名和该公寓入住了多少学生,则需要对两个关系进行连接查询,并使用聚集函数。如果这种查询很频繁,则有必要在"公寓"关系中加入"学生人数"属性。相应的代价是必须在"床位"关系上,创建增、删、改的触发器来维护"公寓"中"学生人数"的值。派生属性具有冗余属性同样的缺点。

3) 重建关系

重建关系,是指如果许多用户需要查看两个关系连接出来的结果数据,则把这两个关系重新组成一个关系,以减少连接而提高查询性能。

例如,在教务管理系统中,教务管理人员需要经常同时查看课程号、课程名称、任课教师号、任课教师姓名,则可把关系:

课程(课程编号,课程名称,教师编号)
教师(教师编号,教师姓名)

合并成一个关系:

课程(课程编号,课程名称,教师编号,教师姓名)

这样可提高性能,但需要更多的磁盘空间,同时也损失了数据的独立性。

4) 分割关系

有时对关系进行分割,可以提高性能。关系分割有两种方式:水平分割和垂直分割。

(1) 水平分割

例如,对于一个大公司的人事档案管理,由于员工很多,可将员工按部门或工作地区建立员工关系,这是将关系水平分割。水平分割通常在下面的情况下使用。

① 数据量很大。分割后可以降低在查询时需要读的数据和索引的页数,同时也降低了

索引的层数，提高了查询速度。

② 数据本身就有独立性。例如，数据库中分别记录各个地区的数据或不同时期的数据，特别是有些数据常用，而另外一些数据不常用。

水平分割会给应用增加复杂度，它通常在查询时需要多个表名，查询所有数据需要UNION操作。在许多数据库应用中，这种复杂性会超过它带来的优点。因为，在索引用于查询时，增加了读一个索引层的磁盘次数。

(2) 垂直分割

垂直分割是把关系中的主键和一些属性构成一个新的关系，把主键和剩余的属性构成另外一个关系。如果一个关系中某些属性常用，而另外一些属性不常用，则可以采用垂直分割。

垂直分割可以使得列数变少，一个数据页就能存放更多的数据，在查询时就会减少I/O次数。其缺点，是需要管理冗余属性，查询所有数据需要连接(JOIN)操作。

例如，对于一所大学的教工档案，属性很多，则可以进行垂直分割，将其常用属性和很少用的属性分成两个关系。

### 2. 设计用户外模式

将概念模型转换为全局逻辑模式后，还应该根据局部应用需求和DBMS的特点，设计用户的外模式。目前关系数据库管理系统一般都提供了视图机制，利用这一机制，可设计出更符合局部应用需要的用户外模式。

① 重定义属性名。

设计视图时，可以重新定义某些属性的名称，使其与用户习惯保持一致。属性名的改变并不影响数据库的逻辑结构，因为，这里的新的属性名是“虚的”，视图本身就是一张虚拟表。

② 提高数据安全性。

利用视图可以隐藏一些不想让别人操纵的信息，提高了数据的安全性。

③ 简化了用户对系统的使用。

由于视图已经基于局部用户对数据进行了筛选，因此屏蔽了一些多表查询的连接操作和一些更加复杂的查询(如分组、聚集函数查询)，大大简化了用户的使用。

## 10.5 物理设计

数据库的物理设计是从数据库的逻辑模式出发，设计一个可实现的、有效的物理数据结构，包括文件结构选择和存储记录结构设计、记录的存储安置和存取方法选择，以及系统性能评测。

现在使用的关系数据库管理系统，如Oracle、DB2、SQL Server等，它们在数据库服务的设计中，都采用了许多先进的技术，使得数据库在存储器I/O、网络I/O、线程管理及存储器管理上，效率非常高，一个好的逻辑模式转换成这些系统上的物理模式时，都可以很好地满足用户在性能上的要求。因此，数据库设计人员可以把主要精力放在逻辑模式的设计和事务处理的设计上，至于物理设计可以透明于设计人员。

就目前的关系数据库管理系统，数据库物理设计可简单归纳为：从关系模式出发，使用

DDL(数据定义语言)定义数据库结构。这个定义过程,没有太多的技巧性可言,基本上可以"照抄"关系模式。但需要注意一个问题,那就是数据库索引的设置。索引是从数据库中获取数据的、最高效的方式之一,绝大部分的数据库性能问题都可以采用索引技术得到解决。

这里主要讨论关系模式有关索引的存取方法。

## 10.5.1 索引存取方法

索引是数据库中独立的存储结构,也是数据库中独立的数据库对象。其主要作用是提供了一种无需扫描每个页而快速访问数据页的方法。这里的数据页就是存储表数据的物理块。好的索引可以大大提高对数据库的访问效率,它的作用正如书籍的目录一样,在检索数据时起到了至关重要的作用。

索引创建之后,可以对其修改或撤销,但不能以任何方式引用索引。在具体的数据检索中,是否使用索引以及使用哪一个索引完全由 DBMS 决定,设计人员和用户是无法干预的。

另一方面,由于索引的维护是由 DBMS 自动完成的,这就需要花费一定的系统开销,所以索引虽然可以提高检索速度,但也并非建得越多越好。例如,若一个关系的更新频率很高,这个关系上定义的索引数不能太多。因为更新一个关系时,必须对这个关系上有关的索引做相应的修改。

在下列情况下,有必要考虑在相应属性上建立索引。

① 如果一个(或一组)属性经常在查询条件中出现,则考虑在这个(或这组)属性上建立索引(或组合索引)。

② 如果一个属性经常作为最大值或最小值等聚集函数的参数,则考虑在这个属性上建立索引。

③ 如果一个(或一组)属性经常在连接操作的连接条件中出现,则考虑在这个(或这组)属性上建立索引。

## 10.5.2 聚簇索引存取方法

为了提高某个属性(或属性组)的查询速度,把这个或这些属性上具有相同值的元组集中存放在连续的物理块称为聚簇。因此,一个关系中只能建立一个聚簇索引。

聚簇功能可以大大提高按聚簇键进行查询的效率。例如,要查询计算机系的所有学生名单,设计算机系有 500 名学生,在极端情况下,这 500 名学生所对应的数据元组分布在 500 个不同的物理块上。尽管对学生关系已按所在系建立索引,由于索引很快找到了计算机系学生的元组标识,避免了全表扫描,然而再由元组标识去访问数据块时就要存取 500 个物理块,执行 500 次 I/O 操作。如果将同一系的学生元组集中存放,则每读一个物理块可得到多个满足查询条件的元组,从而显著地减少了访问硬盘的次数。

合理地创建聚簇索引可以十分显著地提高系统性能,一个关系被设置了聚簇索引后,当执行插入、修改、删除等操作时,系统要维护聚簇结构,开销比较大;当撤销已有的聚簇索引,并创建新的聚簇索引时,将可能导致数据物理存储位置的移动,这是因为数据物理存储顺序必须和聚簇索引顺序保持一致。因此,设置聚簇索引时,需根据实际应用情况综合考虑多方因素,确定是否需要设置及如何设置聚簇索引。

若满足下列情况之一,可考虑建立聚簇索引。

① 如果一个关系的一组属性经常作为检索限制条件,且返回大量数据,则该单个关系可建立聚簇。

② 如果一个关系的一个(或一组)属性上的值重复率很高,则此单个关系可建立聚簇。

③ 如果一个关系的一个(或一组)属性作为排序、分组等条件,则此单个关系可建立聚簇。因为当SQL语句中包含有与聚簇键有关的ORDER BY、GROUP BY、DISTINCT等子句或短语时,使用聚簇特别有利,可以省去对结果集的排序操作。

**【例10-10】** 分析下面"公寓管理系统"中两个关系的聚簇索引。

学生(<u>学号</u>,姓名,性别,班级,楼号,寝室号,床号)
床位(<u>楼号,寝室号,床号</u>,学号)

**【解答】**

按照通常的主键设置为聚簇索引的惯例,则"学生"中"学号"设置为聚簇索引,"床位"中的楼号、寝室号、床号设置为复合聚簇索引。

① 对于公寓管理系统应用而言,数据检索的分组、排序一般对"学号"没有兴趣,大都是基于"公寓"(楼号)、"寝室"等这样的属性进行的。因此,"学号"作为"学生"的聚簇索引是不合适的,应将"寝室号"作为"学生"的聚簇索引,"学号"只作为标识元组唯一约束的一个索引。

② 对于"床位"来说,以楼号、寝室号、床号作为复合聚簇索引是符合实际应用需求的。因为,对于公寓管理来说,楼号、寝室号、床号的值非常稳定,即这些数据一旦建立,很少进行修改、插入和删除等操作,维护这个聚簇索引的开销并不大,同时频繁地对床位进行基于楼号和寝室号的查询,使得系统对这个索引的使用率很高。但也要注意,复合聚簇索引比简单聚簇索引的开销大,一般情况下应避免。

### 10.5.3 不适于建立索引的情况

索引的选取和创建,对数据库性能影响很大,不恰当的索引只会降低系统性能,一般在下列情况下不考虑建立索引。

① 小表(记录很少的表)。不要为小表设置任何索引,假如它们经常有插入和删除操作就更不能设置索引。对这些插入和删除操作的索引,维护它们的时间可能比扫描表的时间更长。

② 值过长的属性。如果属性值很长,则在该属性上建立索引所占存储空间很大。

③ 很少作为操作条件的属性。因为很少有基于该属性的值去检索记录,此索引的使用率很低。

④ 频繁更新的属性。因为对该属性的每次更新都需要维护索引,系统开销较大。

⑤ 属性值很少的属性。例如,"性别"属性只有"男"、"女"两种取值,在上面建立索引并不利于检索。

## 10.6 数据库的实现与测试

对数据库的物理设计初步评价完成后就可以开始建立数据库了。数据库实现主要包括三项工作：用 DDL 定义数据库结构、组织数据入库、编制与调试应用程序。

### 1. 定义数据库结构

确定了数据库的逻辑结构与物理结构后，就可以用所选用的 DBMS 提供的数据定义语言 DDL 来严格描述数据库结构。

### 2. 数据装载

数据库结构建立好后，就可以向数据库中装载数据了。组织数据入库是数据库实现阶段最主要的工作。

(1) 对于数据量不是很大的小型系统，可以用人工方法完成数据的入库，步骤如下。

① 筛选数据。需要装入数据库中数据，通常都分散在各个部门的数据文件或原始凭证中，所以首先必须把需要入库的数据筛选出来。

② 转换数据格式。筛选出来的需要入库的数据，其格式往往不符合数据库要求，还需要进行格式转换。这种转换有时可能很复杂。

③ 输入数据。将转换好的数据输入计算机中。

④ 校验数据。检查输入的数据是否有误。

(2) 对于大中型系统，由于数据量极大，用人工方式组织数据入库将会耗费大量人力物力，而且很难保证数据的正确性。为了保证数据能够及时入库，应在数据库物理设计的同时编制数据输入子系统，由计算机辅助数据的入库工作，这个输入工具一般可作为最终应用程序的一个模块——输入子系统。其步骤如下。

① 筛选数据。

② 输入数据。由录入员将原始数据直接输入计算机中，数据输入子系统应提供输入界面。

③ 检验数据。数据输入子系统采用多种检验技术检查输入数据的正确性。

④ 转换数据。数据输入子系统根据数据库系统的要求，从录入的数据中抽取有用成分对其进行分类，然后转换数据格式。抽取、分类和转换数据是数据输入子系统的主要工作。也是数据输入子系统的复杂性所在。

⑤ 综合数据。数据输入子系统对转换好的数据根据系统的要求进一步综合成最终数据。

如果数据库是在旧的文件系统或数据库系统的基础上设计的，将原系统中的数据转移到新系统的数据库中。这一步很重要，如果贸然停止旧系统的运行，而新系统却无法正常工作，将导致巨大的损失，而且往往无法挽回。

如果由于客观原因，暂时不能载入旧数据，或原有的数据量不足以验证新系统的能力，就需要建立模拟数据。此时应该编写专用的软件工具，以利用它生成大量的测试数据，模拟实际系统运行时数据的复杂性。

### 3. 编制与调试应用程序

数据库应用系统中应用程序的设计应该与数据设计并行进行。在数据库实现阶段,当数据库结构建立好后,就可以开始编制数据库的应用程序,也就是说,编制应用程序是与组织数据入库同步进行的。

以前,一般使用C或COBOL等高级语言,嵌入SQL语句来完成对数据库的操纵。但近几年来,这种情况有所改变。由于面向对象技术与可视化编程技术的普遍应用,出现了不少专门为开发数据库应用设计的软件系统,如Delphi、C++ Builder、PowerBuilder等,都是非常优秀的集成开发环境,其强大的应用程序设计能力,使得高效率地建立数据库应用系统成为可能。

### 4. 程序的测试

应用程序初步完成后,应首先用少量数据对应用程序进行初步测试。这实际上是软件工程中的软件测试,目的是检验程序的工作是否正常,即对于正确的输入,程序能否产生正确的输出;对于非法的输入,程序能否正确地鉴别出来,并拒绝处理等。

### 5. 数据库试运行

完成数据载入和应用程序的初步设计、调试后,即可进入数据库试运行阶段,此阶段也称为联合调试。

数据库试运行期间,应利用性能监视工具对系统性能进行监视和分析。应用程序在少量数据的情况下,如果功能表现完全正常,那么在大量数据时,主要看它的效率,特别是在并发访问情况下的效率。如果运行效率不能达到用户的要求,就要分析是应用程序本身的问题,还是数据库设计的缺陷。对于应用程序的问题,就要以软件工程的方法排除;对于数据库设计的问题,可能还需要返工,检查数据库的逻辑设计是否不好。接下来,分析逻辑结构在映射成物理结构时,是否充分考虑了DBMS的特性。如果是,则应转储测试数据,重新生成物理模式。

经过反复测试,直至数据库应用程序功能正常,数据库运行效率也能满足需要,就可以删除模拟数据,将真正的数据全部装入数据库,进行最后的试运行。此时,最好原有的系统也处于正常运行状态,形成一种同一应用两个系统同时运行的局面,以确保用户的业务正常开展。

## 10.7 数据库的运行维护

在数据库试运行结果符合设计目标后,数据库就可以真正投入运行了。数据库投入运行标志开发任务的基本完成和维护工作的开始,并不意味着设计过程结束,由于应用环境在不断变化,数据库运行过程中物理存储也会不断变化,所以对数据库设计进行评价、调整、修改等维护工作是一个长期的任务,也是设计工作的继续和提高。

在数据库运行阶段,对数据库经常性的维护工作主要是由DBA完成的。数据库维护的主要工作如下。

### 1. 数据库的转储和恢复

在系统运行过程中,可能存在无法预料的自然或人为的意外情况,如电源故障、磁盘故障等,导致数据库运行中断,甚至破坏数据库部分内容。许多大型的 DBMS 都提供了故障恢复的功能,但这种恢复大都需要 DBA 配合才能完成。因此,DBA 要针对不同的应用要求制定不同的转储计划,定期对数据库和日志文件进行备份,以保证一旦发生故障,能利用数据库备份和日志文件备份,尽快将数据库恢复到某种一致性状态,并尽可能减少对数据库的破坏。

### 2. 数据库的安全性、完整性控制

DBA 必须对数据库安全性和完整性控制负责。根据用户实际需要授予不同的操作权限。另外,在数据库运行过程中,应用环境的变化,对安全性的要求也会发生变化,比如有的数据原来是机密,现在是可以公开查询了,而新加入的数据又可能是机密的,而且系统中用户的密级也会改变。这些都需要 DBA 根据实际情况修改原有的安全性控制。同样,由于应用环境的变化,数据库的完整性约束条件也会变化,DBA 应根据实际情况做出相应的修正。

### 3. 数据库性能的监督、分析和改进

在数据库运行过程中,监督系统运行,对监测数据进行分析,找出改进系统性能的方法是 DBA 的重要职责。利用 DBMS 提供的监测系统性能参数的工具,DBA 可以方便地得到系统运行过程中一系列性能参数的值。DBA 应该仔细分析这些数据,判断当前系统是否处于最佳运行状态,如果不是,则需要通过调整某些参数来进一步改进数据库性能。

### 4. 数据库的重组织和重构造

数据库运行一段时间后,由于记录的不断增、删、改,会使数据库的物理存储变坏,从而降低数据库存储空间的利用率和数据的存取效率,使数据库的性能下降。这时 DBA 就要对数据库进行重组织,或部分重组织(只对频繁增、删的表进行重组织)。数据库的重组织不会改变原计划的数据逻辑结构和物理结构,只是按原计划要求重新安排存储位置、回收垃圾、减少指针链、提高系统性能。DBMS 一般都提供了供重组织数据库使用的实用程序,帮助 DBA 重新组织数据库。

当数据库应用环境变化时,例如增加新的应用或新的实体,取消某些已有应用,改变某些已有应用,这些都会导致实体及实体间的联系也发生相应的变化,使原来的数据库设计不能很好地满足新的要求,从而不得不适当调整数据库的模式和内模式。例如,增加新的数据项、改变数据项的类型、改变数据库的容量、增加或删除索引、修改完整性约束条件等。这就是数据库的重构造。DBMS 都提供了修改数据库结构的功能。

重构造数据库的程度是有限的。若应用变化太大,已无法通过重构数据库来满足新的需求,或重构数据库的代价太大,则表明现有数据库应用系统的生命周期已经结束,应该重新设计新的数据库系统,开始新数据库应用系统的生命周期了。

## 10.8 小结

数据库应用设计过程分为六个阶段：规划阶段、需求分析阶段、设计阶段、实现阶段、测试阶段和运行维护阶段。

对系统进行调查、可行性分析，确定数据库系统的总目标和制定项目开发计划。规划阶段的好坏直接影响到整个系统的成功与否，对企业组织的信息化进程将产生深远的影响。

可以通过跟班作业、开调查会、专人介绍、询问、请用户填写调查表、查阅记录等方法调查用户需求，通过编制组织机构图、业务关系图、数据流图和数据字典等方法来描述和分析用户需求。

设计阶段主要包括概念设计、逻辑设计和物理设计。概念设计是数据库设计的核心环节，是在用户需求描述与分析的基础上对现实世界的抽象和模拟。目前，应用最广泛的概念设计工具是E-R模型。对于小型、不太复杂的应用，可使用集中模式设计法进行设计；对于大型数据库的设计可采用视图集成法进行设计。

逻辑设计是在概念设计的基础上，将概念模式转换为所选用的、具体的DBMS支持的数据模型的逻辑模式。将E-R图向关系模型的转换，转换后得到的关系模式，应首先进行规范化处理，然后根据实际情况对部分关系模式进行逆规范化处理。物理设计是从逻辑设计出发，设计一个可实现的、有效的物理数据库结构。现代DBMS将数据库物理设计的细节隐藏起来，使设计人员不必过多介入。但索引的设置必须认真对待，它对数据库的性能有很大的影响。

数据库的实现阶段和测试阶段，包括数据的载入、应用程序调试、数据库试运行等几个步骤，该阶段的主要目标，是对系统的功能和性能进行全面测试。

数据库运行和维护阶段的主要工作有数据库安全性与完整性控制、数据库的转储与恢复、数据库性能监控分析与改进、数据库的重组与重构等。

## 习题十

**一、选择题**

(1) 在数据库设计中，用E-R图来描述信息结构但不涉及信息在计算机中的表示，它是数据库设计的(　　)阶段。

A. 需求分析　　B. 概念设计　　C. 逻辑设计　　D. 物理设计

(2) 在关系数据库设计中，设计关系模式是(　　)的任务。

A. 需求分析阶段　　B. 概念设计阶段

C. 逻辑设计阶段　　D. 物理设计阶段

(3) 数据库物理设计完成后，进入数据库实现阶段，下列各项中不属于实现阶段的工作是(　　)。

A. 建立库结构　　B. 扩充功能　　C. 加载数据　　D. 系统调试

(4) 在数据库概念设计中，最常用的数据模型是(　　)。

A. 形象模型　　B. 物理模型
C. 逻辑模型　　D. 实体联系模型

(5) 从 E-R 模型向关系模型转换,一个 $M:N$ 的联系转换成关系模式时,该关系模式的键是(　　)。

A. $M$ 端实体的键　　B. $N$ 端实体的键
C. $M$ 端实体键与 $N$ 端实体键的组合　　D. 重新选取其他属性

(6) 若两个实体间的联系是 $1:M$,则实现 $1:M$ 联系的方法是(　　)。

A. 将 $M$ 端实体转换的关系中加入 1 端实体转换关系的关键字
B. 将 $M$ 端实体转换的关系的关键字加入到 1 端的关系中
C. 在两个实体转换的关系中,分别加入另一个关系的关键字
D. 将两个实体转换成一个关系

(7) 数据库逻辑设计的主要任务是(　　)。

A. 建立 E-R 图和说明书　　B. 创建数据库模式
C. 建立数据流图　　D. 把数据送入数据库

(8) 数据库模式设计的任务是把(　　)转换为所选用的 DBMS 支持的数据模型。

A. 逻辑结构　　B. 物理结构　　C. 概念结构　　D. 层次结构

(9) 数据库逻辑设计时,数据字典的含义是(　　)。

A. 数据库中所涉及的属性和文件的名称集合
B. 数据库所涉及到字母、字符及汉字的集合
C. 数据库所有数据的集合
D. 数据库中所涉及的数据流、数据项和文件等描述的集合

(10) 数据库物理结构设计与具体的 DBMS(　　)。

A. 无关　　B. 密切相关　　C. 部分相关　　D. 不确定

(11) 数据流图是数据库(　　)阶段完成的。

A. 逻辑设计　　B. 物理设计　　C. 需求分析　　D. 概念设计

(12) 下列对数据库应用系统设计的说法中正确的是(　　)。

A. 必须先完成数据库的设计,才能开始对数据处理的设计
B. 应用系统用户不必参与设计过程
C. 应用程序员可以不必参与数据库的概念结构设计
D. 以上都不对

(13) 在需求分析阶段,常用(　　)描述用户单位的业务流程。

A. 数据流图　　B. E-R 图　　C. 程序流图　　D. 判定表

(14) 下列对 E-R 图设计的说法中错误的是(　　)。

A. 设计局部 E-R 图中,能作为属性处理的客观事物应尽量作为属性处理
B. 局部 E-R 图中的属性均应为原子属性,即不能再细分为子属性的组合
C. 对局部 E-R 图集成时既可以一次实现全部集成,也可以两两集成,逐步进行
D. 集成后所得的 E-R 图中可能存在冗余数据和冗余联系,应予以全部清除

(15) 在从 E-R 图到关系模式的转化过程中,下列说法错误的是(　　)。

A. 一个一对一的联系可以转换为一个独立的关系模式

B. 一个涉及三个以上实体的多元联系也可以转换为一个独立的关系模式

C. 对关系模型优化时，有些模式可能要进一步分解，有些模式可能要合并

D. 关系模式的规范化程度越高，查询的效率就越高

**二、填空题**

1. 规划阶段具体可以分成三个步骤：________、________和确定总目标和制定项目开发计划。

2. 就方法的特点而言，需求分析阶段通常采用________的分析方法；概念设计阶段通常采用________的设计方法。

3. 逻辑设计的主要工作是：________。

4. DBS 的维护工作由________承担的。

5. DBS 的维护工作主要包括四个部分：________、________、DB 的安全性与完整性控制和 DB 性能的监督、分析和改进。

**三、设计题**

1. 某物资供应公设计了库存管理信息系统，对货物的库存、销售等业务活动进行管理。其 E-R 图如下所示。

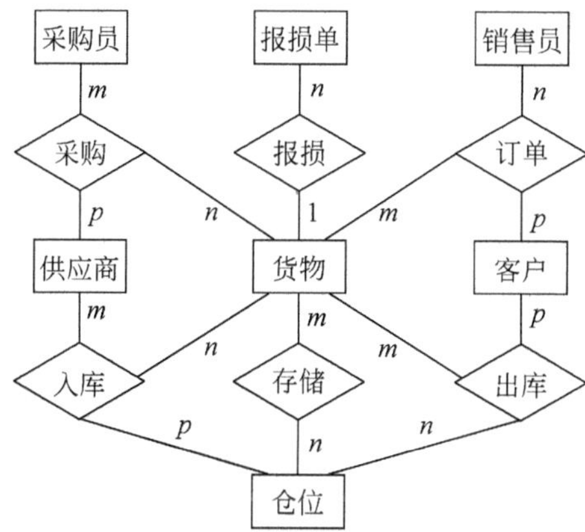


该 E-R 图有 7 个实体，其结构如下所示。

货物(<u>货物代号</u>，型号，名称，形态，最低库存量，最高库存量)
采购员(<u>采购员号</u>，姓名，性别，业绩)
供应商(<u>供应商号</u>，名称，地址)
销售员(<u>销售员号</u>，姓名，性别，业绩)
客户(<u>客户号</u>，名称，地址，账号，税号，联系人)
仓位(<u>仓位号</u>，名称，地址，负责人)
报损单(<u>报损号</u>，数量，日期，经手人)

实体间联系有 6 个，其中 1 个 1∶1 联系，1 个 $m$∶$n$ 联系，4 个 $m$∶$n$∶$p$ 联系。其中联系的属性如下所示。

入库(入库单号，日期，数量，经手人)
出库(出库单号，日期，数量，经手人)
存储(存储量，日期)
订单(订单号，数量，价格，日期)
采购(采购单号，数量，价格，日期)

回答下列问题。

(1) 根据转换方法,把 E-R 图转换成关系模式。

(2) 对最终的关系模式,以下划线指出其主键,用虚线指出其外键。

2. 某学员为人才交流中心设计了一个数据库,对人才、岗位、企业、证书、招聘等信息进行了管理。其初始 E-R 图如下所示。

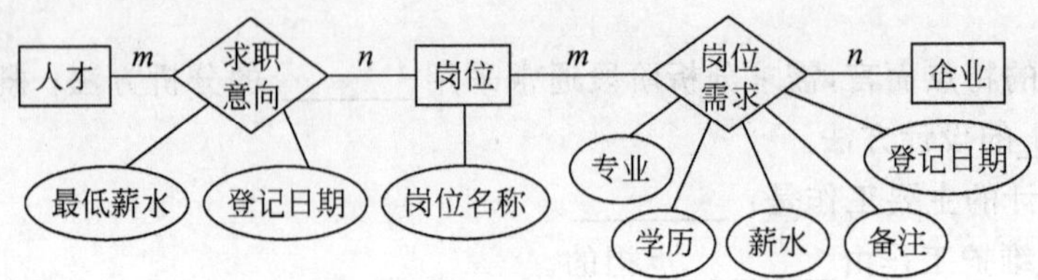


实体“企业”和“人才”的结构如下:

企业(企业编号,企业名称,联系人,联系电话,地址,企业网址,电子邮件,企业简介)

人才(个人编号,姓名,性别,出生日期,身份证号,毕业院校,专业,学历,证书名称,证书编号,联系电话,电子邮件,个人简历及特长)

各实体的候选键如下:

实体“企业”的候选键是(企业编号)。

实体“岗位”的候选键是(岗位名称)。

实体“人才”的候选键是(个人编号,证书名称),这是因为有可能一个人拥有多张证书。

回答下列问题。

(1) 根据转换方法,把 E-R 图转换成关系模式。

(2) 由于一个人可能持有多个证书,需对“人才”关系模式进行优化,把证书信息从“人才”模式中抽出来,这样可得到哪两个模式?

(3) 对最终的各关系模式,以下划线指出其主键,用虚线指出其外键。

(4) 另有一个学员设计的 E-R 图如下所示,请用文字分析这样设计存在的问题。

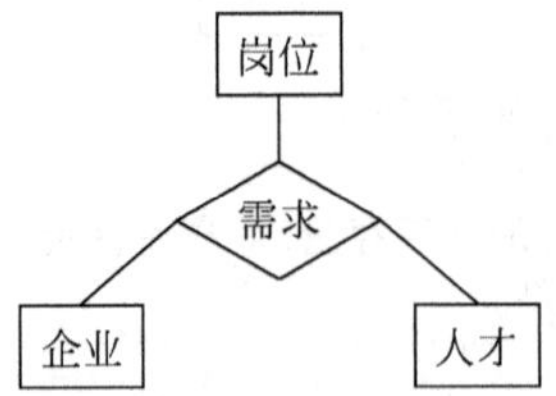


(5) 如果允许企业通过互联网修改本企业的基本信息,应对数据库的设计作何种修改?

第四篇

# 数据库系统开发案例

# 第11章 数据库应用系统设计实例**

前面主要介绍数据库系统有关的理论和方法，开发应用系统是多方面知识和技能的综合运用。下面我们将以一个高校教学管理系统的设计过程，来说明数据库系统设计的有关理论与实际开发过程的对应关系，从而提高灵活、综合运用知识的系统开发能力。

这里我们主要偏重于数据库应用系统的设计，特别是数据库的设计，不涉及应用程序的设计。

## 11.1 系统总体需求

高校教学管理，在不同的高校有其自身的特殊性，业务关系复杂程度各有不同。本章的主要目的，是为了说明应用系统开发过程。在这里，将对实际的教学管理系统进行简化，如教师综合业绩的考评和考核、学生综合能力的评价等都没有考虑。

### 11.1.1 用户总体业务结构

高校教学管理业务包括四个主要部分，分别是学生的学籍及成绩管理、制定教学计划、学生选课管理以及执行教学调度安排。各业务包括的主要内容如下。

① 学籍及成绩管理包括各院系的教务人员完成学生学籍注册、毕业、学生变动处理，各授课教师完成所讲授课程成绩的录入，然后由教务人员进行学生成绩的审核认可。

② 制定教学计划包括由教务部门完成学生指导性教学计划、培养方案的制定，开设课程的注册以及调整。

③ 学生选课管理包括学生根据开设课程和培养计划选择本学期所修课程，教务人员对学生所选课程确认处理。

④ 执行教学调度安排包括教务人员根据本学期所开课程、教师上课情况和学生选课情况完成排课、调课、考试安排和教室管理。

### 11.1.2 总体安全要求

系统安全的主要目标是保护系统资源免受毁坏、替换、盗窃和丢失。系统资源包括设备、存储介质、软件和数据等。具体来说，应达到如下要求。

① 保密性。机密或敏感数据在存储、处理、传输过程中要保密，并确保用户在授权后才能访问。

② 完整性。保证系统中的信息处于一种完整和未受损害的状态，防止因非授权访问、部件故障或其他错误而引起的信息篡改、破坏或丢失。学校的教学管理系统的信息，对不同的用户应有不同访问权限，每个学生只能选修培养计划中的课程，学生只能查询自己的成绩，成绩只能讲授该门课程的教师录入，经教务人员核实后则不能修改。

③ 可靠性。保障系统在复杂的网络环境下提供持续、可靠的服务。

## 11.2 系统总体设计

系统总体设计的主要任务是从用户的总体需求出发，以现有技术条件为基础，以用户可能接受的投资为基本前提，对系统的整体框架做较为宏观的描述。

其主要内容包括系统的硬件平台、网络通信设备、网络拓扑结构、软件开发平台，以及数据库系统的设计等。应用系统的构建是一个较为复杂的系统工程，是计算机知识的综合运用。这里主要介绍系统的数据库设计，为了展现应用系统设计时所考虑内容的完整性，对其他内容也将简要介绍，其他相关内容请参考有关资料。

### 11.2.1 系统设计考虑的主要内容

应用信息系统设计需要考虑的主要内容包括用户数量和处理的信息量的多少，它决定系统采用的结构、数据库管理系统和数据库服务器的选择；用户在地理上的分布决定网络的拓扑结构以及通信设备的选择；安全性方面的要求决定采用哪些安全措施以及应用软件和数据库表的结构；与现有系统的兼容性、原有系统使用的开发工具和数据库管理系统，将影响到新系统采用的开发工具和数据库系统的选择。

### 11.2.2 系统的体系结构

现有管理信息系统采用的体系结构，可以分为C/S和B/S两种主要结构。

基于C/S二层结构的数据库应用中，应用系统分成客户端和服务器两部分，因此称为二层结构。其工作过程为客户端的机器执行应用程序，连接到后端的数据库服务器中，向服务器请求存取数据信息，而数据访问和事务处理由服务器完成。

这种方案实现了功能的分布，即部分处理任务交给了客户端，而数据集中在服务器端。这样可以保证数据的相对安全，并可以保证数据的同步。但是，因为企业的应用逻辑都编写在客户端的应用程序中，造成客户端非常臃肿，且当应用系统需求改变时，所有在客户端的应用程序都必须改变，使得维护成本太高；另一方面，应用程序向处理服务器请求数据，并传到客户端进行处理，这需要占用大量的网络通信带宽，这样将加重网络通信负荷。

为了解决C/S结构的缺陷，基于B/S的多层数据库系统结构应运而生。它是基于Internet/Intranet的体系结构模型，由客户端、Web服务器、应用服务器和数据库服务器组成。

① 在客户端浏览器，提供用户接口，主要功能是为操作人员提供交互界面，数据输入、

输出处理接口；客户端不处理企业核心逻辑，最多只拥有部分不涉及企业核心的、机密的应用逻辑。这样客户端的处理负载较小，只要能运行浏览器的客户端微型计算机即可，因而称为“瘦”客户。

② Web服务器接收并处理客户端浏览器的网页请求，需要时可调用应用服务器的应用程序，接收处理结果，并回送至客户端。

③ 应用服务器处理企业的业务逻辑，它是应用的主体，其功能是接受输入，处理后返回结果。

④ 数据库服务器用于存储企业的业务数据，负责管理对数据的读写和维护，以及数据库数据访问权限的管理。

此种结构，由客户端通过浏览器向Web服务器发出请求；涉及业务逻辑时，则由Web服务器送至应用服务器，再由应用服务器向数据库服务器发出数据访问请求，接收到数据库服务器的应答后，返回给Web服务器；由Web服务器以页面形式回送给客户端。这样，客户端不直接和数据库服务器发生关系，保证了数据的安全性。

在更复杂的多层体系结构中，“瘦”客户与远程数据库服务器之间，可以加入更多的中间应用服务器，如加入一个中间安全服务器或中间转换服务器，用于对不同平台数据进行处理。分布式多层结构，把整个应用系统的执行分成多个不同部分，并且执行在不同的机器中。其中，应用程序服务器作为中间层集中实现企业逻辑，协调多层之间的请求，并掌握数据集定义的全部细节，与远程数据库服务器进行通信。这样，客户端应用程序就重点放在显示数据和与用户交互的表示逻辑上，客户端应用程序甚至都不需要知道数据的物理位置。

总体说来，多层结构具有如下几个主要优点。

① 在一个共享的中间层封装了企业逻辑，不同客户端应用程序可以共享同一个中间层，而不必由每个客户端应用程序单独实现企业逻辑。

② 客户端应用程序可以做得很“瘦”，因为很多复杂的工作由应用服务器代劳，客户端应用程序只需关注用户界面本身，“瘦”客户端应用程序更易发布、安装、配置和维护。

③ 实现分布式数据处理，均衡系统负载，并提高系统的可靠性。把一个应用程序分布在几台计算机上运行，可以提高应用程序的性能。通过冗余配置，还可以保证不会因为局部故障导致整个应用程序崩溃。

④ 有利于安全。将一些敏感数据功能部分封装在中间层，并授予不同访问权限，可以保证对数据的访问限制。

⑤ 降低网络通信负载。客户端将系统的处理参数和请求信息，通过Web服务器传入应用服务器，由应用服务器和数据库服务器进行处理，然后将处理结果返回到客户端，在一定程度上降低了网络的通信负载。至于应用服务器与数据库服务器之间的数据交换所带来的负载，可以通过数据库的存储过程来得到平衡。

在教学管理信息系统中，采用基于B/S的多层体系结构。对于大批量的数据处理具有较大优势；而B/S结构实现了客户端的零维护，使用起来更方便灵活，很适合数据、信息在Internet上的发布和查询，实现信息访问不受地域的限制。

## 11.2.3 系统软件开发平台

### 1. 数据库管理系统选择

Oracle 数据库是世界范围内性能最优异的数据库系统之一，它在数据库市场的占有率始终处于数据库领域的领先地位。Oracle 10g 是业界第一个为网格计算而设计的数据库，所提供的各个版本(简化版、标准版和企业版)都使用相同的通用代码库构建，使得企业的数据库管理软件可以平滑地从小规模的单 CPU 服务器扩展到多 CPU 服务器。

Oracle 为企业信息系统在可用性、可伸缩性、安全性、集成性、可管理性、数据仓库、应用开发和内容管理等方面提供全方位的支持，其主要特点如下。

① 支持多种操作系统，如 Windows、Linux 和 UNIX，提供巨量内存、大型内存分布和非固定内存存取支持。

② 运行基于 Web 应用的 XML。

③ 企业 Java 引擎，提供符合 JSWP 的 Java 和 PL/SQL 调试功能。

④ 提供 Oracle Data Guard in SQL Apply Mode 功能，加强数据的保护。

⑤ 支持分布式查询、分布式事务处理、工作流及高级数据库复制。

⑥ Oracle OLAP 提供多维数据库功能，Oracle OLAP 将关系数据库和多维数据库合并，以便在 Oracle 数据库环境提供多维数据分析的功能，通过 OLAP API、多维引擎和 OLAP 操纵语言，提供了一个完整的分析函数集，关系数据仍用 SQL 语言访问。

⑦ 内嵌数据挖掘功能，Oracle Data Mining 是 Oracle 企业数据库中一个附有定价的选项，内嵌了分类、预测、关联和集群数据挖掘特性，数据挖掘体系基于 Java API 架构。

⑧ Oracle 的并行处理框架被内置在 Oracle 数据库中，且为群集环境和非群集环境进行了优化。不仅能在大型 SMP(对称多处理)计算机上使用 Oracle，还能在 MPP(大规模并行处理)计算机或松散耦合的群集上使用 Oracle Real Application Clusters Guard Ⅱ。

⑨ Oracle Real Application Clusters Guard Ⅱ能提供高可用的数据库服务功能，自动适应数据库负载的变化，动态地切换所有集群服务器中的数据库资源，以获得最佳性能。

⑩ Oracle 的对象关系技术经过数年的发展已经十分成熟，能提供完整的对象类型系统、广泛的语言绑定 API 以及丰富的实用程序和工具集。

⑪ 提供有数据加密工具包，以保护存储在介质上的重要数据。

⑫ 全面支持 Microsoft.NET、OLE DB、ODBC/JDBC。

从上述特点，我们选择 Oracle 10g 作为高校教学管理系统的 RDBMS。

### 2. 开发工具选择及简介

① 企业业务逻辑组件开发工具。COM 组件是遵循 COM 规范编写、以 Win32 动态链接库 DDL 或可执行文件 EXE 形式发布的可执行二进制代码，能够满足对组件架构的所有需求。遵循 COM 的规范标准，组件与应用、组件与组件之间可以互操作，极其方便地建立可伸缩的应用系统。

COM 是一种技术标准，其商业品牌则称为 ActiveX。COM 组件并不是专为一种 Windows 平台而设计的，同一个 COM 组件可以在 Windows XP、Windows Workstation 及

Windows NT 上使用。组件既可以被嵌入动态 Web 页面，又可以在 LAN 或桌面环境的 Visual Basic 和 Visual C++等应用中使用。COM 组件之间是彼此独立的。当应用需求发生变更时，可以更换中间层的个别 COM 组件，但这并不会影响其他组件的继续使用。COM 组件具有若干对外接口，根据不同的应用需求，可以有选择地使用。COM 组件可以在不同的应用环境中重复使用。COM 组件及其较高的可重用性，展示了一种崭新的软件设计思路，以组件对象为中心的设计方法，使得面向对象技术从工具语言层次跃迁到系统的应用层。

Visual Basic 是 Windows 环境下面向对象的可视化程序设计语言。它既可以用来开发 Windows 下的各种应用软件，也可以用来开发多媒体应用程序。Visual Basic 6.0 具有开发 COM 业务组件的功能。

Visual Basic 可以访问多种 DBMS 的数据库，如 dBASE、Access 等数据库，也可以访问远程数据库服务器上的数据库，如 Oracle、SQL Server、Sysbase 和 Informix，或者任何经过 ODBC 可以访问的 RDBMS 中的数据库。

Visual Basic 和数据库连接的方式多种多样，既可以通过 ODBC 应用程序编程接口(API)来开发数据库应用程序，也可以通过数据库存取对象 DAO、远程数据库对象 RDO 以及 OLE DB 和 ADO 来开发数据库应用程序。

DAO 是 Visual Basic 默认的数据库访问方式，它使用自己的内部 Jet 引擎访问数据库，主要是为 Visual Basic 应用程序访问本地 Access 数据库提供的数据，但也可以用来访问许多其他数据库，例如 dBASE、Paradox，甚至是 Oracle 和 SQL Server 的 ODBC 数据库。

RDO 技术是对 DAO 技术的进一步完善和发展，它通过 ODBC 访问数据库，结合了 DAO 提供的易编程性和 ODBC API 提供的高性能，提高了数据库访问的效率，尤其是在访问 ODBC 兼容的数据时的性能。

ADO 是专门为使用 OLE DB 而设计的。OLE DB 是一种全新的连接数据存储的方法，它提供了比 ODBC 更多的灵活性和易用性，而且 OLE DB 的内部设计使得它能够像存取标准 SQL 类型的数据那样，容易地访问非 SQL 的数据存储。微软公司已经将 OLE DB 定位为 ODBC 的继承者。

由于 Visual Basic 提供了强大的数据库访问编程功能，同时也提供了方便的组件开发工具。因此，选用 Visual Basic 作为教务管理系统的业务组件的开发工具。

② ASP 开发用户界面。Microsoft 的动态服务器网页技术(ASP)，是用来创建 Windows 服务器平台上的动态 Web 网页，构建整个网站 Web 应用页面。

ASP 是一种服务器端命令执行环境，ASP 程序在服务器端工作，并且通过服务器端的编译，动态地送出 HTML 文件给客户端。当客户端的浏览器向服务器请求一个.ASP 文件时，服务器会将这个 ASP 文件从头扫描一遍，并利用核心程序 ASP.DLL 加以编译执行，最后送出一个标准的 HTML 格式文件给客户端。由于送给客户端的是标准的 HTML 文件，因此可以克服浏览器之间不兼容问题。

ASP 和 Microsoft 的 Web 服务器软件 IIS 相结合，可以轻松地建立和执行动态、交互式 Web 服务器应用程序。IIS 中，提供了一个 Internet 服务器应用编程接口——ISAPI。它能够提供比原来的 CGI、Perl 引擎等技术更为广泛和快速的、对 Web 服务器和数据库服务器的访问。ASP 使得访问数据库中的数据，创建动态网页变得更加容易。

### 11.2.4 系统的总体功能模块

在设计数据库应用程序之前,必须对系统的功能有个清楚的了解,对程序的各功能模块给出合理的划分。划分的主要依据,是用户的总体需求和所完成的业务功能。这种用户需求,主要是第一阶段对用户进行初步的调查而得到的用户需求信息和业务划分。

这里的功能划分,是一个比较初步的划分。随着详细需求调查的进行,功能模块的划分也将随用户需求的进一步明确而进行合理的调整。

根据前面介绍的高校教学管理业务的四个主要部分,可以将系统应用程序划分为对应的四个主要子系统,包括学籍及成绩管理子系统、制定教学计划子系统、学生选课管理子系统以及执行教学调度子系统。根据各业务子系统所包括业务内容,还可将各子系统继续划分为更小的功能模块。划分的准则要遵循模块内的高内聚性和模块间的低耦合性。如图 11-1 所示,为高校教学管理系统功能模块结构图。

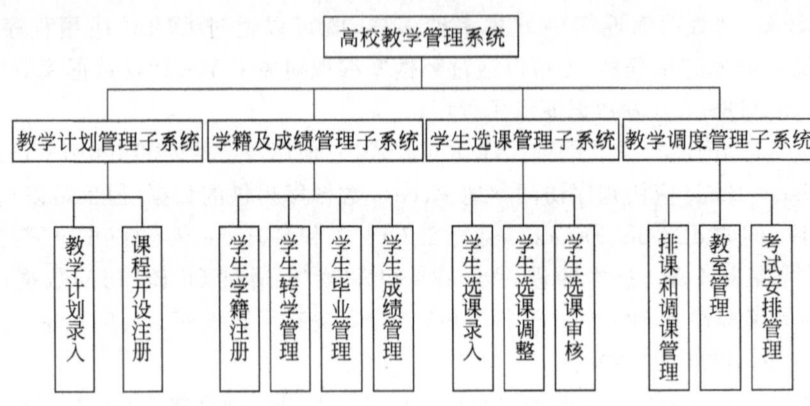


图 11-1 高校教学管理系统功能模块结构图

## 11.3 系统需求描述

数据流图 DFD 和数据字典 DD 是描述用户需求的重要工具。数据流图描述了数据的来源和去向,以及所经过的处理;而数据字典是对数据流图中的数据流、数据存储和处理的进一步描述。不同的应用环境,对数据描述的细致程度也有所不同,要根据实际情况而定。下面,将用这两种工具来描述用户需求,以说明它们在实际中的应用方法。

### 11.3.1 系统全局数据流图

系统的全局数据流图,也称为第一层或顶层数据流图,主要是从整体上描述系统的数据流,反映系统数据的整体流向,给设计者、开发者和用户一个总体描述。

经过对教学管理的业务调查、数据的收集处理和信息流程分析,明确了该系统的主要功能,分别为制定学校各专业各年级的教学计划以及课程的设置;学生根据学校对自己所学专业培养计划以及自己的兴趣,选择自己本学期所要学习的课程;学校的教务部门对新入学的学生进行学籍注册，对毕业生办理学籍档案的归档管理，任课教师在期末时登记学生的考试成绩；学校教务根据教学计划进行课程安排，期末考试时间地点的安排等，如图 11-2 所示。

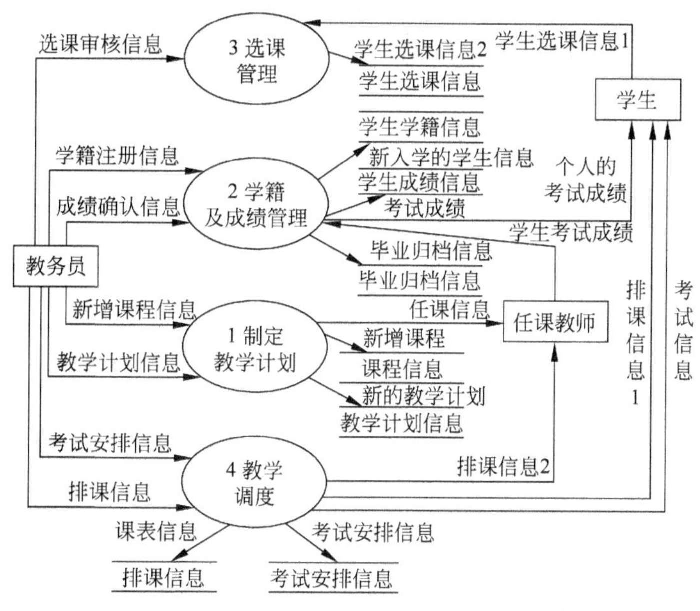


图 11-2　教学管理系统的全局数据流图

## 11.3.2　系统局部数据流图

全局数据流图从整体上描述了系统的数据流向和加工处理过程，但是对于一个较为复杂的系统来讲，要较清楚地描述系统数据的流向和加工处理的每个细节，仅用全局数据流数据难以完成。因此，需要在全局 DFD 基础上，对全局 DFD 中的某些局部进行单独放大，进一步细化。细化可以采用多层的数据流图来描述。上述四个主要处理过程中，教学调度处理的业务相对比较简单。下面，将只对制定教学计划、学籍及成绩管理和选课等三个处理过程做进一步细化。

制定教学计划处理主要分为四个子处理过程，即教务员根据已有的课程信息，增补新开设的课程信息；修改已调整的课程信息；查看本学期的教学计划；制定新学期的教学计划。任课教师可以查询自己主讲课程的教学计划，其处理过程如图 11-3 所示。

学籍及成绩管理相对比较复杂，教务员需要完成新学员的学籍注册、毕业生的学籍和成绩的归档管理。任课教师录入学生的期末成绩后，需教务员审核认可处理，经确认的学生成绩则不允许修改，其处理过程如图 11-4 所示。

选课处理中，学生根据学校对本专业制定的教学计划，录入本学期所选课程，教务员对学生所选课程进行审核，经审核的选课则为本学期学生选课，其处理过程如图 11-5 所示。

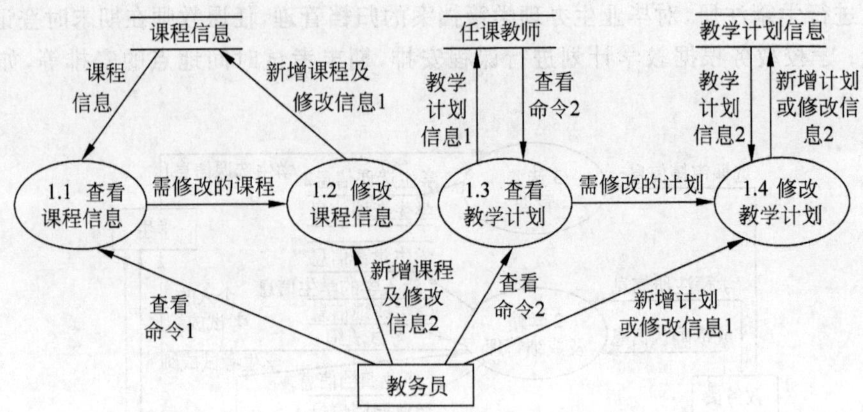


图 11-3 制定教学计划的细化数据流图

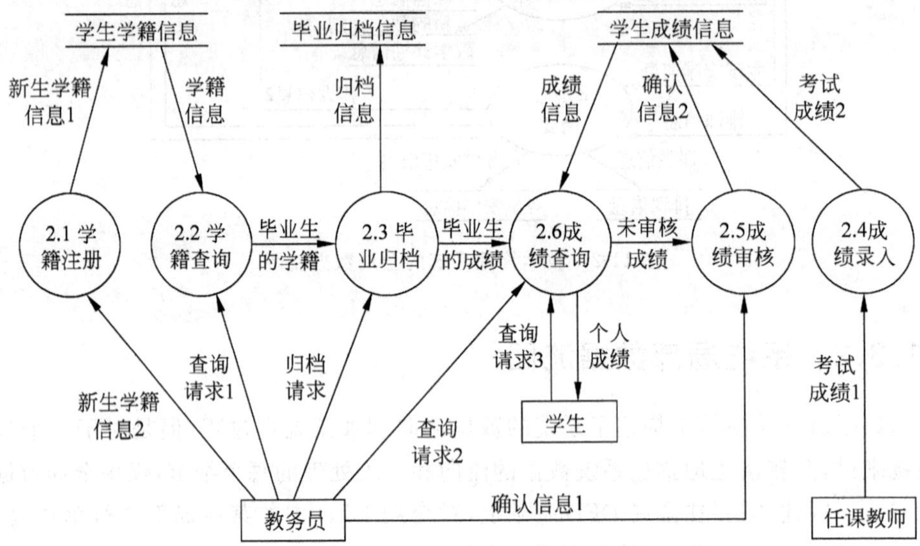


图 11-4 学籍和成绩管理的细化数据流图

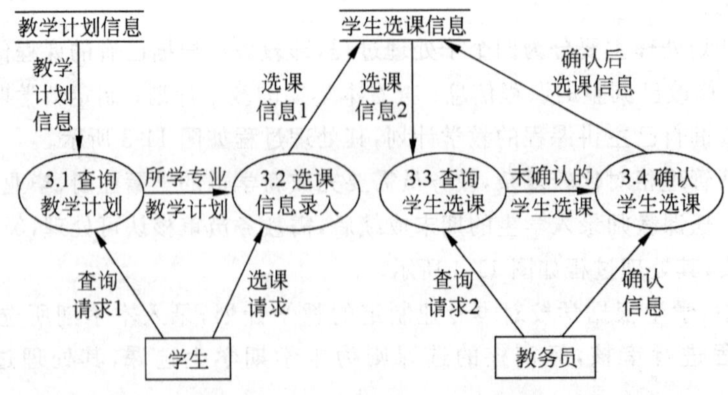


图 11-5 学生选课的细化数据流图

### 11.3.3　系统数据字典

前面的数据流图，描述了教学管理系统的主要数据流向和处理过程，表达了数据和处理的关系。数据字典是系统的数据和处理详细描述的集合。下面只给出部分数据字典内容。

数据流名：(学生)查询请求
来源：需要选课的学生
流向：加工 3.1
组成：学生专业＋班级
说明：应注意与教务员的查询请求相区别

数据流名：教学计划信息
来源：数据文件中的教学计划信息
流向：加工 3.1
组成：学生专业＋班级＋课程名称＋开课时间＋任课教师

加工处理：查询教学计划
编号：3.1
输入：(学生)选课请求＋教学计划信息
输出：(该学生)所学专业的教学计划
加工逻辑：满足查询请求条件

数据文件：教学计划信息
文件组成：学生专业＋年级＋课程名称＋开课时间＋任课教师
组织：按专业和年级降序排序

加工处理：选课信息录入
编号：3.2
输入：(学生)选课请求＋所学专业教学计划
输出：选课信息
加工逻辑：根据所学专业教学计划选择课程

数据流名：选课信息
来源：加工 3.2
流向：学生选课信息存储文件
组成：学号＋课程名称＋选课时间＋修课班号

数据文件：学生选课信息
文件组成：学号＋选课时间＋{课程名称＋修课班号}
组织：按学号升序排列

数据项：学号
数据类型：字符型
数据长度：8 位
数据构成：入学年号＋顺序号

数据项：选课时间
数据类型：日期型
数据长度：10 位
数据构成：年＋月＋日

数据项：课程名称
数据类型：字符型
数据长度：20 位

数据项：修课班号
数据类型：字符型
数据长度：10 位
⋮

## 11.4 系统概念模型描述

数据流图和数据字典共同完成对用户需求描述，它是系统分析人员通过多次与用户交流而形成的。系统所需的数据，都在数据流图和数据字典中得到表现，是后阶段设计的基础和依据。目前，在概念设计阶段，实体联系模型是广泛使用的设计工具。

### 11.4.1 构成系统的实体

对系统的 E-R 模型描述进行抽象，重要的一步是从数据流图和数据字典中提取出系统的所有实体及其属性。划分实体和属性的两个基本标准如下。

① 属性必须是不可分割的数据项，属性不能包含其他的属性或实体。

② E-R 图中的联系是实体之间的联系，因而属性不能与其他实体之间有关联。

由前面的教学管理系统的数据流图和数据字典，可以抽取出系统的六个主要实体，包括“学生”、“课程”、“教师”、“专业”、“班级”、“教室”这六个实体。

“学生”实体属性有“学号”、“姓名”、“出生日期”、“籍贯”、“性别”、“家庭住址”。

“课程”实体属性有“课程编码”、“课程名称”、“讲授课时”、“课程学分”。

“教师”实体属性有“教师编号”、“教师姓名”、“专业”、“职称”、“出生日期”、“家庭住址”。

“专业”实体属性有“专业编码”、“专业名称”、“专业性质”、“专业简称”、“可授学位”。

“班级”实体属性有“班级编号”、“班级名称”、“班级简称”。

"教室"实体属性有"教室编码"、"最大容量"、"教室类型"(是否为多媒体教室)。

## 11.4.2 系统局部 E-R 图

从数据流图和数据字典,分析得出实体及其属性后,进一步可分析各实体之间的联系。

"学生"实体与"课程"实体存在"修课"的联系,一个学生可以选修多门课程,每门课程可以被多个学生选修,所以它们之间存在多对多联系($m:n$),如图 11-6 所示。

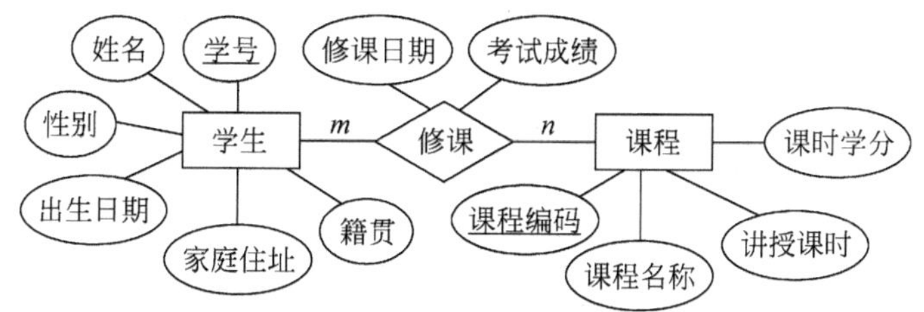


图 11-6 "学生"与"课程"实体的局部 E-R 图

"教师"实体与"课程"实体存在"讲授"的联系,一个教师可以讲授多门课程,每门课程可以由多个教师讲授,所以它们之间存在多对多联系($m:n$),如图 11-7 所示。

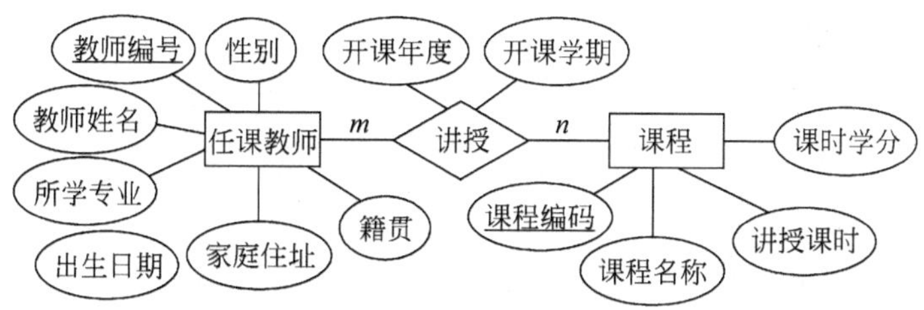


图 11-7 "任课教师"与"课程"实体的局部 E-R 图

"学生"实体与"专业"实体存在"学习"联系,一个学生只可学习一个专业,每个专业有多个学生学习,所以"专业"实体和"学生"实体存在一对多联系($1:n$),如图 11-8 所示。

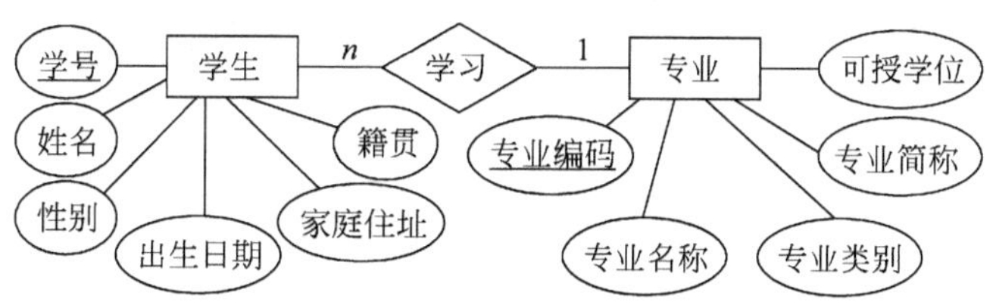


图 11-8 "学生"与"专业"实体的局部 E-R 图

"班级"实体与"专业"存在"属于"的联系,一个班级只可能属于一个专业,每个专业包含多个班级,所以"专业"实体和"班级"实体存在一对多联系($1:n$),如图 11-9 所示。

"学生"实体与"班级"实体存在"组成"的联系,一个学生只可属于一个班级,每个班级由多个学生组成,所以"班级"实体和"学生"实体存在一对多联系($1:n$),如图 11-10 所示。

某个教室在某个时段分配给某个老师讲授某一门课或考试用,在特定时段为 $1:1$ 联系,但对于整个学期来讲是多对多联系($m:n$),采用聚集来描述教室与任课教师和课程的讲授联系的关系，如图 11-11 所示。

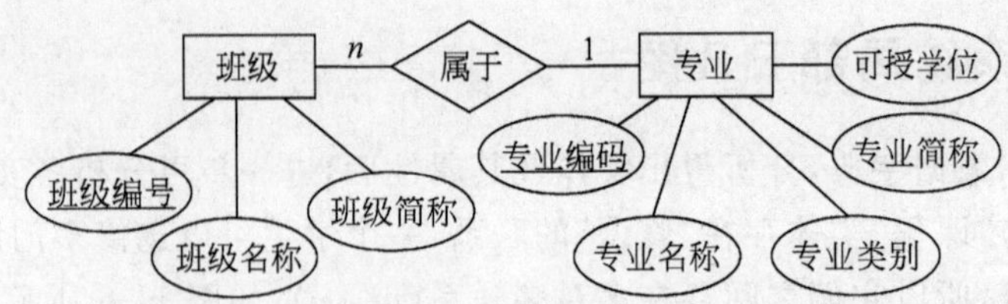


图 11-9 “专业”和“班级”实体的局部 E-R 图

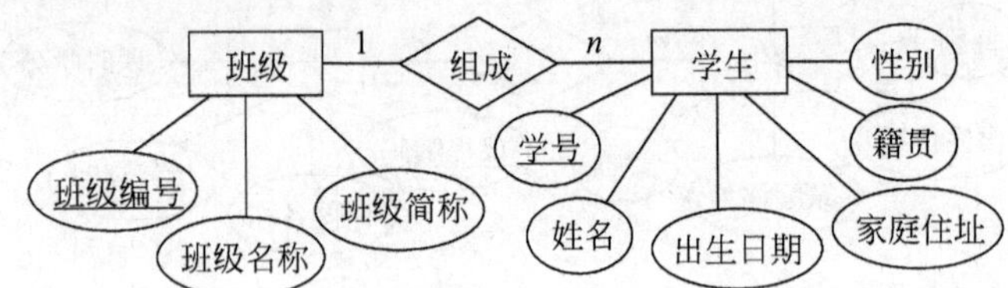


图 11-10 “班级”和“学生”实体的局部 E-R 图

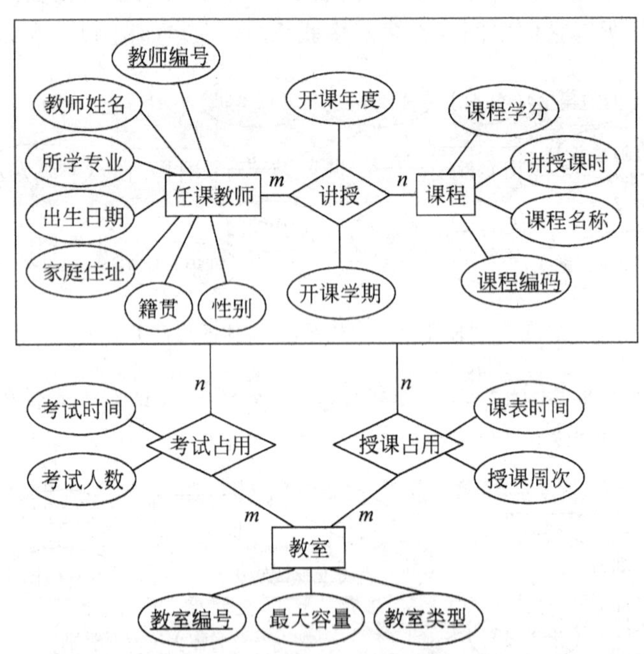


图 11-11 “任课教师”、“教室”和“课程”实体的局部 E-R 图

### 11.4.3 合成全局 E-R 图

系统的局部 E-R 图，只反映局部应用实体之间的联系，但不能从整体上反映实体之间的相互关系。另外，对于一个较为复杂的应用来讲，各部分是由多个分析人员分工合作完成的，画出的 E-R 图只能反映各局部应用。各局部 E-R 图之间，可能存在一些冲突和重复的部分，例如，属性和实体的划分不一致而引起的结构冲突；同一意义上的属性或实体的命名

不一致的命名冲突；属性的数据类型或取值的不一致而导致的域冲突。为了减少这些问题，必须根据实体联系在实际应用中的语义，进行综合和调整，得到系统的全局 E-R 图。

从上面的 E-R 图可以看出，学生只能选修某个老师所讲的某门课程。如果使用聚集来描述“学生”和“讲授”联系之间的关系，代替单纯的“学生”和“课程”之间的关系相对更为适合。各局部 E-R 图相互重复的内容较多，将各局部 E-R 图合并后的描述，如图 11-12 所示。

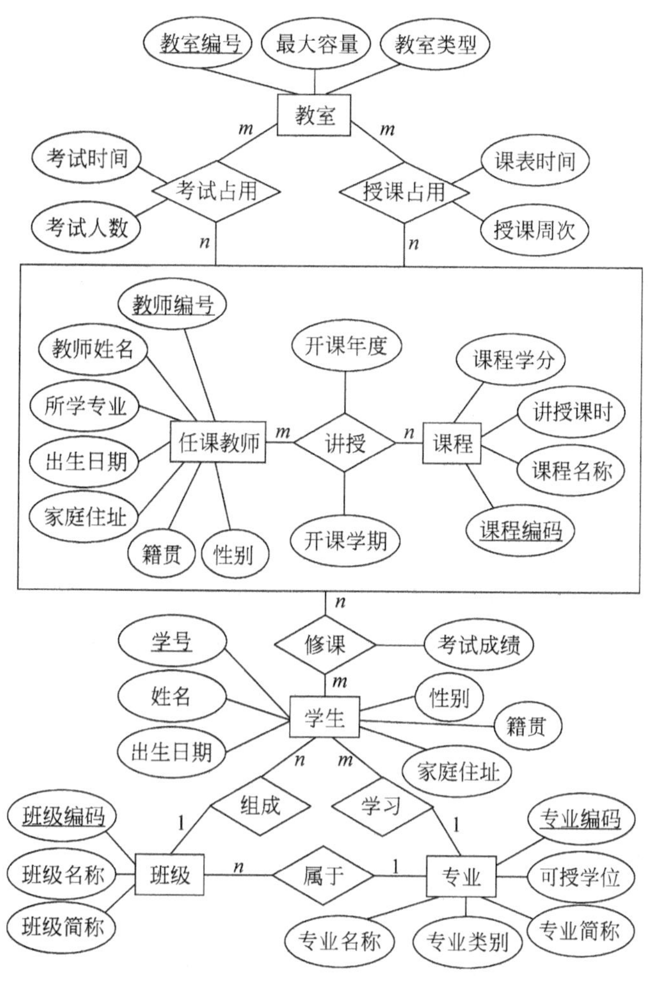

图 11-12 合成后的全局 E-R 图

## 11.4.4 优化全局 E-R 图

优化 E-R 图是消除全局 E-R 图中的冗余数据和冗余联系。冗余数据是指能够从其他数据导出的数据；冗余联系是指从其他联系能够导出的联系。例如，“学生”和“专业”之间的“学习”联系可由“组成”联系和“属于”联系导出。所以，去掉“学习”联系。经优化后的 E-R 图如图 11-13 所示。在实际设计过程，如果 E-R 图不是特别复杂时，这一步可以和合成全局 E-R 图一起进行。

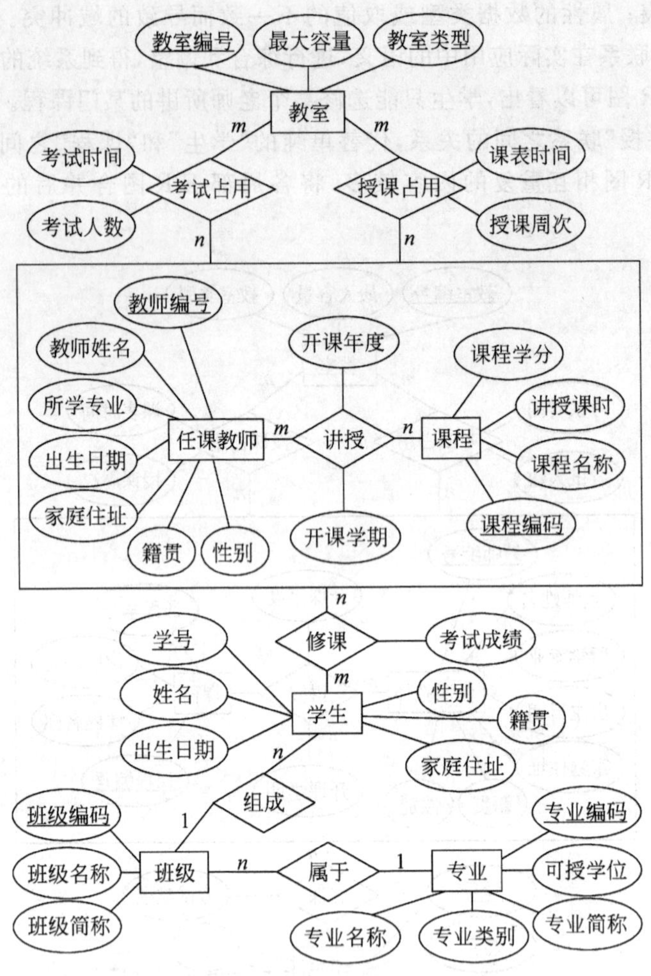


图 11-13　经优化后的 E-R 图

## 11.5　系统的逻辑设计

概念设计阶段设计的数据模型是独立于任何一种商用化的 DBMS 的信息结构。逻辑设计阶段的主要任务是把 E-R 图转化为选用的 DBMS 产品支持的数据模型。由于该系统采用 Oracle 10g 关系型数据库系统，因此，应将概念设计的 E-R 模型转化关系数据模型。

### 11.5.1　转化为关系数据模型

首先，从“教师”实体和“课程”实体以及它们之间的联系来考虑。“教师”与“课程”之间的关系是多对多的联系，所以“教师”和“课程”以及“讲授”联系分别设计如下关系模式。

教师(<u>教师编号</u>,教师姓名,籍贯,性别,所学专业,职称,出生日期,家庭住址)
课程(<u>课程编码</u>,课程名称,讲授课时,课程学分)
讲授(<u>教师编号,课程编码</u>,开课年度,开课学期)

"教师"实体与"讲授"联系是用聚集表示的，并且存在两种占用联系，它们之间的关系是多对多的关系，可以划分以下三个关系模式。

教室(教室编码,最大容量,教室类型)
授课占用(教师编号,课程编码,教室编码,课表时间,授课周次)
考试占用(教师编号,课程编码,教室编码,考试时间,考场人数)

"专业"实体和"班级"实体之间的联系是一对多的联系(1∶$n$)，所以可以用如下两个关系模式来表示，其中联系被移动到"班级"实体中。

班级(班级编码,班级名称,班级简称,专业编码)
专业(专业编码,专业名称,专业性质,专业简称,可授学位)

"班级"实体和"学生"实体之间的联系是一对多的联系(1∶$n$)，所以可以用两个关系模式来表示。但是"班级"已有关系模式，所以下面只生成一个关系模式，其中联系被移动到"学生"实体中。

学生(学号,姓名,出生日期,籍贯,性别,家庭住址,班级编码)

"学生"实体与"讲授"联系的关系是用聚集来表示的，它们之间的关系是多对多的关系，可以使用以下关系模式来表示。

修课(课程编码,学号,教师编号,考试成绩)

## 11.5.2 关系数据模型的优化与调整

在进行关系模式设计之后，还需要以规范化理论为指导，以实际应用的需要为参考，对关系模式进行优化，已达到消除异常和提高系统效率的目的。

以规范化理论为指导，其主要方法是消除各数据项间的部分函数依赖、传递函数依赖等。

首先，应确定数据间的依赖关系。确定依赖关系，一般在需求分析时就做了一些工作，E-R 图中实体间的依赖关系就是数据依赖的一种表现形式。

其次，检查是否存在部分函数依赖、传递函数依赖，然后通过投影分解消除相应的部分函数依赖和传递函数依赖达到所需的范式。

一般，关系模式只需满足 3NF 即可。对于以上的关系模式，均满足 3NF，在此不再具体分析。

在实际应用设计中，关系模式的规范化程度并不是越高越好。因为，从低范式向高范式转化时，必须将关系模式分解成多个关系模式。这样，当执行查询时，如果用户所需的信息在多个表中，就需要进行多个表间的连接，这无疑对系统带来较大的时间开销。为了提高系统处理性能，所以要对相关程度比较高的表进行合并，或者在表中增加相关程度比较高的属性。这时，选择较低的 1NF 或 2NF 可能比较适合。

如果系统某个表的数据记录很多，记录多到数百万条时，系统查询效率将很低。可以通过分析系统数据的使用特点，做相应处理。例如，当某些数据记录仅被某部分用户使用时，可以将数据库表的记录根据用户划分，分解成多个子集放入不同的表中。

前面设计出的"教师"、"课程"、"教室"、"班级"、"专业"以及"学生"等关系模式，都比较适合实际应用，一般不需要做结构上的优化。

对于"讲授"(教师编号，课程编码，开课年度，开课学期)关系模式，既可用作存储教学计划信息，又代表某门课程由某个老师在某年的某学期主讲。当然，同一门课可能在同一学期由多个老师主讲，教师编码和课程编码对于用户不直观，使用老师姓名和课程名称比较直观，要得到老师姓名和课程名称就必须分别和"教师"以及"课程"关系模式进行连接，因而有时间上的开销。另外，要反映"授课和教学计划"的特征，可将关系模式的名字改为"授课—计划"，因此，关系模式改为"授课—计划"(教师编号，课程编码，开课年度，开课学期)。

按照上面的方法，可将"授课占用"(教师编号，课程编码，教室编码，课表时间，授课周次)，"考试占用"(教师编号，课程编码，教室编码，考试时间，考场人数)两个关系模式分别改为："授课安排"(教师编号，课程编码，教室编码，课表时间，教师姓名，课程名称，授课周次)，"考试安排"(教师编号，课程编码，教室编码，考试时间，教师姓名，课程名称，考场人数)。

对于"修课"关系模式，由于教务员要审核学生选课和考试成绩，因此需增加审核信息属性。所以，"修课"关系模式调整为"修课"(学号，课程编码，教师编号，学生姓名，教师姓名，课程名称，选课审核人，考试成绩，成绩审核人)。

为了增加系统的安全性，需要对老师和学生分别检查密码和口令，因此需要在"教师"和"学生"关系模式增加相应的属性。"教师"(教师编号，教师姓名，籍贯，性别，所学专业，职称，出生日期，家庭住址，登录密码，登录 IP，最后登录时间)，"学生"(学号，姓名，出生日期，籍贯，性别，家庭住址，班级编码，登录密码，登录 IP，最后登录时间)。

### 11.5.3 数据库表的结构

得到数据库的各个关系模式后，需要根据需求分析阶段数据字典的数据项描述，给出各数据库表结构。考虑到系统的兼容性以及编写程序的方便性，可将关系模式的属性对应为表字段的英文名。同时，考虑到数据依赖关系和数据完整性，需要指出表的主键和外键，以及字段的值域约束和数据类型。

系统各表的结构，如表 11-1～表 11-11 所示。

**表 11-1 数据信息表**

| 数据库表名 | 对应的关系模式名 | 中文说明 |
|---|---|---|
| TeachInfo | 教师 | 教师信息表 |
| SpeInfor | 专业 | 专业信息表 |
| ClassInfor | 班级 | 班级信息表 |
| StuInfor | 学生 | 学生信息表 |
| CourseInfor | 课程 | 课程基本信息表 |
| ClassRoom | 教室 | 教室基本信息表 |
| SchemeInfor | 授课—计划 | 授课计划信息表 |
| Courseplan | 授课安排 | 授课安排信息表 |
| Examplan | 考试安排 | 考试安排信息表 |
| StudCourse | 修课 | 学生修课信息表 |

表 11-2 教师信息表(TeachInfor)

| 字段名 | 字段类型 | 长度 | 主键或外键 | 字段值约束 | 对应中文属性名 |
|---|---|---|---|---|---|
| Tcode | Varchar2 | 10 | Primary Key | Not Null | 教师编码 |
| Tname | Varchar2 | 10 | | Not Null | 教师姓名 |
| Nativeplace | Varchar2 | 12 | | | 籍贯 |
| Sex | Varchar2 | 4 | | (男,女) | 性别 |
| Speciality | Varchar2 | 16 | | Not Null | 所学专业 |
| Title | Varchar2 | 16 | | Not Null | 职称 |
| Birthday | Date | | | | 出生日期 |
| Faddress | Varchar2 | 30 | | | 家庭住址 |
| Logincode | Varchar2 | 10 | | | 登录密码 |
| LoginIP | Varchar2 | 15 | | | 登录 IP |
| Lastlogin | Date | | | | 最后登录时间 |

表 11-3 专业信息表(SpeInfor)

| 字段名 | 字段类型 | 长度 | 主键或外键 | 字段值约束 | 对应中文属性名 |
|---|---|---|---|---|---|
| Specode | Varchar2 | 8 | Primary Key | Not Null | 专业编码 |
| Spename | Varchar2 | 30 | | Not Null | 专业名称 |
| Spechar | Varchar2 | 20 | | | 专业性质 |
| Speshort | Varchar2 | 10 | | | 专业简称 |
| Degree | Varchar2 | 10 | | | 可授学位 |

表 11-4 班级信息表(ClassInfor)

| 字段名 | 字段类型 | 长度 | 主键或外键 | 字段值约束 | 对应中文属性名 |
|---|---|---|---|---|---|
| Classcode | Varchar2 | 8 | Primary Key | Not Null | 班级编码 |
| Classname | Varchar2 | 20 | | Not Null | 班级名称 |
| Chassshort | Varchar2 | 10 | | | 班级简称 |
| Specode | Varchar2 | 8 | Foreign Key | SpeInfor. Specode | 专业编码 |

表 11-5 学生信息表(StudInfor)

| 字段名 | 字段类型 | 长度 | 主键或外键 | 字段值约束 | 对应中文属性名 |
|---|---|---|---|---|---|
| Scode | Varchar2 | 10 | Primary Key | Not Null | 学号 |
| Sname | Varchar2 | 10 | | Not Null | 姓名 |
| Nativeplace | Varchar2 | 12 | | | 籍贯 |
| Sex | Varchar2 | 4 | | (男,女) | 性别 |
| Birthday | Date | | | | 出生日期 |
| Faddress | Varchar2 | 30 | | | 家庭住址 |
| Classcode | Varchar2 | 8 | Foreign Key | ChassInfor. Classcode | 班级编码 |
| Logincode | Varchar2 | 10 | | | 登录密码 |
| LoginIP | Varchar2 | 15 | | | 登录 IP |
| Lastlogin | Date | | | | 最后登录时间 |

表 11-6 课程基本信息表(CourseInfor)

| 字段名 | 字体类型 | 长度 | 主键或外键 | 字段值约束 | 对应中文属性名 |
| --- | --- | --- | --- | --- | --- |
| Ccode | Varchar2 | 8 | Primary Key | Not Null | 课程编码 |
| Coursename | Varchar2 | 20 | | Not Null | 课程名称 |
| Period | Varchar2 | 10 | | | 讲授学时 |
| Credithour | Number | 4,1 | | | 课程学分 |

表 11-7 教室基本信息表(ClassRoom)

| 字段名 | 字段类型 | 长度 | 主键或外键 | 字段值约束 | 对应中文属性名 |
| --- | --- | --- | --- | --- | --- |
| Roomcode | Varchar2 | 8 | Primary Key | Not Null | 教室编码 |
| Capacity | Number | 4 | | | 最大容量 |
| Type | Varchar2 | 20 | | | 教室类型 |

表 11-8 授课计划信息表(SchemeInfor)

| 字段名 | 字段类型 | 长度 | 主键或外键 | 字段值约束 | 对应中文属性名 |
| --- | --- | --- | --- | --- | --- |
| Tcode | Varchar2 | 10 | Foreign Key | TeachInfor. Tcode | 教师编码 |
| Ccode | Varchar2 | 8 | Foreign Key | CourseInfor. Ccode | 课程编码 |
| Tname | Varchar2 | 10 | | | 教师姓名 |
| Coursename | Varchar2 | 20 | | | 课程名称 |
| Year | Varchar2 | 4 | | | 开课年度 |
| Term | Varchar2 | 4 | | | 开课学期 |

表 11-9 授课安排信息表(Courseplan)

| 字段名 | 字段类型 | 长度 | 主键或外键 | 字段值约束 | 对应中文属性名 |
| --- | --- | --- | --- | --- | --- |
| Tcode | Varchar2 | 10 | Foreign Key | TeachInfor. Tcode | 教师编码 |
| Ccode | Varchar2 | 8 | Foreign Key | CourseInfor. Ccode | 课程编码 |
| Roomcode | Varchar2 | 8 | Foreign Key | ClassRoom. Roomcode | 教室编码 |
| TableTime | Varchar2 | 10 | | | 课表时间 |
| Tname | Varchar2 | 10 | | | 教师姓名 |
| Coursename | Varchar2 | 20 | | | 课程名称 |
| Week | Number | 2 | | | 授课周次 |

表 11-10 考试安排信息表(Examplan)

| 字段名 | 字段类型 | 长度 | 主键或外键 | 字段值约束 | 对应中文属性名 |
| --- | --- | --- | --- | --- | --- |
| Tcode | Varchar2 | 10 | Foreign Key | TeachInfor. Tcode | 教师编码 |
| Ccode | Varchar2 | 8 | Foreign Key | CourseInfor. Ccode | 课程编码 |
| Roomcode | Varchar2 | 8 | Foreign Key | ClassRoom. Roomcode | 教室编码 |
| ExamTime | Varchar2 | 10 | | | 考试时间 |
| Tname | Varchar2 | 10 | | | 教师姓名 |
| Coursename | Varchar2 | 20 | | | 课程名称 |
| Studnum | Number | 2 | | <=50,>=1 | 考场人数 |

表 11-11　学生修课信息表(StudCourse)

| 字段名 | 字段类型 | 长度 | 主键或外键 | 字段值约束 | 对应中文属性名 |
|---|---|---|---|---|---|
| Scode | Varchar2 | 10 | Foreign Key | StudeInfor. Scode | 学号 |
| Tcode | Varchar2 | 10 | Foreign Key | TeachInfor. Tcode | 教师编码 |
| Ccode | Varchar2 | 8 | Foreign Key | CourseInfor. Ccode | 课程编码 |
| Sname | Varchar2 | 10 | | | 学生姓名 |
| Tname | Varchar2 | 10 | | | 教师姓名 |
| Coursename | Varchar2 | 20 | | | 课程名称 |
| CourseAudit | Varchar2 | 8 | | | 选课审核人 |
| ExamGrade | Number | 4,1 | | <=100,>=0 | 考试成绩 |
| GradeAudit | Varchar2 | 10 | | | 成绩审核人 |

## 11.6　数据库的物理设计

物理数据库设计的任务是将逻辑设计映射到存储介质上，利用可用的硬件和软件功能使得尽可能快地对数据进行物理访问和维护。通过上一章的学习，我们现在使用的RDBMS，将逻辑模式转换成这些系统上的物理模式时，都可以很好地满足用户在性能上的要求。所以，这里主要介绍如何使用 Oracle 10g 的 DDL 语言定义表和建立哪种索引以提高查询的性能。

### 11.6.1　创建表

使用 Oracle 10g 的数据定义语言，在相应的用户模式下建立表和视图。

定义数据库表的语句如下。

```
SQL> CREATE  TABLE TeachInfor
 (Tcode  varchar2(10)  NOT NULL,
  Tname  varchar2(10)  NOT NULL,
  Nativeplace  varchar2(12),
  Sex     varchar2(4),
  Speciality  varchar2(16)  NOT NULL,
  Title  varchar2(16)  NOT NULL,
  Birthday    date,
  Faddress   varchar2(30),
  Logincode  varchar2(10),
  LoginIP     varchar2(15),
  Lastlogin  date,
  CONSTRAINT  tcode_PK  PRIMARY KEY(Tcode)
 );
```

表已创建。

```
SQL> CREATE TABLE SpeInfor
 (Specode  varchar2(8) NOT NULL,
  Spename  varchar2(30) NOT NULL,
```

```
   Spechar   varchar2(20),
   Speshort varchar2(10),
   Degree   varchar2(10),
   CONSTRAINT Specode_PK  PRIMARY KEY(Specode)
);
```

表已创建。

```
SQL> CREATE TABLE ClassInfor
 (Classcode   varchar2(8)   NOT NULL,
   Classname  varchar2(20)  NOT NULL,
   Classshort   varchar2(10),
   Specode    varchar2(8),
   CONSTRAINT Classcode_PK  PRIMARY  KEY(Classcode),
   CONSTRAINT Specode_FK   FOREIGN  KEY(Specode)
     REFERENCES  SpeInfor(Specode)
 );
```

表已创建。

```
SQL>  CREATE TABLE CourseInfor
 (Ccode  varchar2(8)  NOT NULL,
   Coursename  varchar2(20)  NOT NULL,
   Period varchar2(10),
   Credithour   number(4,1),
   CONSTRAINT   Ccode_PK   PRIMARY   KEY(Ccode)
 );
```

表已创建。

```
SQL>  CREATE   TABLE ClassRoom
 (Roomcode   varchar2(8)   NOT NULL,
   Capacity  number(4),
   Type       varchar2(20),
   CONSTRAINT   Rcode_PK  PRIMARY KEY(Roomcode)
 );
```

表已创建。

```
SQL>  CREATE   TABLE SchemeInfor
 (Tcode    varchar2(10),
   Ccode    varchar2(8),
   Tname    varchar2(10),
   Coursename   varchar2(20),
   Year     varchar2(4),
   Term     varchar2(4),
   CONSTRAINT   Tcode_FK  FOREIGN   KEY(Tcode)
     REFERENCES   TeachInfor(Tcode),
   CONSTRAINT   Ccode_FK  FOREIGN   KEY(Ccode)
     REFERENCES   CourseInfor(Ccode)
 );
```

表已创建。

```
SQL> CREATE TABLE Courseplan
(Tcode    varchar2(10),
  Ccode   varchar2(8),
  Roomcode  varchar2(8),
  TableTime  varchar2(10),
  Tname     varchar2(10),
  Coursename  varchar2(20),
  Week   number(2),
  CONSTRAINT  Tcode_FK1  FOREIGN  KEY(Tcode)
    REFERENCES  TeachInfor(Tcode),
  CONSTRAINT  Ccode_FK1  FOREIGN  KEY(Ccode)
    REFERENCES  CourseInfor(Ccode),
  CONSTRAINT  Rcode_FK1  FOREIGN  KEY(Roomcode)
    REFERENCES  ClassRoom(Roomcode)
);
```

表已创建。

```
SQL> CREATE  TABLE Examplan
(Tcode     varchar2(10),
  Ccode     varchar2(8),
  Roomcode varchar2(8),
  ExamTime varchar2(10),
  Tname     varchar2(10),
  Coursename  varchar2(20),
  Studnum  number(2),
  CONSTRAINT  Tcode_FK2  FOREIGN  KEY(Tcode)
    REFERENCES   TeachInfor(Tcode),
  CONSTRAINT  Ccode_FK2  FOREIGN  KEY(Ccode)
    REFERENCES   CourseInfor(Ccode),
  CONSTRAINT  Rcode_FK2  FOREIGN  KEY(Roomcode)
    REFERENCES   ClassRoom(Roomcode),
  CONSTRAINT  Snum_CK  CHECK(Studnum>=1 and Studnum<=50)
);
```

表已创建。

## 11.6.2 创建索引

教学管理系统核心的任务，是对学生的学籍信息和考试成绩进行有效的管理。其中，数据量最大和访问频率较高的，是学生修课信息表。因此，需要对学生修课信息表和学生信息表建立索引，以提高系统的查询效率。

如果应用程序执行的一个查询，经常检索给定学生学号范围内的记录，则使用聚集索引可能迅速找到包含开始学号的行，然后检索表中所有相邻的行，直到到达结束学号。这样有助于提高此类查询的性能。

同样，如果对表中检索的数据进行时，经常要用到某一列，则可以将该表在该列上聚集，避免每次查询该列时都进行排序，从而节省成本。

下面，给出学生修课信息表和学生信息表的聚簇索引。

### 1. 修课表上聚簇索引的建立

```
SQL> CREATE  CLUSTER  s_c_cluster
     (Scode  varchar2(10),
      Tcode  varchar2(10),
      Ccode  varchar2(8));
```

簇已创建。

```
SQL> CREATE  INDEX  s_c_cluster_idx
     ON  CLUSTER s_c_cluster;
```

索引已创建。

```
SQL> CREATE TABLE StudCourse
     (Scode   varchar2(10),
       Tcode   varchar2(10),
       Ccode   varchar2(8),
       Sname   varchar2(10),
       Tname   varchar2(10),
       Coursename  varchar2(20),
       CourseAudit varchar2(8),
       ExamGrade   number(4,1),
       GradeAudit  varchar2(10),
       CONSTRAINT  Scode_FK  FOREIGN  KEY(Scode)
         REFERENCES  StudInfor(Scode),
       CONSTRAINT  Tcode_FK3 FOREIGN  KEY(Tcode)
         REFERENCES  TeachInfor(Tcode),
       CONSTRAINT  Ccode_FK3 FOREIGN  KEY(Ccode)
         REFERENCES  CourseInfor(Ccode),
       CONSTRAINT  Grade_CK  CHECK(ExamGrade>=0  and ExamGrade<=100)
     )
     CLUSTER  s_c_cluster(scode,tcode,ccode);
```

表已创建。

### 2. 学生表上聚簇索引的建立

```
SQL> CREATE  CLUSTER s_cluster
     (Scode varchar2(10));
```

簇已创建。

```
SQL> CREATE INDEX s_cluster_idx
     ON  CLUSTER  s_cluster;
```

索引已创建。

```
SQL> CREATE  TABLE StudInfor
     (Scode    varchar2(10)  NOT  NULL,
       Sname    varchar2(10)  NOT  NULL,
       Nativeplace  varchar2(12),
```

```
    Sex        varchar2(4),
    Birthday  date,
    Faddress  varchar2(30),
    Classcode varchar2(8),
    Logincode varchar2(10),
    LoginIP   varchar2(15),
    Lastlogin date,
    CONSTRAINT Scode_PK  PRIMARY KEY(Scode),
    CONSTRAINT Class_FK  FOREIGN KEY(Classcode)
        REFERENCES  ClassInfor(Classcode),
    CONSTRAINT Sex_CK  CHECK(Sex = '男' OR Sex = '女')
  )
CLUSTER  s_cluster(scode);
```

表已创建。

## 11.7 小结

本章以一个简化后的高校教学管理系统为例，说明数据库应用系统的开发过程。

系统总体需求描述了系统四大功能，提出保密、完整和可靠的安全要求；系统总体设计主要从系统结构、开发平台和总体功能模块上进行考虑。

系统需求利用DFD与DD结合的方式描述，包括全局DFD和局部DFD。在系统概念模型设计中，在需求分析基础上，利用E-R模型描述系统的局部E-R图和全局E-R图，并对全局E-R图进行优化。

系统逻辑设计将E-R模型转化为关系模型，形成数据库各表结构。系统物理设计部分，从存储介质、表、视图及索引创建等方面进行了介绍。

# 附录A Oracle实验

## 实验一 Oracle 基础知识与 SQL * Plus 环境

### 一、上机目的

1. 熟悉 Oracle 的基础知识。
2. 熟悉 Oracle 的命令操作环境 SQL * Plus。
3. 熟悉并掌握一些 SQL * Plus 命令。

### 二、预备知识

#### 1. Oracle 服务器

Oracle 服务器是一个精致的信息管理环境。它是一个大量数据的储藏所，并给用户提供对这些数据的快速访问。Oracle 服务器允许应用系统之间共享数据。信息存放在一个地方并由许多应用系统来使用。Oracle 服务器可运行在 Sun 系列以及 Windows NT 上。Oracle 服务器运行在很多不同的计算机上，支持下列配置：

- 基于主机的配置。用户直接连到存放数据库的同一计算机上。
- 客户机/服务器结构。用户通过网络从他们的个人计算机(客户机)上访问数据库，数据库驻留在一个分离的计算机(服务器)上。
- 分布式处理。用户访问存放在不止一台计算机上的数据库。数据库分散在不止一台机器上，用户并不需要了解他们存放的数据的实际存放位置。
- Web 计算。能从基于 Internet 的应用程序访问数据。

#### 2. SQL、SQL * Plus 和 PL/SQL

- SQL 是一种能够访问关系数据库(包括 Oracle 数据库)的语言。它能够用在每一个 Oracle 工具中。
- SQL * Plus 是一个 SQL 和 PL/SQL 都能用的 Oracle 产品，并且也有自己的命令语言。
- PL/SQL 是为了编写应用程序和操作数据的 Oracle 过程化语言，包含着 SQL 命令的子集，它适用于每个 CDE 产品。

### 3. SQL * Plus 命令

SQL * Plus 有许多命令，表 A-1 列举了部分常用命令。

表 A-1　常用 SQL * Plus 命令

| SQL * Plus 命令 | 缩　写 | 意　义 |
|---|---|---|
| APPEND text | A text | 把字符串增加到当前行的末尾 |
| CHANGE /old/new/ | C/old/new/ | 把当前行的旧字符串替换成新字符串 |
| CHANGE /text/ | C/text/ | 把当前行中字符串删除 |
| CLEAR BUFFER | CL BUFF | 从 SQL 缓冲区中删除所有行 |
| CONNECT userid/password | CONN userid/password | 在当前的登录下，激活其他的 Oracle 用户 |
| DEL | | 删除当前行 |
| DESCRIBE tablename | DESC tablename | 显示任何数据库表的数据结构 |
| EXIT | | 退出 SQL * Plus |
| GET filename | | 把以 filename 为名字的文件内容调入 SQL 缓冲区中 |
| INPUT | I | 插入许多行 |
| INPUT text | I text | 插入一个包含 text 字符串的行 |
| LIST | L | 显示 SQL 缓冲区的所有行 |
| LIST *n* | L *n* | 显示 SQL 缓冲区中的 1 行到 *n* 行 |
| LIST *m n* | L *m n* | SQL 缓冲区中的从第 *m* 行显示到第 *n* 行 |
| RUN | R | 显示并运行在缓冲区中的当前 SQL 命令 |
| SAVE filename | | 把 SQL 缓冲区中的内容保存到以 filename 为名字的文件中，默认路径为 orawin\bin |
| START filename | @ filename | 运行以前保存的命令文件 |

## 三、上机内容

### 1. SQL * Plus 的启动和退出

1）启动 SQL * Plus

启动如图 A-1 所示的登录界面，输入登录的用户名、口令及主机字符串。

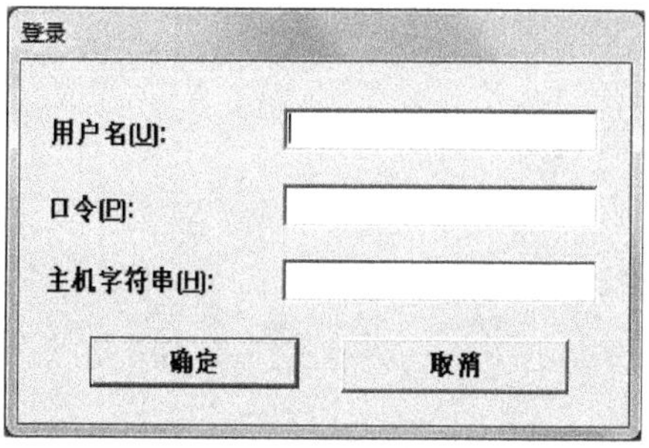

登录

用户名(U):

口令(P):

主机字符串(H):

确定　取消

图 A-1　登录界面

例如，用户名输入 scott，口令为 tiger，主机字符串为 orcl。登录后，进入如图 A-2 所示的 SQL * Plus 界面。

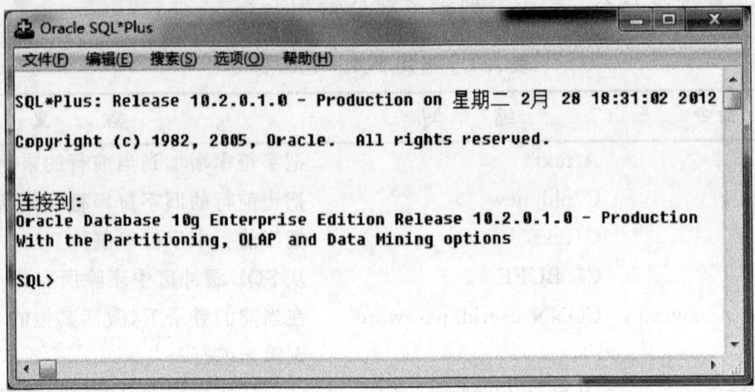


图 A-2 SQL * Plus 界面

2) 退出 SQL * Plus

```
SQL > EXIT;
```

### 2. SQL 命令

SQL 命令包括数据定义语言(如 CREATE、ALTER 等)和数据操作语言(SELECT、INSERT、UPDATE、DELETE 等)，这些都可在 SQL * Plus 中使用。例如：

```
SQL > SELECT empno, ename, job, sal
  2  FROM emp WHERE sal < 2500;
```

### 3. SQL * Plus 命令

1) 列出缓冲区的内容

```
SQL > list
  1  SELECT empno, ename, job, sal
  2 * FROM emp WHERE sal < 2500
```

SQL * Plus 显示当前缓冲区中的 SQL 命令。

2) 编辑当前行

如果上面的例子错误的输入为：

```
SQL > SELECT epno, ename, job, sal
  2  FROM emp where sal < 2500;
SELECT epno, ename, job, sal
       *
第 1 行出现错误:
ORA-00904: "EPNO": 标识符无效
```

分析错误可以发现 EMPNO 错为 EPNO，则用 CHANGE 命令修改编辑当前行。

```
SQL> c/epno/empno/
  1 * SELECT empno, ename, job, sal
```

再用 RUN 命令运行当前命令。

```
SQL> run
  1  SELECT empno, ename, job, sal
  2 * FROM emp where sal < 2500

EMPNO ENAME      JOB                    SAL
--------- --------- ------      --------
7369 SMITH       CLERK                  800
7499 ALLEN       SALESMAN               1600
7521 WARD        SALESMAN               1250
7654 MARTIN      SALESMAN               1250
7782 CLARK       MANAGER                2450
7844 TURNER      SALESMAN               1500
7876 ADAMS       CLERK                  1100
7900 JAMES       CLERK                  950
7934 MILLER      CLERK                  1300

已选择 9 行.
```

3）增加一行

在当前行之后插入一新行，使用 INPUT 命令。例如对上面例子增加第 3 行到该 SQL 命令中。

```
SQL> I
  3  ORDER BY sal
  4
SQL> L
  1  SELECT empno, ename, job, sal
  2  FROM emp where sal < 2500
  3 * ORDER BY sal
```

4）在一行上添加一原文

用 APPEND 命令，将一原文加到缓冲区中当前行的末端：

```
SQL> A  DESC
  3 * ORDER BY sal DESC
SQL> L
  1  SELECT empno, ename, job, sal
  2  FROM emp where sal < 2500
  3 * ORDER BY sal DESC
SQL> /

EMPNO ENAME      JOB                    SAL
----------- ---------------- --------------
7782 CLARK       MANAGER                2450
```

```
7499 ALLEN      SALESMAN        1600
7844 TURNER     SALESMAN        1500
7934 MILLER     CLERK           1300
7521 WARD       SALESMAN        1250
7654 MARTIN     SALESMAN        1250
7876 ADAMS      CLERK           1100
7900 JAMES      CLERK           950
7369 SMITH      CLERK           800

已选择 9 行。
```

5) 删除一行

- 用 LIST 命令列出要删除的行。
- 用 DEL 命令删除。

```
SQL> l3
  3 * ORDER BY sal DESC
SQL> DEL
SQL> L
  1  SELECT empno, ename, job, sal
  2 * FROM emp where sal < 2500
```

6) 保存 SAVE 命令

```
SQL> L
  1  SELECT empno, ename, job, sal
  2 * FROM emp where sal < 2500
SQL> SAVE empinfo
已创建 file empinfo.sql
```

7) 运行命令文件

```
SQL> @empinfo

EMPNO ENAME      JOB             SAL
---------- ------------- ------------------
7369 SMITH      CLERK           800
7499 ALLEN      SALESMAN        1600
7521 WARD       SALESMAN        1250
7654 MARTIN     SALESMAN        1250
7782 CLARK      MANAGER         2450
7844 TURNER     SALESMAN        1500
7876 ADAMS      CLERK           1100
7900 JAMES      CLERK           950
7934 MILLER     CLERK           1300

已选择 9 行。
```

8）清缓冲区

```
SQL> cl buff
buffer 已清除
SQL> L
SP2 - 0223: SQL 缓冲区中不存在行。
```

9）DESCRIBE 列出表的结构

```
SQL> desc emp
名称                                          是否为空? 类型
-----------------------------------  -------------------------------
EMPNO                                         NOT NULL NUMBER(4)
ENAME                                                  VARCHAR2(10)
JOB                                                    VARCHAR2(9)
MGR                                                    NUMBER(4)
HIREDATE                                               DATE
SAL                                                    NUMBER(7,2)
COMM                                                   NUMBER(7,2)
DEPTNO                                                 NUMBER(2)
```

## 四、上机作业

① 用 SQL * Plus 连接数据库。
② 用 SHOW 命令显示当前用户。
③ 练习 SQL 命令：SELECT * FROM EMP；
④ 用 LIST 显示缓冲区内容。
⑤ CHANGE 命令修改当前行。
⑥ 用 APPEND 增加一部分命令。
⑦ 用 SAVE 命令保存缓冲区内容到 EMPFILE 中。
⑧ 用 START 命令运行 EMPFILE 文件。
⑨ 清除缓冲区。
⑩ 查看 DEPT 表的结构。

# 实验二　数据表的建立

## 一、上机目的

1. 了解并掌握 Oracle 中表结构的定义。
2. 了解并掌握 Oracle 中的用 CREATE 命令定义表的方法，以及表的完整性定义。
3. 了解并掌握 Oracle 中的用 ALTER 命令和 DROP 命令对表的修改和删除。

## 二、预备知识

### 1. 字段类型

Oracle 中的数据类型如表 A-2 所示。

表 A-2 字段类型

| 数据类型 | 描述 |
|---|---|
| VARCHAR2($w$) | 变长字符,长度为 $w$,最长为 2000 个字符 |
| CHAR($w$) | 定长字符,长度为 $w$,默认为 1 个字符,最长为 255 个字符 |
| NUMBER | 38 位有效数字的浮点数 |
| NUMBER($w$) | $w$ 位精确度的整数 |
| NUMBER($w$,$s$) | $w$ 是精度,或总的数字位;$s$ 是小数点右边的数字位 |
| DATE | 日期值 |

### 2. CREATE 命令

格式一:

```
CREATE TABLE table_name(column_name type(size), column_name type(size), …);
```

例如:

```
SQL> CREATE TABLE DEPT1
  2  (DEPTNO   NUMBER(2),
  3   DNAME    VARCHAR2(12),
  4   LOC      VARCHAR2(12));

表已创建。
```

格式二:

```
CREATE TABLE   table_name [(column_name, …)]   AS SELECT statement;
```

例如:

```
SQL> CREATE TABLE DEPTNO10(NAME,LOCATION)
  2  AS SELECT DNAME,LOC FROM DEPT
  3  WHERE DEPTNO = 10;

表已创建。
```

### 3. 完整性约束

1) NOT NULL 约束

NOT NULL 约束保证字段值不能为 NULL。没有 NOT NULL 约束的字段,值可以为 NULL。

2) UNIQUE 约束

指定一个字段或者字段的集合为唯一键。在表中没有两行具有相同的值。如果唯一键是基于单条记录的，NULL 是允许的。

表级约束命令格式：

```
[CONSTRAINT constraint_name]  UNIQUE (Column, Column, …)
```

字段级约束命令格式：

```
[CONSTRAINT constraint_name]  UNIQUE
```

例如，用表级约束定义(DNAME，LOC)为唯一键。

```
SQL> CREATE TABLE DEPT2
  2  (DEPTNO NUMBER,
  3   DNAME   VARCHAR2(9),
  4   LOC     VARCHAR2(10),
  5   CONSTRAINT UNQ_DNAME_LOC UNIQUE(DNAME,LOC) );

表已创建。
```

这里建立的唯一约束 UNQ_DNAME_LOC 是一个表约束。

3) 主键约束(PRIMARY KEY CONSTRAINT)

主键约束强制字段和字段集合的唯一性，并且用一个唯一索引来管理它。每个表中只能有一个主键，这样可以通过主键来标识表中的每条记录。NULL 值不允许在主键字段出现。

表级约束命令格式：

```
[CONSTRAINT constraint_name]  PRIMARY KEY (Column, Column, …)
```

字段级约束命令格式：

```
[CONSTRAINT constraint_name]  PRIMARY KEY
```

例如，用字段级约束定义 DEPTNO 为主键。

```
SQL> CREATE TABLE DEPT3
  2  (DEPTNO NUMBER(2) CONSTRAINT dept_prim PRIMARY KEY,
  3   DNAME  VARCHAR2(12),
  4   LOC    VARCHAR2(12));

表已创建。
```

4) 外键约束(FOREIGN KEY CONSTRAINT)

外键提供表间的完整性规则。外键必须依赖于一个 Primary 或 Unique。

表级约束命令格式：

```
[CONSTRAINT constraint_name]  FOREIGN KEY (Column,Column, …)
REFERENCES  table(column, column, …)
```

字段级约束命令格式：

```
[CONSTRAINT constraint_name]  FOREIGN  KEY  REFERENCES  table(column)
```

例如,用表级约束建立外键约束。

```
SQL> CREATE TABLE EMP3
 (EMPNO   NUMBER(4) PRIMARY KEY,
  ENAME   VARCHAR2(10),
  JOB     VARCHAR2(9),
  DEPTNO NUMBER(2),
  CONSTRAINT   DEPTNO_FK   FOREIGN KEY(DEPTNO)
  REFERENCES DEPT3(DEPTNO));

表已创建。
```

5) CHECK 约束

CHECK 约束定义了每个字段或每条记录必须满足的条件。

语法:

```
[CONSTRAINT constraint_name]   CHECK (condition)
```

例如,建立 DEPT4 表,为 DEPTNO 字段设定 CHECK 约束。要求只能取 10～40 的部门号。

```
SQL> CREATE TABLE DEPT4
 (DEPTNO NUMBER(2)
  CONSTRAINT DEPTNO_CK CHECK(DEPTNO BETWEEN 10 AND 40),
  DNAME   VARCHAR2(12),
  LOC     VARCHAR2(12));

表已创建。
```

6) ALTER 命令

ALTER TABLE 命令可用来修改数据表的定义。

命令格式:

```
ALTER TABLE tablename [ADD|MODIFY|DROP]    column_spec [column_constraint]
```

① ADD 关键字可以用来给已存在的数据表增加一个字段或约束。

增加一列(字段): alter table tablename add column_name datatype.

例如,给表 EMP3 增加一个新字段。

```
SQL> ALTER TABLE EMP3
ADD spouses_name CHAR(10);

表已更改。
```

② MODIFY 关键字可以用来修改已存在的数据表定义。

例如,把 EMP3 中 ENAME 长度改为 25 个字符。

```
SQL> ALTER TABLE EMP3
  2  MODIFY ENAME CHAR(25);

表已更改。
```

③ DROP 关键字可以用来删除指定字段或已存在的数据表的约束。

例如，将 EMP3 表中的外键删除。

```
SQL> ALTER TABLE EMP3
  2  DROP CONSTRAINT DEPTNO_FK;

表已更改。
```

7）DROP 命令

用 DROP TABLE 命令删除 Oracle 数据表的定义。

命令格式：

```
DROP TABLE table_name [CASCADE CONSTRAINT]
```

说明：CASCADE CONSTRAINT 选项说明了也把完整性约束一起删除。

例如，删除 DEPT4 表及其上建立的完整性约束。

```
SQL> DROP TABLE DEPT4 CASCADE CONSTRAINT;

表已删除。
```

## 三、上机内容

### 1. 创建表 EMP1

```
SQL> CREATE TABLE EMP1
  2  (EMPNO    NUMBER(4)   NOT NULL PRIMARY KEY,
  3  ENAME     VARCHAR2(10),
  4  JOB       VARCHAR2(10),
  5  MGR       NUMBER(4),
  6  HIREDATE DATE,
  7  SAL       NUMBER(7,2),
  8  COMM      NUMBER(7,2),
  9  DEPTNO    NUMBER(2)   NOT  NULL);

表已创建。
```

### 2. 从其他表中抽取字段生成数据表

```
SQL> CREATE TABLE EMP_PART AS
  2  SELECT EMPNO,ENAME,JOB,SAL,COMM FROM EMP;

表已创建。
```

### 3. DROP 命令删除数据表

```
SQL> DROP TABLE EMP_PART;

表已删除。
```

### 4. 给数据表 EMP1 增加一个字段 SPOUSES_NAME

```
SQL> ALTER TABLE EMP1
2  ADD  SPOUSES_NAME  CHAR(10);

表已更改。
```

### 5. 用 ALTER 的 MODIFY 命令修改已存在的字段的定义

```
SQL> ALTER TABLE EMP1
2  MODIFY ENAME VARCHAR2(12);

表已更改。
```

### 6. 用 ALTER 的 DROP 命令删除数据表中已存在的约束

```
SQL> ALTER TABLE EMP1 DROP PRIMARY KEY;

表已更改。
```

### 7. 创建表 CUSTOMER

```
SQL> CREATE TABLE customer
  2  (LAST_NAME VARCHAR2(20) NOT NULL,
  3   STATE_ID   VARCHAR2(2),
  4   SALES      NUMBER);

表已创建。
```

### 8. 创建表 STATE

```
SQL> CREATE TABLE STATE
  2  (STATE_ID VARCHAR2(2) NOT NULL,
  3   STATE_NAME VARCHAR2(30));

表已创建。
```

## 四、上机作业

① 创建如下三个基表：

S (S#, SNAME, AGE, SEX)　　对应的中文为：学生（学号，姓名，年龄，性别）
SC (S#, C#, GRADE)　　对应的中文为：学习（学号，课程号，成绩）
C(C#, CNAME, TEACHER)　　对应的中文为：课程（课程号，课程名，任课教师）

**【注】** *以后的实验要用到这三个基本表。*

② 生成一个数据表 PROJECTS，其字段定义如表 A-3 所示，其中 PROJID 是主键并且要求 P_END_DATE 不能比 P_START_DATE 早。

**表 A-3　PROJECTS 表结构定义**

| 字段名称 | 数据类型 | 长度 |
|---|---|---|
| PROJID | NUMBER | 4 |
| P_DESC | VARCHAR2 | 20 |
| P_START_DATE | DATE | |
| P_END_DATE | DATE | |
| BUDGET_AMOUNT | NUMBER | 7,2 |
| MAX_NO_STAFF | NUMBER | 2 |

③ 生成一个数据表 ASSIGNMENTS，其字段定义如表 A-4 所示，其中 PROJID 是外键引自 PROJECTS 数据表，EMPNO 是数据表 EMP 的外键，并且要求 PROJID 和 EMPNO 不能为 NULL。

**表 A-4　ASSIGNMENTS 表结构定义**

| 字段名称 | 数据类型 | 长度 |
|---|---|---|
| PROJID | NUMBER | 4 |
| EMPNO | NUMBER | 4 |
| A_START_DATE | DATE | |
| A_END_DATE | DATE | |
| BILL_RATE | NUMBER | 4,2 |
| ASSIGN_TYPE | VARCHAR2 | 2 |

④ 用 DESCRIBE 命令查看①和②定义的字段。

⑤ 给 1 题中的 PROJECTS 数据表增加一个 COMMENTS 字段，其类型为 LONG。给 2 题中的 ASSIGNMENTS 数据表增加一个 HOURS 字段，其类型为 NUMBER。

# 实验三　数据插入、修改和删除

## 一、上机目的

1. 在数据表中用 INSERT 增加记录。

2. 用 UPDATE 修改数据表中的数据。
3. 用 DELETE 删除表中的数据。
4. 了解事务处理过程及其命令。

## 二、预备知识

### 1. INSERT 命令

1）用来在数据表中增加记录
命令格式：

```
INSERT INTO tablename [(column, column, …)]
VALUES (value, value, …);
```

命令中[(column，column，…)]是可选的。一般情况下，为了编程的方便，最好指定字段列表。该命令每次只能增加一条记录。注意，CHAR 和 DATE 必须用单引号括起来。

例如：

```
SQL> INSERT INTO DEPT (DEPTNO,DNAME,LOC)
  2  VALUES(50,'市场部','上海');

已创建 1 行。
```

2）增加从其他数据表查询出的数据
命令格式：

```
INSERT INTO table [(column, column, …)]
  SELECT select-list  FROM  table;
```

例如：

```
SQL> CREATE TABLE DEPT1
  2  (DEPTNO  NUMBER(2),
  3   DNAME   VARCHAR2(12),
  4   LOC     VARCHAR2(12));

表已创建。

SQL> INSERT INTO DEPT1
  2   SELECT * FROM DEPT;

已创建 5 行。
```

### 2. UPDATE 命令

在需要修改表中数据时，可使用 UPDATE 命令。
命令格式：

```
UPDATE  tablename
```

```
SET  column = expressio[,column … ]  [WHERE condition];
```

例如，修改 EMP 表中 SCOTT 的记录数据，把他调到销售部，并且工资提高 10%。

```
SQL > UPDATE EMP
  2  SET JOB = 'SALESMAN',HIREDATE = SYSDATE,SAL = SAL * 1.1
  3  WHERE ENAME = 'SCOTT';

已更新 1 行。
```

### 3. DELETE 命令

DELETE 命令用来从表中删除一行或多行记录。

命令格式：

```
DELETE  FROM  tablename  [WHERE condition];
```

例如，删除 EMP 表中部门号是 10 的记录。

```
SQL > DELETE FROM EMP WHERE DEPTNO = 10;

已删除 3 行。
```

### 4. 事务

事务(Transaction)是由一串修改数据库的操作组成的。Oracle 中有两种事务：DML 事务和 DDL 事务。DML 事务是一些 DML 语句组成的，Oracle 把事务作为单个实体或逻辑工作单元来处理；DDL 事务只能由一条 DDL 语句组成。

事务的执行必须是完整的，也就是说事务处理中一部分提交给数据库而其他部分不提交这是不允许的。对于事务来说，要么事务中所有处理都提交，要么所有的处理都放弃。

事务是以可执行的 DML 或 DDL 命令开始，以下面的情况结束：

- COMMIT/ROLLBACK
- DDL 命令(DDL 语句是自动提交)
- 一些错误(如死锁)
- 注销(如退出 SQL * Plus)
- 硬件错误

1) 永久性修改

为了使修改变成永久性，这些修改必须提交给数据库。COMMIT 命令可以用来使数据库永久性改变。而 ROLLBACK 可以撤销或放弃修改。

2) 撤销修改

ROLLBACK 可以放弃不提交的修改。ROLLBACK 可以恢复上次提交之后修改过的数据。

3) 系统错误

事务被一些严重错误(例如系统错误)中断时，它将自动回滚。这阻止了由错误造成的对数据不完整的修改，而恢复到最近提交之后的数据表的状态。用这种方式 SQL * Plus 保护了数据的完整性。自动回滚通常是系统错误造成的,例如断电或 RESET。而在输入命令时的错误,例如拼写错误或没有授权的操作,不会造成事务的中断或者自动回滚。这是因为错误是在编译时而不是在运行时检测到的。

4) 用 SQL 语句控制事务

(1) COMMIT;

① 使当前事务永久的修改。

② 清除这个事务中所有的保存点。

③ 结束事务。

④ 释放事务中的锁操作。

⑤ 关键字 WORK 是可选的。

一般情况下,应在应用程序中用 COMMIT(或 ROLLBACK)显式的结束事务。隐式(自动)结束事务在下列情况发生:

① DDL 命令之前。

② DDL 语句之后。

③ 和一个数据库正常断开之后。

(2) SAVEPOINT savepoint_name;

① 保存点能把事务分割成更小的部分。

② 保存点允许在任意点阻止工作的进行。

③ 如果第二个保存点的名字和第一个保存点的名字相同,那么第一个保存点自动失效。

(3) ROLLBACK [TO SAVEPOINT savepoint_name];

ROLLBACK 语句用来撤销事务工作。如果只写 ROLLBACK,那么它将结束事务,回滚这个事务中所有的操作,清除这个事务中所有的保存点,释放这个事务的锁操作。

## 三、上机内容

### 1. 用 INSERT 在基本表 customer 中插入数据

```
SQL> insert into customer values ('Nicholson','CA',6989.99);

已创建 1 行。

SQL> insert into customer values ('Martin','CA',2345.45);

已创建 1 行。

SQL> insert into customer values ('Laursen','CA',34.34);

已创建 1 行。

SQL> insert into customer values ('Bambi','CA',1234.55);
```

```
已创建 1 行。

SQL> insert into customer values ('McGraw','NJ',123.45);

已创建 1 行。
```

### 2. 在表 STATE 中插入指定的字段

```
SQL> insert into state (state_name,state_id)
  2  values ('Massachusetttes','MA');

已创建 1 行。

SQL> insert into state (state_name,state_id)
  2  values ('California', 'CA');

已创建 1 行。

SQL> insert into state (state_name,state_id)
  2  values ('NewJersey','NJ');

已创建 1 行。

SQL> insert into state (state_name,state_id)
  2  values ('NewYork','NY');

已创建 1 行。
```

### 3. 修改数据

把 state 表中 NewYork 改为 Florida，NY 改为 FD。

```
SQL> UPDATE state SET state_name = 'Florida', state_id = 'FD'
  2  where state_name = 'NewYork' and  state_id = 'NY';

已更新 1 行。
```

### 4. 删除数据

从 STATE 表删除 state_name 为 Florida 和 state_id 为 FD 的记录：

```
SQL> DELETE FROM STATE WHERE state_name = 'Florida' AND state_id = 'FD';

已删除 1 行。
```

## 四、上机作业

① 用 INSERT 命令输入数据。表数据如表 A-5～表 A-7 所示。

**表 A-5 基本表 S 的数据**

| | | | |
|---|---|---|---|
| S1 | WANG | 20 | M |
| S2 | LIU | 19 | M |
| S3 | CHEN | 22 | M |
| S4 | WU | 19 | M |
| S5 | LOU | 21 | F |
| S8 | DONG | 18 | F |

**表 A-6 基本表 C 的数据**

| | | |
|---|---|---|
| C2 | MATHS | MA |
| C4 | PHYSICS | SHI |
| C3 | CHEMISTRY | ZHOU |
| C1 | DB | LI |
| C5 | OS | WEN |

**表 A-7 基本表 SC 的数据**

| GRADE　S# / C# | S1 | S2 | S3 | S4 | S5 | S8 |
|---|---|---|---|---|---|---|
| C1 | 80 | 85 | 90 | 75 | 70 | 90 |
| C2 | 70 | NULL | 85 | | 60 | NULL |
| C3 | 85 | | 95 | NULL | 80 | 90 |
| C4 | 90 | NULL | | 70 | | |
| C5 | 70 | | | | 65 | NULL |

② 对 S、C、SC 表进行操作：

(a) 把 C2 课程的非空成绩提高 10%。

(b) 在 SC 表中删除课程名为 PHYSICS 的成绩的元组。

(c) 在 S 和 SC 表中删除学号为 S8 的所有数据。

③ 在 PROJECTS 数据库表中增加如表 A-8 所示的记录。

**表 A-8 表 PROJECTS 的数据**

| PROJID | 1 | 2 |
|---|---|---|
| P_DESC | WRITE C030 COURSE | PROOF READ NOTES |
| P_START_DATE | 2-1 月-2010 | 1-1 月-2011 |
| P_END_DATE | 7-1 月-2010 | 10-1 月-2011 |
| BUDGET_AMOUNT | 500 | 600 |
| MAX_NO_STAFF | 1 | 1 |
| COMMENTS | BR CREATIVE | YOUR CHOICE |

④ 在 ASSIGNMENTS 数据库表中增加如表 A-9 所示的记录。

**表 A-9 表 ASSIGNMENTS 的数据**

| PROJID | 1 | 1 | 2 |
|---|---|---|---|
| EMPNO | 7369 | 7902 | 7844 |
| A_START_DATE | 01-1 月-2010 | 04-1 月-2010 | 01-1 月-2011 |
| A_END_DATE | 03-1 月-2010 | 07-1 月-2010 | 10-1 月-2011 |
| BILL_RATE | 50.00 | 55.00 | 45.50 |
| ASSIGN_TYPE | WR | WR | PF |
| HOURS | 15 | 20 | 30 |

⑤ 把 ASSIGMENTS 表中 ASSIGNMENT_TYPE 的 WR 改为 WT,其他的值不变。

⑥ 在 PROJECTS 和 ASSIGNMENTS 插入更多的记录。

⑦ 删除自己随意插入的记录。

# 实验四 数据查询

## 一、上机目的

1. 掌握 SELECT 语句的运用。
2. 掌握一些函数的应用。
3. 掌握子查询的运用。
4. 连接和分组的应用。

## 二、预备知识

### 1. SELECT 语句

命令格式:

```
SELECT [DISTINCT]  { * ,COLUMN [ALIAS], … }
  FROM table
  WHERE condition
  GROUP BY  {column, exper} [HAVING having_condtions]
  ORDER BY {column, exper} [ASC|DESC];
```

**【例 A-1】** 使用 SELECT 语句检索名为 user_tables 的数据字典中用户建立的表。

```
SQL> SELECT table_name FROM user_tables;

TABLE_NAME
------------------------------
DEPT
EMP
BONUS
```

```
SALGRADE
DEPT1
DEPT2
DEPT3
EMP3
EMP1
STATE
CUSTOMER

已选择 11 行。
```

【例 A-2】 检索 STATE 表中 state_id 为 CA 且 sales 超过 6000 的记录。

```
SQL> SELECT * FROM customer
  2  WHERE state_id = 'CA' and sales > 6000;

LAST_NAME                    ST         SALES
---------------------       ----    ---------------
Nicholson                    CA         6989.99
```

【例 A-3】 检索 customer 表中 state_id 不为 MA 的所有客户。

```
SQL> SELECT last_name FROM customer
  2  WHERE state_id! = 'MA';

LAST_NAME
-------------
Nicholson
Martin
Laursen
Bambi
McGraw
```

【例 A-4】 检索 customer 表中 sales 值从 1 到 10000 之间的所有客户。

```
SQL> SELECT * FROM customer
  2  WHERE sales between 1 and 10000;

LAST_NAME          ST       SALES
---------------   ----    ----------------
Nicholson          CA       6989.99
Martin             CA       2345.45
Laursen            CA       34.34
Bambi              CA       1234.55
McGraw             NJ       123.45
```

【例 A-5】 检索 customer 表中以 M 开头的 last_name 的数据行。

```
SQL> SELECT * FROM customer
  2  WHERE last_name LIKE 'M%';
```

```
LAST_NAME          ST         SALES
-------------- -------- -----------------
Martin             CA         2345.45
McGraw             NJ         123.45
```

**【例 A-6】** 检索 customer 表，以 state_id 的降序和 last_name 的升序显示客户信息。

```
SQL> SELECT * FROM customer
  2  ORDER BY state_id DESC, last_name;

LAST_NAME                    ST       SALES
------------------ ------  --------
McGraw                       NJ       123.45
Bambi                        CA       1234.55
Laursen                      CA       34.34
Martin                       CA       2345.45
Nicholson                    CA       6989.99
```

### 2. 数据类型及其函数

1）数值型数据

表 A-10 中列出了一些常见的处理数值型表列的函数，SQL * Plus 示例以及显示的值。SELECT 语句在表 A-10 中使用了一个名为 dual 的表，dual 表的拥有者为 SYS，在句法正确(即：必须包含 from 子句)，而数据库中又没有其他表可用于该语句时，可使用表 dual。

**表 A-10 数值型常用函数**

| 函　数 | 返 回 值 | 样　例 | 显　示 |
|---|---|---|---|
| CEIL(*n*) | 大于等于数值 *n* 的最小整数 | select ceil(10.6) from dual | 11 |
| FLOOR(*n*) | 小于等于数值 *n* 的最大整数 | select floor(10.6) from dual | 10 |
| MOD(*m*,*n*) | *m* 除以 *n* 的余数，若 *n*=0，则返回 *m* | select mod(7,5) from dual | 2 |
| POWER(*m*,*n*) | *m* 的 *n* 次方 | select power(3,2) from dual | 9 |
| ROUND(*n*,*m*) | 将 *n* 四舍五入，保留小数点后 *m* 位 | select round(1234.5678,2) from dual | 1234.57 |
| SIGN(*n*) | 若 *n*=0，返回 0；*n*>0，返回 1；*n*<0，返回 −1 | select sign(12) from dual | 1 |
| SQRT(*n*) | *n* 的平方根 | select sqrt(25) from dual | 5 |

2）字符型数据

表 A-11 列出了最常用的字符型函数。

表 A-11 常用字符串函数

| 函　数 | 返 回 值 | 样　例 | 显　示 |
|---|---|---|---|
| INITCAP(char) | 把每个字符串的第一个字符换成大写 | select initcap ( 'mr. teplow ') from dual; | Mr. Teplow |
| LOWER(char) | 整个字符串换成小写 | select lower('Mr. Frank Townson') from dual; | mr. frank townson |
| REPLACE ( char, str1, str2) | 字符串中所有 str1 换成 str2 | select replace ( 'Scott ', 'S ', 'Boy') from dual; | Boycott |
| SUBSTR(char, *m*, *n*) | 取出从 *m* 字符开始的 *n* 个字符的子串 | Select substr ( 'ABCDEF ', 2, 1) from dual; | B |
| LENGTH(char) | 求字符串的长度 | select length ( ' Anderson ') from dual; | 8 |

两个字符串连接运算符是"||",它非常有用。

例如,

```
SQL> SELECT 'Dear'||last_name||':'  FROM customer
  2  WHERE last_name = 'Martin';

'DEAR'||LAST_NAME||':'
--------------------------
DearMartin:
```

3) 日期型数据

Oracle 中日期的缺省格式为: DD-M 月-YYYY,这种格式,一般都不太习惯,所以,可通过语句设置日期的格式,例如:

```
SQL> SELECT SYSDATE 当前日期  FROM dual;

当前日期
--------------
06 - 3 月 - 12

SQL> ALTER SESSION SET NLS_DATE_FORMAT = 'yyyy/mm/dd';

会话已更改。

SQL> SELECT SYSDATE 当前日期  FROM dual;

当前日期
----------
2012/03/06
```

Oracle 为用户处理日期型数据提供了大量的函数。例如,如果我们要在月末向一位顾客发催款单,在打印催款单时可用函数 last_day 将正确的日期输出到催款单的抬头。表 A-12 给出了常用的日期函数。

表 A-12 常用日期型函数

| 函　　数 | 返　回　值 | 样　　例 | 显　　示 |
|---|---|---|---|
| SYSDATE | 当前日期和时间 | select sysdate from dual; | 2012/03/06 |
| LAST_DAY | 本月最后一天 | select last_day(sysdate) from dual; | 2012/03/31 |
| ADD_MONTHS(*d*,*n*) | 当前日期 *d* 后推 *n* 个月 | select add_months(sysdate, 2) from dual; | 2012/05/06 |
| MONTHS_BETWEEN(*f*,*s*) | 日期 *f* 和 *s* 间相差月数 | select months_between(sysdate, '2011/10/20') from dual; | 4.56741151 |
| NEXT_DAY(*d*,day) | *d* 后 day 所代表的星期几下一次出现的日期 | select next_day(sysdate,'星期一') from dual; | 2012/03/12 |

4）字段数据类型转换函数

我们常常会遇到需要将数据表列从一种类型转换为另一种类型的情况(如：数值型转换成日期型,字符型转换成数值型)。Oracle 提供三种主要的转换函数。

① TO_CHAR 将任意类型的数据转换成字符类型。

例如,下列语句返回一个包含字符串 8897 的字符类型的数据。

```
SQL> select to_char(8897) from dual;

TO_C
----
8897
```

② TO_NUMBER 将一组合法的数字字符串转换成数值。

例如,下列语句返回一个包括数值 8897 的数值类型的数据。

```
SQL> select to_number('8897') from dual;

TO_NUMBER('8897')
---------------------------
         8897
```

③ TO_DATE 将适合格式的字符串数据转换成日期型数据。

例如,下面语句完成一个日期加上 2 天后的日期。

```
SQL> select '2012/02/10' + 2  from dual;
select '2012/02/10' + 2  from dual
       *
第 1 行出现错误:
ORA-01722: 无效数字


SQL> Select  to_date('2012/02/10') + 2  from dual;

TO_DATE('2
---------------
2012/02/12
```

### 3. 分组结果函数

为了得到汇总信息,这些函数将多组数据集合在一起。当把数据行集合在一起时,可以看做是在从数据库中检索信息时把同类信息合并在一起的操作。表 A-13 列出了最常用的分组函数,这里仍然以 customer 表为例。

**表 A-13 最常用的分组函数**

| 函　数 | 返　回 | 例　子 |
|---|---|---|
| AVG(column_name) | column_name 列所有值的平均值 | select avg(sales) from customer; |
| COUNT(*) | 表中的数据行数目 | select count(*) from customer; |
| MAX(column_name) | 存放在 column_name 表列中的最大值 | select max(sales) from customer; |
| MIN(column_name) | 存放在 column_name 表列中的最小值 | select min(sales) from customer; |

### 4. 使用 GROUP BY 子句

使用表 A-14 描述的函数,它们后面可以跟或不跟 GROUP BY 子句。当在字段中不使用 GROUP BY 子句,例如"select max(sales) from customer;",实际上是告诉数据库你把表中所有行看做一个组,但有的时候让人更感兴趣的是查询预先分类或分组的数据。

例如,下面是查询各 state 的平均销售额。

```
SQL> select state_id,avg(sales) from customer group by state_id;

ST  AVG(SALES)
--- ------------------
NJ       123.45
CA    2651.0825
```

注意,当使用 GROUP BY 时,未在 GROUP BY 部分用到的字段在 SELECT 部分出现时必须将其放到 GROUP BY 后。例如:

```
SQL> select last_name,state_id,sum(sales) from customer group by last_name;
select last_name,state_id,sum(sales) from customer group by last_name
                 *
第 1 行出现错误:
ORA-00979: 不是 GROUP BY 表达式


SQL> select last_name,state_id,sum(sales) from customer group by last_name,state_id;

LAST_NAME            ST     SUM(SALES)
-------------------  ----   ------------------
Bambi                CA     1234.55
McGraw               NJ     123.45
Nicholson            CA     6989.99
Laursen              CA     34.34
Martin               CA     2345.45
```

### 5. 使用 HAVING 子句

正如为单行查询设置查询条件(例如,state_cd="MA")那样,也可以使用 HAVING 子句,为一组记录设置查询的条件。

例如,假如只想了解客户超过 300 个的州,可以使用 HAVING 子句实现。

```
SQL> select state_id,avg(sales) from customer group by state_id having count(state_id)> 300;

未选定行。
```

### 6. 嵌套查询

SQL 语言另一个强大的功能是具有嵌套查询功能,也称之为子查询。

子查询的格式:

```
{main query text} where {condition}  ({sub query text});
```

**【例 A-7】** 下面的主查询访问的是 customer 表,而子查询访问的是 state 表:

```
SQL> select last_name,sales from customer
  2    where state_id = (select max(state_id) from state);

LAST_NAME           SALES
--------------- -------------
McGraw              123.45
```

**【例 A-8】** 只需要了解超出整个公司销售平均值的客户的销售额,则可使用如下语句。

```
SQL> select state_id,sales from customer where sales >(select avg(sales) from customer);

ST          SALES
----    --------------
CA          6989.99
CA          2345.45
```

### 7. 连接

命令格式:

```
SELECT columns FROM  tables WHERE join condition is …
```

例如,连接基表 EMP 和 DEPT。

```
SQL> SELECT ENAME, JOB, DNAME
  2  FROM EMP, DEPT
  3  WHERE EMP.DEPTNO = DEPT.DEPTNO;

ENAME                   JOB            DNAME
----------------- ------------ ----------------------
SMITH                   CLERK          RESEARCH
```

```
ALLEN                SALESMAN         SALES
WARD                 SALESMAN         SALES
JONES                MANAGER          RESEARCH
MARTIN               SALESMAN         SALES
BLAKE                MANAGER          SALES
SCOTT                SALESMAN         RESEARCH
TURNER               SALESMAN         SALES
ADAMS                CLERK            RESEARCH
JAMES                CLERK            SALES
FORD                 ANALYST          RESEARCH

已选择 11 行。
```

## 三、上机内容

### 1. 显示 EMP 表中所有的部门号、职工名称和管理者号码

```
SQL> SELECT deptno,ename,mgr FROM emp;
```

### 2. 算术运算符在 SQL 中的使用

```
SQL> SELECT ENAME, SAL + 250 * 12 FROM EMP;
```

### 3. 连字符的使用

```
SQL> SELECT EMPNO||'-'||ENAME EMPLOYEE, 'WORKS IN DEPARTMENT', DEPTNO
  2  FROM  EMP;
```

### 4. 禁止重复

```
SQL> SELECT DISTINCT deptno from emp;

DEPTNO
-------------
    30
    20
```

### 5. 排序

```
SQL> SELECT DEPTNO, JOB, ENAME FROM EMP
  2  ORDER BY DEPTNO, SAL DESC;
```

### 6. 带条件的查询

例如,查询工作是 MANAGER 并且工资大于 1500,或者工作是 SALESMAN 的职工

信息。

```
SQL> SELECT EMPNO,ENAME,JOB,SAL,DEPTNO
  2  FROM EMP
  3  WHERE SAL>1500 AND JOB = 'MANAGER' OR JOB = 'SALESMAN';
```

### 7. 操作符的应用

1）BETWEEN 的应用

例如，查询工资在 1000 到 2000 之间的职工名字和工资信息。

```
SQL> SELECT ENAME, SAL
  2  FROM EMP
  3  WHERE SAL BETWEEN 1000 AND 2000;
```

2）IN

例如，查询有 7902,7566,7788 三个 MGR 号之一的所有职工。

```
SQL> SELECT EMPNO,ENAME,SAL,MGR
  2  FROM EMP
  3  WHERE MGR IN(7902,7566,7788);
```

3）LIKE

例如，查询名字以“S”开始的所有职工。

```
SQL> SELECT ENAME
  2  FROM  EMP
  3  WHERE ENAME LIKE 'S%';
```

再如，查询名字只有 4 个字符的所有职工。

```
SQL> SELECT ENAME
  2  FROM  EMP
  3  WHERE ENAME LIKE '____';

ENAME
----------
WARD
KING
FORD
```

4）IS NULL

例如，查询没有管理者的所有职工。

```
SQL> SELECT ENAME,MGR
  2  FROM  EMP
  3  WHERE MGR IS NULL;
```

### 8. 单&号替代变量

1) 数字变量输入

例如,通过替代变量完成查找10号部门雇员的信息。

```
SQL> SELECT EMPNO,ENAME,SAL
  2  FROM EMP
  3  WHERE DEPTNO = &DEPARTMENT_NUMBER;
输入 department_number 的值:  10
原值     3: WHERE DEPTNO = &DEPARTMENT_NUMBER
新值     3: WHERE DEPTNO = 10

EMPNO            ENAME      SAL
------------    ------  ------
  7782           CLARK      2450
  7839           KING       5000
  7934           MILLER     1300
```

2) 字符串变量输入

例如,通过替代变量完成查找从事MANAGER工作的员工信息。

```
SQL> SELECT EMPNO,ENAME,SAL*12
  2  FROM EMP
  3  WHERE JOB = '&JOB_TITLE';
输入 job_title 的值:  MANAGER
原值     3: WHERE JOB = '&JOB_TITLE'
新值     3: WHERE JOB = 'MANAGER'

EMPNO      ENAME    SAL*12
-------  ----------------
  7566     JONES    35700
  7698     BLAKE    34200
  7782     CLARK    29400
```

### 9. 分组函数的应用

例如,求每个部门中的平均工资。

```
SQL> SELECT JOB,AVG(SAL) FROM EMP
  2  GROUP BY JOB;
```

再如,查询人数超过3人的部门中的平均工资。

```
SQL> SELECT DEPTNO,AVG(SAL) FROM EMP
  2  GROUP BY DEPTNO
  3  HAVING COUNT(*)>3;
```

### 10. 连接

例如,从 EMP 和 DEPT 中查询出职工名字、工作和部门名称。

```
SQL> SELECT ENAME,JOB,DNAME FROM  EMP,DEPT
  2  WHERE EMP.DEPTNO = DEPT.DEPTNO;
```

### 11. 子查询的应用

例如,从 EMP 中查询出工资最低的职工。

```
SQL> SELECT ENAME,JOB,SAL FROM EMP
  2  WHERE SAL = (SELECT MIN(SAL) FROM EMP );
```

## 四、上机作业

### 1. 对基本表 S、C、SC 操作

① 检索学习课程号为 C2 的学生学号与姓名。
② 检索选修课程名为 MATHS 的学生学号与姓名。
③ 检索不学 C2 课的学生姓名与年龄。
④ 检索学习全部课程的学生人数。
⑤ 计算每个学生有成绩的课程门数和平均成绩。

### 2. 对 Oracle 数据库基本表 EMP 和 DEPT 操作

① 列出工资在 1000 到 2000 之间的所有员工的 ENAME,DEPTNO,SAL。
② 显示 DEPT 表中的部门号和部门名称,并按部门名称降序排序。
③ 显示所有不同的工作类型。
④ 列出部门号在 10 到 20 之间的所有员工,并按名字的字母排序。
⑤ 列出部门号是 20,工作是职员的员工。
⑥ 显示名字中包含 TH 和 LL 的员工名字。
⑦ 显示在 1983 年中雇佣的员工。
⑨ 查询每个部门的平均工资。
⑨ 查询出每个部门中工资最高的职工。
⑩ 查询出每个部门比平均工资高的职工人数。

# 实验五 视图、索引和权限设置

## 一、上机目的

1. 掌握视图(VIEW)在 Oracle 的应用。
2. 了解索引的应用。

3. 了解 Oracle 中权限机制。

4. 掌握 GRANT 和 REVOKE 命令。

## 二、预备知识

### 1. 视图(VIEW)

视图是一个"窗口",通过它可以看或修改数据库表中的数据。视图来源于表或其他视图。视图只存放定义它的 SELECT 语句。它只是一个虚表而不是在物理存储器上真正存在的数据表。视图没有自己的数据,它的数据来自基表。

1) 建立视图的命令格式

```
CREATE  [OR REPLACE]  [FORCE]  VIEW  view_name
        [(column1, column2, …)]
        AS  SELECT statement
    [WITH CHECK OPTION [CONSTRAINT constraint_name]];
```

(1) OR REPLACE 选项

如果 OR REPLACE 选项存在,那么即使有一个与 view_name 同名的视图已经存在,视图也将会生成,替代老的视图。这个命令将不用删除老视图而生成新视图。

(2) FORCE 选项

这选项将强制生成视图,即使基表不存在或没有权限访问基表。但只有在基表存在时,视图才能使用。

(3) WITH CHECK OPTION[CONSTRAINT ]选项

该选项指定通过视图对基表进行 INSERT 和 UPDATE 操作,不允许生成视图中没有的记录。

DELETE 在下列情况中是受限制的:

① 连接条件;

② 分组函数;

③ GROUP BY 子句;

④ DISTINTCT 命令。

UPDATE 在下列情况中是受限制的:

① 上面 DELETE 的情况;

② 字段中有表达式(如 SAL * 12)。

INSERT 在下列情况中是受限制的:

① 上面 DELETE 和 UPDATE 的情况;

② 任何 NOT NULL 字段。

2) 删除视图的命令格式

```
DROP VIEW viewname;
```

### 2. 索引(INDEX)

Oracle 索引有两个主要的目的:

① 加快包含主键的记录检索。

② 增强了在字段数据值中的唯一性，通常是主键值。

1）建立索引命令格式

```
CREATE [UNIQUE]  INDEX  index_name
  ON table (column [, <column2>]…);
```

2）删除索引命令格式

```
DROP INDEX indexname;
```

### 3. 用户

1）创建用户

```
CREATE USER username IDENTIFIED BY password
 [DEFAULT TABLESPACE spacename];
```

① IDENTIFIED BY：在用户登录时必须提供该口令。

② DEFAULT TABLESPACE：标识用户建立对象的缺省表空间。

【注】 用户必须具有CREATE USER权限。

2）更改用户命令

```
ALTER USER username IDENTIFIED BY PASSWORD
  [DEFAULT TABLESPACE spacename];
```

【注】 修改自己的口令不需权限，若修改其他用户的口令需要ALTER USER权限。

3）删除用户

```
DROP USER username [CASCADE]
```

【注】 用户使用该命令必须具有DROP USER系统权限。

### 4. 权限设置

1）对象权限

对象权限如表A-14所示。

**表A-14 对象权限**

| 对象权限 | 表 | 视图 | 过程、函数、包 |
|---|---|---|---|
| ALTER | √ | | |
| DELETE | √ | √ | |
| EXECUTE | | | √ |
| INDEX | √ | | |
| INSERT | √ | √ | |
| REFERENCES | √ | | |
| SELECT | √ | √ | |
| UPDATE | √ | √ | |

2) 对象权限授权命令

```
GRANT priv1, priv2, … ON object_name
 TO user1, user2, … [WITH GRANT OPTION];
```

【注】 WITH GRANT OPTION：允许被授权者可将该对象权限授权给其他用户和角色。

3) 回收对象权限命令

```
REVOKE privileges  ON table or view
 FROM users;
```

## 三、上机内容

### 1. 创建视图

例如，生成一个部门号是 10 的视图。

```
SQL> CONN  SYSTEM/ORCL
已连接。
SQL> GRANT CREATE VIEW TO SCOTT;

授权成功.

SQL> CONN  SCOTT/TIGER;
已连接.
SQL> CREATE VIEW D10EMP
  2  AS
  3  SELECT EMPNO, ENAME, SAL
  4  FROM EMP
  5  WHERE DEPTNO = 10;

视图已创建。
```

### 2. 视图的应用

1) 查询视图

例如，从视图 D10EMP 中查询出全部信息。

```
SQL> SELECT * FROM D10EMP
  2  ORDER BY ENAME;
```

2) 删除视图

```
SQL> DROP VIEW D10EMP;

视图已删除。
```

### 3. 创建索引

例如，在 EMP 表的 ENAME 建立索引。

```
SQL> CREATE INDEX I_ENAME ON EMP(ENAME);

索引已创建。
```

### 4. 索引应用

例如,下面的查询语句将用到索引 I_ENAME。

```
SQL> SELECT * FROM EMP WHERE ENAME = 'JONES';
```

### 5. 删除索引

例如,删除索引 I_ENAME。

```
SQL> DROP INDEX I_ENAME;

索引已删除。
```

### 6. 创建一个用户

例如,创建新用户 mysel,口令是 my。

```
SQL> CONN  SYSTEM/ORCL;
已连接。
SQL> GRANT CREATE USER TO SCOTT;

授权成功。

SQL> CREATE USER MYSELF IDENTIFIED BY MY;

用户已创建。
```

### 7. 修改用户口令

例如,将 myself 用户的口令改为 me。

```
SQL> ALTER USER MYSELF IDENTIFIED BY ME;

用户已更改。
```

### 8. 对象权限授权

例如,把 DEPT 的 SELECT 对象权限授给 MYSELF 用户。

```
SQL> GRANT SELECT ON DEPT TO MYSELF;

授权成功。
```

再如,把 EMP 的 SELECT 权限授给所有用户:

```
SQL> GRANT SELECT ON EMP TO PUBLIC;

授权成功。
```

### 9. 收回对象权限

例如,从 MYSELF 收回所有 DEPT 的对象权限。

```
SQL> REVOKE ALL ON DEPT FROM MYSELF;

撤销成功。
```

### 10. 删除用户

例如,删除 MYSELF 用户。

```
SQL> CONN  SYSTEM/ORCL;
已连接。
SQL> GRANT DROP USER TO SCOTT;

授权成功。

SQL> CONN SCOTT/TIGER;
已连接。
SQL> DROP USER MYSELF;

用户已删除。
```

## 四、上机作业

对基本表 S、C 和 SC 操作

① 建立男学生的视图,属性包括学号、姓名、选修课程和成绩。

② 在男学生视图中查询平均成绩大于 80 分的学生学号和姓名。

③ 删除生成的视图。

④ 创建一个新用户 NEWUSER,口令为 newuser。

⑤ 使用 GRANT 语句,把对基本表 S、C、SC 的使用权限授给 NEWUSER 用户。

⑥ 使用 REVOKE 语句从 NEWUSER 手中收回基本表 S、C、SC 的使用权。

⑦ 删除用户 NEWUSER。

⑧ 对基本表 S 按照 S# 生成一个索引。

⑨ 对基本表 C 按照 C# 生成一个索引。

⑩ 删除基本表 C 建立的索引。

# 实验六 PL/SQL

## 一、上机目的

1. 了解 PL/SQL 在 Oracle 中的基本概念。
2. 掌握 PL/SQL 的各组成部分。
3. PL/SQL 的运用(存储过程,函数,异常)。

## 二、预备知识

在 Oracle 中有两种 PL/SQL:一种是数据库引擎的组成部分,另一种是嵌入到许多 Oracle 工具中的独立引擎。将它们分别称为数据库 PL/SQL 和工具 PL/SQL。两者非常相似,都具有相同的编程结构、语法和逻辑机制。这里主要讨论数据库 PL/SQL。

这里将用三个点(…)来表示省略。此三个点并非代码的组成部分,仅表示此处某些代码与所介绍的内容关系不大,没必要列出。

### 1. PL/SQL 的组成

PL/SQL 程序是由独立的变量声明、执行代码和异常处理等部分代码块写成的。下面是一个无名块和一个存储过程的例子。

```
--无名块
 declare
   …
 begin
   …
 end;
--存储过程
 create or replace precodure_name
 as
    --声明部分,因为是对命名存储对象的编码,declare 是隐含的,不需写.
   …
 begin
   …
 exception
   …
 end;
```

### 2. IF 逻辑结构

参考第 3 章。

### 3. 循环

参考第 3 章。

### 4. 异常

参考第 3 章。

## 三、上机内容

### 1. 在 SQL * Plus 中使用 PL/SQL 块处理

例如,EMP 表中职工号 7788 的职工,如果工资小于 3000 那么把工资更改为 3000。

```
SQL> DECLARE
X   NUMBER(7,2);
BEGIN
     SELECT sal INTO x FROM emp  WHERE empno = 7788;
IF x < 3000 THEN
UPDATE emp  SET sal = 3000 WHERE  empno = 7788;
     END IF;
END;
/

PL/SQL 过程已成功完成。
```

### 2. 无参数的存储过程

例如,建立如下的存储过程 proc_execution。

```
SQL> CREATE OR REPLACE PROCEDURE proc_execution
IS
BEGIN
 UPDATE EMP SET ENAME = 'yourname'
    where EMPNO = 9010;
END;
/

过程已创建。

SQL> EXECUTE proc_execution;

PL/SQL 过程已成功完成。
```

### 3. 带输入参数的存储过程

例如,解雇给定职工号的职工,并调用 proc_execution。

```
SQL> CREATE OR REPLACE PROCEDURE fire_emp
  (v_emp_no  IN  emp.empno%type)
  IS
  BEGIN
    proc_execution;
```

```
DELETE FROM EMP WHERE empno = v_emp_no;
END;
/

过程已创建。

SQL> EXECUT fire_emp(7654);

PL/SQL 过程已成功完成。
```

### 4. 带输入输出的存储过程

例如,查询 EMP 中给定职工号的姓名、工资和佣金。

```
SQL> CREATE OR REPLACE PROCEDURE query_emp
   (v_emp_no   IN   emp.empno%type,
    v_emp_name   OUT   emp.ename%type,
    v_emp_sal   OUT   emp.sal%type,
    v_emp_comm   OUT   emp.comm%type)
IS
  BEGIN
    SELECT ename, sal, comm
    INTO v_emp_name, v_emp_sal, v_emp_comm
    FROM EMP WHERE empno = v_emp_no;
END;
/

过程已创建。

SQL> VARIABLE emp_name varchar2(15);
SQL> VARIABLE emp_sal number;
SQL> VARIABLE emp_comm number;
SQL> EXECUTE query_emp(7369,:emp_name, :emp_sal, :emp_comm);

PL/SQL 过程已成功完成。
SQL> PRINT emp_name;

EMP_NAME
--------------------------------
SMITH
```

### 5. 函数

例如,建立函数,查询出 EMP 中给定职工号的工资。

```
SQL> CREATE OR REPLACE FUNCTION get_sal
   (v_emp_no   IN   emp.empno%type)
   RETURN number
   IS
```

```
      V_emp_sal   emp.sal%type := 0;
      BEGIN
        SELECT sal INTO v_emp_sal
        FROM EMP WHERE empno = v_emp_no;
        RETURN (v_emp_sal);
  END;
  /

函数已创建。
SQL> VARIABLE emp_sal number;
SQL> EXECUTE :emp_sal := get_sal(7369);

PL/SQL 过程已成功完成。

SQL> PRINT emp_sal;

   EMP_SAL
------------------
       800
```

### 6. 用异常处理完善程序

例如，解雇给定职工号的职工，用异常解决职工不存在的错误。

```
SQL> CREATE OR REPLACE PROCEDURE fire_emp
     (v_emp_no   IN   emp.empno%type)
  IS
    BEGIN
      proc_execution;
      DELETE FROM EMP WHERE empno = v_emp_no;
      IF SQL%NOTFOUND THEN
        RAISE_APPLICATION_ERROR(-20202,'雇员不存在.');
      END IF;
    END;
  /

过程已创建。

SQL> EXEC fire_emp(7654);
BEGIN fire_emp(7654); END;

*
第 1 行出现错误:
ORA-20202: 雇员不存在.
ORA-06512: 在 "SCOTT.FIRE_EMP", line 8
ORA-06512: 在 line 1
```

## 四、上机作业

对基本表 S、C 和 SC 操作

① 用 PL/SQL 的存储过程删除学号为 S8 的学生。

② 用带输入输出参数的存储过程查询出任意给定学号和课程后的成绩。

③ 用函数做第②题。

# 实验七 触发器和游标

## 一、上机目的

1. 了解触发器的概念。
2. 熟悉触发器的基本用法。
3. 了解游标的概念。
4. 熟悉游标的基本用法。

## 二、预备知识

### 1. 游标

PL/SQL 用游标(CURSOR)来管理 SQL 的 SELECT 语句。游标分为显式游标和隐式游标。显式游标要说明(DECLARE),在使用前要打开(OPEN),使用完毕要关闭(CLOSE)。使用隐式游标时,无需执行上述步骤,只要简单地编写 SELECT 语句并让 PL/SQL根据需要处理游标即可。

1) 显式游标(Explicit Cursor)

(1) 显式游标的定义

```
CURSOR identifier [(parameter details)]  IS query - expression;
OPEN cursor - identifier [(argument list)];
FETCH cursor - identifier INTO variable, variable, … ;
CLOSE cursor - identifier;
```

显式游标是作为 DECLARE 段中的一部分进行定义的。所定义的 SQL 语句必须只包含 SELECT 语句,并且不能用 INSERT、UPDATE 或 DELETE 关键字。当 SELECT 语句可能返回零或多于一行时必须用显式游标。

在使用显式游标时,必须编写四部分代码:

① 在 PL/SQL 块的 DECLARE 段中定义游标;

② 在 PL/SQL 块中初始 BEGIN 后打开游标;

③ 取游标到一个或多个变量中,在接收游标的 FETCH 语句中,接收变量的数目必须与游标的 SELECT 列表中的表列数目一致;

④ 使用完游标要关闭。

(2) 显式游标的属性

① %FOUND:如果从当前游标中抽取出数据,则返回 TRUE;否则返回 FALSE。

② %NOTFOUND:与%FOUND 相反。

③ %ROWCOUNT:当前抽取的记录数。

④ %ISOPEN：如果游标已经打开，则返回 TRUE；否则返回 FALSE。

2）隐式游标(Implicit Cursor)

如果把 SELECT 语句直接安排在行中，PL/SQL 会隐含地处理游标定义。在 DECLARE 段中无隐式游标说明。

使用隐式游标要注意以下几点：

① 每个隐式游标必须有一个 INTO。

② 和显式游标一样，带有关键字 INTO 接收数据的变量的数据类型要与表列的一致。

**2. 触发器**

触发器是一个存储的 PL/SQL 块，它与表相关联。当一个触发器语句发出时，Oracle 自动地激发或执行触发器。

1）建立触发器

```
CREATE [OR REPLACE]  TRIGGER [schema.]triggername
 BEFORE|AFTER DELETE| [OR ]  INSERT| [OR]  UPDATE[OF columnname]
 ON tablename
 [FOR EACH ROW]
PL/SQL 块
```

① OR REPLACE：如果触发器已存在，则重建触发器。利用该选项可修改已存在的触发器。

② BEFORE：指示 Oracle 在执行触发语句之前激发触发器。

③ AFTER：指示 Oracle 在执行触发语句之后激发触发器。

④ DELETE：指示 Oracle 每当一个 DELETE 语句从表中删除一行时激发触发器。

⑤ INSERT：指示 Oracle 每当一个 INSERT 语句插入一行到表时激发触发器。

⑥ UPDATE：指示 Oracle 每当 UPDATE 语句修改 OF 子句指定的列值时激发触发器。如果忽略 OF 子句，每当 UPDATE 语句修改表的任何值时，Oracle 激发触发器。

⑦ ON：指定建立触发器的表的名字。

⑧ FOR EACH ROW：指明该触发器为行触发器。

2）更改触发器命令

```
ALTER TRIGGER [schema.]triggername ENABLE|DISABLE;
```

① ENABLE：使该触发器能够使用。

② DISABLE：使该触发器不能使用。

**【注】** 用户必须具有 ALTER ANY TRIGGER 权限，或者在自己的模式中。

3）删除触发器命令

```
DROP TRIGGER [schema.]triggername;
```

从数据库中删除一触发器。

**【注】** 用户必须具有 DROP ANY TRIGGER 权限，或者在自己的模式中。

## 三、上机内容

### 1. 声明显式游标

例如，声明一个游标用来读取基表 EMP 中部门号是 20 且工作为分析员的职工。

```
SQL> DECLARE
Cursor  c1  IS
    SELECT  ename, sal, hiredate  FROM emp
    WHERE  deptno = 20 AND  job = 'ANALYST';
v_ename VARCHAR2(10);
v_sal NUMBER(7,2);
v_hiredate date;
BEGIN
    OPEN c1;
    FETCH c1  INTO  v_ename, v_sal, v_hiredate;
    CLOSE  c1;
END;
/

PL/SQL 过程已成功完成。
```

### 2. 游标的应用

例如，利用游标修改数据，如果 EMP 中部门号是 20，工作为分析员的职工工资小于 2000，更改为 2000。

```
SQL> DECLARE
CURSOR  c1  IS
  SELECT empno, sal, hiredate, rowid
  FROM  emp WHERE deptno = 20 AND job = 'ANALYST'
  FOR UPDATE OF sal;
Emp_record  c1%ROWTYPE;
BEGIN
  OPEN c1;
  FETCH  c1  INTO  emp_record;
  IF  emp_record.sal < 2000 THEN
    UPDATE emp set sal = 2000 where empno = emp_record.empno;
  END IF;
END;
/

PL/SQL 过程已成功完成。
```

再如，利用游标，如果部门是 SALES，地址不是 DALLAS 的，地址更改为 DALLAS；如果部门不是 SALES，地址不是 NEW YORK 的，地址更改为 NEW YORK。

```
SQL> CREATE TABLE counts
(sales_set number,
```

```
non_sales_set number);

表已创建。

SQL> DECLARE
CURSOR c1 IS
 SELECT dname,loc FROM DEPT FOR UPDATE OF loc;
dept_rec c1%rowtype;
sales_count number:=0;
non_sales   number:=0;
BEGIN
 OPEN  c1;
 LOOP
   FETCH  c1  INTO dept_rec;
   EXIT  WHEN c1%NOTFOUND;
   IF  dept_rec.dname='SALES' and dept_rec.loc='DALLAS' THEN
    UPDATE dept SET loc='DALLAS' WHERE CURRENT OF c1;
    sales_count:=sales_count+1;
   ELSE
    IF dept_rec.dname!='SALES' and dept_rec.loc!='NEW YORK' THEN
       UPDATE dept SET loc='NEW YORK' WHERE CURRENT OF c1;
       non_sales:=non_sales+1;
    END IF;
   END IF;
 END LOOP;
 CLOSE c1;
 INSERT INTO counts(sales_set, non_sales_set)
   VALUES(sales_count,non_sales);
 COMMIT;
END;
/

PL/SQL 过程已成功完成。
```

### 3. 创建触发器

例如，在SCOTT的EMP表上建立语句前触发器EMP_Hello。

```
SQL> CREATE OR REPLACE TRIGGER EMP_Hello
BEFORE
DELETE OR INSERT OR UPDATE ON EMP
BEGIN
   RAISE_APPLICATION_ERROR(-20001,'How are you!');
END;
/

触发器已创建。
```

#### 4. 修改触发器

例如，使 EMP_Hello 触发器不能触发：

```
SQL> ALTER TRIGGER SCOTT.EMP_Hello DISABLE;

触发器已更改。
```

#### 5. 删除触发器

```
SQL> DROP TRIGGER SCOTT.EMP_Hello;

触发器已删除。
```

### 四、上机作业

对基本表 S、C、SC 进行操作

① 用显式游标对基本表 S 查询信息。

② 用隐式游标对基本表 C 查询信息。

③ 生成一个基本表 S 触发器，如果增加一个新学生时，同时在基本表 SC 中也增加一条相同学号的记录。

④ 生成一个基本表 S 触发器，如果删除一个学生时，同时也在基本表 SC 中删除所有该同学的课程成绩。

⑤ 删除生成的触发器。

## 实验八 图书管理系统数据库设计

### 一、实验题目

通过完成从用户需求分析、数据库设计到上机编程、调试和应用等全过程，进一步理解和掌握教材中的相关内容。

### 二、实验简述

一个简单的图书管理系统包括图书馆内书籍的信息、学校在校学生的信息以及学生的借阅信息。此系统功能分为面向学生和面向管理员两部分，其中面向学生部分可以进行借阅、续借、归还和查询书籍等操作；面向管理员部分可以完成书籍和学生的增加、删除和修改以及对学生借阅、续借、归还的确认。

### 三、实验要求

- 完成该系统的数据库设计；

- 用 SQL 语句实现数据库的设计，并在 Oracle 上调试通过。

## 四、图书管理系统实验报告参考答案

**【需求分析】**

(1) 学生

学生的操作流程如图 A-3 所示。

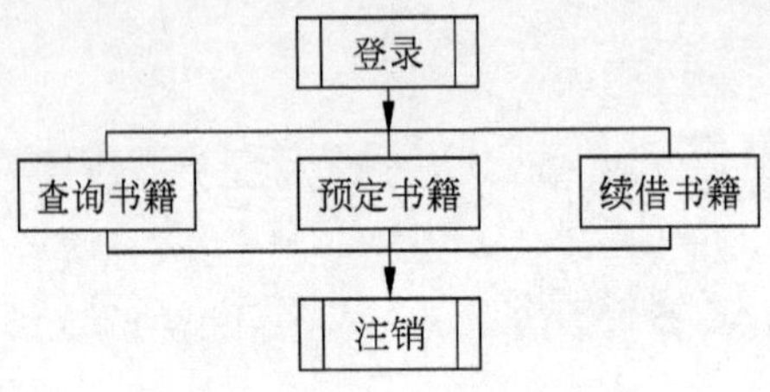


图 A-3 学生操作分类表

(2) 管理员

管理员可完成书籍和学生的增加、删除和修改以及对学生借阅、续借、归还的确认，其操作流程如图 A-4 所示。

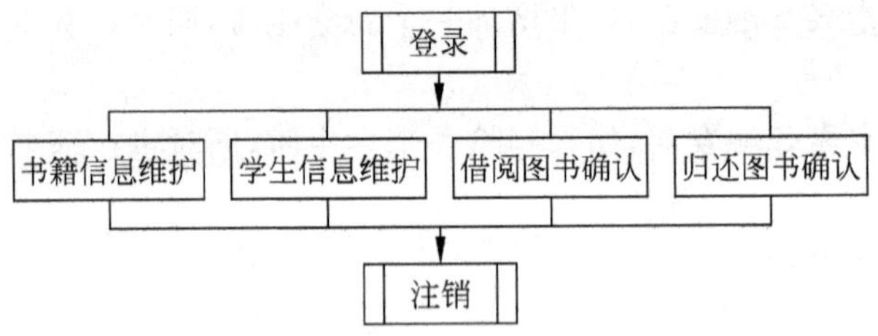


图 A-4 管理员操作分类表

**【概念模型设计】**

数据库需要表达的信息有以下几种：

(1) 图书信息

(2) 学生信息

(3) 管理员信息

(4) 学生预定图书信息

(5) 学生借阅归还图书信息

可以用 E-R 模型表达该模型的设计，E-R 图如图 A-5 所示。

**【逻辑设计】**

通过 E-R 模型到关系模型的转化，可以得到如下关系模式：

(1) Book(BookID, Title , Author , Publisher , Pyear ,Language)

(2) Student(ID, Name , Dept)

(3) Assitent(ID , Name)

(4) BBook(BookID ,StdID ,BDate)

(5) Rbook(BookID , StdID , RDate)

(6) Lend(StdID , AstID ,BookID,LDate)

(7) Return(StdID,AstID,BookID, RDate)

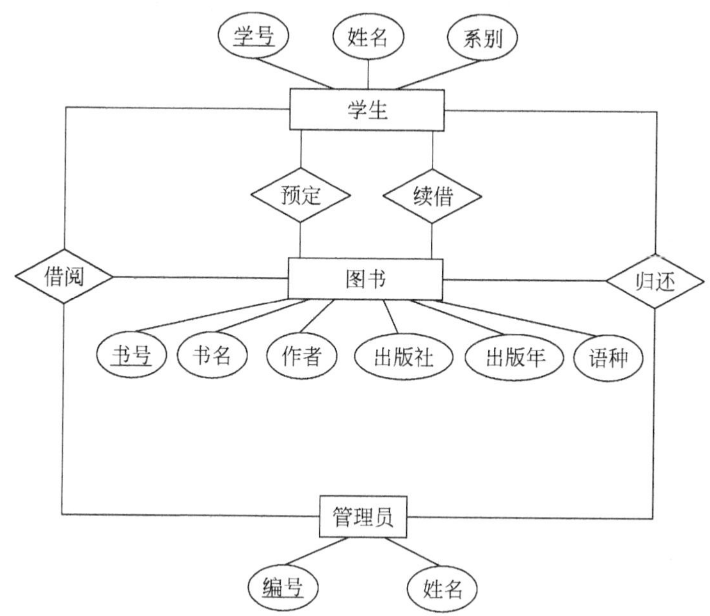


图 A-5 图书管理系统 E-R 模型

**【说明】**

① 书号是图书的键码,每本书有唯一的书号。一个学生可同时借阅多本书。一个管理员可处理多个同学的借阅等事宜。

② 一般情况下,学生、管理员和图书之间的联系为 1∶1∶$n$,借书关系 Lend 作为连接关系,其键码为 $n$ 端实体集的键码,即书号为借书关系的键码。这反映了如果还书时也把当初的借书记录删除,则书号就能唯一识别一个元组。

如果还书时不同时删除借书记录,则意味着同一本书前后可借给不同的学生,于是学生、管理员和图书之间的联系变为 $m$∶1∶$n$,这时借书关系的键码为书号和学号的组合。

如果在不删除借书记录的情况下,同一学生再次借同一本书,这时,学生、管理员和图书之间的联系变为 $m$∶$p$∶$n$,于是,借书关系的键码为书号、学号和管理员的组合。但这里有一个隐含的信息,即同一学生前后两次借同一本书所遇到的管理员不同,而这种不同可能仅仅是"日期"不同。因此,借书日期成了必不可少的成分,也就是说,在这种情况下,属性全集才是借书关系的键码。

总之,借书关系的键码与图书管理模式有关,可按照自己的理解确定键码,并编写相应的事务处理流程。其他关系也有类似之处。

③ 要知道图书当前的状态,是在图书馆存放,还是被借阅等,需要在 Book 的模式中增加对应项用以表示图书当前的状态。比如我们增加 State,并且约定取值和状态的对应关系如下:

0:在图书馆中并且没有被预订;

1:在图书馆中并且已被预订;

2：被借出并且没有被预订；

3：被借出并且已被预订。

**【物理设计】**

为了提高在表中搜索元组的速度，在实际实现的时候应该基于键码建立索引。下面是各表中建立索引的表项：

```
Book(BookID)
Student(ID)
Assistant(ID)
```

**【用 SQL 实现设计】**

(1) 建立 Book 表

```
SQL> CREATE TABLE Book(
  BookID varchar2(20) PRIMARY KEY,
  Title varchar2(50) NOT NULL,
  Author varchar2(50),
  Publisher varchar2(50),
  Pyear char(4),
  Language char(1) DEFAULT 'c',
  State char(1) DEFAULT '0'
  );
```

(2) 建立 Student 表

```
SQL> CREATE TABLE Student(
  ID char(6) PRIMARY KEY,
  Name varchar2(20) NOT NULL,
  Dept varchar2(20) NOT NULL
  );
```

(3) 建立 Assistant 表

```
SQL> CREATE TABLE Assistent(
  ID char(6) PRIMARY KEY,
  Name varchar2(20) NOT NULL
  );
```

(4) 建立 Bbook 表

```
SQL> CREATE TABLE BBook(
  BID varchar2(20) NOT NULL,
  StdID char(6) NOT NULL,
  BDate date NOT NULL,
  CONSTRAINT FK_BBOOK_BID
    FOREIGN KEY(BID)
    REFERENCES Book(BookID),
  CONSTRAINT FK_BBOOK_StdID
    FOREIGN KEY(StdID)
    REFERENCES Student(ID)
  );
```

（5）建立 Rbook 表

```
SQL> CREATE  TABLE  RBook(
BookID  varchar2(20)  NOT  NULL,
StdID   char(6)     NOT  NULL,
RDate   date   NOT   NULL,
CONSTRAINT  FK_RBook_BookID
   FOREIGN  KEY(BookID)
   REFERENCES  Book(BookID),
CONSTRAINT  FK_RBook_StdID
   FOREIGN  KEY(StdID)
   REFERENCES  Student(ID)
);
```

（6）建立 Lend 表

```
SQL> CREATE  TABLE  Lend(
StdID  char(6)  NOT NULL,
AstID  char(6)  NOT NULL,
BookID varchar2(20)  NOT NULL,
LDate  date   NOT  NULL,
CONSTRAINT FK_LEND_StdID
   FOREIGN  KEY(StdID)
   REFERENCES  Student(ID),
CONSTRAINT FK_LEND_AstID
   FOREIGN  KEY(AstID)
   REFERENCES  Assistent(ID),
CONSTRAINT FK_LEND_BookID
   FOREIGN  KEY(BookID)
   REFERENCES  Book(BookID)
);
```

（7）建立 Return 表

```
SQL> CREATE  TABLE  Return(
StdID  char(6)  NOT  NULL,
AstID  char(6)  NOT  NULL,
BookID varchar2(20)  NOT NULL,
RDate  date  NOT  NULL,
CONSTRAINT  FK_RETURN_StdID
   FOREIGN  KEY(StdID)
   REFERENCES Student(ID)  ,
CONSTRAINT FK_RETURN_AstID
   FOREIGN  KEY(AstID)
   REFERENCES  Assistent(ID),
CONSTRAINT  FK_RETURN_BookID
   FOREIGN  KEY(BookID)
   REFERENCES  Book(BookID)
);
```

(8) 管理员操作

① 增加学生：

```
SQL> INSERT INTO  Student(ID,Name,Dept)
VALUES(#StdID ,  #Name , #Dept );      /* #项,请给出具体值,后面同 */
```

② 删除学生：

```
SQL> DELETE  FROM  Student
WHERE  ID= #id ;
```

③ 修改学生信息：

```
SQL> UPDATE  Student
SET  Name= #Name,Dept= #Dept
WHERE  ID= #id;
```

④ 增加书籍：

```
SQL> INSERT  INTO  Book
VALUES(#BookID,#Title,#Author,#Publisher,#Pyear,#Language);
```

⑤ 删除书籍：

```
SQL> DELETE  FROM  Book
WHERE  BookID= #BookID;
```

⑥ 修改书籍信息：

```
SQL> UPDATE  Book
SET  Title= #Tile,Author= #Author,
Publisher= #Publisher,Pyear= #Pyear,Language= #Language
 WHERE BookID= #BookID;
```

⑦ 学生借阅图书：

```
SQL> begin
INSERT  INTO  Lend(StdID,AstID,BookID,LDate)
VALUES(#StdID,#AstID,#BookID,#LDate);
UPDATE  Book
SET  state='2'
WHERE  BookID= #BookID;
COMMIT;
/
```

⑧ 学生归还图书：

```
SQL> begin
INSERT  INTO  Return(StdID,AstID,BookID,RDate)
VALUES(#StdID,#AstID,#BookID,#RDate);
UPDATE  Book
SET  state='0'
WHERE  BookID= #BookID;
COMMIT;
/
```

# 附录B 习题答案

## 习题一

**一、选择题**

(1) D (2) C (3) C (4) B (5) D (6) B (7) A (8) B (9) C (10) A

(11) B (12) C (13) ①A②B③C (14) ①E②B (15) ①B②C③B

**二、填空题**

1. 文件系统 操作系统　2. 转换　3. 概念 逻辑

4. 数据　5. 外模式 内模式 模式

**三、简答题**

1. 这 4 种模型的特点和区别如下表所示。

| | 反映何种观点的何种结构 | 独立性 | 使用者 | 范　例 |
|---|---|---|---|---|
| 概念模型 | 反映了用户观点的数据库整体逻辑结构 | 硬件独立<br>软件独立 | 企业管理人员<br>数据库设计者 | E-R 模型 |
| 逻辑模型 | 反映了计算机实现观点的数据库整体逻辑结构 | 硬件独立<br>软件依赖 | 数据库设计者<br>DBA | 层次、网状、关系模型 |
| 外部模型 | 反映了用户具体使用观点的数据库局部逻辑结构 | 硬件独立<br>软件依赖 | 用户 | 与用户有关 |
| 内部模型 | 反映了计算机实现观点的数据库物理结构 | 硬件依赖<br>软件依赖 | 数据库设计者<br>DBA | 与硬件、DBMS 有关 |

2. DB 的三级模式结构描述了数据库的数据结构。数据结构分成 3 个级别。由于三级结构之间有差异,因此存在着二级映射。这 5 个概念描述了如下内容。

① 外模式:描述用户的局部逻辑结构。

② 外模式/模式映射:描述外模式和概念模式间数据结构的对应性。

③ 概念模式:描述 DB 的整体逻辑结构。

④ 模式/内模式映射:描述概念模式和内模式间数据结构的对应性。

⑤ 内模式:描述 DB 的物理结构。

3. 在用户访问数据的过程中,DBMS 起着核心的作用,实现"数据三级结构转换"的工作。

4. 在数据库的三级模式结构中,数据按外模式的描述提供给用户,按内模式的描述存储在磁盘中，而概念模式提供了连接这两级的相对稳定的中间观点，而且两级中任何一级的改变都不受另一级的牵制。

5. 物理独立性是指用户的应用程序与存储在磁盘上的数据库中的数据是独立的。物理独立性通过模式/内模式映射来实现的。

逻辑独立性是指用户的应用程序与逻辑结构是相互独立的。逻辑独立性是通过外模式/模式映射来实现的。

## 习题二

### 一、选择题

(1) C (2) C (3) C (4) B (5) D (6) D (7) D (8) C (9) C (10) D
(11) B (12) C (13) A (14) C (15) B

### 二、设计题

1. 解答：

(1)
```
SELECT  E#,ENAME
FROM  EMP
WHERE  AGE>50  AND  SEX='M';
```

(2)
```
SELECT  E#,COUNT(*)  NUM,SUM(SALARY) SUM_SALARY
FROM  WORKS
GROUP  BY  E#;
```

(3)
```
SELECT  A.E#,ENAME
FROM  EMP  A,WORKS  B,COMP  C
WHERE  A.E#=B.E#  AND B.C#=C.C#  AND  CNAME='联华公司'
 AND  SALARY<(SELECT  AVG(SALARY)
              FROM  WORKS,COMP
              WHERE  WORKS.C#=COMP.C#  AND  CNAME='联华公司');
```

(4)
```
SELECT  C.C#,CNAME
FROM  WORKS  B,COMP  C
WHERE  B.C#=C.C#
GROUP  BY  C.C#,CNAME
 HAVING  COUNT(*)>=ALL(SELECT  COUNT(*)
                       FROM  WORKS
                       GROUP  BY  C#);
```

(5)
```
SELECT  C.C#,CNAME
FROM  WORKS  B,COMP  C
WHERE  B.C#=C.C#
GROUP  BY  C.C#,CNAME
 HAVING  AVG(SALARY)>(SELECT  AVG(SALARY)
                      FROM  WORKS  B,COMP  C
                      WHERE  B.C#=C.C#  AND CNAME='联华公司');
```

(6)
```
UPDATE  WORKS
SET  SALARY=SALARY*1.05
WHERE  C#  IN (SELECT  C#  FROM  COMP
               WHERE  CNAME='联华公司');
```

(7)
```
DELETE  FROM  WORKS
WHERE  E#  IN  (SELECT  E#  FROM  EMP  WHERE  AGE>60);
```

(8)
```
CREATE  VIEW  emp_woman
AS  SELECT  A.E#,ENAME,C.C#,CNAME,SALARY
      FROM  EMP  A,WORKS  B,COMP  C
      WHERE  A.E# = B.E#  AND  B.C# = C.C#  AND  SEX = 'F';
SELECT  E#,SUM(SALARY)
FROM  emp_woman
GROUP  BY  E#;
```

2. 解答:

(1) 此问题考查的是查询效率的问题。在涉及相关查询的某些情形中,构造临时关系可以提高查询效率。

① 对于外层的职工关系 E 中的每一个元组,都要对内层的整个职工关系 M 进行检索,因此查询效率不高。

② 解答方法一(先把每个部门最高工资的数据存入临时表,再对临时表进行查询):

```
CREATE  TABLE  temp
AS
  SELECT  部门号,MAX(月工资) 最高工资  FROM  职工  GROUP  BY  部门号;

SELECT  职工号  FROM  职工,temp
 WHERE  职工.部门号 = temp.部门号  AND 月工资 = 最高工资 ;
```

解答方法二(直接在 FROM 子句中使用临时表结构)

```
SELECT  职工号
FROM  职工,(SELECT  MAX(月工资) 最高工资,部门号
           FROM  职工
           GROUP  BY  部门号)  AS  depMax
 WHERE  月工资 = 最高工资  AND  职工.部门号 = depMax.部门号
```

(2) 此问主要考察在查询中注意 WHERE 子句中使用索引的问题,既可以完成相同功能又可以提高查询效率的 SQL 语句如下:

```
(SELECT  姓名,年龄,月工资  FROM  职工  WHERE  年龄> 45)
UNION
(SELECT  姓名,年龄,月工资  FROM  职工  WHERE  工资< 1000)
```

# 习题三

### 一、选择题

(1) B (2) C (3) D (4) C (5) C (6) A (7) B (8) C (9) C (10) C

### 二、填空题

1. 异常处理  2. 打开游标 关闭游标  3. NO_DATA_FOUND
4. 5  5. EXEC SQL 分号(;)

# 习题四

## 一、选择题

(1) A (2) C (3) C (4) B (5) C (6) B (7) A (8) ①C②B (9) ①C②A (10) A (11) D (12) D (13) A (14) ①B②C③D④A⑤D (15) ①C ②B (16) D (17) B

## 二、填空题

1. 数据查询 2. 表 记录 字段 3. 关系中主键值不允许重复

4. 主键 外键 5. ∪、－、×、Π、ð

## 三、操作题

1.

(1) $\prod_{S\#,SNAME}(ð_{age<17 \wedge sex='女'}(S))$

(2) $\prod_{C\#,CNAME}(ð_{sex='男'}(S \infty SC \infty C))$

(3) $\prod_{T\#,TNAME}(ð_{sex='男'}(S \infty SC \infty C \infty T))$

(4) $\prod_{1}(ð_{1=4 \wedge 2\neq 5}(SC \times SC))$

(5) $\prod_{2}(ð_{1='S2' \wedge 4='S4' \wedge 2=5}(SC \times SC))$

或 $\prod_{S\#,C\#}(SC) \div \{'S2','S4'\}$

(6) $\prod_{C\#}(C) - \prod_{C\#}(ð_{sname='WANG'}(S \infty SC))$

(7) $\prod_{C\#,CNAME}(C \infty (\prod_{S\#,C\#}(SC) \div \prod_{S\#}(S)))$

(8) $\prod_{S\#,C\#}(SC) \div \prod_{C\#}(ð_{Tname='LIU'}(C \infty T))$

2.

(1) $\{t | (\exists u)(SC(u) \wedge u[2]='k5' \wedge t[1]=u[1] \wedge t[2]=u[2])\}$

(2) $\{t | (\exists u)(\exists v)(S(u) \wedge SC(v) \wedge v[2]='k8' \wedge u[1]=v[1] \wedge t[1]=u[1] \wedge t[2]=u[2])\}$

(3) $\{t | (\exists u)(\exists v)(\exists w)(S(u) \wedge SC(v) \wedge C(w) \wedge w[2]='C语言' \wedge u[1]=v[1] \wedge v[2]=w[1] \wedge t[1]=u[1] \wedge t[2]=u[2])\}$

(4) $\{t | (\exists u)(SC(u) \wedge (u[2]='k1' \vee u2='k5') \wedge t[1]=u[1])\}$

(5) $\{t | (\exists u)(\forall v)(\exists w)(S(u) \wedge C(v) \wedge SC(w) \wedge (u[1]=w[1] \wedge w[2]=v[1] \wedge t[1]=u[2])\}$

## 四、设计题

**【问题 1】**

```
PRIMARY  KEY
FOREIGN  KEY(负责人代码)  REFERENCES  职工
PRIMARY  KEY
FOREIGN  KEY(部门号)  REFERENCES  部门
```

```
月工资 BETWEEN 500 AND 5000
COUNT(*),SUM(月工资),AVG(月工资)
GROUP BY 部门号
```

**【问题 2】**

(1)和(2)都不能执行,因为使用分组和聚集函数定义的视图是不可更新的。

(3)、(4)、(5)可以执行,因为给出的 SQL 语句与定义 D_S 视图的 SQL 语句合并起来验证有效。

# 习题五

**一、选择题**

(1) A (2) A (3) B (4) B (5) C

**二、填空题**

1. 安全性
2. 用户标识与鉴别 存取控制 视图机制 数据加密 审计
3. 系统权限和对象权限 系统权限 对象权限
4. 角色
5. GRNAT REVOKE

**三、操作题**

1.

(1)
```
CREATE USER test_user
IDENTIFIED BY oracle;
```
(2)
```
GRANT CREATE SESSION TO test_user;
```
(3)
```
GRANT SELECT ON scott.dept TO test_user;
```
(4)
```
GRANT INSERT,DELETE,UPDATE(loc)
ON scott.dept TO test_user;
```
(5)
```
GRANT SELECT,INSERT,DELETE,UPDATE
ON scott.dept
TO test_user
WITH GRANT OPTION;
```
(6)
```
REVOKE SELECT,INSERT,DELETE,UPDATE
ON scott.dept FROM test_user;
```
(7)
```
CREATE VIEW scott.bm_10
AS
  SELECT * FROM scott.dept
  WHERE deptno='10';
GRANT SELECT ON scott.bm_10 TO test_user;
```
(8)
```
CREATE ROLE role1;
GRANT CREATE SESSION,CREATE TABLE TO role1;
```

(9) GRANT role1 TO test_user;

(10) DROP ROLE role1;

2.

(1) PRIMARY KEY 仓库号 、
PRIMARY KEY 、CHAR(4) 、
FOREIGN KEY 仓库号 REFERENCES 仓库(仓库号)

(2) 原材料 、
GROUP BY 仓库号
HAVING SUM(数量)>=ALL(SELECT SUM(数量) FROM 原材料
GROUP BY 仓库号)

(3) * 、
INSERT,DELETE,UPDATE、 raws_in_wh01、
SELECT 、原材料

# 习题六

**一、选择题**

(1) B (2) C (3) A (4) B (5) C (6) D (7) C (8) B (9) D (10) B

**二、填空题**

1. 原子性 隔离性
2. ROLLBACK COMMIT
3. RX
4. 丢失更新 读“脏”数据
5. 活锁 饿死 死锁

**三、操作题**

(1) 出现问题：有一个存款值会丢失，造成数据不一致。

(2) 代码程序：Xlock(b),R(b),b=b+x,W(b),Unlock(b)

(3) 不能实现。因为程序中的隔离级别设置为 READ UNCOMMITTED，未实现加权制，不能达到串行化调度。

修改方法：改为 SET TRANSACTION LEVEL SERIALIZABLE

# 习题七

**一、选择题**

(1) D (2) A (3) A (4) D (5) A (6) C (7) D (8) A (9) B (10) B

**二、填空题**

1. 事务故障 系统故障 介质故障 2. 后备数据库 日志文件

3. 归档 4. Recovery Manager 5. RMAN

# 习题八

**一、选择题**

(1) D (2) C (3) B

**二、填空题**

1. 属性取值单位　　2. 椭圆

3. 自顶向下 自底向上 逐步扩张 混合策略 自底向上

4. 实体 联系 属性　　5. 分类 聚集

**三、设计题**

① 运动队局部 E-R 图

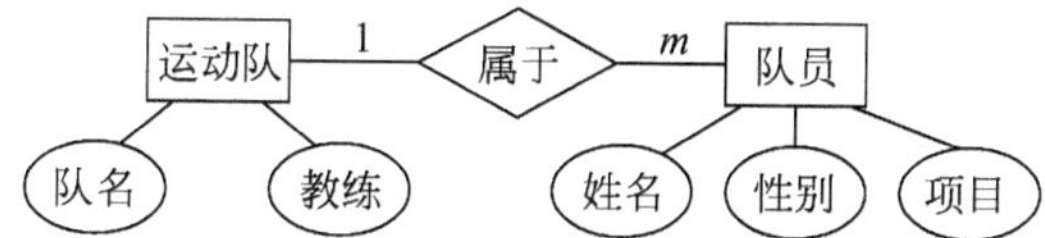


运动会局部 E-R 图

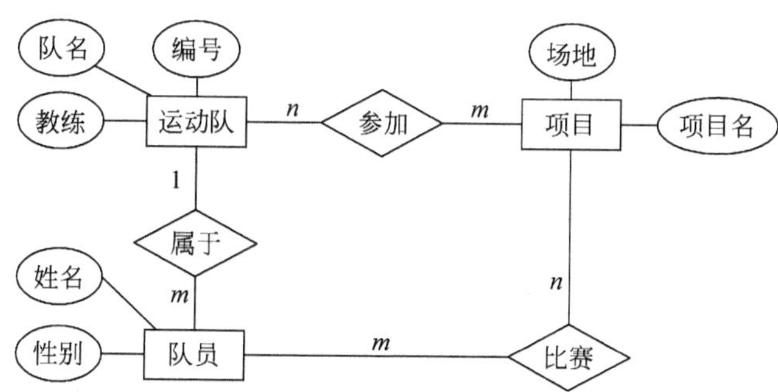


②

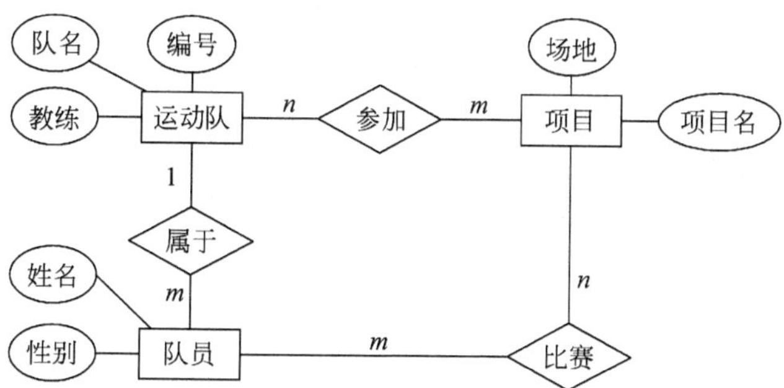


③ 命名冲突：运动队局部 E-R 图中的属性项目和运动会局部 E-R 图中的属性项目名异名同义，统一命名为项目名。

结构冲突：项目在两个局部 E-R 图中，一个作属性，一个作实体，合并统一为实体。

# 习题九

**一、选择题**

(1) C (2) C (3) C (4) B (5) A (6) D (7) B (8) A (9) ①A②D (10) B
(11) B (12) A (13) D (14) B (15) ①C ②C ③A ④B

**二、填空题**

1. 函数 多值 2. 插入异常 删除异常 更新异常 3. 全码 非主属性
4. 函数 多值 5. 一个 两个或两个以上 6. 范式
7. 2NF 8. 3NF 9. BCNF
10. 无损连接 保持 FD

**三、简答题**

1. (1) R 的候选键是 AB，R 属于 BCNF。
   (2) R 的候选键是 AB,R 属于 BCNF。
   (3) R 的候选键是 AB 和 BD,R 最高属于 3NF。
2. 至少有(a1,b1,c2) (a1,b1,c3) (a1,b2,c1)
   (a1,b2,c3) (a1,b3,c1) (a1,b3,c2)
成立。
3. (1) CE 为 R 的候选关键字。
   (2) 分解后的模式具有无损连接性,但不能保持原来的函数依赖。

**四、设计题**

(1) 部门 主键:(部门代码,办公室) 外键:无
F1={部门代码→(部门名,起始年月,终止年月),办公室→办公电话}
等级 主键:(等级代码,年月) 外键:无
F2={等级代码→等级名,(等级代码,年月)→小时工资}
项目 主键:项目代码 外键:部门代码、项目主管
F3={项目代码→(项目名,部门代码,起始年月日,结束年月日,项目主管)}
工作计划 主键:(项目代码,职员代码,年月) 外键:项目代码、职员代码

(2) 修改后的关系模式如下:
职务(职务代码,职务名,等级代码)
其主键为(职务代码,等级代码) 外键为等级代码

(3) 设计的"工作业绩"关系模式如下:
工作业绩(项目代码,职员代码,年月日,工作时间)
其主键为(项目代码,职员代码,年月日)

(4) 部门关系模式不属于 2NF,只能是 1NF。该关系模式存在冗余问题,因为某部门有多少个办公室,则部门代码、部门名、起始年月、终止年月就要重复多少次。

为了解决这个问题,可将模式分解,分解后的关系模式为:
部门_A(部门代码,部门名,起始年月,终止年月)
其主键为部门代码

部门_B(部门代码,办公室,办公电话)

其主键为(部门代码,办公室)　　外键为(部门代码)

(5) SQL 语句如下:

SELECT 职员代码,职员名,年月,工作时间 * 小时工资 AS 月工资
FROM 职员,职务,等级,月工作业绩
WHERE 职员.职务代码=职务.职务代码 AND 职务.等级代码=等级.等级代码
AND 等级.年月=月工作业绩.年月 AND 职员.职员代码=月工作业绩.职员代码;

## 习题十

**一、选择题**

(1) B (2) C (3) B (4) D (5) C (6) A (7) B (8) C (9) D (10) B
(11) C (12) C (13) A (14) D (15) D

**二、填空题**

1. 系统调查　可行性分析
2. 自顶向下逐步细化　自底向上逐步综合
3. 把概念模式转换成 DBMS 能处理的模式
4. DBA
5. DB 的转储和恢复　DB 的重组织和重构造

**三、设计题**

1. 货物(货物代号,型号,名称,形态,最低库存量,最高库存量)

采购员(采购员号,姓名,性别,业绩)

供应商(供应商号,名称,地址)

销售员(销售员号,姓名,性别,业绩)

客户(客户号,名称,地址,账号,税号,联系人)

仓位(仓位号,名称,地址,负责人)

报损单(报损号,数量,日期,经手人,货物代码)

入库(入库单号,日期,数量,经手人,供应商号,货物代码,仓位号)

出库(出库单号,日期,数量,经手人,客户号,货物代码,仓位号)

存储(货物代码,仓位号,存储量,日期)

订单(订单号,数量,价格,日期,客户号,货物代码,销售员号)

采购(采购单号,数量,价格,日期,供应商号,货物代码,采购员号)

2.

(1) 转换成的关系模式有以下 5 个。

企业(企业编号,企业名称,联系人,联系电话,地址,企业网址,电子邮件,企业简介)

岗位(岗位名称)

人才(个人编号,姓名,性别,出生日期,身份证号,毕业院校,专业,学历,证书名称,证书编号,联系电话,电子邮件,个人简历及特长)

岗位需求(企业编号,岗位名称,专业,学历,薪水,备注,登记日期)

求职意向(个人编号,岗位名称,最低薪水,登记日期)

**【注意】** 在“求职意向”模式中未放入“人才”实体候选键中的“证书名称”属性。

(2) 由于一个人可能持有多个证书,对“人才”关系模式应进行优化,得到如下两个新的关系模式。

人才(个人编号,姓名,性别,出生日期,身份证号,毕业院校,专业,学历,联系电话,电子邮件,个人简历及特长)

证书(个人编号,证书名称,证书编号)

(3) 最终得到6个关系模式。

企业(企业编号,企业名称,联系人,联系电话,地址,企业网址,电子邮件,企业简介)

岗位(岗位名称)

人才(个人编号,姓名,性别,出生日期,身份证号,毕业院校,专业,学历,联系电话,电子邮件,个人简历及特长)

证书(个人编号,证书名称,证书编号)

岗位需求(企业编号,岗位名称,专业,学历,薪水,备注,登记日期)

求职意向(个人编号,岗位名称,最低薪水,登记日期)

**【注意】** 在“证书”模式中,是“证书名称－>证书编号”,即一个人可以有多张证书,每张证书只有一个编号,但不同证书可以有相同的编号,所以“证书编号－>证书名称”是错误的。

(4) 此处的“需求”是“岗位”、“企业”和“人才”3个实体之间的联系,而事实上只有人才被聘用之后三者才产生联系。本系统解决的是人才的求职和企业的岗位需求,人才与企业之间没有直接的联系。

(5) 建立企业的登录信息表,包含用户名和密码,记录企业的用户名和密码,将对本企业的基本信息的修改权限赋予企业的用户名,企业工作人员通过输入用户名和密码,经过服务器将其与登录信息表中记录的该企业的用户名和密码进行验证后,合法用户才有权修改企业的信息。

# 参考文献


[1] Abraham Silberschatz,Henry F. Korth,S. Sudarshan 著. 杨东青,等译. 数据库系统概念. 第5版. 北京：机械工业出版社,2007.

[2] 丁宝康,陈坚. 数据库系统工程师考试全程指导. 北京：清华大学出版社,2006.

[3] 王珊,萨师煊. 数据库系统概论. 第4版. 北京：高等教育出版社,2006.

[4] 陶宏才. 数据库原理及设计. 第2版. 北京：清华大学出版社,2007.

[5] 刘云生. 数据库系统分析与实现. 北京：清华大学出版社,2009.

[6] 钱雪忠. 数据库原理及应用. 第3版. 北京：北京邮电大学出版社,2007.

[7] 马晓玉. Oracle 10g 数据库管理、应用与开发标准教程. 北京：清华大学出版社,2007.

[8] 尹为民,李石君. 现代数据库系统及应用教程. 武汉：武汉大学出版社,2005.

[9] Hector Garcia-Molina,Jeffrey D Ullman,Jennifer Widom. 数据库系统实现. 北京：机械工业出版社,2002.

[10] 曾慧. 数据库原理应试指导. 北京：清华大学出版社,2003.

[11] Jiawei Han,Micheline Kamber. 数据挖掘——概念和技术. 北京：高等教育出版社,2001.

[12] 杨国强,路萍,张志军,等. ERwin 数据建模. 北京：电子工业出版社,1990.

[13] 路游,于玉宗. 数据库系统课程设计. 北京：清华大学出版社,2009.

[14] 卫春红. 信息系统分析与设计. 北京：清华大学出版社,2009.

[15] 陈建荣. 分布式数据库设计导论. 北京：清华大学出版社,1992.

[16] 周志逵,江涛. 数据库理论与新技术. 北京：北京理工大学出版社,2001.

[17] 陈峰. 数据仓库技术综述. 重庆工学院学报,2002(4)：59-63.

[18] 陈俊杰. 大型数据库 Oracle 实验指导教程. 北京：科学出版社,2010.

[19] http://wenku.baidu.com/view/14413a7ca26925c52dc5bf05.html.

[20] http://www.oracle.com/cn.

# 教学资源支持

**敬爱的教师：**

感谢您一直以来对清华版计算机教材的支持和爱护。为了配合本课程的教学需要，本教材配有配套的电子教案（素材），有需求的教师请到清华大学出版社主页（http://www.tup.com.cn）上查询和下载，也可以拨打电话或发送电子邮件咨询。

如果您在使用本教材的过程中遇到了什么问题，或者有相关教材出版计划，也请您发邮件告诉我们，以便我们更好地为您服务。

**我们的联系方式：**


地　　址：北京海淀区双清路学研大厦 A 座 707

邮　　编：100084

电　　话：010－62770175－4604

课件下载：http://www.tup.com.cn

电子邮件：weijj@tup.tsinghua.edu.cn

教师交流 QQ 群：136490705

教师服务微信：itbook8

教师服务 QQ：883604


**（申请加入时，请写明您的学校名称和姓名）**

**用微信扫一扫右边的二维码，即可关注计算机教材公众号。**

扫一扫

课件下载、样书申请

教材推荐、技术交流